珠宝首饰鉴定

申柯娅　王昶　袁军平　编著

第二版

化学工业出版社
·北京·

本书主要介绍珠宝玉石的概念、性质，珠宝常用鉴定仪器的结构、原理和使用方法，阐述了50多种常见宝石、玉石、有机宝石的基本性质、鉴定特征和鉴别方法，以及常见珠宝首饰的质量鉴定等内容，并附有大量相应的图片，层次分明、语言流畅、通俗易懂。

本书可作为大专、中专珠宝专业学生的宝石学、珠宝玉石鉴定等课程的教材或教学参考书，也可作为珠宝玉石检验员的培训用书，还可供珠宝首饰鉴定人员、珠宝首饰经营者等广大珠宝首饰从业人员及珠宝首饰消费者、珠宝爱好者阅读和参考。

图书在版编目（CIP）数据

珠宝首饰鉴定 / 申柯娅，王昶，袁军平编著. —2版. —北京：化学工业出版社，2017.8（2024.8重印）
ISBN 978-7-122-29865-2

Ⅰ. ①珠… Ⅱ. ①申… ②王… ③袁… Ⅲ. ①宝石－鉴定 ②首饰－鉴定 Ⅳ. ①TS934.3

中国版本图书馆CIP数据核字（2017）第128293号

责任编辑：邢　涛　　文字编辑：谢蓉蓉
责任校对：王素芹　　装帧设计：韩　飞

出版发行：化学工业出版社（北京市东城区青年湖南街13号　邮政编码100011）
印　　装：北京宝隆世纪印刷有限公司
787mm×1092mm　1/16　印张22　字数537千字　2024年8月北京第2版第6次印刷

购书咨询：010-64518888　　售后服务：010-64518899
网　　址：http://www.cip.com.cn
凡购买本书，如有缺损质量问题，本社销售中心负责调换。

定　　价：118.00元

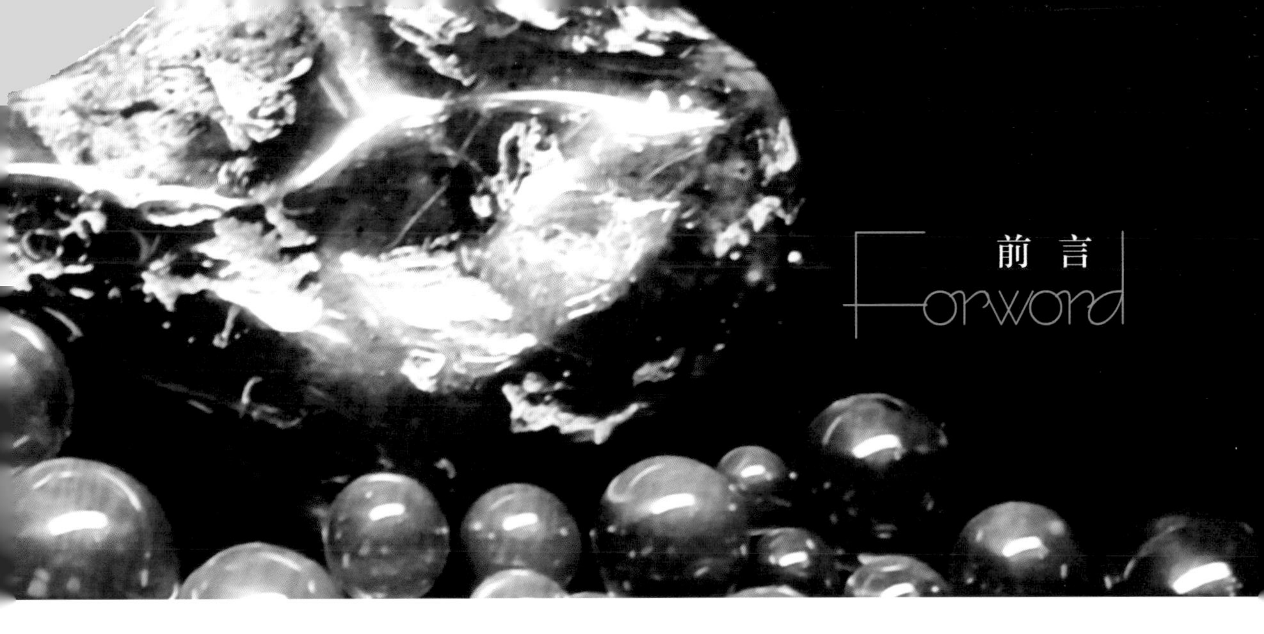

随着中国经济的高速发展，珠宝首饰行业得到了快速的发展，需要大量懂得珠宝首饰专业知识和技术的从业人员，为珠宝职业教育的发展提供了极大的发展空间。2002年，广州番禺职业技术学院开设了珠宝技术与管理专业，经过十多年的建设与发展，根据珠宝首饰企业人才需求的特点，对专业进行不断地调整，紧紧围绕珠宝首饰产业链，相继开设了首饰设计与工艺专业（专业代码：650118）、珠宝首饰技术与管理专业（专业代码：580112）和宝玉石鉴定与加工专业（专业代码：520105）。十多年来为珠三角地区的珠宝首饰企业输送了大量珠宝首饰专业人才，同时得到了珠宝首饰行业、企业的充分认可，编写本书也是为了专业教学之需。另一方面，随着人民生活水平的不断提高，珠宝首饰走进千家万户，如何快速有效地掌握珠宝玉石和珠宝首饰的品种的相关知识，成了人们十分关心的问题。本书总结多年教学经验，以科学知识为基础，系统阐述了50多种常见宝石、玉石、有机宝石的基本特征、真假鉴别方法、珠宝首饰质量的评价等方面的内容，附有与内容相关的大量精美图片。在编写过程中，力求既通俗易懂，又具较强的实用性，可作为珠宝专业大中专学生的教材，也可供珠宝首饰专业教育工作者、珠宝首饰鉴定人员、珠宝首饰经营者、珠宝首饰消费者、珠宝首饰爱好者阅读和参考。

全书共分十六章，由广州番禺职业技术学院珠宝学院申柯娅、王昶、袁军平共同执笔完成。具体章节的编写分工如下：绪论、第一～十章由申柯娅编写；第十一～十五章由王昶编写；第十六章由袁军平编写。稿成后由申柯娅负责统稿。

在编写过程中，我们参阅了近20年来宝石学、珠宝玉石鉴定、首饰制作工艺等珠宝首饰专业领域的最新研究成果，阅读了大量的参考文献，对于各位原作者，在此表示衷心的感谢！

在编写过程中，我们始终得到了广州番禺职业技术学院珠宝学院老师们的帮助，书中的部分插图由吴海超老师负责绘制。此外，我们还得到了许多珠宝首饰业界朋友们的支持和帮助，在此一并表示我们诚挚的感谢！

由于水平所限，书中存在疏漏和不当之处在所难免，竭诚欢迎专家和读者批评指正。

编著者
2017年1月

目录 Contents

绪 论 / 001

第一章　宝石的晶体结构和化学成分 / 009

第六章　钻石 / 088

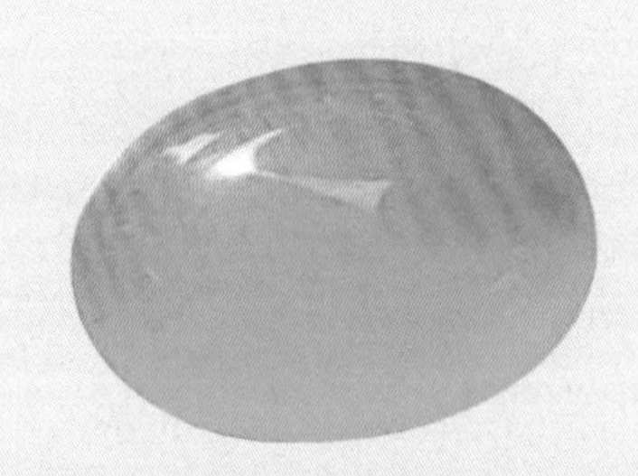

第七章　红宝石和蓝宝石 / 108

第十章　稀少单晶宝石 / 180

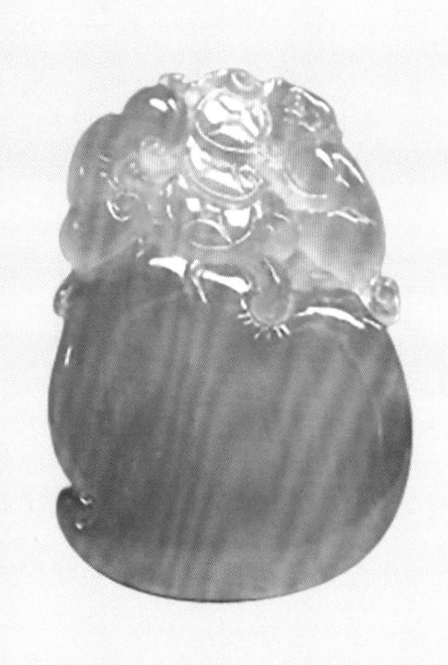

第十一章　翡翠 / 199

第十二章　其他常见玉石 / 222

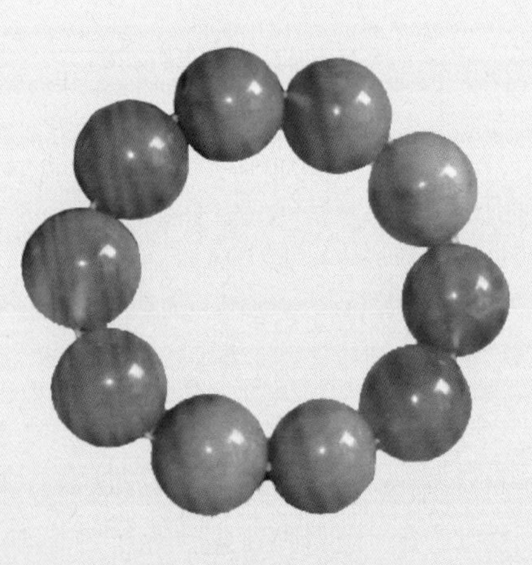

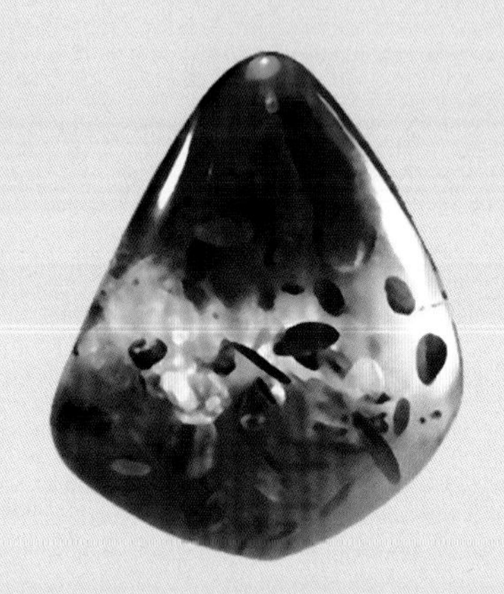

第十六章　首饰质量检验 / 311

参考文献 / 334

绪 论

珠宝玉石简称宝石（Gems或Gemstone），即“宝贵的石头”。宝石以其特有的绚丽色彩、亮丽的光泽、温润的质地，被人们视为圣洁之物，自古以来就一直为人们所喜爱、所追求，在人类历史的发展中，人们将宝石与财富相联系，并作为权力、财富、地位的象征。有关宝石的民间传说，更是充满了人们对宝石的向往和遐想。宝石是自然界和人类的共同产物，自然界主要是形成原材料，而人类则学会了将原材料加工成形，以增强其美感，使之适合于制作成首饰或其他装饰品。

第一节 宝石的概念和分类

究竟何为宝石？珠宝玉石国家标准《珠宝玉石名称》（GB/T 16552—2010），对珠宝玉石的概念作了明确的定义。

一、天然珠宝玉石

天然珠宝玉石（Natural gems），指由自然界产出，具有美观、耐久、稀少性，具有工艺价值，可加工成装饰品的物质的统称。包括天然宝石、天然玉石和天然有机质（包括养殖珍珠）宝石。

1. 天然宝石

天然宝石（Natural gemstones），指由自然界产出具有美观、耐久、稀少性，可加工成装饰品的矿物的单晶体（可含双晶）。常见的天然宝石包括钻石、红宝石、蓝宝石、祖母绿、猫眼石、海蓝宝石、碧玺、尖晶石、锆石、托帕石、橄榄石、石榴石、水晶、紫晶、月光石、天河石、拉长石、坦桑石、磷灰石、锂辉石、堇青石等。

2. 天然玉石

天然玉石（Natural jades），指由自然界产出的，具有美观、耐久、稀少性和工艺价值的矿物集合体，少数为非晶质体。常见的玉石包括翡翠、软玉、欧泊、绿松石、青金石、玉髓、玛瑙、东陵石、木变石、岫玉、独山玉、孔雀石、天然玻璃、黑曜岩等。

3. 天然有机质宝石

天然有机质宝石（Natural organic substances），指由自然界生物生成，部分或全部由有机物质组成可用于装饰的固体为天然有机质宝石（包括养殖珍珠）。常见的有机质宝石包括珍珠、琥珀、珊瑚等。

二、人工宝石

人工宝石（Artificial products），指完全或部分由人工生产或制造用作首饰及装饰品的材料。分为以下种类。

1. 合成宝石

合成宝石（Synthetic stones），指完全或部分由人工制造且自然界有已知对应物的晶质或非晶质体，其化学成分、晶体结构和物理性质，与所对应的天然珠宝玉石基本相同。常见的有合成红宝石、合成蓝宝石、合成祖母绿、合成尖晶石、合成欧泊、合成水晶等。

2. 人造宝石

人造宝石（Artificial stones），指由人工制造且自然界无已知对应物的晶质或非晶质体称为人造宝石。常见的有立方氧化锆、莫桑石（碳化硅）、钇铝榴石、玻璃、塑料等。

3. 拼合宝石

拼合宝石（Composite stones），指由两块或两块以上材料人工拼合而成，且给人以整体印象的珠宝玉石称为拼合宝石。

4. 再造宝石

再造宝石（Reconstructed stones），指通过人工手段将天然珠宝玉石的碎块或碎屑熔结或压结成具整体外观的珠宝玉石。

在上述国家标准中，对宝石作了如下的分类。

<table>
<tr><td rowspan="7">珠宝玉石（简称宝石）</td><td rowspan="3">天然珠宝玉石</td><td>天然宝石</td></tr>
<tr><td>天然玉石</td></tr>
<tr><td>天然有机宝石</td></tr>
<tr><td rowspan="4">人工宝石</td><td>合成宝石</td></tr>
<tr><td>人造宝石</td></tr>
<tr><td>拼合宝石</td></tr>
<tr><td>再造宝石</td></tr>
</table>

三、仿宝石

仿宝石（Imitation stones），指用于模仿天然珠宝玉石的颜色、外观和特殊光学效应的人工材料。“仿宝石”不代表珠宝玉石的具体类别。例如玻璃和塑料。

第二节　宝石的特性与价值

一、宝石的特性

根据上述宝石的定义，目前在自然界已发现的矿物已超过3000种，但能被用作宝石的有230余种，宝石市场上常见的仅50多种。由此可见，能被选作宝石的矿物种类是十分有限的。

此外，即使某种矿物可以被用作宝石，也不等于所有该种矿物都能用作宝石，如透明无瑕的红刚玉，可以用作珍贵的红宝石，而那些不透明、杂质多、颜色不纯的刚玉，则不能用作宝石，只能用于工业磨料的原料。也就是说，用作宝石的矿物必须具备特定的条件才能成为宝石。

1. 美丽

美丽是宝石的首要条件。宝石的美由颜色、透明度、光泽、纯净度、切工等众多因素构成，只有当这些因素相互衬托、恰到好处时，宝石才能光彩夺目、美艳绝伦。

（1）颜色　彩色宝石要求其颜色鲜艳、均匀、纯正；无色宝石（除钻石外），颜色就不是评价的主要因素。

（2）透明度和纯净度　宝石应具有良好的透明度和纯净度，内部洁净无瑕或少瑕。彩色宝石有较高的透明度将会提高宝石的总体品质；无色宝石有高的透明度给人以晶莹剔透的感觉。对翡翠而言，高透明度意味着“水头”好，是高档翡翠的一个重要条件。有些宝石虽然透明度较低，但却呈现出某种特殊的光学效应。

（3）光泽　光泽是宝石表面反光的效果，强光泽给人以光彩夺目、灿烂辉煌的视觉效果。

（4）特殊光学效应　有些宝石具有特殊的光学效应，如星光效应、猫眼效应、变彩效应、变色效应、砂金效应等，给宝石增添了神秘和美感，会使宝石身价倍增。

2. 耐久

宝石不仅要绚丽多彩，而且需要经久不变，那就需要具有较高的硬度（摩氏硬度大于7），个别有奇特光学现象的宝石（如欧泊、珍珠等），可以有较低的硬度。具一定的化学稳定性和热稳定性。宝石还要具有一定的块度和重量，以及良好的加工性能（可琢磨性和可抛光性）。

3. 稀有

自然界产出的宝石以稀少而名贵，这种稀有性包括品种、数量、品质的稀有，有一定的产地，产量供应相对稳定。

二、宝石的价值

自古以来，宝石总与财富、地位、权力联系在一起，宝石和黄金的消费已成为衡量一个国家经济、文化发展水平的标志之一，现今宝石的价值体现在以下几个方面。

1. 装饰价值

宝石虽然不是人们物质生活方面（衣、食、住、行）的必需品，但它是人们精神生活方面（美感、快感）的需求品。

2. 商品价值

宝石从找矿、开采、加工、销售都需要人们付出大量的劳动，因为美丽，具有装饰功能，可作为商品出售。宝石是一类特殊的商品，可以在社会上广泛流通，因而具有商品的交换价值。目前，世界上一些国家以出口宝石原料和珠宝首饰成品作为获取外汇的重要手段。哥伦比亚的祖母绿出口占该国外汇收入的一半，泰国的宝石出口居国家出口总额的第二位。

3. 货币价值和储备价值

由于天然宝石的不可再生性，世界宝石产量，特别是优质高档的宝石越来越少，越来越稀缺，高档宝石的价格不断上涨。因此，宝石具有了保值功能，可以作为财产或"硬通货币"储存。珠宝首饰还具有价值高、体积小、重量轻，而易于携带、保存的优点。

4. 收藏价值

许多宝石首饰和工艺品还具有很高的艺术价值，宝石之美和工艺之美的结合，可能成为世界少有的乃至唯一的珍品，作为珍宝收藏。

第三节　宝石的定名原则

人类使用宝石历史悠久，早先是按照颜色进行归类命名的，如黄色的宝石统称黄宝石，绿色的宝石称绿宝石等。随着科学技术的进步和宝石品种越来越多，很有必要对宝石进行科学的定名，珠宝玉石国家标准《珠宝玉石　名称》（GB/T 16552—2010），对珠宝玉石的定名给出明确的原则。

一、天然宝石

1. 定名规则

直接使用天然宝石基本名称或其矿物名称。无须加"天然"二字，如金绿宝石、红宝石等。

2. 注意事项

（1）产地不参与定名，也就是说在宝石的命名中，不能出现诸如南非钻石、缅甸蓝宝石等名称。

（2）除"变石猫眼"外，严禁使用由两种天然宝石名称组合而成的名称，如红宝石尖晶石、变石蓝宝石等。

（3）禁止使用含混不清的商业名称，如绿宝石、半宝石等名称。

二、天然玉石

1. 定名规则

直接使用天然玉石基本名称或其矿物（岩石）名称。在天然玉石名称后可附加“玉”字；无须加“天然”二字，“天然玻璃”除外。

2. 注意事项

（1）不用雕琢形状定名天然玉石。
（2）不能单独使用“玉”或“玉石”直接代替天然玉石名称。
（3）除保留部分传统名称外，产地不参与定名。带有地名的天然玉石基本名称不具有产地含义。

三、天然有机宝石

1. 定名规则

直接使用天然有机宝石基本名称，无须加“天然”二字。天然珍珠、天然海水珍珠、天然淡水珍珠除外。

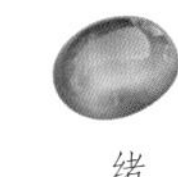

2. 注意事项

（1）养殖珍珠可简称为珍珠，海水养殖珍珠可简称为“海水珍珠”，淡水养殖珍珠可简称为“淡水珍珠”。
（2）产地不参与天然有机宝石和定名，如波罗的海琥珀。
（3）不以形状修饰天然有机宝石名称，如椭圆形珍珠。

四、合成宝石

1. 定名规则

必须在对应的天然珠宝玉石名称前加“合成”二字。

2. 注意事项

（1）禁止使用生产厂、制造商的名称直接定名，如查塔姆（Chatam）祖母绿、林德（Linde）祖母绿。
（2）禁止使用或含混不清的名称定名，如“鲁宾石”、“红刚玉”、“合成品”。

五、人造宝石

1. 定名规则

必须在材料名称前加“人造”二字，如人造钇铝榴石，“玻璃”、“塑料”除外。

2. 注意事项

（1）禁止使用生产厂、制造商的名称直接定名。

（2）禁止使用易混淆或含混不清的名称定名，如奥地利钻石等。
（3）禁止使用生产方法直接定名。

六、拼合宝石

1. 定名规则

必须在组成材料名称之后加“拼合石”三字，或在其前面加“拼合”二字。

2. 注意事项

（1）可逐层写出组成材料名称，如蓝宝石、合成蓝宝石拼合石；
（2）可只写出主要材料名称，如蓝宝石拼合石或拼合蓝宝石。
（3）对于分别用天然珍珠、珍珠、欧泊或合成欧泊为主要材料组成的拼合石，分别用拼合天然珍珠、拼合珍珠、拼合欧泊或拼合合成欧泊的名称即可，不必逐层写出材料名称。

七、再造宝石

必须在所组成天然珠宝玉石基本名称前加“再造”二字。如再造琥珀、再造绿松石。

八、仿宝石

1. 定名规则

（1）在所仿的天然珠宝玉石名称前加“仿”字，如仿祖母绿、仿珍珠等。
（2）应尽量确定具体珠宝玉石名称，且采用下列表示方式，如仿水晶（玻璃）。
（3）确定具体珠宝玉石名称时，应遵循国家标准规定的所有定名规则。
（4）“仿宝石”一词不应单独作为珠宝玉石名称。

2. 注意事项

当使用“仿某种珠宝玉石”（如“仿钻石”）这种表示方式作为珠宝玉石名称时，意味着该珠宝玉石：
（1）不是所仿的珠宝玉石（如“仿钻石”不是钻石）。
（2）所使用的材料有多种可能性（如“仿钻石”可能是玻璃、合成立方氧化锆或水晶等）。

九、具有特殊光学效应的珠宝玉石

1. 猫眼效应的定名规则

在珠宝玉石基本名称后加“猫眼”二字，如磷灰石猫眼、玻璃猫眼、碧玉猫眼等。只有金绿宝石猫眼可直接称为“猫眼”。

2. 星光效应的定名规则

在珠宝玉石基本名称前加“星光”二字，如星光红宝石、星光透辉石。具星光效应的合成宝石，在所对应天然珠宝玉石基本名称前加“合成星光”四字，如合成星光红宝石。

3. 变色效应的定名规则

在珠宝玉石基本名称前加“变色”二字，如变色石榴石。具变色效应的合成宝石，在所对应天然珠宝玉石基本名称前加“合成变色”四字，如合成变色蓝宝石。变石、变石猫眼、合成变石除外。

4. 其他特殊光学效应的定名规则

除星光效应、猫眼效应和变色效应外，其他特殊光学效应，如砂金效应、晕彩效应、变彩效应等不参加定名，可以在相关质量文件中或备注中附注说明。

十、优化处理的珠宝玉石

1. 优化的珠宝玉石定名

直接使用珠宝玉石名称，珠宝玉石鉴定证书中可不附注说明。

2. 处理的珠宝玉石定名

（1）在珠宝玉石名称处注明：

① 名称前描述具体处理方法，如扩散蓝宝石、漂白、充填翡翠；

② 名称后加括号注明处理方法，如蓝宝石（扩散）、翡翠（漂白、充填）；

③ 名称后加括号注明“处理”二字，如蓝宝石（处理）、翡翠（处理），应尽量在相关质量文件中附注说明具体处理方法，如扩散处理，漂白、充填处理。

（2）不能确定是否经处理的珠宝玉石，在名称中可不予表示，但应在相关质量文件中附注说明“可能经过×××处理”或“未能确定是否经过×××处理”，如托帕石（备注：未能确定是否经过辐照处理），或托帕石（备注：可能经过辐照处理）。

（3）经过多种方法处理的珠宝玉石按上述（1）或（2）进行定名。也可在相关质量文件中附注说明“×××经人工处理”，如钻石（处理）[附注说明：钻石颜色经人工处理]。

（4）经处理的人工宝石可直接使用人工宝石基本名称定名。

十一、珠宝玉石饰品

珠宝玉石饰品是指用珠宝玉石和贵金属的原料、半成品制成的佩戴饰品、工艺装饰品和艺术收藏品等。按“珠宝玉石名称+饰品名称”定名。珠宝玉石名称按国家标准《珠宝玉石名称》（GB/T 16552—2010）的定名规则进行定名；饰品名称依据QB/T 1689的规定进行定名。

（1）非镶嵌珠宝玉石饰品，可直接以珠宝玉石名称定名，或按照珠宝玉石名称+饰品名称定名，如翡翠或翡翠手镯。

（2）由多种珠宝玉石组成的饰品，可以逐一命名各种材料；如碧玺、石榴石、水晶手链，或以其主要的珠宝玉石名称来定名，在其后加“等”字，但应在相关质量文件中附注说明其他珠宝玉石名称。

（3）贵金属镶嵌的珠宝玉石饰品，可按照“贵金属名称+珠宝玉石名称+饰品名称”进行定名，其中贵金属名称依据GB 11887的规定进行材料名称和纯度的定名。如18K玫瑰金镶嵌碧玺吊坠，18K白金镶嵌坦桑石女戒。

（4）贵金属覆盖层材料镶嵌的珠宝玉石饰品，可按照“贵金属覆盖层材料名称+珠宝玉石名称+饰品名称”进行定名，其中贵金属覆盖层材料名称按照QB/T 2997的规定进行命名。

（5）其他金属材料镶嵌的珠宝玉石饰品，可按照“金属材料名称+珠宝玉石名称+饰品名称”进行定名。

思 考 题

一、名词解释

天然宝石、天然玉石、合成宝石、人造宝石、有机宝石

二、问答题

1. 何为宝石？宝石如何分类？作为宝石材料，必须具备什么特征？你怎样理解这些特征？

2. 宝石的定名规则有哪些？

3. 宝石的价值体现在哪些方面？你如何理解宝石的价值？

第一章

宝石的晶体结构和化学成分

第一节　宝石的晶体结构和形状

一、宝石的晶体结构

自然界出产的宝石，绝大多数源自矿物，而矿物是天然形成的具有一定的化学成分和晶体结构的单质或化合物。在众多矿物中达到宝石条件的，则被用作宝石。

用作宝石的矿物，是由自然界中的无机物组成的，它具有明显的化学组成，特定的晶体结构特征。在适合的条件下形成矿物的过程中，其质点（原子、离子或分子），会有规律地排列好，形成一个严格的、有其特点的内部结构，这种确切的、严格的结构，在矿物学中称之为晶体结构（Crystal structure），也称为格子构造。这种具有格子构造的固体，称为晶质体，简称晶体（Crystal）。

物质固结的速度很快，限制了质点按其规律的方式排列形成的固体，即具有一定的化学成分，但内部质点不作规则排列，则形成不具有格子构造的固体，称之为非晶质体，简称非晶体（Noncrystalline）。非晶质体没有固定的熔点。

1. 晶体的性质

（1）自限性　即晶体具有自发地形成几何多面体形态的性质。我们知道，格子构造本身就是几何多面体形态的，而晶体具格子构造，所以晶体能按照自己的格子构造形态，自发地形成规则的几何多面体形态。

（2）均一性　晶体是具格子构造的固体，同一晶体的各个部分质点的分布是相同的，所以同一晶体的各个部分的性质是一样的，这就是晶体的均一性。例如将一块纯净的水晶打碎，每一块的成分都是SiO_2，相对密度都是2.65，这就是晶体均一性的具体表现。

（3）异向性　同一格子中，在不同的方向上质点的排列一般是不同的，因而晶体的性质也随方向的不同而有所差异。如蓝晶石，在不同方向上硬度不同，沿晶体延长方向用小刀可刻动，而沿垂直晶体延长方向小刀刻不动。因此，对于蓝晶石来说，其晶体的不同方向性质不同。

晶体的均一性指的是同一晶体的不同部分性质是相同的；而晶体的异向性则是指同一晶体不同方向性质不同。

（4）最小内能与稳定性　晶体质点的规则排列，使其相互间的引力和斥力达到平衡，与同种物质的液态和气态相比，晶体具有最小的内能，所处的状态最稳定。自然界中，非晶质体有转化为晶体的趋向。

（5）对称性　晶体具有对称性，是晶体最重要的性质之一。由于晶体内部都具有格子构造，而格子构造本身就是质点在三维空间周期重复的体现。因此，所有晶体都是对称的，但不同晶体的对称排列形式是不同的。

2. 晶体的对称要素

在研究晶体的对称时，为使物体作有规律的重复而借助的一些假想的几何要素（点、线、面）称为对称要素。

晶体外形可能存在的对称要素如下。

（1）点——对称中心（C）　为一个假想的点，在通过此点的任意直线上，距该点等距离的两端必有对应的相同部分。晶体的对称中心使其相对应晶面成反向平行，且大小相等。

晶体的对称中心只能有一个，有的晶体也可以没有。在晶体中，若存在对称中心时，其晶面必然是两两平行而且相等的，它必定位于晶体的几何中心，对称中心用“C”表示（图1–1，图1–2）。

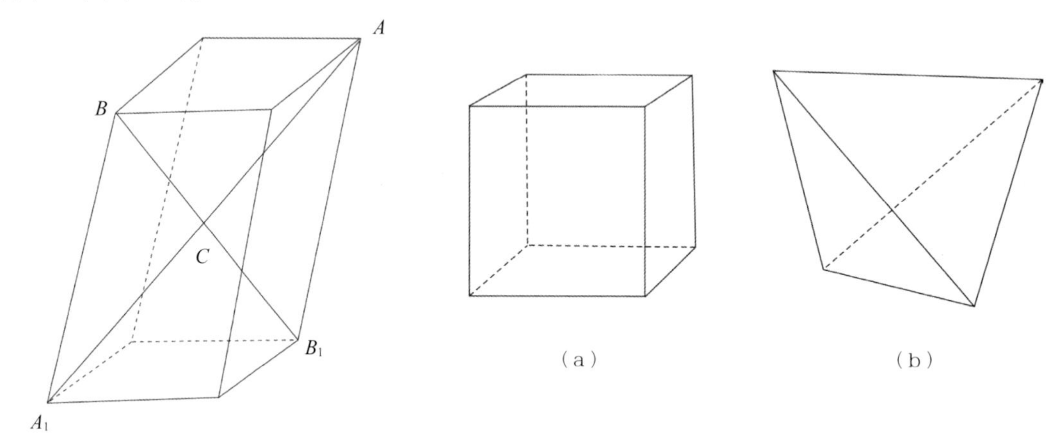

图1–1　具有对称中心的图形A与A_1、B与B_1为对应点

图1–2　立方体有一对称中心（a），四面体无对称中心（b）

（2）线——对称轴（L）　对称轴是指通过晶体中心的一根假想的直线。当晶体围绕其旋转一周（360°）时，其相同的外形能重复出现2、3、4或6次。这时的对称轴分别称为二次轴（L^2）、三次轴（L^3）、四次轴（L^4）和六次轴（L^6）（图1–3），三次对称轴以上的称之为高次轴。

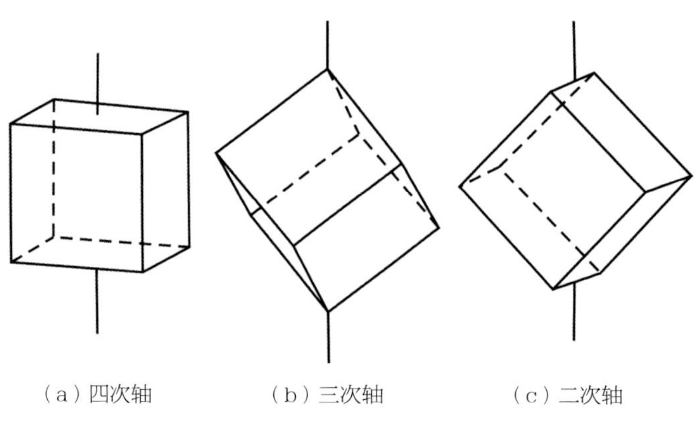

图1–3　立方体内的对称轴

（3）面——对称面（P） 对称面是一个假想平面，将一个晶体划分成互成镜像反映的两个相等部分。

这里最重要的是“镜像反映”，如果一个晶体沿对称面切割成两半，并将切割下的半个晶体的切割面对着镜面放置，映像将重现所失去的另半个晶体。

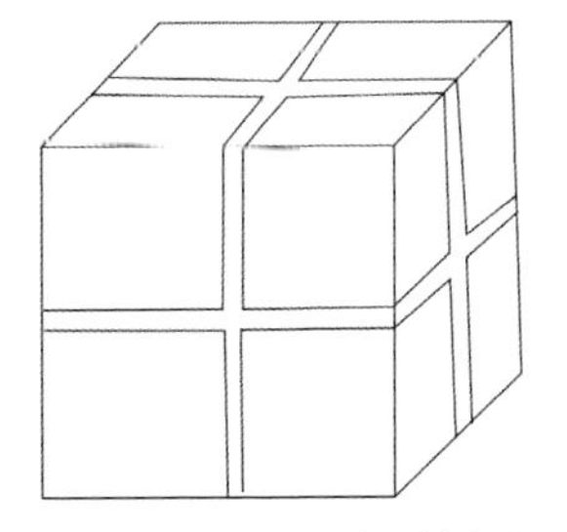

（a）垂直晶面和通过晶棱中心，并彼此互相垂直的三个对称面

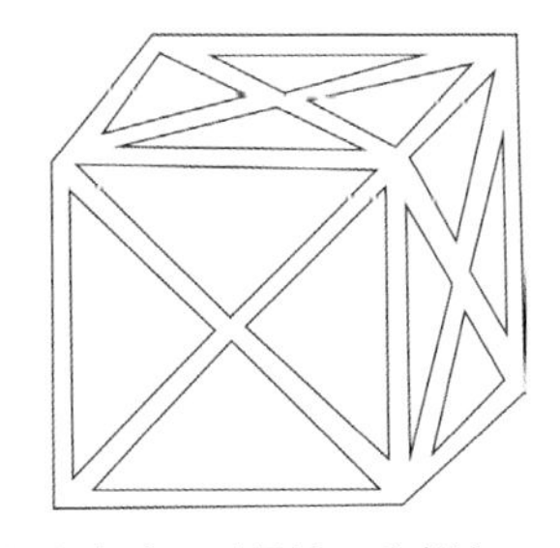

（b）包含一对晶棱、垂直斜切晶面的六个对称面

图1–4　立方体的九个对称面

根据晶体的特点，晶体中的对称面的可能数目是0～9个，立方体最高，有9个对称面（图1–4）。

3. 晶体的对称分类

根据晶体对称要素的组合特点，将晶体划分为三个晶族，七个晶系（表1–1）。它们是晶体研究的基础，并对晶体的光学性质和力学性质有着直接的影响。

表 1–1　晶体的对称分类

晶族名称	晶系名称	对称特点	宝石实例
高级晶族（有数个高次轴）	等轴晶系（或立方晶系）	有四个三次轴（$4L^3$）	钻石、石榴石
中级晶族（只有一个高次轴）	六方晶系	有一个六次轴（L^6）	绿柱石、磷灰石
	三方晶系	有一个三次轴（L^3）	红宝石、水晶
	四方晶系	有一个四次轴（L^4）	锆石
低级晶族（无高次轴）	斜方晶系	二次轴或对称面多于一个	橄榄石、金绿宝石
	单斜晶系	二次轴或对称面不多于一个	月光石、翡翠
	三斜晶系	无二次轴和对称面	绿松石、蔷薇辉石

宝石的晶体结构直接影响着宝石的晶体形态，不同晶体形态的宝石在加工切磨时，它的切磨方法是不同的。也就是说，宝石切磨后，既要美观，又要尽可能地保持宝石的最大重量。而宝石的切磨与宝石的晶体结构密切相关。

宝石的晶体结构还直接影响着宝石的物理性质，并直接影响宝石的美观和耐久性等，这些性质对宝石的切磨、宝石的鉴定都有很重要的作用。

二、晶体的外表特征

1. 晶体（Crystal）

凡具有一定的化学成分和晶体结构的固体，称为晶体。在其内部结构中，原子、离子或分子在三维空间均呈周期性的、有规律的平移重复排列，在外部形成具有晶面包围的固体。晶体形态的充分发育，可形成晶体外部晶面，这些外部晶面可以组成规则的几何多面体形态，称为单晶体。如钻石的八面体晶体，石榴石的菱形十二面体晶体，磷灰石的六方柱和六方双锥组成的晶体等（图1–5）。

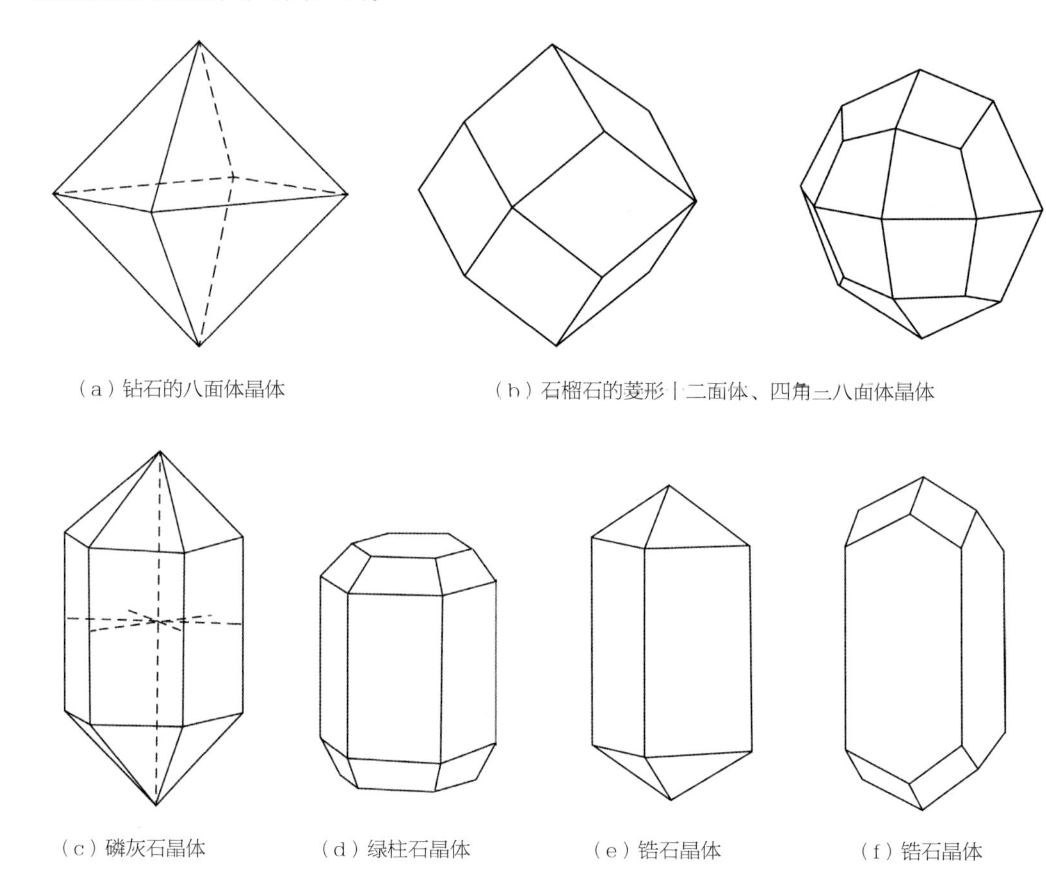

（a）钻石的八面体晶体　（b）石榴石的菱形十二面体、四角三八面体晶体

（c）磷灰石晶体　（d）绿柱石晶体　（e）锆石晶体　（f）锆石晶体

图1–5　不同晶体形态的单晶体

2. 双晶（Twin crystal）

双晶是两个以上的同种晶体按一定的对称规律形成的规则连生，相邻两个个体的相应的面、棱、角并非完全平行，但它们可借助对称操作——反映、旋转或反伸，使两个个体彼此重合或平行。双晶有以下三种类型（图1–6）。

（1）接触双晶　各单晶沿一个个的平面（双晶面）相接触，当把一部分沿轴（双晶轴）旋转180°后，两部分将构成一个单晶的形态；或借助一个假想镜面反映，使两个个体重合或成平行方位。尖晶石常出现这种简单的接触双晶。

（2）穿插双晶　两个单晶互生并相互穿插。十字石常呈此穿插形式，故又称为十字双晶。萤石两个立方体相互穿插呈穿插双晶。

（3）聚片双晶　一系列薄层晶体呈页片状接触，每一薄层晶体与相邻的晶体呈相反方向排列，故间隔的晶体具有相同的结构。

其他还有三连晶，如金绿宝石有时形成假六方晶体，是三个晶体穿插生长在一起。双晶对于宝石的光学性质和力学性质，都会产生很大的影响。

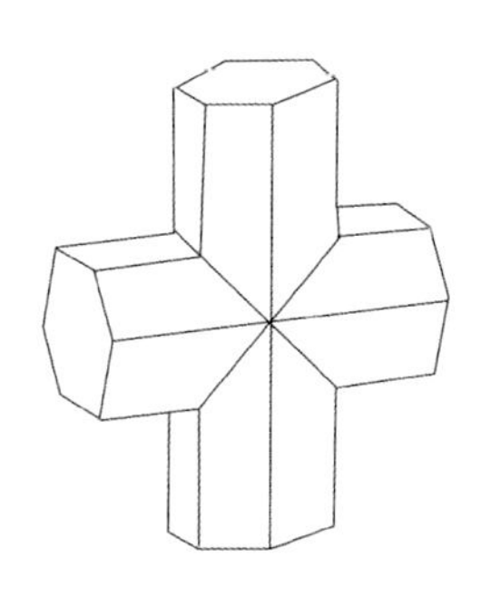

（a）十字石穿插双晶

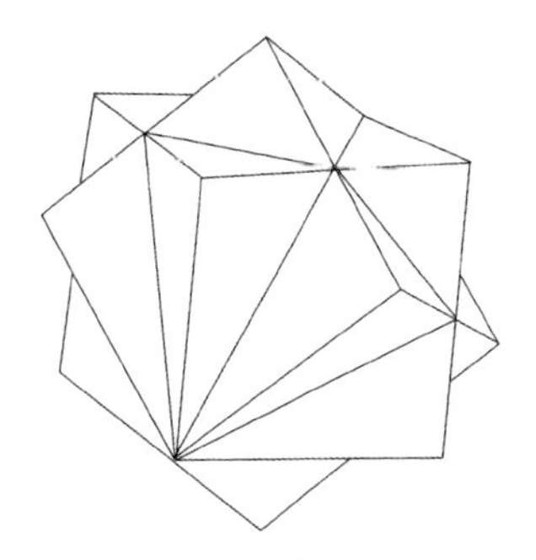

（b）萤石的穿插双晶

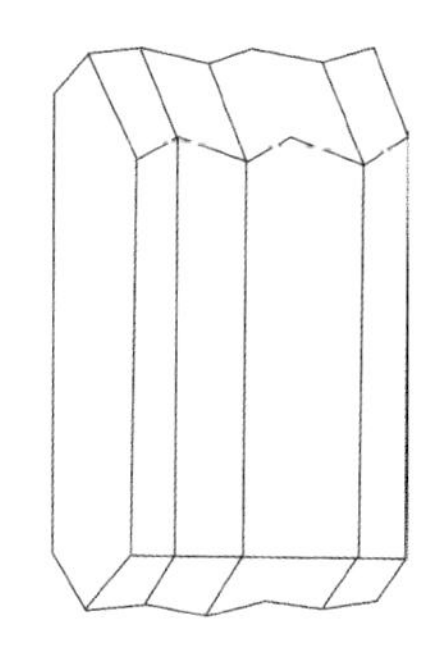

（c）钠长石聚片双晶

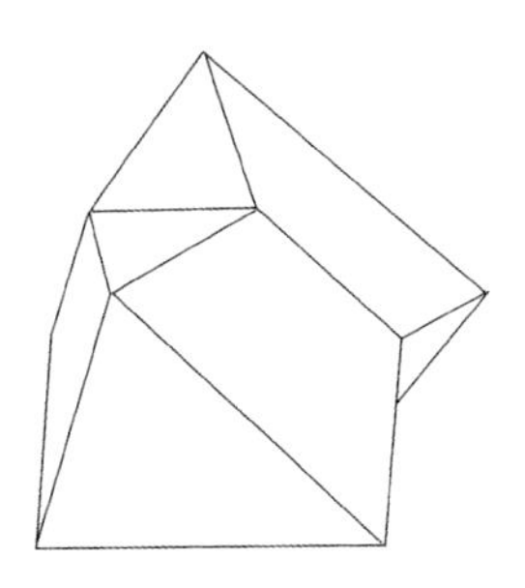

（d）尖晶石的接触双晶

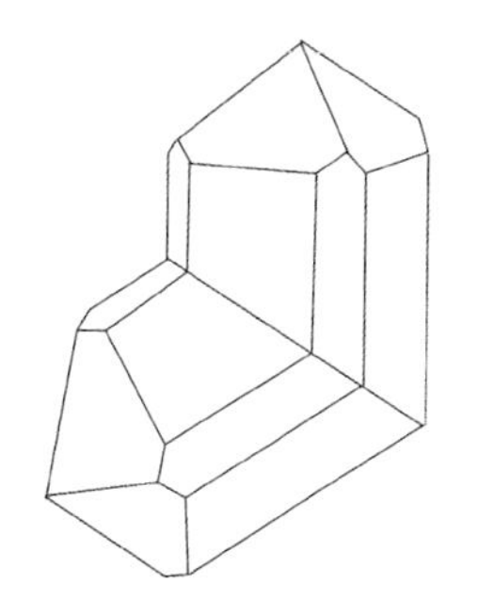

（e）锡石的膝状双晶

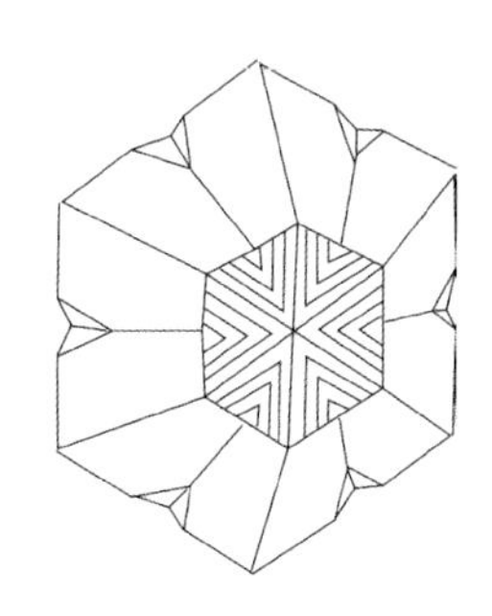

（f）金绿宝石的穿插三连晶

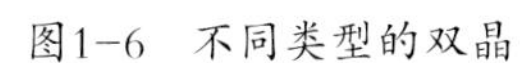

图1-6　不同类型的双晶

3. 晶簇（Crystal aggregates）

晶簇是由一组具有共同基底的单晶呈簇状集合而成。

4. 显晶质集合体（Crystalline aggregate）

显晶质集合体是指肉眼可见矿物晶体颗粒的集合体。宝石学中，按单体的结晶习性及集合方式的不同可分为粒状、片状、针状、柱状、棒状、放射状、纤维状等集合体。主要的显晶集合体形态如下。

（1）粒状集合体　由许多粒状单体任意集合而成，如石英质玉石、青金岩等。

（2）片状、鳞片状集合体　由结晶习性为二向延长的单体任意集合而成。集合体以单体的形状命名，单体呈片状者，称为片状集合体；单体呈鳞片状者称为鳞片状集合体，如珍珠。

（3）柱状、针状、毛发状、束状、放射状集合体　由一向延长的单体集合而成。柱状、针状和毛发状集合体中的单体呈不规则排列；若细长矿物规则地平行排列称纤维状集合体，如软玉猫眼。单体围绕某些中心成放射状排列称为放射状集合体，如孔雀石。

5. 隐晶质集合体（Cryptocrystalline aggregate）

晶体细小，只能在显微镜下才能分辨矿物晶体，称为隐晶质集合体，如玛瑙、玉髓、绿松石等。

第二节　宝石的化学成分

宝石的化学成分可以分为两种类型：一类是由同种元素的原子自相结合而成的单质（如钻石等）；另一类是由元素组成的化合物。化合物又可分为简单化合物（如红宝石等）和复杂化合物（如碧玺等）。

一、宝石的晶体化学分类

按照晶体化学分类，宝石分为自然元素类、氧化物类和含氧盐类。

1. 自然元素类

自然元素类是以单元素成分形式存在的宝石，如成分为碳（C）的钻石。

2. 氧化物类

氧化物类是一系列金属和非金属元素与氧离子化合而成的化合物。如成分为Al_2O_3的红宝石和蓝宝石，成分为SiO_2的水晶、紫晶、黄晶、芙蓉石、玉髓、欧泊等。属于复杂氧化物的宝石有尖晶石$(Mg,Fe)Al_2O_4$和金绿宝石$BeAl_2O_4$等。

3. 含氧盐类

大部分宝石属于含氧盐类，其中又以硅酸盐类矿物居多，宝石中硅酸盐类矿物约占宝石的一半。还有少量宝石属磷酸盐和碳酸盐类。

（1）硅酸盐类　硅酸盐类宝石的晶体结构中，硅氧四面体（SiO_4）是基本的构造单元。硅氧在结构中可以孤立地存在，也可以角顶相互连接而形成多种复杂的络阴离子。如橄榄石、石榴石、托帕石、碧玺、翡翠、岫玉等。

（2）磷酸盐类　含有磷酸根（PO_4^-），此类宝石成分复杂，如磷灰石$Ca_5(PO_4)_3(F,Cl,OH)$和绿松石$CuAl_6(PO_4)_4(OH)_8\cdot 4H_2O$等。

（3）碳酸盐类　这类宝石晶体结构中的特点是具有碳酸根（CO_3^-），如菱锰矿、孔雀石、方解石等。

二、类质同象

晶体结构中某种质点A（原子、离子、络离子或分子）被其他性质类似的质点B所代替，而能保持原有晶体结构不改变，只是其晶格常数发生不大的变化，这种现象称为类质同象。代替某一元素A的物质B称为类质同象混入物。

类质同象替代是引起宝石化学成分变化的主要原因，也是导致宝石致色的主要原因之一。例如碧玺的化学成分为$(Na,Ca)R_3Al_6Si_6O_{18}(O,OH,F)_4$，式中R主要为Mg、Fe、Mn、Cr、Li、Al等，这些元素之间复杂的类质同象替代，既造成了碧玺的化学成分十分复杂，也导致了碧玺具有多种颜色。

第三节　宝石的内含物

一、内含物的定义

宝石中的内含物是指在宝石生长过程中形成的，与主体宝石存在成分、结构、相态差异的内含物质、生长现象等。

内含物主要包括了以下两个方面的含义，既包括传统矿物学意义上的包裹体，也包括影响宝石透明度、净度的所有瑕疵。

（1）矿物学意义的包裹体　特指包含在宝石内部的固相、液相和气相物质。

（2）瑕疵　宝石学中的内含物还包括那些影响宝石透明度、净度的所有瑕疵和缺陷，如带状结构（色带、生长带）、双晶、断口、解理及裂隙，以及与内部结构有关的表面特征，如生长蚀象等。

二、包裹体的分类

在珠宝玉石鉴定中，主要是依据包裹体与宝石形成的相对时间和相态来进行划分。

1. 按包裹体与宝石形成时间先后关系分类

古柏林（E.J.Güblin）根据包裹体与宝石形成时间上的先后，将包裹体划分为原生包裹体、同生包裹体和次生包裹体。

（1）原生包裹体（Pre-existing inclusions）　原生包裹体是指在宝石形成之前已经结晶或存在的一些物质，在宝石晶体生长过程中被包裹到宝石内部，又称先成包裹体。这类包裹体总是固态的矿物，它们与寄主宝石通常不是同种矿物，但少数情况也可以是同种矿物，例如早期形成的金刚石被晚期形成的钻石所包裹。由于被包裹矿物在主晶生长的环境中被部分溶解或熔蚀，因而原生包裹体常呈浑圆状，但也可呈棱角状。这类包裹体的存在，可以作为天然宝石的鉴定特征。

（2）同生包裹体（Con-temporary inclusions）　同生包裹体是指与寄主宝石晶体同时形成，并被主宝石晶体捕获的包裹体。这类包裹体既可以是固态的矿物，也可以是液态和气态的包裹体，如水晶、红蓝宝石中的针状金红石，日光石、堇青石中的赤铁矿，拉长石中的针铁矿，气液两相包裹体、气固液三相包裹体等。还可以是生长带、色带等生长结构，可以呈零星分布，也可以成群分布或充填于同生裂隙中。合成宝石的包裹体，大都属于同生包裹体。

（3）次生包裹体（Post-temporary inclusions）　次生包裹体指宝石形成后产生的包裹体，它是宝石晶体形成后由于环境的变化，如受应力作用产生裂隙，外来物质渗入及充填裂隙，和放射性元素的破坏作用等引起。玛瑙中的树枝状铁、锰质氧化物的沉淀、各种裂隙等都是后生包裹体。

2. 按包裹体的相态分类

根据包裹体的相态特征，可分为固相、液相和气相包裹体。

（1）固相包裹体（Solid inclusions）　指在宝石中呈固相存在的包裹体，是以矿物晶体或以非晶质粉末被包含于宝石中。这些物质在形成时间上可以先于主体宝石，也可以与主体宝石同时形成。常见宝石中的固相包裹体见表1-2。

表 1-2　固相包裹体及其寄主宝石晶体

寄主宝石晶体	固相包裹体
钻石	金刚石、镁铝榴石、铬透辉石和橄榄石
金绿宝石、红宝石、蓝宝石、水晶	金红石
祖母绿	云母、方解石、黄铁矿
石榴石	磷灰石、锆石
橄榄石	铬铁矿
托帕石	石榴石（图1-7）

图1-7　托帕石中的固相石榴石包裹体

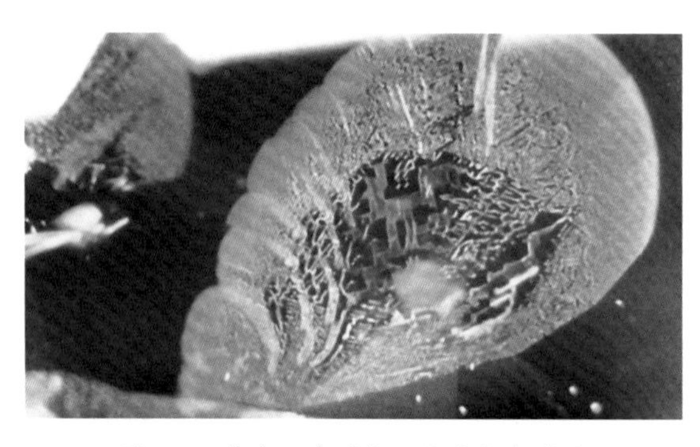

图1-8　蓝宝石中的指纹状液相包裹体

图1-9　黑曜石中的气相包裹体

（2）液相包裹体（Fluid inclusions）指单相、两相液体为主的包裹体，最常见的液体为水、含碳酸的水，常见于在伟晶作用与热液作用阶段形成的宝石晶体中。例如，红宝石和蓝宝石中的指纹状、羽状包裹体（图1-8），托帕石中的两相不混溶的液态包裹体等。

（3）气相包裹体（Gas bubble） 指包含在宝石中的气体，主要是水、二氧化碳和甲烷等。如玻璃、琥珀、黑曜石中的气泡等（图1-9）。

在宝石中，它们是晶体内部被液体、气体或者固体充填的空洞。包体可以单相的形式存在，也可以两相或三相的形式存在，从而可将其分为单相、两相和三相包裹体；单相包裹体指以固相、液相或气相单一相态存在的包裹体，即只充填液体，或者气体的孔洞称为单相包裹体。既有液体，又有气体充填的空洞称为两相包裹体，两相包裹体可以是气-液（如指纹状包体）、液-液（托帕石中的两相不混溶的液态包裹体）、液-固两相包裹体，三相包裹体指同一包裹体内含有三种相态的物质，即同时出现三种物态的空洞，如祖母绿中的气-固-液包裹体（图1-10）。如果晶体内部的空洞形态受到主晶晶体结构的制约而具有一定的几何形态，这样的空洞称为负晶（Negative crystal）（图1-11）。

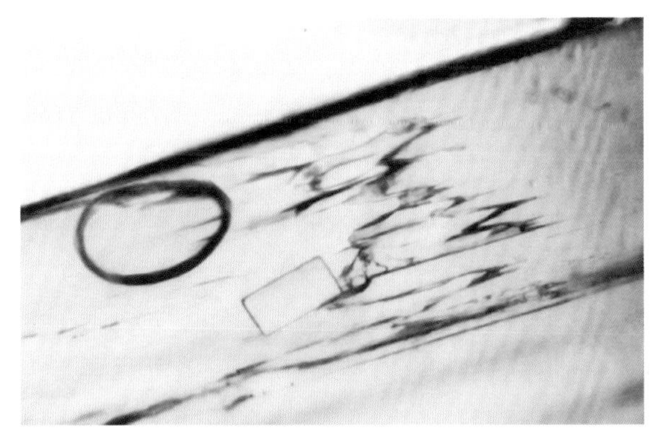

图1-10　祖母绿中的气-固-液三相包裹体

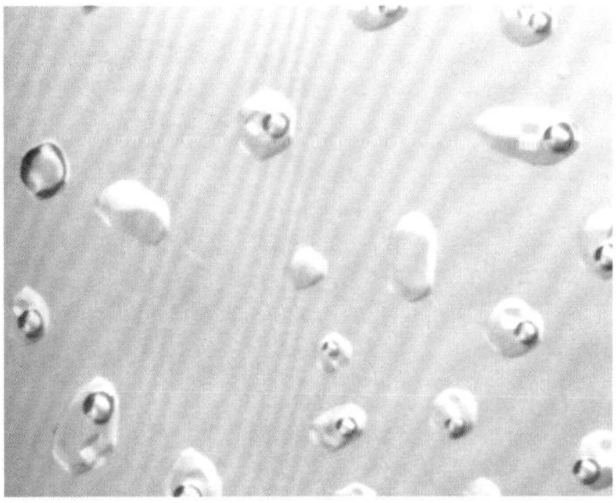

图1-11　水晶中的负晶包裹体

三、研究宝石内含物的目的和意义

宝石中内含物的研究在宝石学中具有重要的意义，主要体现在以下方面。

1. 确定宝石的品种，帮助判断宝石的产地

由于某些宝石含有特征的包裹体，这些包裹体可以帮助鉴定宝石的品种；不同产地的某些宝石具有其特征的内含物，可以帮助判别宝石的产地，如下所示。

（1）针状包裹体　如缅甸产的红宝石（图1-12）。

（2）竹节状包裹体　如乌拉尔产的祖母绿（图1-13）。

（3）两相互不混溶的液态包裹体　如托帕石（图1-14）。

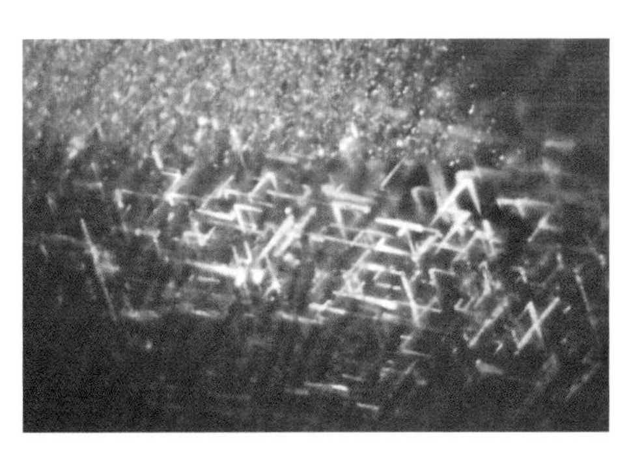

图1-12　缅甸红宝石中的针状包裹体

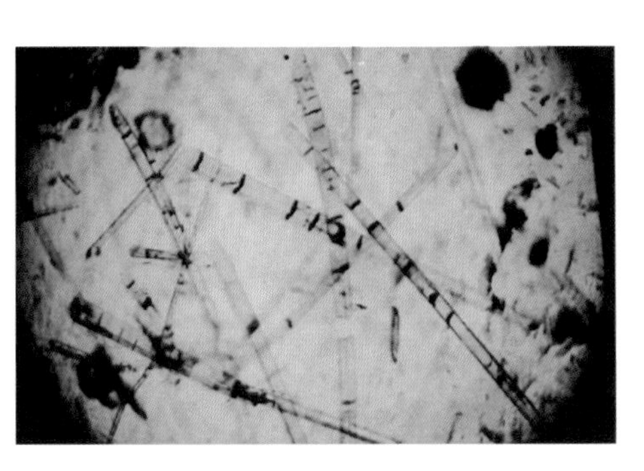

图1-13　乌拉尔产的祖母绿中的竹节状包裹体

2. 区别天然宝石、人工宝石和仿制宝石

由于人工宝石与天然宝石之间的差别越来越小，内含物在宝石鉴定方面的作用越来越重要，内含物的研究成为天然宝石与人工宝石区别的关键因素之一。通常天然宝石由于形成的地质环境复杂，生长过程漫长，宝石中或多或少含有内含物；而人工宝石的生长环境相对纯净，生长时间短暂，一般缺少内含物或有其特殊的生长痕迹。

不同的宝石合成方法，可以形成不同的内含物，如焰熔法合成的红宝石、蓝宝石中常见有弯曲的生长纹和细小的珠形气泡；助熔剂法合成的蓝宝石会出现未熔的熔剂、坩埚内壁掉落的细小

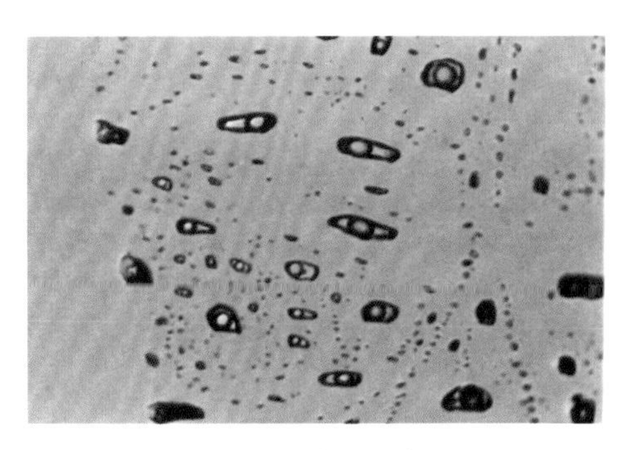

图1-14　托帕石中的两相互不混溶的液态包裹体

铂片、籽晶等内含物。这些内含物，在天然宝石中是不会出现的。

根据典型内含物特征，可以有效地区分天然宝石、人工宝石和仿制宝石。

3. 检测某些人工优化与处理的宝石

有些宝石在对其进行优化处理的过程中，会形成新的内含物特征，给宝石鉴定提供依据。宝石的优化、处理虽然对宝石的物理参数没有大的影响，但经优化、处理过的天然宝石的包裹体，往往会出现明显的变化。尤其是热处理过程，如气液包裹体的破裂、长针状包裹体变成断续的短针状、色带边缘颜色的扩散等。这些特征可以给鉴别宝石的优化和处理方法提供依据。

4. 根据宝石内含物的大小及分布特征对宝石进行评价和分级

研究宝石的内含物有助于评价宝石的质量、了解宝石的性质。一般情况下，宝石内含物的存在会降低宝石的质量。在宝石质量评价时，内含物的颜色、大小、数量、位置和明亮度等，对宝石的品质起着重要的作用。因此，宝石内含物的大小和分布特征，对宝石的质量有着直接的影响。

5. 了解宝石形成的条件、指导找矿，确定合成宝石的实验条件

宝石中的内含物是研究宝石形成条件最直接的证据，其所含内含物的种类、成分、组合及其特征，可反映宝石形成时的物源、特定的地质环境和热力学条件，推断宝石的成因，这对于宝石的找矿、勘探、开采及进行人工合成宝石具有重要意义。

6. 指导宝石加工

根据宝石中内含物的特点对宝石进行合理加工，使加工出来的宝石，既能保持最大的重量，又具有最好的质量，获得最大的经济效益。某些宝石因为具有某些特征的内含物，可以使宝石增值，如水胆玛瑙。若宝石中存在一组或多组平行排列的纤维状包裹体时，经过合理的加工，可使宝石产生猫眼效应或星光效应，也可提高宝石的价值。

思 考 题

一、名词解释

晶体、非晶体、平行连生、双晶、类质同象、多晶质宝石、显晶质、隐晶质、内含物

二、问答题

1. 晶体的基本性质有哪些？
2. 什么是晶体的对称？晶体有哪些对称要素？列表写出晶体的对称分类（包括晶族名称，晶系名称以及举例）。
3. 晶体常数有哪些？写出七个晶系的晶体常数特点。
4. 宝石的晶体化学分类有哪些？
5. 什么是单形、聚形？请举例说明。
6. 什么是双晶？
7. 类质同象对宝石有何意义？

8. 研究宝石的内含物有何意义？

三、填空题

1. 晶体是指具有________的固体，晶体的内部________作规律排列，且这种排列可在三维空间作重复。

2. 晶体具有________、________、________、________、________和________六大特点。

3. 晶体的对称要素包括________、________和________。

4. 根据对称性可将晶体分为________个晶族，________个晶系。

5. 宝石的________和________是决定一个宝石品种两个最基本，也是最根本的因素。

四、判断题

1. 宝石大多数都属于氧化物类矿物，如红宝石、蓝宝石、尖晶石、金绿宝石等。（　　）

2. 自然元素类的宝石只有钻石一种。（　　）

3. 同一种化学组分只能有一种晶体结构。（　　）

4. 宝石中的负晶包体形态与寄主晶体的形态具有相似性。（　　）

5. 六边形“蜂窝状”排列的玻璃纤维是玻璃猫眼的典型特征。（　　）

6. 内含物特征是区分天然和合成宝石的唯一证据。（　　）

第二章

宝石的物理性质

第一节 宝石的解理、裂开和断口

一、解理

1. 定义和等级划分

晶体在外力作用下，严格按一定的结晶方向破裂，并能裂开成光滑平面的性质，称为解理（Cleavage）。裂开成光滑的这些平面，称为解理面。依据解理的特点，可以分为五个等级。

（1）极完全解理 在外力作用下，极易裂成薄片。解理面显著、平整、光滑，如云母、石墨等。

（2）完全解理 在外力作用下，很易沿解理方向裂成平面（但不能撕裂成薄片）。解理面显著，且较平滑。如托帕石、萤石（图2-1）、方解石等。

图2-1 萤石——完全解理

（3）中等解理 在外力作用下，能沿解理方向裂成平面。解理面显著，但不够平滑，如钻石（图2-2）。

（4）不完全解理 在外力作用下，不易裂成解理面，即使裂成解理面，该面也不甚平整，或解理面断续分布，如磷灰石、锆石、橄榄石等。

（5）极不完全解理（无解理） 在外力作用下，晶体极难出现平滑的裂开面。

观察解理时，特别要注意是否能见到一系列呈阶梯状的平面，因为解理是沿着一定的结晶方向破裂的，故应呈阶梯状出现。解理可以作为鉴定宝石原石的依据之一。

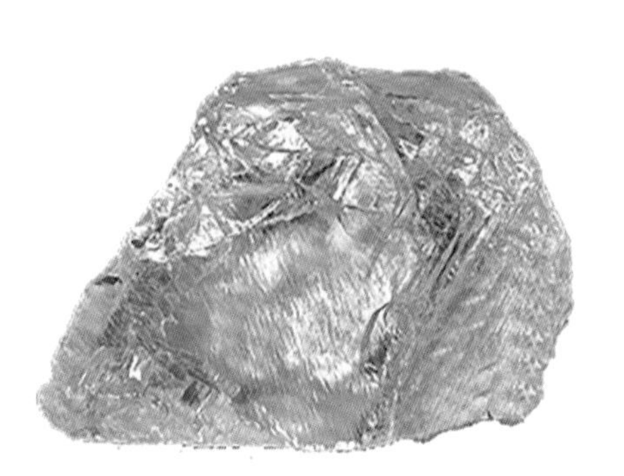

图2-2 钻石——中等解理

2. 解理在宝石中的应用

（1）帮助鉴定宝石，对解理较为发育的宝石具有鉴定意义；

（2）在宝石加工中，解理的存在对硬度较高、质量较差的部分，能够使其较容易除去；

（3）在平行解理的方向上，宝石始终不能被抛光，因此切磨宝石的台面不能平行于解理面的方向，在加工时，要使台面与解理面方向至少有5°以上的夹角。

二、裂开（裂理）

晶体在外力作用下，沿一定结晶方向裂开成平面的性质，称为裂开（裂理，Parting）。从表面看很像解理，但它与解理不同，它不受晶体内部格子构造的控制，所以这种性质不是宝石晶体所固有的。如刚玉具有平行菱面体的聚片双晶，故常沿菱面体面发育裂理，其另一组常见裂理发育于与底面平行的方向。裂理的形成与以下因素有关。

（1）存在双晶时（尤其是聚片双晶），裂理可能沿着双晶接合面发生。如刚玉（红宝石、蓝宝石）不具解理，但常沿菱面体方向成聚片双晶，故常见菱面体方向的裂理。

（2）存在某种包裹体或固溶体难溶物的夹层时，裂理可能沿夹层出现。

三、断口

晶体在外力作用下，沿任意方向裂开的性质，称为断口（Fracture）。断口的发生无固定的方向，且断面不平整，但常具有一定的形态，因而断口特征，也可作为宝石原石的鉴别标志之一。

断口的类型通常有以下几种形态。

（1）贝壳状　断口呈圆弧形的光滑曲面，断面上具有不规则的同心条纹，形似贝壳表面的纹饰。

（2）粒状　断口表面呈极细的砂粒状。

（3）锯齿状　断口表面呈尖锐的锯齿状。

（4）参差状　断口面参差不齐，粗糙不平。

第二节　宝石的硬度和韧性

一、硬度

宝石的硬度（Hardness）是指宝石在受到外来机械作用力——刻划、压入或研磨时，所表现出来的机械强度，常用H表示。硬度是宝石的重要特性之一，宝石的耐久性主要取决于宝石的硬度。最常用的宝石硬度的测试和表示方法是摩氏硬度。

摩氏硬度是1824年由奥地利矿物学家摩氏（Mohs）首先提出来的。他将硬度分为10级，并分别用10种矿物指示。这10种矿物按序排列，即构成摩氏硬度计，见表2–1。

表 2–1　摩氏硬度表

硬度的等级	1	2	3	4	5	6	7	8	9	10
指示矿物	滑石	石膏	方解石	萤石	磷灰石	正长石	石英	黄玉	刚玉	金刚石

必须指出：这10种矿物所代表的硬度，只是其相对大小，各级之间绝对硬度的差异并非均等（图2–3）。钻石的绝对硬度大约是刚玉绝对硬度的140倍，其他各级之间的差异要小得多。因此，摩氏硬度是一种相对硬度。宝石的硬度通常表现为摩氏硬度大于6级。

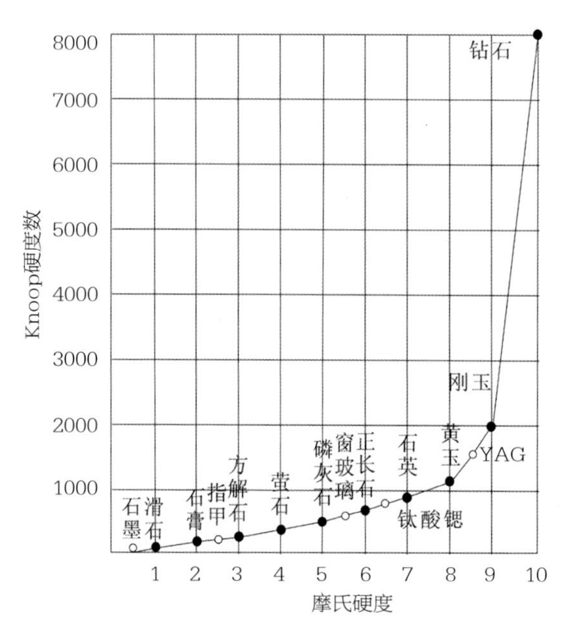

图2-3 相对硬度和绝对硬度的比较

摩氏硬度的测定十分简单。选择待测宝石之新鲜的晶面或抛光面，用摩氏硬度计中的矿物刻划之，观察在待测宝石的刻划处，是否留下刻痕，从而估计出待测宝石的硬度。宝石硬度的测试，对其原石的鉴别来说，是快速有效的，但对宝石成品来说，则是破坏性的，一般不用。在万不得已时，则用宝石成品之腰部，轻轻地在磨平的标准矿物片上刻划，检查矿物片上有无刻痕，从而估计出宝石成品之硬度。一般情况下，不可用摩氏硬度计中的标准矿物，来刻划宝石成品。

为了便于测试宝石的相对硬度，人们还用标准矿物之尖锐小碎块制成硬度笔，作为测试宝石成品硬度的工具。用硬度笔测定宝石成品的硬度时，必须在宝石成品上不易被察觉的部位进行，并应使刻痕尽量小而只能在放大镜下才可观察到。使用硬度笔的一般规则是：从硬度小的笔开始向硬度大者依次进行。其目的是为了在宝石成品上仅留下一条刻痕。

绝大部分宝石都是晶体，而晶体是各向异性的，因而宝石晶体不同方向上的硬度有可能存在着差别。但对于大多数宝石来说，这种差别太小了，以至于不能用刻划试验测出来。但蓝晶石则具有明显的二硬性，即在平行晶体生长的方向硬度，明显小于垂直晶体生长方向的硬度。同样，钻石在平行八面体方向上的硬度大于平行立方体和菱形十二面体方向上的硬度。因此，在切磨过程中，钻石粉末中的一些细粒就有可能以最硬的方向切磨“较软”的方向。所以这一性质常被用于钻石的切割和研磨。宝石的硬度为宝石的加工和切磨，提供了重要的理论依据，不同硬度的宝石要选用不同的研磨和抛光材料。

二、韧性

宝石的韧性（Toughness）是指宝石在外力作用下，抵抗碎裂的性质。易于碎裂的性质称为脆性（Brittleness）。韧性和脆性是一个问题的相反的两个方面，即韧性好，脆性就小；韧性差，脆性就大；它们是宝石抗碎裂程度的一种标志。

韧性与硬度都是决定宝石耐久性的因素。韧性或脆性与宝石的硬度之间没有必然的联系；硬度较大者，未必韧性亦大（或脆性较小）；如钻石的硬度最大，耐磨损性好，但韧性较小，脆性较大，较易破碎，即钻石可刻划钢锤，但经不起钢锤的敲击，故在钻石的加工和佩戴时，要注意尽量避免撞击。又如，软玉硬度较低，但它的韧性较好，脆性较小，不易破碎，它虽不能刻划钢锤，但有时能经得起钢锤之敲击。一般玉石的韧性都比较好，人们正是利用这一点，将其雕琢成各种玲珑剔透的玉器工艺品。

三、稳定性

宝石的稳定性（Stability）是指宝石抵抗由光、热、化学腐蚀引起宝石褪色或其他变化的能力。它也是决定宝石耐久性的重要因素之一。

第三节　宝石的相对密度

密度（Density）是单位体积物质的质量。用公式表示为：

$$D = m/v$$

式中，D为密度，m为物质的质量，v为物质的体积。密度的单位为g/cm^3。

相对密度（Specific gravity,SG）是物质在空气中的重量与4℃时同体积水的重量之比。英文缩写为SG，是无量纲的。

由于4℃时水的密度为$1g/cm^3$，此时相对密度与密度的数值相等，在其他温度条件下，两者是有差别的，但差别极小。

密度或相对密度的大小取决于组成元素的原子量、原子或离子的半径和结构的紧密程度。因此，它们是宝石鉴定的重要因素之一。一般来说，离子的原子量越大，结构排列越紧密，它们的相对密度就越大。

最典型的例子就是钻石和石墨。钻石具有较紧密的堆积和较强的键力，其摩氏硬度为10，相对密度为3.52；而石墨具有较稀松的层状结构，而且键力微弱，其摩氏硬度为1.5，相对密度为2.23。

在实际应用中，物质的体积尤其是不规则形状的体积较难获得，因而密度的测定较为困难。相对而言，物质相对密度的测定要容易得多。因此，在宝石鉴定过程中，通常以相对密度作为宝石鉴定的标志。

第四节　宝石的其他物理性质

一、导热性

宝石的导热性（Thermal conductivity）是指宝石对于热的传导能力。凡导热性强的物质，都能迅速地传送热量。例如人们熟知的金、铜、铝等，当人们用手触摸时，就会有凉的感觉，这是因为这些金属迅速地将手上的热量传开，而木材和布料等，用手触摸时则有温热的感觉，这是因为这些材料的导热性较低。

导热性的强弱，可以用热导率来表示，热导率越大，物质的导热性就越强，例如铜的相对热导率为0.927，铝为0.485。常见宝石的热导率，见表2-2。

表 2-2　常见宝石或人工宝石的热导率表

宝石或人工宝石	热导率/（$Wm^{-1}K^{-1}$）	宝石或人工宝石	热导率/（$Wm^{-1}K^{-1}$）
钻石	1.6～4.8	立方氧化锆	0.01
蓝宝石	0.0834	钆镓榴石	0.01
托帕石	0.0446	钇铝榴石	0.01
水晶	0.0264	钛酸锶	0.01
锆石	0.0109	人造尖晶石	<0.01
人造金红石	0.01	玻璃	0.003

导热性是宝石的重要性质，从表2-2可以看出，晶体的导热性较非晶体好。因此，在鉴定宝石时，许多人利用手感对宝石进行初步鉴定就用了导热性这一性质。晶体手摸上去要感觉比非晶体凉一些。其中最为突出的是钻石，其导热性比其他宝石高数百倍至数千倍。根据这一性质，人们设计了一种专门鉴定钻石及其仿制品的仪器——热导仪（Thermal inertia meter）。

二、导电性、压电性和热电性

1. 导电性

导电性（Electrical conductivity）是指矿物对电流的传导能力。一般来说，金属矿物是电的良导体，非金属矿物是电的不良导体，而有的矿物是电的半导体。在宝石鉴定中，也可用导电性来帮助鉴定宝石。如天然蓝色钻石是电的半导体，而辐射处理或染色的蓝色钻石，则不导电。

2. 压电性

压电性（Piezoelectricity）是指某些矿物晶体在机械作用的压力或张力影响下，因变形效应而呈现的荷电性质。在压缩时产生正电荷的部位，在拉伸时，产生负电荷。在机械地一压一张的相互作用下，就可以产生一个交变电场，这种效应称为“压电效应”。

反过来具有这种压电性的矿物晶体，把它放在一个交变电场中，它就会产生一伸一缩的机械振动。矿物的压电性只发生在无对称中心，具有极性轴的各类晶体矿物中（如石英）。矿物的压电性在现代科学技术中被越来越广泛地应用，如无线电工业中用作各种换能器、超声波发生器等。在宝石学中的应用尚有待进一步开发。

3. 热电性

热电性（Pyroelectricity）是指宝石矿物在外界温度变化时，在晶体的某些方向产生荷电的性质（如电气石）。

三、放射性和磁性

1. 放射性

含有放射性（Radioactivity）元素的宝石矿物，由于所含的放射性元素能自发地从原子核内放射出粒子或射线，同时释放出能量，这种现象叫放射性，这一过程叫放射性衰变。

放射性在个别宝石中存在，如锆石，天然就含微量放射性元素铀、钍。放射性元素可使宝石致色，但放射性太高会对人体产生伤害，因此，对于这类宝石的使用，必须严格执行相关的标准。

利用放射性辐照可对宝石进行优化处理，对此类产物，要严格执行相关标准，准确测定所含放射剂量，以防止由于放射性的存在，而给消费者带来的不良影响。

2. 磁性

宝石矿物的磁性（Magnetism），主要是由于矿物成分中含有铁、钴、镍、钛和钒等元素所致。磁性的强弱取决于具体宝石矿物所含上述元素的多少。一些比较强磁性的宝石矿物，如磁铁矿和赤铁矿，可以用磁性对它们进行鉴定。

思 考 题

一、名词解释

解理、裂开和断口、脆性和韧性、相对密度、导热性、硬度

二、问答题

1. 宝石的力学性质有哪些？这些性质对宝石有何意义？
2. 什么是硬度？宝石的硬度表示方法是哪种？写出摩氏硬度的级别及代表性矿物。
3. 宝石耐久性的影响因素有哪些？

三、选择题

1. 解理是宝石的一个重要的力学性质，根据解理产生的难易程度和完好性，将解理分为：

（A）三级　（B）四级　（C）五级　（D）六级

2. 下列哪种宝石可发育裂理？

（A）萤石　（B）托帕石　（C）长石　（D）红宝石

3. 贵重宝石对耐久性的要求很重要，其摩氏硬度（H）要求：

（A）H7以上　（B）H8以上　（C）H7.5以上　（D）H8.5以上

4. 下列宝石中，哪个品种韧性最大？

（A）钻石　（B）翡翠　（C）玛瑙　（D）和田玉

5. 要对钻石进行劈开时，利用下列哪种性质？

（A）高硬度　（B）高折射　（C）解理　（D）相对密度

6. 祖母绿常常被切磨成祖母绿琢型，其中的四个角被切成八边形的矩形，主要考虑因素是：

（A）韧性和颜色　（B）脆性和颜色　（C）脆性和内含物　（D）内含物和颜色

7. 下列哪种宝石的解理最发育？

（A）萤石　（B）托帕石　（C）长石　（D）红宝石

第三章 宝石的光学性质

宝石的光学性质在宝石鉴定和评价中，有着极为重要的意义，主要表现在以下三个方面。首先，宝石的颜色是评价宝石质量的重要因素之一，特别是有色宝石，历来就是因其瑰丽的色彩吸引着人们，如彩色的钻石，其价值远高于一般的钻石。因此，美丽的颜色是影响宝石价值最重要的因素之一。其次，对宝石进行鉴定时，是以不损伤宝石为前提的。因此，宝石的光学性质是宝石鉴定最重要的理论基础。再者，宝石的光学性质，影响宝石加工的琢型及比例。

第一节 光的本质

光是一种以极快的速度通过空间辐射能量的电磁波；人眼所能看见的自然光只是太阳全部辐射能的一小部分。其他波段的光，人眼是无法看见的。

光在空气中的传播速度接近300000km/s，进入固体（如宝石后）速度明显降低。

一、自然光

从实际光源直接发出的光波，都属于自然光，如太阳光、白炽灯光等。一束光线是由朝同一方向传播的无数条光波组成，正常情况下，自然光的振动特点是，在垂直光波传播方向的平面内，各个方向都有等振幅的光振动（图3-1）。

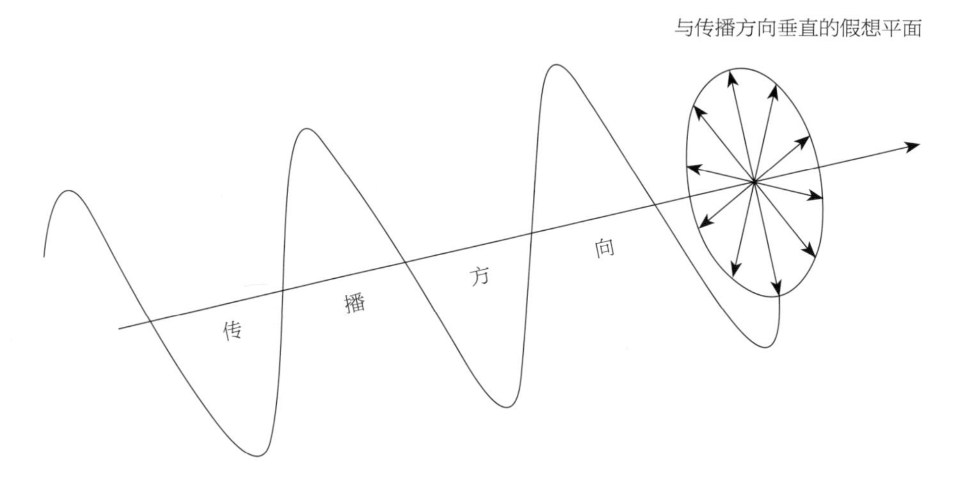

图3-1　自然光的传播特点

二、偏振光

自然光通过特制的偏振滤光片后，使其成为只在一个固定方向振动的光波，这种光波称为平面偏振光（图3-2），简称偏光。

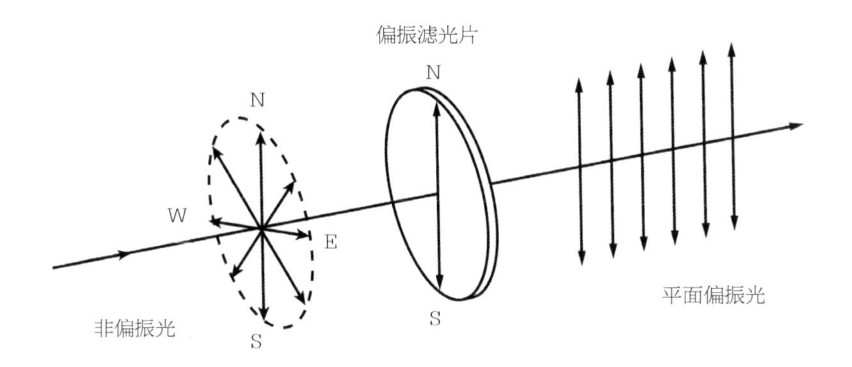

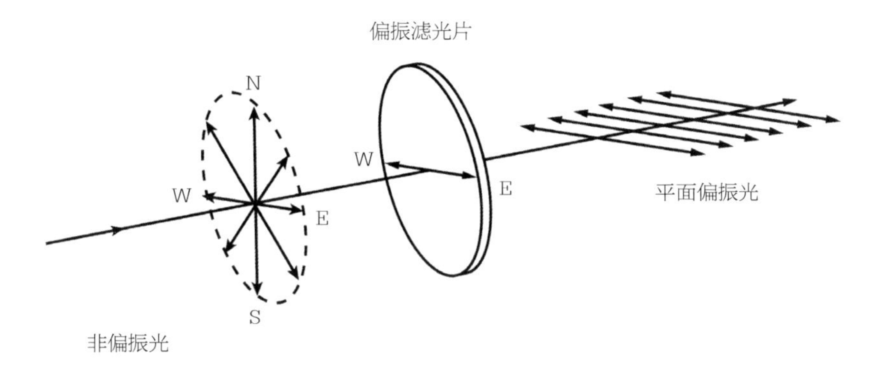

图3-2 利用偏振光滤光片产生平面偏振光

三、可见光

可见光的波长从红光约700nm到紫光约400nm，向两端延伸至380～780nm范围。从长波到短波依次为：红、橙、黄、绿、蓝、紫，两个相邻颜色之间可有一系列的过渡色，光谱中除了572nm（黄）、503nm（绿）和478nm（蓝）的波长颜色不受光强度的影响外，其余颜色在光强度增加时略向红色或蓝色偏移，这些波段的光波混合起来成为白光。

——780——700——620——600——550——490——450——400——380——

红外↓ 红 橙 黄 绿 蓝 紫 ↓紫外

可见光波段/nm

第二节 宝石的颜色

可见光对宝石的作用是重要的，正是由于光的作用使宝石产生五颜六色，依赖于宝石与光的相互作用，显示出宝石的瑰丽多彩，而使宝石深得人们的喜爱。宝石的颜色是最直观、最富变化的，它是宝石鉴定和质量评价的主要依据之一。

一、选择性吸收及其颜色

颜色是可见光对人眼的刺激而产生的感觉。

当各种波长的可见光混合组成的白光，照射到透明的宝石上时，如其中部分波长的光被吸收，即为选择性吸收（Selective absorption），宝石就会呈现被吸收颜色的补色。宝石的颜色，是指宝石对可见光均匀吸收或选择性吸收后，透射或反射光波混合而产生的颜色。

若白光照射到不透明宝石上，则将反射出某种波长的光，其他的则被宝石所吸收，宝石呈现被反射的那种波长光的颜色。

若白光照射到透明宝石上，宝石就会产生选择性吸收，选择性吸收的发生，主要与宝石成分中某些离子的电子构型有关。若宝石成分中含有过渡金属元素，如Ti、V、Cr、Mn、Fe、Co、Ni、Cu等离子时，有可能吸收某一波长的可见光波，从而使宝石呈色。不同元素的离子，吸收不同波长的光波，使宝石形成不同的颜色。上述一些过渡金属离子，是宝石中重要的着色剂，被称之为发色团（Chromophores），也称为致色元素。

同一种过渡元素离子，在不同的氧化态条件下，会吸收不同波长的光，使宝石呈现不同的颜色。如：橄榄石由Fe^{2+}致色，呈黄绿色；金绿宝石由Fe^{3+}致色，呈黄色。加热优化处理蓝宝石和海蓝宝石，就是设法改变Fe的氧化态，以提高它们的颜色品质。

发色团离子对光的选择性吸收，还与其在晶体结构中的占位情况有关。同一种元素的离子，在不同的晶体结构中，或在同一晶体结构中占据不同的位置，会吸收不同波长的光，使宝石呈现不同的颜色。

二、自色和他色宝石

如果致色元素是宝石成分中的一种固有组分，则其颜色基本是不变的，称为自色，相应的宝石称为自色宝石。因此，其颜色是重要的鉴定宝石的标志之一。常见的自色宝石，见表3-1。

表 3-1　常见自色宝玉石表

致色元素	珠宝玉石名称	颜色
铬（Cr）	钙铬榴石	绿色
锰（Mn）	锰铝榴石	橙色
	蔷薇辉石	粉红-红色
铁（Fe）	橄榄石	绿色
	铁铝榴石	红色
铜（Cu）	孔雀石	绿色
	硅孔雀石	淡绿-蓝色
	绿松石	天蓝-绿色

宝石的主要成分中无固定的致色组分，但若含有微量的某些过渡元素时，则显现出较为美丽的颜色，称为他色，相应的宝石称为他色宝石。如纯净的刚玉为无色，但若含有微量的Cr^{3+}时，呈现红色，称之为红宝石；若含有Fe^{2+}和Ti^{4+}时，呈现蓝色，称之为蓝宝石。常见的他色宝石，见表3-2。

表 3-2　常见他色宝玉石表

致色元素	珠宝玉石名称	颜色
Fe+Ti	蓝宝石	蓝色
V	绿柱石	绿色
	坦桑石	淡蓝-紫蓝色
Fe	海蓝宝石	绿蓝色
	蓝色尖晶石	蓝色
Co	钴玻璃	蓝色
	合成蓝色尖晶石	蓝色
Cr	红宝石	红色
	祖母绿	绿色
	变石	红色、绿色
	红色尖晶石	红色
	翡翠	绿色
Mn	红色绿柱石	玫瑰色
Ni	绿玉髓	绿色

三、色心致色

宝石在生长过程中，由于种种物理、化学因素的影响，在晶体局部范围内，质点的排列偏离了晶格的周期性重复规律，即形成晶格缺陷。色心（Color center）就是晶体结构中一类特定的晶格缺陷。

这种缺陷使得当白光照射在宝石上时，发生选择性吸收而引起宝石呈色。如紫水晶、烟水晶等，都是色心致色的典型实例。

四、物理光学作用致色

上述讨论的宝石颜色，都是由于宝石内部的化学成分和晶体结构缺陷所引起的呈色现象，即所谓的体色（Body color）。

除此以外，宝石的颜色还可由于其中的包裹体、裂隙、双晶、宝石定向排列的杂质夹层等，在可见光的照射下，发生物理光学作用，如干涉、散射、衍射等引起。由于这种原因，引起宝石的颜色称为假色（Pseudochromatism）。如欧泊的变彩，拉长石和月光石的晕彩等。

五、宝石颜色的观察

宝石颜色的观察必须在白色的背景下，用反射光观察宝石表面，光源应为自然光或与之等效的光。

宝石颜色的描述，按颜色的纯度分为单色宝石和复色宝石两种。单色宝石直接用光谱色来描述，如红色、绿色、白色、黑色等；复色宝石则以辅色在前，主色在后的顺序进行描述，如紫蓝色，蓝紫色。不仅要描述宝石颜色的色彩，还要描述其色调深浅及明暗程度、颜色分布的均匀程度等，如浅黄色、暗红色。对于颜色分布不均匀的宝石材料，还需描述色

环、色带、色团、色斑等的颜色、位置、形状、大小及分布特征等方面的内容。

通过对宝石颜色的观察，可以初步获得对宝石的色彩印象，为后续鉴定提供依据。

第三节　宝石的光泽和透明度

一、光泽

宝石的光泽（Luster），是指宝石表面对可见光的反射程度。主要由宝石本身的折射率、吸收系数和反射光的强度决定，折射率越大，光泽越强。另外，宝石的光泽还与宝石表面的光洁度和抛光质量有关。对同一种宝石来说，宝石表面的光洁度越高，其光泽则越强。光泽亦是宝石的鉴定特征之一。

宝石的光泽从总体上讲，可以分成两大类，即金属光泽（Metallic luster）和非金属光泽（Non–metallic luster）。

具金属光泽者反射率很大，其表面的反射能力极强，似一般金属的表面，宝石中具有此光泽者不多，主要有赤铁矿、黄铁矿等。

具非金属光泽者其反射能力相对较低，为绝大多数宝石所具备。在宝玉石鉴定中，宝石的光泽根据其表现特征，可分为以下几种。

（1）金刚光泽（Adamantine luster） 具金刚光泽的宝石，其折射率（*RI*）介于2.00～2.60之间，是非金属光泽宝石中，反射能力最强的，类似钻石表面对光的反射，故称之。

（2）亚金刚光泽（Subadamantine luster） 具亚金刚光泽的宝石，其折射率（*RI*）介于1.90～2.00之间，其反射能力介于钻石和玻璃之间。锆石、翠榴石等折射率相对较高的宝石具有此光泽。

（3）强玻璃光泽（Bright vitreous luster） 具强玻璃光泽的宝石，其折射率（*RI*）介于1.70～1.90之间。例如红宝石、金绿宝石。

（4）玻璃光泽（Vitreous luster） 具玻璃光泽的宝石，其折射率（*RI*）介于1.54～1.70之间，其反射能力相对较弱，如平板玻璃之表面。具此光泽的宝石相对较多，如碧玺、水晶等。

（5）亚玻璃光泽（Semivitreous luster） 具亚玻璃光泽的宝石，其折射率（*RI*）介于1.21～1.54之间。例如萤石、欧泊。

（6）油脂光泽（Greasy luster） 宝石表面类似于涂了一层油脂一样的光泽。晶质集合体玉石常具有这样的光泽，如软玉、翡翠。

（7）蜡状光泽（Waxy luster） 表面反光较差，类似石蜡表面的光泽。大多数的玉石具有此光泽。

（8）树脂（松脂）光泽（Resinous luster） 类似树脂表面的光泽。通常密度和硬度均低的非晶质宝石，常具有此类光泽，如琥珀。

（9）丝绢光泽（Silky luster） 类似一束蚕丝或带彩色的绸丝所呈现的光泽。具细针状包裹体近平行排列的宝石或具纤维构造的玉石，具有此类光泽，如虎睛石等。

（10）珍珠光泽（Pearly luster） 具细小片状个体呈迭瓦状排列所致，类似蚌壳内壁所呈现的光泽。珍珠具有典型的珍珠光泽。

光泽是宝石的重要性质之一。观察光泽应使用反射光照明，观察其抛光面。在宝石的肉眼鉴定中，鉴定人员可以凭借光泽的特征，将部分仿制品剔除或对不同的宝石品种进行初步的鉴

定。对粗糙宝石的断面光泽进行观察，可以帮助鉴定未切割的宝石。此外，光泽还可以用于鉴定拼合石，即同一粒宝石不同部位的光泽，出现明显的差异。但是，必须注意的是宝石的光泽并不是绝对的鉴定依据，它需要与其他的鉴定依据综合使用，才能对宝石作出准确的鉴定。

二、透明度

宝石的透明度（Transparency），是指宝石透过可见光的程度。通常分为五级。

（1）透明（Transparent） 可充分透过可见光，当隔着厚约1cm的宝石观察后面的物体时，能够清晰地明辨出物体的轮廓和细节，即透过宝石可极明显地看到对面的物体。如钻石、红宝石、蓝宝石等。

（2）亚透明（Semitransparent） 能较好地透过可见光，当隔着厚约1cm的宝石观察后面的物体时，能看到物体，但有些模糊。如月光石。

（3）半透明（Translucent） 可见光能通过，但隔着厚约1cm的宝石观察后面的物体时，可以看到物体的存在，而其轮廓和细节无法分辨。如玛瑙、芙蓉石等。

（4）亚半（微）透明（Semitranslucent） 透光很少，仅在宝石的边缘或裂隙部位能透过少量光线。如和田玉、独山玉、岫玉等。

（5）不透明（Opaque） 可见光基本不能通过，隔着极薄之样品也不能观察到后面的物体。如绿松石、孔雀石、珊瑚等。

宝石的透明度，主要取决于宝石对光的吸收因数。吸收因数越大，宝石的透明度就越低，而吸收因数的大小与宝石的内部结构有关。此外，宝石的厚度、照射光源的强度、自身颜色的深浅，以及内部所含的杂质、缺陷、裂纹、颗粒之间的结合方式等因素，都会影响宝石的透明度。各级透明度之间没有明确的划分界限。

观察宝石的透明度，透明度是评价宝石质量的重要依据之一。一般情况下，透明度愈高，宝石的价值也随之增高。

第四节 宝石的特殊光学现象

部分宝石由于其结构或成分的特殊性，或存在着纤维状、针状包裹体、空穴等，与入射光发生作用，形成光的反射、干涉、衍射、散射等，使宝石呈现出特殊的光学效应。如猫眼效应、星光效应、变彩效应、变色效应、月光效应和砂金效应等。常见具有猫眼效应的宝石品种有猫眼石、水晶、海蓝宝石、磷灰石、矽线石、碧玺、方柱石、软玉、木变石等。具有星光效应的宝石品种有红宝石、蓝宝石、石榴石、辉石、水晶等，具有变色效应的宝石品种有变石、变石猫眼、石榴石、蓝宝石、尖晶石等。

特殊光学效应的存在，使得宝石的魅力增加而变得更加具有观赏和收藏价值，也可以帮助初步鉴别宝石品种。

一、猫眼效应

一些透明或半透明宝石，在其抛光的弧面上，会呈现出一条丝绢状亮带，且此亮带随着入射光角度的改变而可以平行移动，称之为猫眼效应（Chatoyancy）。

猫眼效应的产生是因为宝石中存在着平生且密集排列的纤维状、针状、长管状包裹体或空穴。当光线照射到这些纤维状、针状、长管状包裹体或空穴时，它们就成了反射面。由于宝石被切磨成弧面型，平行投射的光线与界面的夹角是渐变的，因而射到平行排列的包裹体上的光线的入射角也是随宝石的翼部到弧顶而渐变的。对于弧面型两翼而言，经包裹体或空穴反射的光线会如图3-3中所示那样，在宝石与空气的内界面发生全反射，而使大部分光线不能到达观察者的眼睛。与之相反，射入近弧顶部分的光线，被包裹体或空穴反射后，不发生全反射，而进行折射，并在顶部会聚，形成一条亮线（图3-4）。当人眼改变视点，会聚光线的位置，也会作相应的变化。

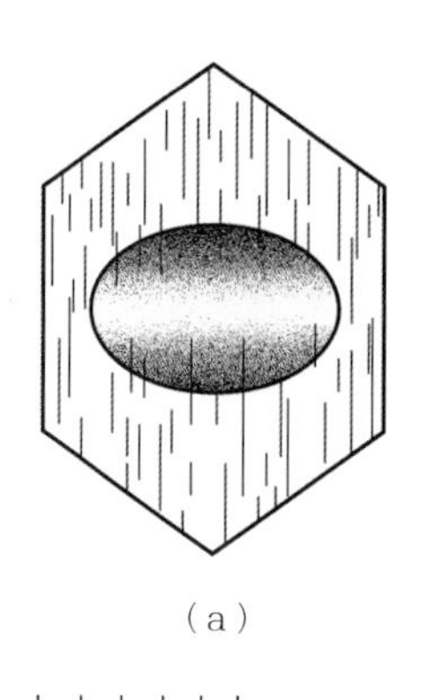

（a）

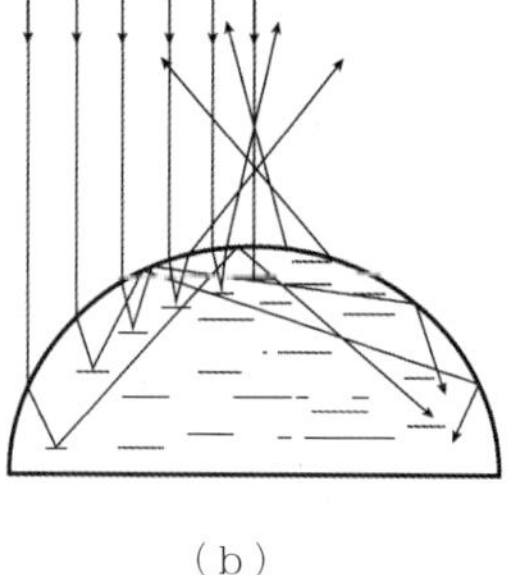

（b）

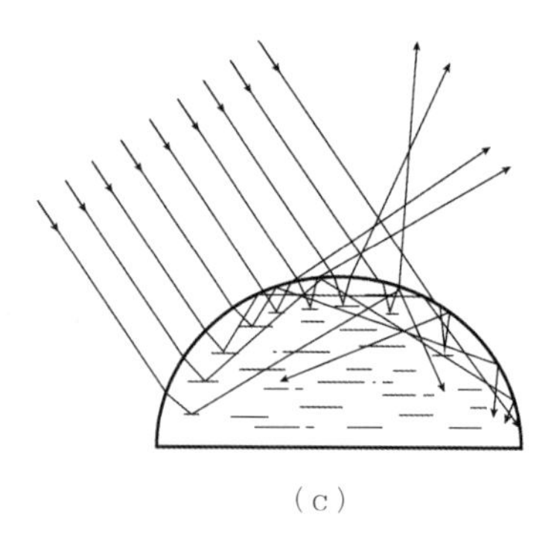

（c）

图3-3　猫眼形成原理以及猫眼亮带与包裹体关系示意图

能产生猫眼效应的宝石有金绿宝石、碧玺、海蓝宝石、磷灰石、石英、方柱石、透辉石、红柱石等，而猫眼石是特指具有猫眼效应的金绿宝石。其他具有猫眼效应的宝石，须在“猫眼”前，冠以相应的宝石名称（如海蓝宝石猫眼、磷灰石猫眼、方柱石猫眼、透辉石猫眼等）。

二、星光效应

1. 星光效应

一些弧面型宝石，在光线的照射下，其表面呈现出相互交会的四射、六射或十二射星状亮带，类似夜空中的星光，称之为星光效应（Asterism）。

这是由于宝石内部存在有多个方向的定向排列的纤维状、针状或管状包裹体或空穴，其排列方向与宝石本身的对称特点一致。

当平行纤维状物质的展布面截取宝石原料，即宝石的底面平行于包裹体相交的平面，并加工成弧面型时，光线进入宝石后，这些纤维状物质对入射光进行反射，这些反射光交汇到一起，即呈现星光效应。图3-5为红宝石和蓝

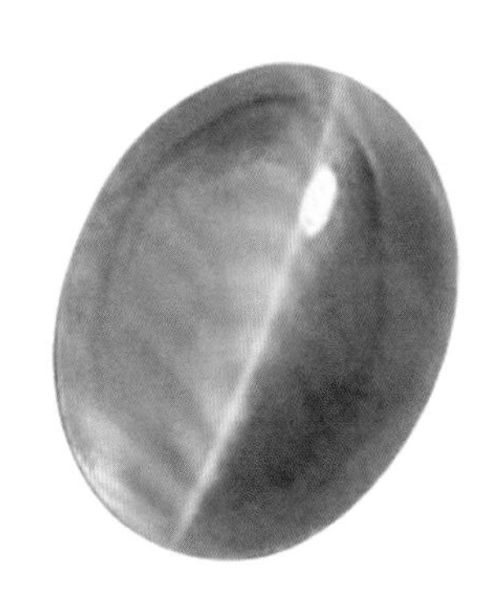

图3-4　金绿宝石猫眼

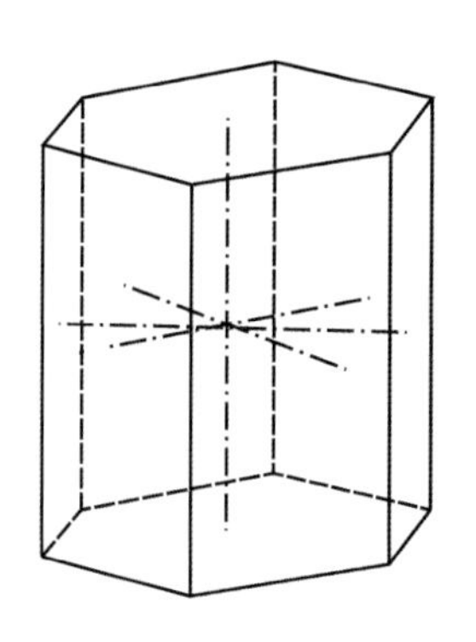

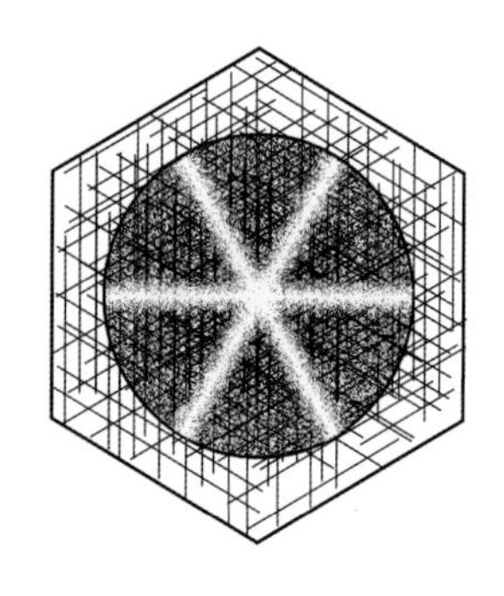

图3-5　红宝石和蓝宝石晶体中包裹体与三条星光亮带的关系示意图

宝石晶体中的六射星光的成因及定向示意图。

红宝石和蓝宝石属三方晶系，包裹体的三个方向与晶体的对称特点相一致；每条星光带与相关包裹体的排列方向呈90°交角。其原理与猫眼效应产生的原理是一致的。显示星光效应的宝石有红宝石、蓝宝石、尖晶石、铁铝榴石、透辉石、芙蓉石等（图3-6，图3-7）。

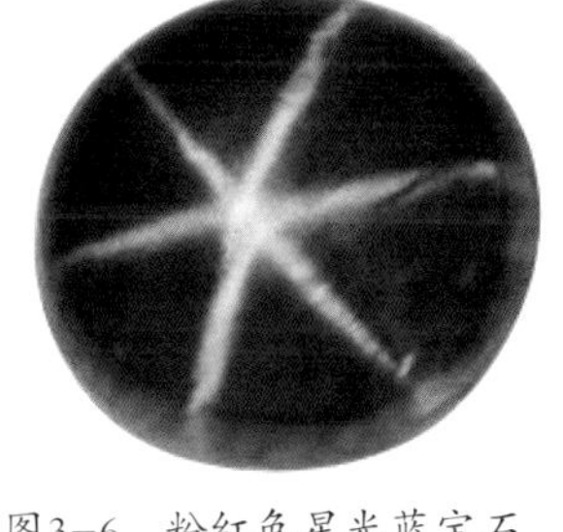

图3-6　粉红色星光蓝宝石

2. 丝光

有些宝石，虽然含有定向排列的纤维状、针状、长管状包裹体，但由于数量不足而不能显示出猫眼或星光效应，这类宝石经琢磨后，偶尔可见从少量包裹体中反射出的光，这种光称为丝光。

图3-7　星光蓝宝石

3. 透星光效应

穿过透明宝石并朝向观察者的透射光被宝石内微细定向的纤维状包裹体所聚焦和反射。当光穿过宝石时，纤维包裹体“被照亮”，这样的星光称为透星光效应。

如从底部照亮某些蔷薇石英球体或弧面宝石时可见到特别好的透星光效应，表现为非常细的明亮的星光。

蔷薇石英（芙蓉石）的星光主要是透射光造成的故称为透星光，它不全属于反射效应（图3-8）。

图3-8　星光芙蓉石

三、变色效应

在不同光源的照射下，宝石呈现不同颜色的现象称为变色效应（Color change）。变色效应的成因是成分中含有微量元素铬（Cr），铬元素在红宝石中形成红色，在祖母绿中形成绿色，在变石中铬元素的能量正好处于红色和绿色之间。因此，宝石的颜色取决于所观察的光源。变石在绿光充足的日光照射下，呈现绿色、蓝色、蓝绿色（图3-9），在红光充足的白炽灯光的照射下，呈现红色、紫红色、褐红色（图3-10），有“白昼里的祖母绿，黑夜中的红宝石”之称，具有猫眼效应的变石，也具有同样的颜色变化（图3-11）。

图3-9　日光下的变石

图3-10　白炽光下的变石

图3-11　变石猫眼石（左：日光下的颜色；右：白炽光下的颜色）

具变色效应的宝石除变石外，还有蓝宝石、尖晶石、石榴石、碧玺、人造尖晶石变石、人造刚玉变石和人造玻璃变石等。

四、砂金效应

一些透明的宝石内部含有许多星点状的细小固态包裹体，如赤铁矿、铬云母等。由于这些包裹体对光的反射作用较强，而呈现出许多星点状的反光点，酷似水中的砂金，称之为砂金石效应（Aventuresence）。如日光石（图3-12，图3-13），内部包含有大量红色或褐红色的赤铁矿和针铁矿包裹体，且呈长条片状、团块状和不规则状分布，这些内含物在光的照射下反射能力强，随着宝石的转动，能反射出金黄色至褐色调的闪光。

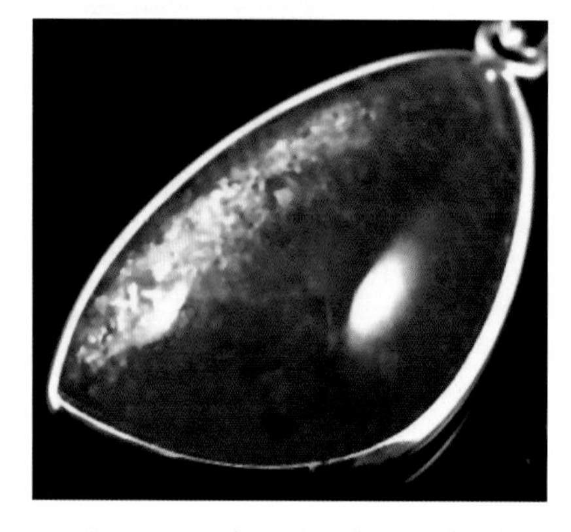

图3-12　日光石的砂金效应（一）

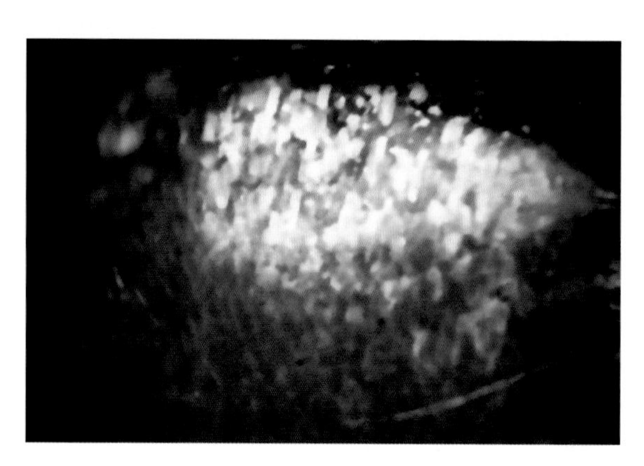

图3-13　日光石的砂金效应（二）

五、变彩效应

宝石特殊的内部结构对光的干涉、衍射作用产生多种颜色，且颜色随着光源或观察角度的变化而变化，这种现象称为变彩（Play-of-Color）。具变彩效应的宝石以欧泊最为典型（图3-14）。

欧泊的化学式为$SiO_2 \cdot nH_2O$，成分中的SiO_2形成直径为150～300nm的圆球，这些圆球在三维空间作规则排列，球粒之间为空气、水或硅质所充填。

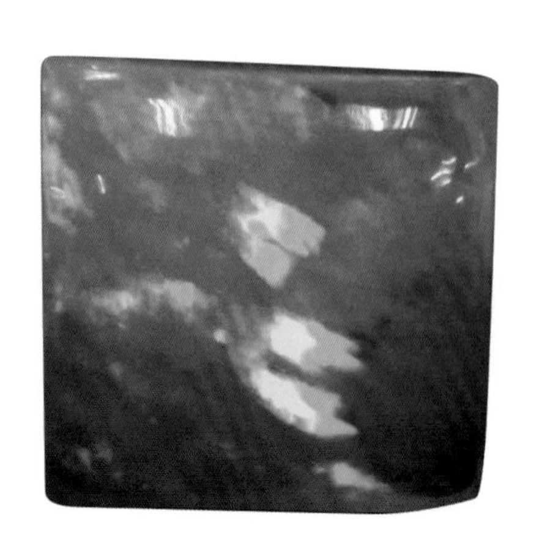

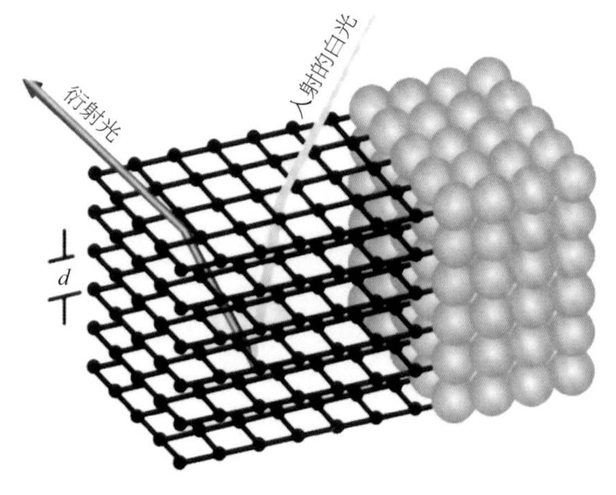

图3-14　欧泊的变彩效应及变彩成因

由于球体大小与可见光波属同一数量级，形成所谓的空间光栅，当白光进入该空间光栅时，被均匀而规则的球体干涉、衍射，呈现出颜较纯净的光谱色，当转动宝石，即改变入射光角度时，其颜色亦随之改变，产生变彩现象。变彩产生的原因有如下几方面。

1. SiO_2球体均匀性

欧泊内部二氧化硅胶体球粒的大小相同，在三维空间紧密地堆积排列。

2. 变彩的颜色与SiO_2球体大小有关

SiO_2球体十分微小，直径约150～460nm之间，其中变彩最佳的SiO_2球体直径在220～360nm之间。不同球体直径，呈现的变彩颜色是不同的。

（1）球体直径介于160～200nm之间，出现蓝绿色变彩。

（2）球体直径介于220～360nm之间，出现从红色至蓝色的可见光谱的多色变彩。

（3）球体直径介于370～460nm之间，出现红色变彩。

（4）球体直径小于160nm或大于460nm时，则无变彩出现。

3. 光的干涉和衍射产生变彩

光在通过球体间的狭缝时发生衍射，形成一系列颜色。同时当光射入到球体层上时，要发生反射作用，同时在相邻的层面上的反射光也同样反射，这两束反射光线就会由于光程的差异产生光的干涉。一些波长的光加强，另一些波长的光减弱，形成色光的定向反射。随着入射角不同，被加强的光波波长不同，即颜色也不同。因而造成对同一区域，观察角度不同时所显示的颜色不一样，光的干涉和衍射的结果形成了欧泊五颜六色的变彩效应。

六、月光效应

当少数弧面型切工透明或半透明宝石转动到一定角度时，可见宝石表面呈现蓝色、白色的乳白色浮光，类似朦胧的月光，称为游彩蛋白光，又称月光效应（Opalescence）。

月光石具有典型的月光效应（图3-15，图3-16），月光石的月光效应是钾长石中存在的超细钠长石出溶所致，钾长石和钠长石二种矿物成分层状隐晶平行相互交生，两种长石的折射率稍有差异，这种交互的薄层结构对可见光产生散射，当有解理面存在时，可伴有干涉或衍射，长石对光的综合作用使长石表面产生一种蓝色的浮光，而形成月光效应。

图3-15　月光石手串

图3-16　月光石挂件

图3-17　具月光效应的黑曜石手串

如果宝石内含有极细小的分散显微针状包裹体、微洞穴等，当可见光照射宝石后，产生漫反射，也可以所引起的类似的浮光，如天然玻璃（黑曜石）表面的浮光（图3-17）。

七、晕彩效应

由于宝石内部的结构造成宝石表面呈现色彩的现象，称为晕彩效应（Iridecence）。具有典型晕彩效应的宝石有拉长石和珍珠。

（1）晕彩拉长石（图3-18，图3-19）是由两种长石超显微连生体构成的，一种是钠长石；另一种是富钙的斜长石。其特征是当把宝石转动到一定角度时，可见整块样品亮起来，产生蓝色、红色、绿色或橙色的晕彩，即拉长石晕彩（Labradorescence)。最常见的是灰白色的拉长石显示蓝色和绿色晕彩，还可见到橙色、黄色、紫色和红色晕彩。晕彩产生的原因，是由于拉长石聚片双晶薄层之间的光相互干涉所形成的，或由于拉长石内部包含的细微片状赤铁矿包裹体及一些针状包裹体使拉长石内部的光产生干涉形成的。

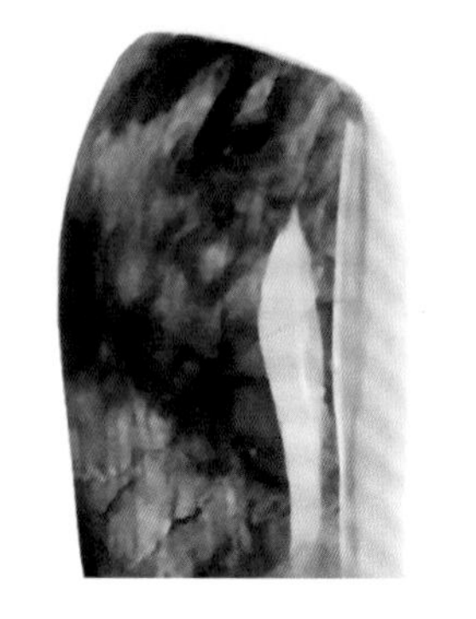

图3-18　晕彩拉长石（一）

（2）珍珠呈现的颜色，是其体色、伴色、晕彩三者的中和颜色。珍珠的晕彩指珍珠表面或表面下层形成的可飘移的彩虹色，是叠加在其体色之上的，从珍珠表面反射的光中观察到的，由珍珠次表面的内部珠层对光的反射干涉等综合作用形成的特殊晕彩（图3-20）。

图3-19　晕彩拉长石（二）

八、薄膜干涉效应

宝石内部有极薄的裂隙面，光线通过裂隙面产生干涉，使裂隙表面呈现七彩色光的光学效应，称为薄膜干涉效应（图3-21）。

图3-20　珍珠的晕彩

图3-21　水晶的薄膜干涉效应

第五节　宝石的折射率和色散值

一、折射与折射率

1. 折射

光在真空中的传播速度为299550km/s；但在其他介质中传播时则速度会有不同程度的下降。当光从一种介质传播到另一种介质，其传播方向也会相应发生改变，在两种介质的界面上将产生反射（Reflection）和折射（Refraction）现象，反射光按反射定律返回介质，折射光按折射定律进入另一种介质。将装有水的杯中放一根吸管，光在水的界面上产生折射（图3-22）。

图3-22　吸管放在水杯中的折射现象

2. 折射率

折射定律：由于光在不同的介质中的传播速度不同，介质分界面上光发生不同程度的折射进入第二种介质；对于给定的任何两种相接触的介质及给定波长的光来说，入射角的正弦与折射角的正弦之比为一常数，该比值称为折射率（Refractive index，RI）。折射率对各种材料而言，是一个固定的值。通常把空气折射率N_i近似看作1，因此实际上一般以空气中的光速与某介质中的光速之比作为该介质的折射率，即光在入射介质中的传播速度与折射介质中的传播速度之比，等于入射角正弦与折射角正弦之比。

折射率$N = \sin i / \sin r$=光在空气中的传播速度V_i / 光在介质中的传播速度V_r = 常数。

$$\frac{\sin i}{\sin r}=\frac{V_i}{V_r}=N=\frac{N_r}{N_i}$$

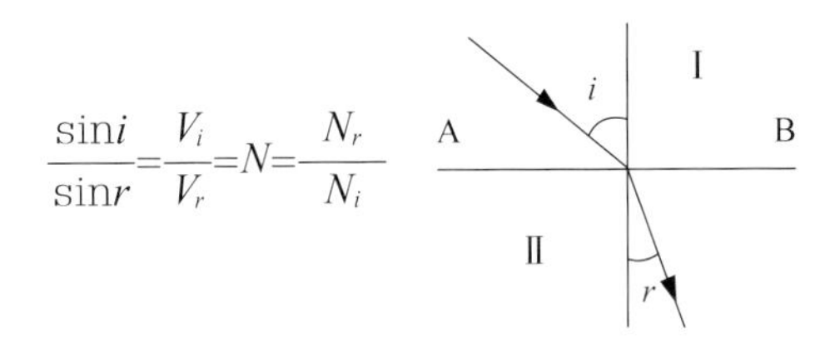

式中　V_i——光在入射介质中（光疏介质Ⅰ）的传播速度，i为入射角；

V_r——光在折射介质中（光密介质Ⅱ）的传播速度，r为折射角；

N——折射介质对入射介质的折射率。

从上式也可以看出，折射率值的大小与光在介质中的传播速度的快慢呈反比关系，光在介质中的传播速度越快，折射率越小。宝石折射率的大小取决于光波在该介质中的传播速度。晶体中光的传播速度总是小于空气中光的传播速度，因而晶体的折射率总是大于1。

在宝石鉴定中，虽然无法测量光在介质中的传播速度，但已知入射角和折射角，通过上述公式的计算，就可得出宝石的折射率。

各种宝石都有其特征的折射率，不同的宝石品种，光进入后的传播速度不同，折射率值就不同，所以，宝石的折射率是宝石鉴定的最重要特征之一。折射率可以精确地直接用折射仪测定，镶嵌在首饰上的宝石也能测定。

二、光的全反射和临界角

当光线从光密介质进入光疏介质时，光线偏离法线折射，折射角大于入射角；当光线的入射角继续增大，折射角等于90°时，折射光线沿两介质的界面通过，此时相应的入射角称为全反射临界角（θ），得出下列公式：

$$\frac{\text{光疏介质的折射率}N_1}{\text{光密介质的折射率}N_2}=\frac{\sin\theta}{\sin 90°}$$

当光线的入射角继续增大，大于临界角时，入射光不再发生折射，而是全部反射回到入射介质中，且遵循反射定律，反射角（r）=入射角（i），这一现象称为光的全反射（图3-23）。

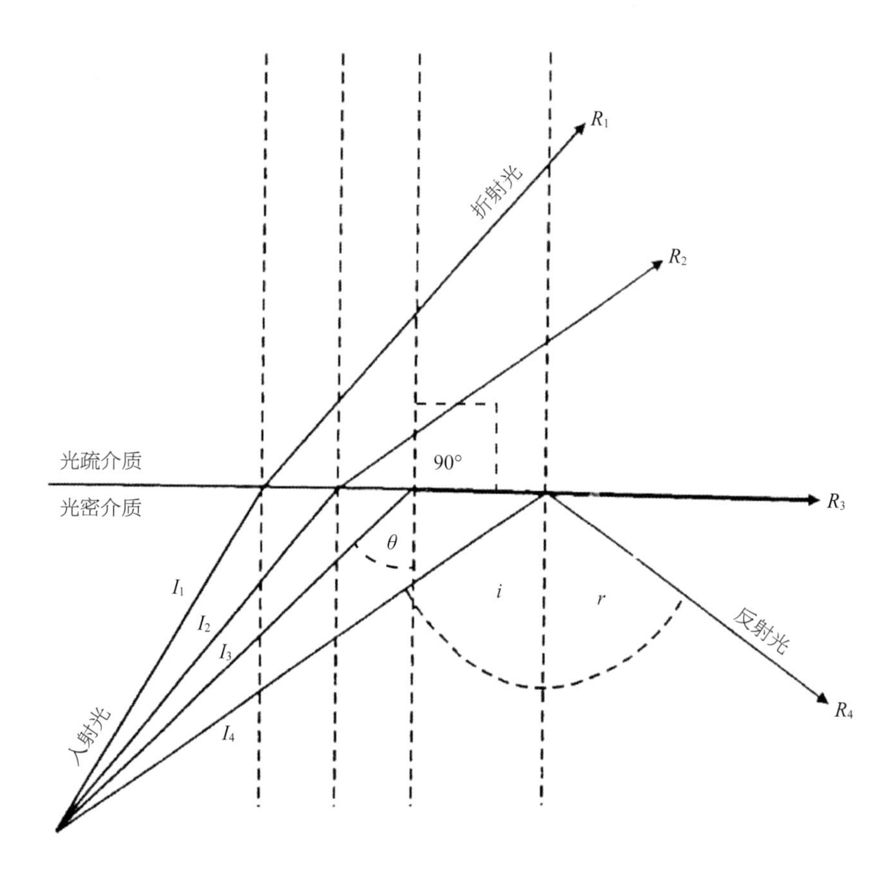

图3-23　光的全内反射及临界角

三、色散和色散率

1. 色散

当白光通过一个透明材料的倾斜小面时，分解成光谱色（七种波长不同的单色光——红、橙、黄、绿、蓝、靛、紫七色）光的现象（图3-24），称为色散（Dispersion）。

透明的宝石都会不同程度地产生色散，因色散而产生的七色彩虹俗称“火彩”（Fire），一些宝石的色散现象较为明显，容易让人感知，而有些宝石的色散现象不明显，不容易让人感知，这是由于宝石的色散能力不同所致。

图3-24　白光的色散现象和钻石的火彩

2. 色散率

表示宝石色散能力强弱的物理量称为色散率（Dispersion power）。

在宝石学中，把宝石放在波长为686.7nm的红光和波长为430.8nm的紫光下进行折射率测定，这两种波长分别为弗朗霍夫（Fraunhofer）谱线中的B线和G线，其折射率之差称为色散度（或色散值）。它表示宝石的色散强弱，一般色散值在0.03以上者，其色散就非常明显。如钻石的色散值为：2.451−2.407＝0.044，差值越大色散越强。色散作为宝石肉眼鉴定的特征之一，在高折射率的无色宝石鉴定中有着重要的作用。如有经验的宝石鉴定师可以通过色散的强弱区分钻石和合成立方氧化锆。除了帮助鉴别宝石之外，高色散使宝石增添了无穷的魅力。彩色宝石的色散往往被自身的颜色所掩盖，而表现得并不十分明显，但是高色散值同样可以为彩色宝石增添光彩。常见宝石的色散值，见表3-3。

表 3-3　常见宝石的色散值

色散范围	宝石名称	色散值	色散范围	宝石名称	色散值
极高色散 ≥0.060	金红石	0.28	中等色散 0.02～0.029	钇铝榴石	0.028
	钛酸锶	0.19		锰铝榴石	0.027
	莫桑石	0.104		铁铝榴石	0.024
	立方氧化锆	0.060		镁铝榴石	0.022
高色散 0.03～0.059	翠榴石	0.057		坦桑石	0.021
	榍石	0.051		尖晶石	0.020
	钆镓榴石	0.045	低色散 ＜0.020	红蓝宝石	0.018
	钻石	0.044		碧玺	0.015
	锆石	0.039		祖母绿	0.014
				托帕石	0.014
				水晶	0.013

第六节　宝石的单折射、双折射与多色性

一、单折射和均质体（各向同性体）

一束自然光在宝石中传播时，传播方向不变，各个方向的传播速度均相等，称为单折射（Single refraction），即均质性（各向同性，Isotropic character）。具有单折射的宝石，又称为均质体（各向同性体）宝石（图3-25）。

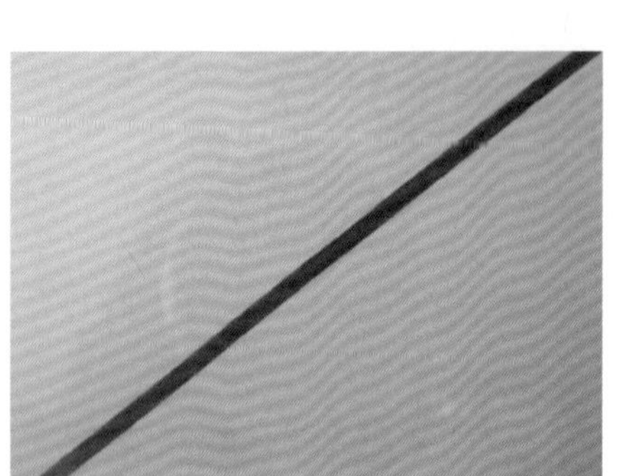

图3-25　光通过均质体宝石的单折射现象

为了说明宝石晶体的光学性质，引入了光率体（Indicatrix）的概念。

所谓光率体是表示光波在宝石晶体中传播时，折射率值随光波振动方向变化的一种立体几何图形，是光波振动方向与相应折射率之间关系的一种光性指示体。具体做法是：自宝石晶体中心起，沿光波振动方向按比例截取相应的折射率值，每一个振动方向都能作出一条直线，直线的长度按该振动方向光波的折射率值截取，把各条线段的端点连接起来便构成一个立体图形，这个立体图形即为光率体。也可以理解为设晶体中心为坐标原点，将晶体不同方向的折射率值投影在一个三维坐标系中，各投影点的轨迹构成该晶体的光率体。

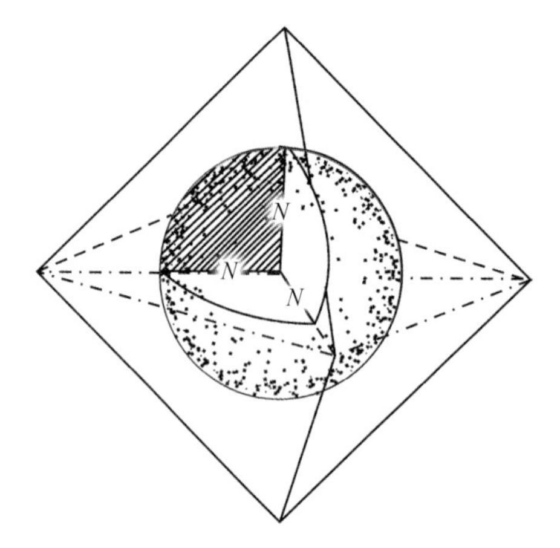

图3-26　均质体宝石的光率体

光率体可以用于解释晶体的许多光学现象，不同晶体结构的宝石其光率体的形状是不同的。

均质体包括等轴晶系和非晶质体的宝石，光波在均质体中传播时，其速度不因振动方向的改变而改变，即各个方向振动的光波在晶体中的传播速度是相同的，且沿任意方向传播均不发生双折射，相应的折射率值也相等，这类宝石仅有一个折射率值。因此，均质体的光率体是一个圆球体（图3-26）。通过圆球体中心，任何方向的切面都是圆切面，其半径代表均质体宝石的折射率值（N）。

二、双折射和非均质体（各向异性体）

一束自然光通过非均质宝石时，被分解为二束或三束传播方向不同、振动方向互相垂直的平面偏振光的现象，称为双折射（Double refraction），即非均质性（各向异性，Anisotropic character）。具有双折射的宝石，又称为非均质体（各向异性体）宝石（图3-27）。

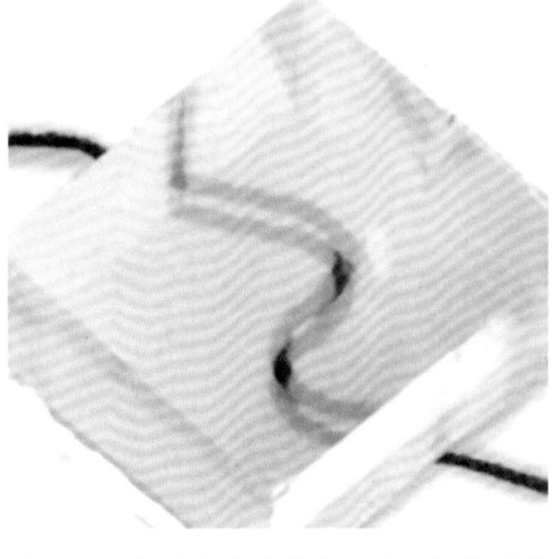

图3-27　光通过非均质宝石的双折射现象

无论入射光是自然光还是偏光，当进入非均质

的晶体后发生双折射，分解成为两束振动方向互相垂直、也与光波的传播方向垂直的两束偏光（图3-28）；同时，这两束偏光在晶体中的传播速度亦不等，相应地便有两个大小不等的折射率，两个折射率之间的差值称为双折射率（Birefringence）。

除等轴晶系以外的其他各晶系的宝石均为非均质体宝石。

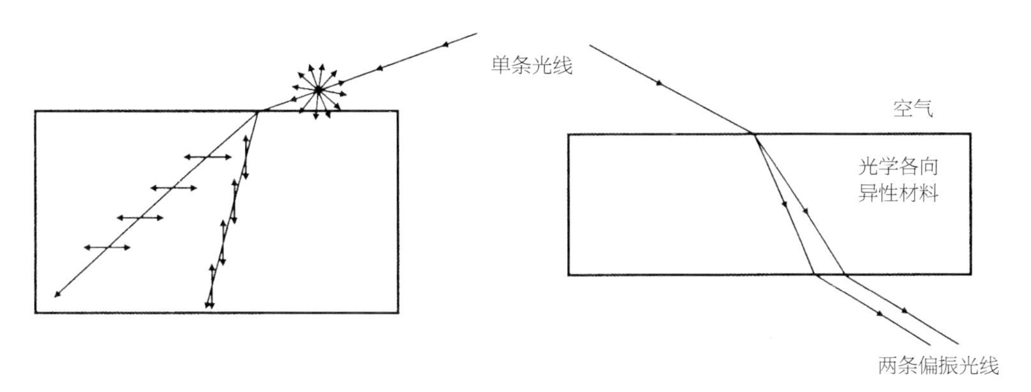

图3-28　自然光进入非均质宝石中分解成为两束振动方向互相垂直的偏振光

三、光轴

具有双折射的宝石晶体都有一个或两个不发生双折射的方向，这些方向称为光轴（Optic axis）。

1. 一轴晶的光率体

光在非均质宝石中传播时只有一个方向不发生双折射，即只有一根光轴的非均质体，称为一轴晶（Uniaxial crystal）。中级晶族的三方晶系、四方晶系和六方晶系的所有宝石，均为一轴晶。

在一轴晶宝石中，有最大和最小两个主折射率值，分别用N_e和N_o表示，光波振动方向平行Z轴（光轴）时，相应的折射率为N_e；光波振动方向垂直Z轴时，相应的折射率为N_o；光波振动方向斜交Z轴时，相应的折射率值大小介于N_e与N_o之间。

一轴晶宝石的光率体是一个以直立轴（Z轴）为旋转轴的椭球体（图3-29），直立轴也是光轴方向，光沿光轴传播时不发生双折射，该方向的折射率值为非常光的折射率，用N_e表示。当光沿其他方向传播时，均发生双折射。其中的一个偏光总是垂直于光轴方向振动，垂直光轴的圆切面各方向的折射率值相等，为常光的折射率，用N_o表示，双折射的另一个偏光的振动方向则与之垂直，相应的折射率N_e随光波的振动方向及传播方向的改变而变化。

当$N_o < N_e$时为正光性，$N_o > N_e$时为负光性。一轴晶有两个主折射率，即N_o和N_e，两者的差值称为宝石的双折射率。宝石的双折射率是鉴定宝石的依据之一。

2. 二轴晶的光率体

光在非均质宝石中传播时有两个方向不发生双折射，具有两根光轴的非均质体，称为二轴晶（Biaxial crystal）。二轴晶的光轴与Z轴不平行。两光轴所在平面称为光轴面（Optical axial plane）；两光轴间的夹角称为光轴角（Optic axial angle），记为$2V$。低级晶族斜方晶系、单斜晶系和三斜晶系的所有宝石，均为二轴晶。

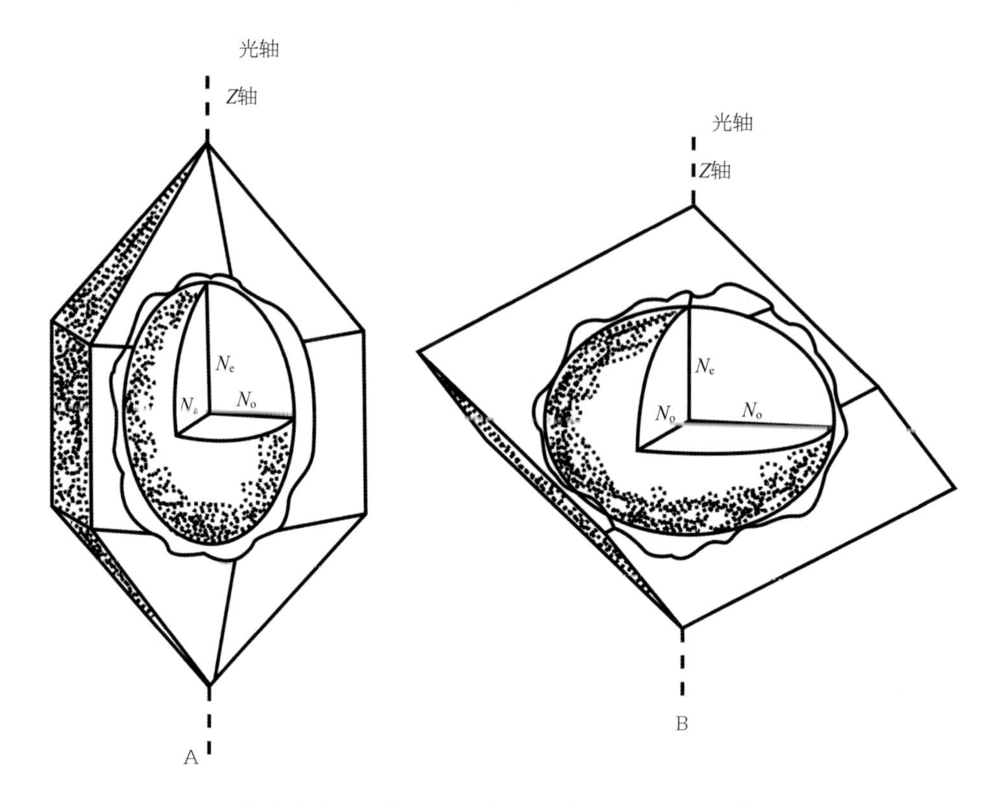

图3-29　一轴晶光率体及光性方位（A：正光性$N_e>N_o$；B：负光性$N_e<N_o$）

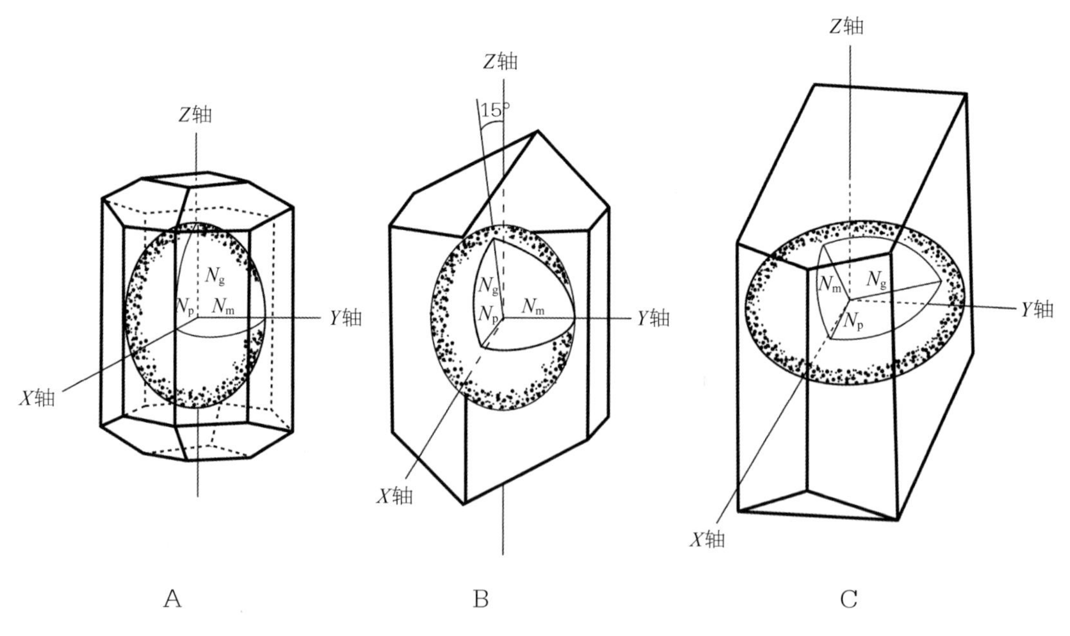

图3-30　二轴晶光率体及光性方位
（A：正光性；B：正光性；C：负光性）

二轴晶宝石的光率体为一个三轴不等的椭球体（图3–30），椭球体中的三个互相垂直的主轴代表二轴晶宝石的三个主要光学方向，称为光学主轴。三个主轴的相应折射率值分别用N_g、N_m、N_p表示，其中$N_g>N_m>N_p$。N_g-N_m大于N_m-N_p时为正光性；N_g-N_m小于N_m-N_p时为负光性。双折率为N_g-N_p的绝对值。

在二轴晶中，光沿任一光轴传播时均不发生双折射，并具有同一的折射率N_m；光沿其他方向传播时，均发生双折射，且振动方向相互垂直的两个偏光的振动方向和对应的折射率，均随光波传播方向的改变而变化，其一大于N_m，而另一则小于N_m；当光波的传播方向垂直于光轴面时，此时折射率分别达到最大值N_g和最小值N_p。

均质体、非均质体与晶系的关系，光在其中的传播特点，以及各种宝石的光性特征，见表3–4。

表 3–4　宝石的光性特征

光性	晶系	光轴	折射率特征	光的传播特点	宝石举例
均质体	非晶质	无	单折射 1个折射率	自然光进自然光出 偏振光进偏振光出	玻璃、欧泊、琥珀
	等轴晶系				钻石、石榴石、尖晶石、立方氧化锆、萤石
非均质体	三方晶系	一轴晶 1个光轴	双折射 2个主折射率	光轴方向入射： 自然光进自然光出 偏振光进偏振光出 非光轴方向入射：产生双折射分解成振动方向互相垂直传播速度不同的两束、三束偏光	红宝石、蓝宝石、水晶、碧玺、蓝锥矿、菱锰矿
	四方晶系				锆石、方柱石、符山石
	六方晶系				绿柱石、磷灰石
	斜方晶系	二轴晶 2个光轴	双折射 3个主折射率		橄榄石、托帕石、金绿宝石、堇青石、红柱石、坦桑石
	单斜晶系				月光石、透辉石、锂辉石，翡翠、和田玉
	三斜晶系				蔷薇辉石、绿松石

四、多色性

非均质体有色宝石的光学性质因方向而异，对光波的选择吸收及吸收总强度也随方向而异，这种由于光波在宝石晶体中的振动方向不同，而使宝石颜色发生改变的现象称为多色性（Pleochroism）。即当光线进入某些非均质的有色宝石中所显示的两种或三种体色的现象。

在一轴晶宝石中，对应于光的振动方向平行和垂直于光轴时有两个不同的主折射率，相应地则表现出两种不同的主色。一轴晶的这种性质称为二色性（Dichroism）。

二轴晶有三个主折射率，相应地便有三种不同的主色。二轴晶宝石的这种性质称为三色性（Trichroism）。

只有非均质体宝石，才会有多色性。从理论而言，所有的非均质体都有多色性，但实际上在大多数非均质体宝石中，各主色之间的差异不明显而难以察觉。而均质体宝石则不可能有多色性。

第七节　宝石的发光性

一、宝石的发光性

1. 发光性

物体受外在能量的激发，发出可见光的性质即为发光性（Luminescence）。外在能量的激发，主要是紫外线、阴极射线、X射线等各种高能辐射。

2. 荧光和磷光

荧光是宝石材料被辐射能激发到较高能级的电子回落到较低能级时所释放的能量，当某些宝石在受到高能辐射，如紫外线、阴极射线、X射线等，会发出可见光，当激发源关闭后，发光现象也随之消失，这种现象称为荧光（Fluorescence）。当高能辐射激发源关闭后，具荧光的宝石在短时间内继续发光的现象则称之为磷光（Phosphorescence）。

宝石的发光性与晶体结构中的缺陷及杂质有着密切的联系，能够引起发光的晶格缺陷及杂质称为激活剂（Activator）。发光性是宝石的鉴定特征之一，如钻石与合成钻石的阴极发光图案完全不同，由此可以区分钻石是天然的还是合成的。

二、宝石的紫外荧光

由紫外线照射所引起的发光效应，在宝石鉴定中应用得最为广泛，其常用紫外线的波长有两种，分别为253.7nm和365.4nm，相应地称为短波紫外线（SWUV）和长波紫外线（LWUV）。

宝石在紫外线照射下，以产生荧光为主，磷光现象则较少见。荧光所呈现的颜色，既可与宝石本身的体色一致，也可完全不同。不同产地的同种宝石、合成和天然的同种宝石，其荧光特性都会有所不同。同种宝石在短波和长波紫外线的分别作用下，其荧光特性也会存在差异。

第八节　宝石的吸收光谱特征

一、宝石的吸收光谱

1. 宝石的吸收光谱

宝石的吸收光谱，是指宝石中的致色元素或结构缺陷对可见光进行选择性吸收，在可见光谱中形成固定的吸收波段。因此，若用分光镜将宝石所透射或反射的可见光进行分解，就会发现可见光谱中存在着亮度不同、位置各异的暗色垂直线（即吸收线）和宽容不一的线段（即吸收带），即为宝石的吸收光谱（Absorption spectrum）。

2. 宝石的吸收光谱在宝石鉴定中的意义

观察宝石的吸收光谱特征，对宝石鉴定有很大的帮助。主要表现在以下四个方面。

① 有助于鉴定某些宝石品种是天然宝石，还是人工合成宝石。

② 有助于鉴定宝石的颜色是天然成因的，还是优化处理成因的。

③ 有助于镶嵌宝石的鉴定。

④ 有助于鉴定宝石原料。

由于上述四个方面的作用，因此宝石的吸收光谱特征已被广泛地用于宝石学的研究与宝石鉴定中。鉴定宝石仅适用于具有典型光谱的宝石（图3–31～图3–33）。

图3–31 常见绿色宝石的吸收光谱特征

图3–32　常见红色宝石和蓝色宝石的吸收光谱特征

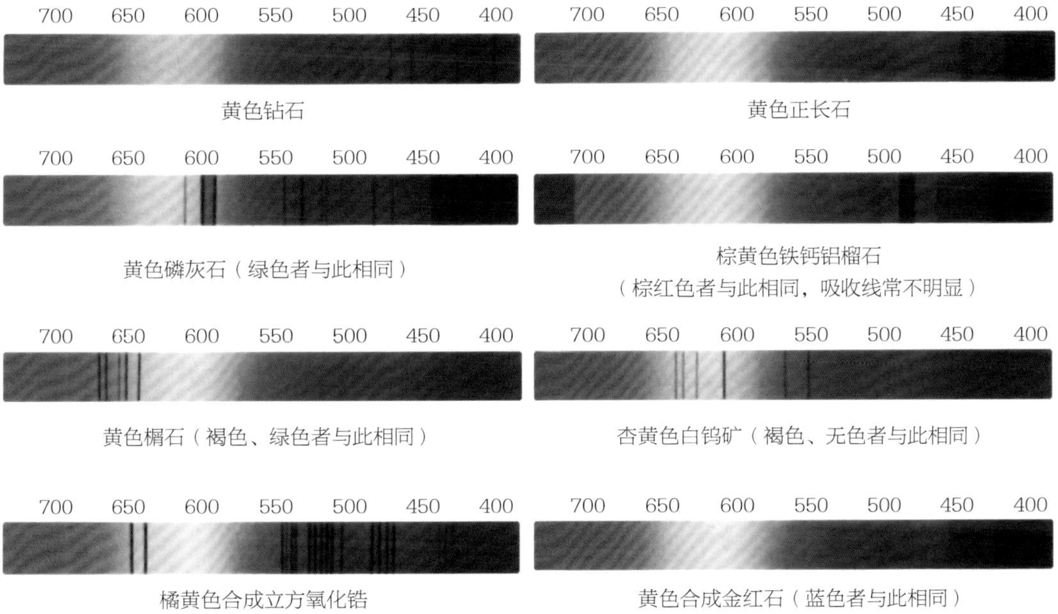

700 650 600 550 500 450 400

黄色钻石

700 650 600 550 500 450 400

黄色正长石

700 650 600 550 500 450 400

黄色磷灰石（绿色者与此相同）

700 650 600 550 500 450 400

棕黄色铁钙铝榴石
（棕红色者与此相同，吸收线常不明显）

700 650 600 550 500 450 400

黄色榍石（褐色、绿色者与此相同）

700 650 600 550 500 450 400

杏黄色白钨矿（褐色、无色者与此相同）

700 650 600 550 500 450 400

橘黄色合成立方氧化锆

700 650 600 550 500 450 400

黄色合成金红石（蓝色者与此相同）

（a）黄色宝石

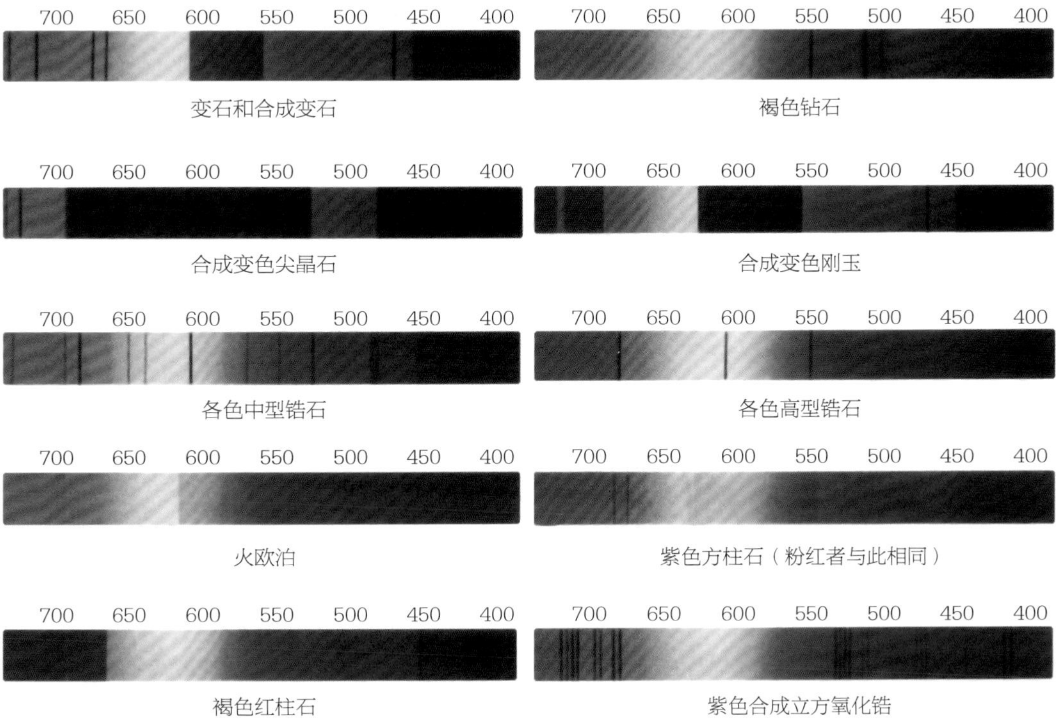

700 650 600 550 500 450 400

变石和合成变石

700 650 600 550 500 450 400

褐色钻石

700 650 600 550 500 450 400

合成变色尖晶石

700 650 600 550 500 450 400

合成变色刚玉

700 650 600 550 500 450 400

各色中型锆石

700 650 600 550 500 450 400

各色高型锆石

700 650 600 550 500 450 400

火欧泊

700 650 600 550 500 450 400

紫色方柱石（粉红者与此相同）

700 650 600 550 500 450 400

褐色红柱石

700 650 600 550 500 450 400

紫色合成立方氧化锆

（b）其他颜色宝石

图3-33 常见黄色宝石和其他颜色宝石的吸收光谱特征

二、呈色离子和吸收光谱特征

在部分宝石中产生的可见光吸收谱是由于其化学成分中含有某些致色元素所致。

由不同金属离子致色的宝石的特征可见光吸收谱表现各异，而由同种金属离子致色的宝石，其可见光吸收光谱主要特征基本相同。

常见宝石中呈色金属离子的可见光吸收光谱，通常具有以下特征。

1. 铬（Cr）

由铬元素致色的宝石通常表现出鲜艳的红色或绿色两种完全不同的颜色。铬以类质同象的方式进入宝石晶格中，它是红宝石、红色尖晶石、变石、祖母绿、翠榴石、翡翠等宝玉石颜色的主要致色元素，铬在这些宝石中产生的吸收光谱特征基本相同，仅略有差异，大致表现为在红区有吸收线，黄绿区和紫区有较宽的吸收带。

（1）红宝石　在红区692nm，690nm有双强吸收线，668nm有弱吸收线，在黄绿区有以550nm为中心的宽吸收带，在蓝区476nm、475nm、468nm有3条吸收线，紫区全吸收。

（2）红色尖晶石　在红区685nm、675nm有明显的吸收线，黄绿区595～490nm有吸收带，紫区全吸收。

（3）变石　在红区680nm和678nm有两条强吸收线，在红橙区655nm和645nm有两条弱吸收线，在黄绿区有以580nm为中心的吸收带，在蓝区476nm、473nm和468nm有3条弱吸收线，紫区全吸收。

（4）祖母绿　在常光红区683nm、680nm、637nm有吸收线，在橙黄区625～580nm有弱吸收带（以600nm为中心），在蓝区477nm有一条弱吸收线，紫区460nm开始全吸收。在非常光线红区683nm，680nm处的一对吸收线较强，无637nm的吸收线，而在662nm、646nm处有几条分散的弱吸收线，蓝区无吸收线，紫区全吸收。

（5）翡翠　在红区690nm、660nm、630nm有3条吸收线，紫区437nm有吸收线（鲜艳绿色无杂质时可能缺失）。

2. 铁（Fe）

铁元素在宝石中以Fe^{2+}和Fe^{3+}形式存在，Fe^{2+}使宝石呈现红色、绿色、蓝色，如铁铝榴石、橄榄石、透辉石、符山石、顽火辉石、蓝色尖晶石等，吸收带主要分布在绿区和蓝区。Fe^{3+}主要使宝石呈现黄色、蓝色或绿色，如黄绿色、绿色、蓝色的天然蓝宝石，金绿宝石、翡翠等，吸收光谱主要位于黄区、绿区和蓝区。

（1）蓝宝石　在蓝区470nm、460nm、450nm有3条吸收线。

（2）橄榄石　在蓝区493nm、473nm、453nm有3条吸收线。

（3）金绿宝石　在蓝区444nm有1条强吸收窄带。

（4）铁铝榴石　在黄绿区576nm、527nm、505nm有3条强的吸收窄带，蓝区和橙黄区有吸收弱带。

（5）顽火辉石　在绿区506nm有明显的吸收线，为诊断线。

3. 钴（Co）

含钴宝石的吸收光谱特征表现为除了在紫光和黄绿色光波长范围内有两条较宽的吸收

带外，另在蓝绿~黄橙色光波长范围内有3~4条强的吸收线。如合成的蓝色尖晶石和蓝色玻璃。

（1）合成蓝色尖晶石　在630nm、580nm、543nm有3条强的吸收带，其中间580nm的带最宽。

（2）蓝色钴玻璃　在656nm、590nm、538nm有3条强的吸收带，其中间590nm的带最窄。

4. 铜（Cu）

含铜宝石的吸收光谱特征分别在紫光和蓝-紫色光及黄-红色光范围区内均有一个宽的吸收带。如天蓝色、蓝绿色、绿蓝色的绿松石由铜元素致色，吸收光谱特征是在蓝区460nm处有弱的吸收带，在紫区432nm有1条强的吸收带，此带为绿松石具有诊断意义的吸收谱线。

5. 锰（Mn）

含锰宝石的吸收光谱特征在蓝区和紫区有较宽的吸收带，以及红光区内有吸收线。如菱锰矿、蔷薇辉石、锰铝榴石、红碧玺的红色主要由锰致色。

6. 钒（V）

含钒宝石的吸收光谱特征在蓝区范围内见有特征的吸收谱线。合成变色刚玉由钒致色，其吸收光谱特征是在蓝区475nm有明显的吸收线，此吸收线是合成变色刚玉具有诊断意义的吸收谱线。

7. 稀土元素

由稀土元素致色的宝石的吸收光谱主要表现在紫区和蓝区有较宽的吸收谱带，另外在黄区和绿区有3~4条明显的吸收线。如黄色磷灰石。

思　考　题

一、名词解释

均质性和非均质性、单折射和双折射、猫眼效应和星光效应、多色性、变色效应、砂金效应、荧光和磷光、光泽和透明度、色散

二、问答题

1. 宝石的致色元素有哪些？什么是自色宝石？什么是他色宝石？什么是宝石的假色？
2. 何为宝石的色散？
3. 什么是宝石的特殊光学效应？
4. 吸收光谱在宝石鉴定中的意义有哪些？

三、选择题

1. 宝石中最常见的致色元素有几种？

（A）七种　（B）八种　（C）九种　（D）十种

2. 致色元素在宝石中可以是主要成分，也可以作为微量元素出现，宝石学中将此称为：

（A）自色和他色　（B）自色和假色　（C）他色和次生色　（D）假色和次生色

3. 致色元素中只有一种元素在他色宝石中极少出现，它是：

（A）Fe元素　　（B）Cu元素　　（C）Mn元素　　（D）Cr元素

4. 光泽是指宝石表面对光的反射能力，宝石中最常见的光泽为：

（A）油脂光泽　　（B）金刚光泽　　（C）玻璃光泽　　（D）蜡状光泽

5. 透明度是宝石对光透射强弱的一种度量，宝石鉴定中，透明度分为：

（A）三个级别　　（B）四个级别　　（C）五个级别　　（D）六个级别

6. 天然宝石中能产生猫眼效应的宝石较多，其中猫眼效应最佳、价值最昂贵的宝石品种为：

（A）矽线石　　（B）碧玺　　（C）金绿宝石　　（D）绿柱石

7. 宝石的变色效应是由哪种微量元素造成？

（A）Fe元素　　（B）Cu元素　　（C）Mn元素　　（D）Cr元素

8. 具有猫眼效应和星光效应的宝石品种，其琢型款式应为：

（A）弧面型　　（B）凸凹型　　（C）刻面型　　（D）弯曲的表面

四、判断题

1. 六射星光是由宝石六组平行排列的针状或管状包体所致。（　）
2. 可见光的振动方向永远垂直于其传播方向。（　）
3. 自然光进入非均质体必定产生双折射。（　）
4. 当光线沿光轴的方向入射到一轴晶的宝石时不会分解成两条光线。（　）
5. 二轴晶的宝石会把入射的光线分解成三条振动方向互相垂直的偏振光。（　）
6. 自然光是单色光。（　）
7. 宝石的折射率越高，其色散率也往往较大。（　）
8. 不具变色效应的宝石不论在怎样的光源照明下都呈同样的颜色。（　）
9. 宝石有多色性的原因是由于该宝石是有颜色的非均质体。（　）
10. 宝石的变色效应越明显，多色性也越明显。（　）

第四章

宝石常规鉴定仪器

第一节　宝石放大镜和宝石显微镜

一、宝石放大镜

宝石放大镜（Loupe），由于其小巧、实用和便于携带等优点，因此而成为广大宝石工作者随身必备之物。

1. 宝石放大镜的结构

放大镜结构简单，一般由上、下两片半凸镜（或一块双面透镜）和镜框组合而成，放大倍数有10倍、20倍和30倍等数种。在宝石质量评价过程中，所涉及的宝石内含物及缺陷，均以10倍放大镜下观察的结果为准，故常用的是10倍放大镜（图4–1）。

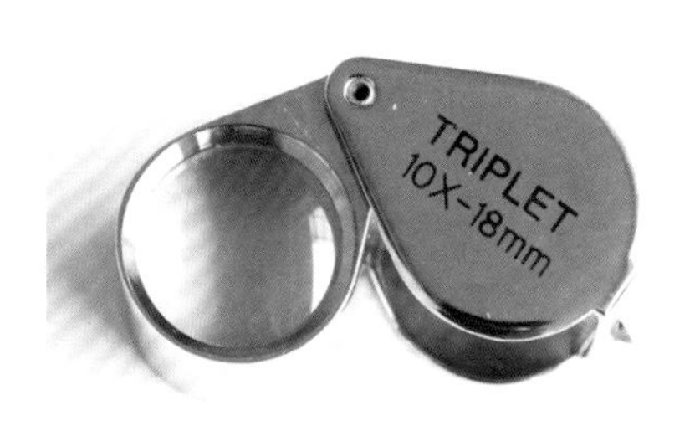

图4–1　10倍 放大镜

2. 宝石放大镜的使用方法

① 将宝石样品擦拭干净或用清洗液清洗。

② 将放大镜尽量贴近眼睛，双眼睁开。

③ 用宝石镊子或手抓牢宝石样品，慢慢向放大镜靠近，大约距放大镜2.54cm处；并将持放大镜之手的小指抵在持宝石样品之食指或宝石镊子上，以保证视距稳定及准焦清晰（图4–2）。

④ 使光线照射在宝石样品上，用侧光并在无反射的暗背景下观察；放大镜本身不能被光直射。

⑤ 先观察宝石的表面特征，然后观察宝石的内部特征。

图4–2　放大镜观察宝石样品

二、宝石双日显微镜

双目宝石显微镜（Binocular gemological microscope）是研究宝石的有效工具之一。主要由显微镜座、物镜、目镜和照明光源等组成（图4–3）。

① 显微镜座　镜座内部呈中空，装有内藏式底光源，光源上部即为样品台。镜座较沉重以保持显微镜整体平稳。

② 镜臂　连接着显微镜主体。由于镜臂承受的负荷较重，因而固定在镜座上，两者连成一体。

③ 物镜　镜头上部有一连续变换倍数螺旋，可更换不同的放大倍数，使用极为方便。

④ 目镜　为一透镜系统嵌于一短圆柱形金属筒中。常用的接目镜有5倍、10倍和20倍数种。

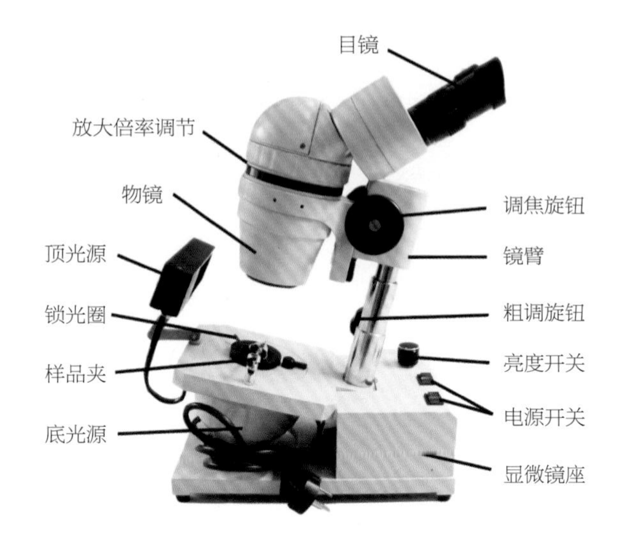

图4-3　双目宝石显微镜

⑤ 照明光源　宝石显微镜通常有反射照明光源和内藏式底光源，两种照明光源的功用各不相同。反射照明光源直接安装在显微镜上，内藏式底光源安装于显微镜台座内。

三、宝石显微镜的使用方法

1. 样品的准备

宝石显微镜观察时，先将欲观察宝石样品用酒精或其他清洗剂清洁擦净后，用样品爪将宝石置于样品台上，需要特别注意的是，应避免将表面的灰尘当作内部特征。

2. 调节显微镜

① 开启显微镜光源，松开显微镜臂上的粗动螺旋，使显微镜头上升到最高处，并使镜头正对样品台中央，固定粗动螺旋。

② 根据双眼的宽度（瞳距）调节两目镜之间的距离，直到视域出现一个完整的圆。

③ 用目镜对准样品，慢慢转动微调焦旋钮，边观察、边逐渐向上提升镜筒，待看清观察宝石后，再调节带有可调焦距的另一只目镜焦距，直至双眼同时清楚地观察到宝石样品。

3. 观察样品

① 先用低倍镜，全面观察宝石样品，以获得一个整体印象。

② 逐渐加大放大倍数（若只用10×目镜，为10～40倍；若用20×目镜，可为20～80倍），寻找宝石样品的鉴别特征。

③ 可选用不同的照明方式进行观察。

4. 照明方式及应用

（1）反射光照明法（图4-4）　在宝石的斜上方用反射灯或光纤灯照明，用反射光可观察宝石表面的一切特征或部分内部特征。

（2）暗域照明法（图4-5）　在宝石的背部使用黑色挡板产生侧光照明，使宝石内部的包裹体在暗背景下明亮、醒目地显示出来。

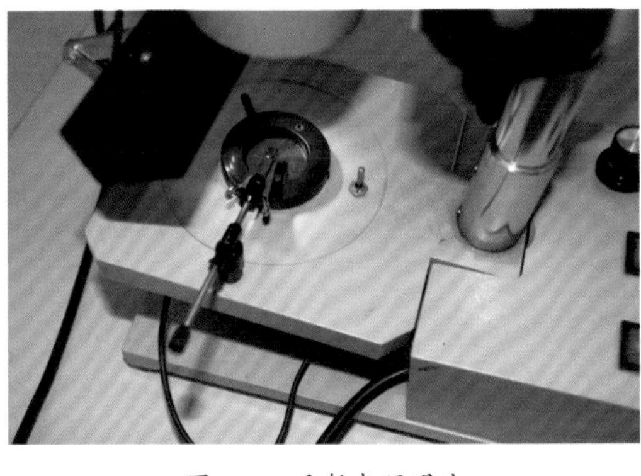

图4-4　反射光照明法

图4-5　暗域照明法

（3）亮域照明法（图4-6）　光源从宝石背部直接照明，使宝石内部的包裹体（尤其是一些低突起的包裹体）在明亮的背景下呈黑色影像醒目地显示出来，并能有效地观察宝石的生长条纹。

（4）散射光照明法（图4-7）　在宝石的背部放置散射器（面巾纸或毛玻璃等），使光线散射更为柔和，有助于对宝石色环和色带的观察。

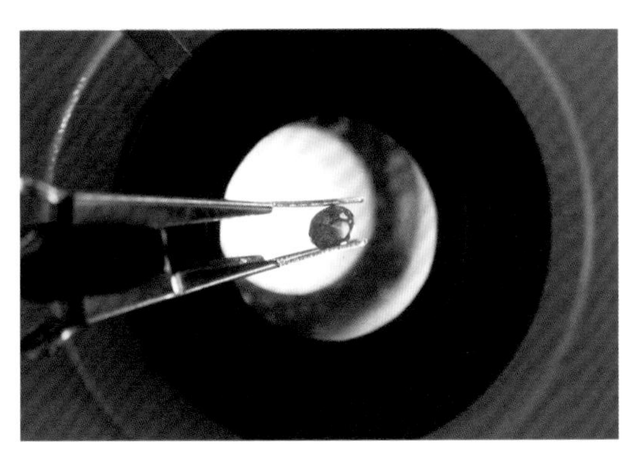

图4-6　亮域照明法

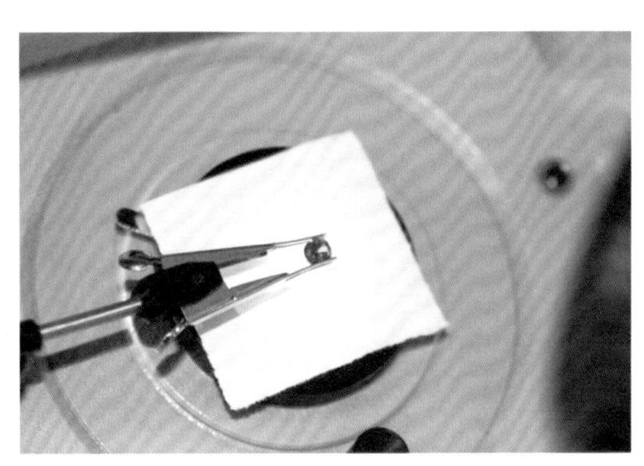

图4-7　散射光照明法

（5）点光照明法（图4-8）　用锁光圈将光源缩成小点并直接从宝石的背后照明，使宝石的弯曲条纹和其他结构特征更易于观察。

（6）水平照明法（图4-9）　在宝石的侧面，用细光束照明，从宝石的上方进行观察，使宝石内部的针点状包裹体和气泡呈明亮的影像十分醒目地显示出来。

图4-8　点光照明法

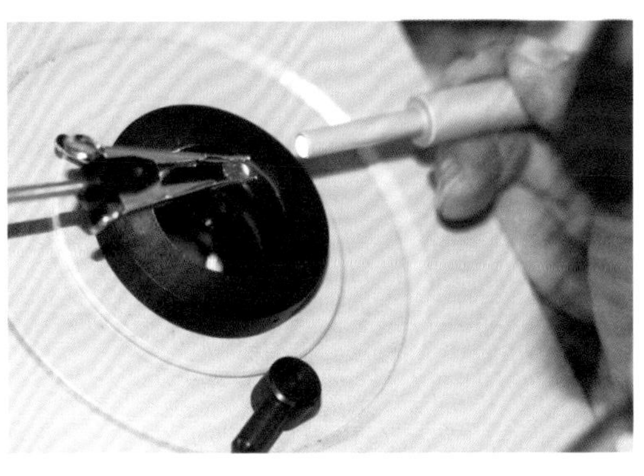

图4-9　水平照明法

（7）遮掩照明法　在宝石的背部用一块不透明的挡板，挡住一侧的光线，可以有效地增加宝石内部包裹体的三度空间感，并有助于观察宝石的结构，尤其是弯曲条纹和双晶纹等。

（8）偏光照明法　在宝石的上、下部位加上、下偏光片，能观察到宝石的干涉图和其他用偏光镜观察的现象。

四、放大观察的内容

放大观察是珠宝玉石鉴定中最常用的一种检测方法，适用于肉眼难以观察到的细小的宝石内、外部特征，通常使用各种类型的放大镜和显微镜，具体观察内容包括以下方面。

1. 宝石的表面（外部）特征

通常在反射光下观察。包括宝石的裂隙、断口、解理、裂理、双晶纹、生长线、色带以及宝石加工的精细程度、抛光质量和其他的损伤；鉴别拼合石，如二层石、三层石等的结合线。

2. 宝石的内部特征

通常在透射光下观察。包括宝石的结构特征、包裹体、生长纹和色带、内部裂隙、辨别颜色的真伪（如观察宝石裂隙中的颜色特征）等。某些宝石具有特征的包裹体，可以作为鉴定宝石的重要依据，如翠榴石中的马尾状包裹体、月光石中蜈蚣足状包裹体、橄榄石中的睡莲叶状包裹体等。

（1）宝石内部的包裹体　是宝石鉴定的一个重要内容，它对于区分天然宝石与人工宝石、宝石颜色成因、判别宝石的产地或成因类型有着非常重要的意义。

（2）生长纹和色带　也是鉴别某些天然宝石和其合成品的重要特征。

（3）内部裂隙　可作为评价宝石质量和所鉴定宝石的鉴别标志，也可作为某些天然宝石和其合成品的辅助鉴别特征。

（4）宝石颜色的真伪　主要对那些裂隙发育的单晶宝石和玉石的颜色进行鉴别，判断是否染色。

3. 宝石内部特征和表面特征的辨别

在显微镜下通常用以下方法来区分，观察到的现象是在宝石内部还是在宝石表面。

（1）改变光源性质法　用透射光照射宝石时所观察到的明显特征，若用反射光观察不到时，则说明此特征为内部特征。

（2）焦平面法　某特征现象与宝石表面部位可同时准焦，则说明此特征现象可能在该表面部位上。

4. 放大观察中的注意事项

在进行放大观察时，应注意以下几点。

① 放大倍数应从小到大调节，且不宜太大。否则，会由于显微镜的工作距离太短、视域太窄、照明困难等，造成失真，影响正确判断。

② 调整物镜焦距时，要避免大幅度下降镜筒，以防物镜被宝石刮伤或损坏宝石。

③ 保持显微镜清洁，镜头勿用手指触摸，清洁时需用镜头纸擦拭。

④ 暂时不用时要关闭光源，使用完毕后要套上显微镜罩。

第二节　折射仪

折射仪是宝石鉴定中可定量测定宝石折射率的一种重要的常规鉴定仪器，能无损、快速、准确地测出待测宝石的折射率值，折射率是透明宝石的主要光学常数，是鉴别宝石品种的重要科学依据。

一、折射仪的工作原理

折射仪（Refractometer，图4-10）是根据光的全反射原理制成的，主要由立方氧化锆半球、刻度尺、棱镜和观察目镜组成。

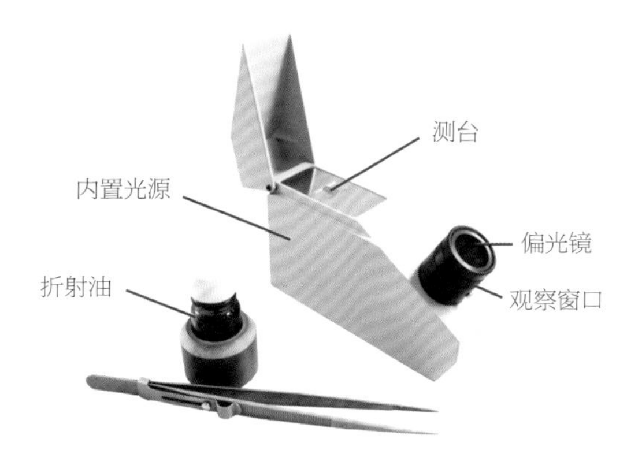

图4-10　折射仪

当入射光线通过光密介质的立方氧化锆半球，进入光疏介质的宝石样品时（图4-11），其中部分入射光线（1、2、3束）透过宝石样品时折射为1′、2′、3′三束光线；部分入射光线（如4、5、6束）则由于入射角大于宝石样品的全反射临界角，而被全反射为4′、5′、6′三束光线，4、4′分别是临界角的入射光线和反射光线，此时立方氧化锆的右半部表现出明亮与黑暗的两部分。立方氧化锆半球右侧明暗区的边界与测台平面的法线之间的夹角，即为全反射临界角θ。由于立方氧化锆半球的折射率N_{CZ}是已知的，根据光的全反射公式$N_{宝} = N_{CZ}\sin\theta$，便可求得宝石的折射率值。从公式可知$N_{宝}$与全反射临界角θ的正弦成正比，半球上的亮区与暗区的界线位置就是宝石的折射率。折射仪的设计就是将这一界线位置，用折射率刻度尺来加以标定，测量时经过棱镜反射，并经观察目镜聚焦后，可以直接读出所测宝石的折射率值。

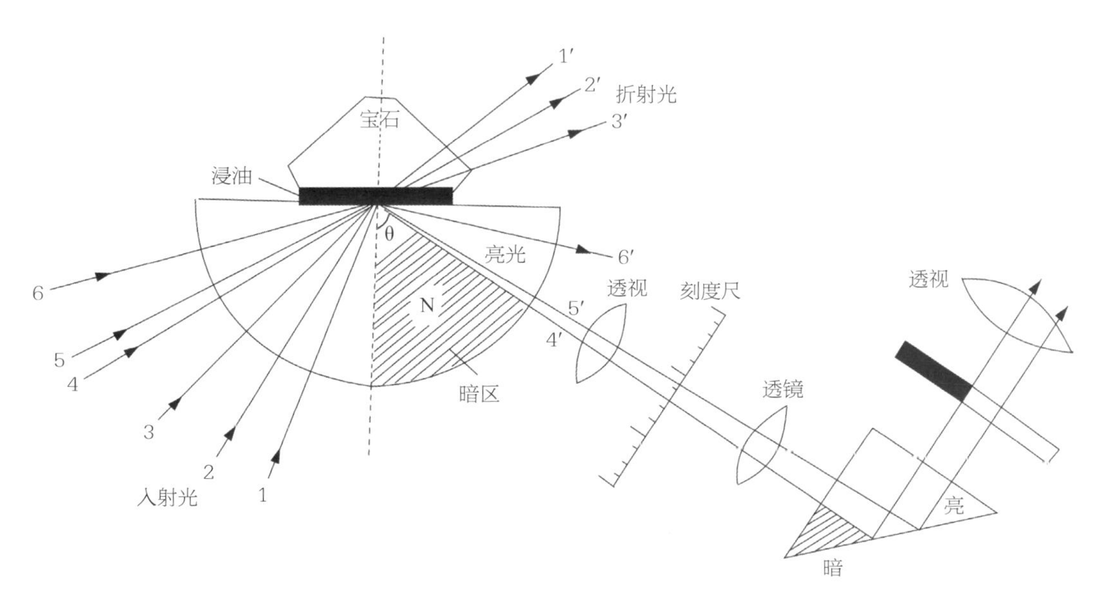

图4-11　折射仪的工作原理

二、使用折射仪测定宝石折射率的前提条件

用折射仪测定宝石的折射率，通常需要满足以下条件。

① 宝石应有良好的抛光面。在其他条件相同的情况下，抛光越好，折射率的读数越精确。

② 要准备好酒精棉球、折射油。

③ 光源可使用白光（日光或光纤灯）或单色光（钠光灯或黄光二极管灯）。

④ 开启光源后，折射仪的视域应明亮，刻度尺应清晰。

三、测定大刻面宝石的折射率

1. 操作步骤

① 将宝石和工作台擦拭干净，并接好光源。

② 在工作台上滴一小滴折射油（折射率通常为1.78～1.81），使得宝石与折射仪台面呈光学接触。

③ 将宝石中最大且抛光最好的刻面放在油滴上，小心移动调整至工作台中央，盖上折射仪工作台盖子。

④ 眼睛在距离目镜3～5cm处，上下移动或尽量靠近目镜，寻找刻度尺上的明暗交接处（阴影边）。读出此阴影截止边的刻度，即为该宝石的折射率值。

2. 单折射宝石折射率的测定

单折射宝石包括等轴晶系和非晶质体宝石。当光线进入单折射宝石后，光不发生分解，光在各个方向的传播速度相等，只有一个固定的折射率值。

在折射仪工作台面上水平转动宝石360°时，并来回转动目镜上的偏光片，观察阴影边是否移动。阴影边始终不移动，则说明所测试的宝石为单折射的均质体宝石，阴影边的读数即其唯一的折射率值。有些宝石的折射率值超出折射仪测试范围，称为负读数。常见的单折射宝石的折射率，见表4-1。

表 4-1 常见单折射宝石的折射率值

宝石名称	折射率	轴性	光性
钻石	2.417	等轴晶系	均质体
钛酸锶（人造）	2.409	等轴晶系	均质体
立方氧化锆（CZ，人造）	2.09～2.18	等轴晶系	均质体
钆镓榴石（GGG，人造）	1.970	等轴晶系	均质体
翠榴石	1.89	等轴晶系	均质体
钇铝榴石（YAG，人造）	1.833	等轴晶系	均质体
锰铝榴石	1.80～1.82	等轴晶系	均质体
铁铝榴石	1.76～1.81	等轴晶系	均质体
镁铝榴石	1.74～1.76	等轴晶系	均质体
钙铝榴石	1.74～1.75	等轴晶系	均质体

续表

宝石名称	折射率	轴性	光性
合成尖晶石	1.728	等轴晶系	均质体
尖晶石	1.712～1.730	等轴晶系	均质体
玳瑁	1.55	非晶质	均质体
象牙	1.54	非晶质	均质体
琥珀	1.54	非晶质	均质体
玻陨石	1.50	非晶质	均质体
青金石	1.50	等轴晶系	均质体
方钠石	1.48	等轴晶系	均质体
欧泊	1.45	非晶质	均质体
萤石	1.434	等轴晶系	均质体
火欧泊	1.40	非晶质	均质体

3. 双折射宝石折射率及双折射率的测定

当光线进入双折射宝石后，会发生分解成为两束互相垂直振动的偏光，分解后两束光的传播速度不同，其折射率的大小也不同。因此，一轴晶宝石有两个主折射率值N_e、N_o，二轴晶宝石有三个主折射率值N_g、N_m、N_p。待测宝石在折射仪工作台面上转动360°（至少转动180°），每转动45°都要来回90°转动目镜上的偏光片，阴影边移动，或可见两条阴影边，说明所测试的宝石为双折射，其双折射率值为在折射仪上观测到的阴影边移动的最大距离，即所测得的最大和最小两个折射率值的差值（图4-12）。

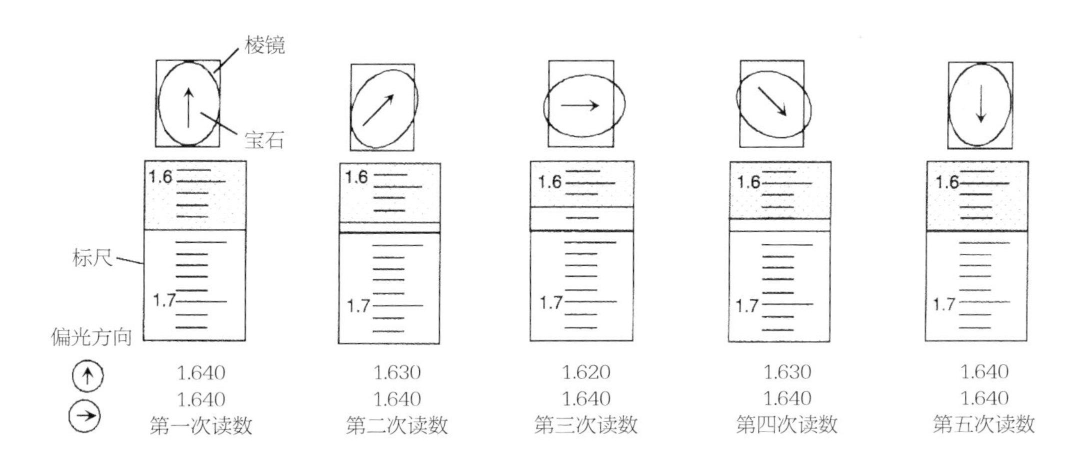

图4-12　测定宝石的双折射率

4. 确定宝石的轴性和光性符号

（1）一轴晶宝石　即三方、四方、六方晶系的宝石。待测宝石在折射仪上转动360°时，并转动偏光片的同时，可见两条阴影边界，其中一条阴影边界固定不动（N_o），另一条上、下移动（N_e'），并能见到两条有时重合为一的现象，则该宝石为一轴晶；固定不动的值为常光N_o方向（与光轴垂直），可移动的值为非常光N_e方向（光轴方向）；即移动值为大值，为一轴正光性$N_e > N_o$；移动值为小值，则为一轴负光性$N_e < N_o$（图4-13）。常见的一轴晶宝石的折射率和双折射率值，见表4-2。

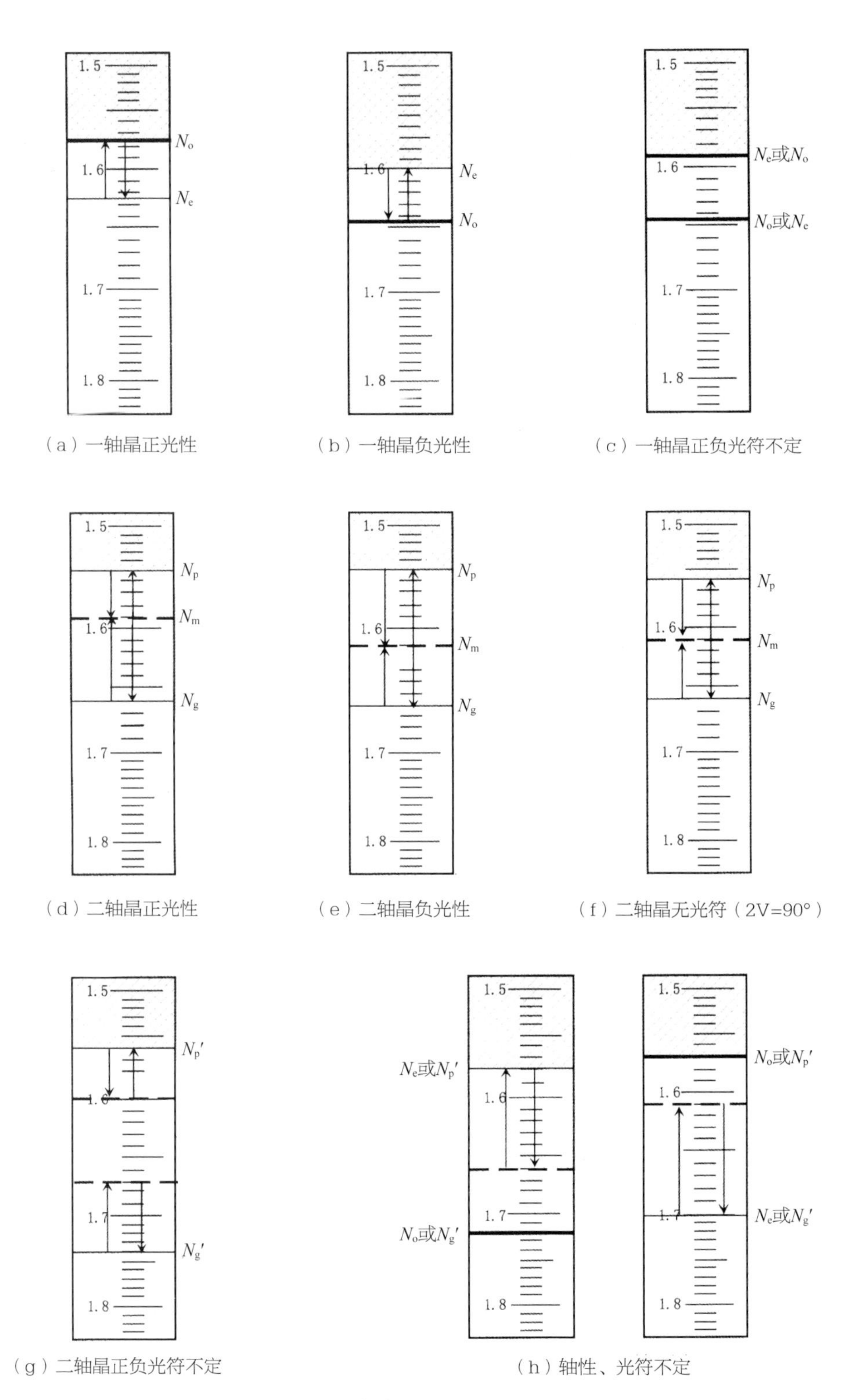

（a）一轴晶正光性　（b）一轴晶负光性　（c）一轴晶正负光符不定

（d）二轴晶正光性　（e）二轴晶负光性　（f）二轴晶无光符（2V=90°）

（g）二轴晶正负光符不定　（h）轴性、光符不定

图4-13　根据双折射率特征判断宝石的轴性和光符示意图

表 4-2　一轴晶宝石的折射率值及双折射率值

宝石名称	折射率	双折射率	光性
合成碳硅石（莫桑石）	2.648 ~ 2.691	0.043	一轴晶（+）
金红石	2.61 ~ 2.90	0.287	一轴晶（+）
锆石	1.93 ~ 1.99	0.059	一轴晶（+）
红蓝宝石	1.76 ~ 1.78	0.008	一轴晶（-）
蓝锥矿	1.75 ~ 1.80	0.047	一轴晶（+）
符山石	1.70 ~ 1.73	0.005	一轴晶（+ / -）
磷灰石	1.63 ~ 1.64	0.002 ~ 0.006	一轴晶（-）
碧玺	1.62 ~ 1.65	0.018	一轴晶（-）
菱锰矿	1.58 ~ 1.84	0.022	一轴晶（-）
绿柱石	1.56 ~ 1.59	0.004 ~ 0.009	一轴晶（-）
水晶	1.544 ~ 1.553	0.009	一轴晶（+）
方柱石	1.54 ~ 1.58	0.004 ~ 0.037	一轴晶（-）

（2）二轴晶宝石　即斜方、单斜和三斜晶系的宝石。待测宝石在折射仪工作台面上水平转动360°时，并转动偏光片的同时，两条阴影边界都上、下移动，且不重合，说明宝石为二轴晶。二轴晶宝石有三个主折射率值，高值N_g、中间值N_m、低值N_p；高值移动超过中间值，$N_g-N_m > N_m-N_p$为二轴正光性；低值移动超过中间值，$N_g-N_m < N_m-N_p$为二轴负光性（图4-13）。在工作台面上水平转动宝石时，若两条阴影边都不动，或其中一条变动，但始终不与另一条不动的重合，则轴性和光符都难以确定，需要更换另一刻面进行测定。常见的二轴晶宝石的折射率和双折射率值，见表4-3。

表 4-3　二轴晶宝石的折射率值及双折射率值

宝石名称	折射率	双折射率	光性
榍石	1.89 ~ 2.02	0.13	二轴晶（+）
金绿宝石	1.74 ~ 1.75	0.009	二轴晶（+）
蓝晶石	1.71 ~ 1.73	0.017	二轴晶（-）
坦桑石（黝帘石）	1.69 ~ 1.70	0.009	二轴晶（-）
透辉石	1.67 ~ 1.70	0.025	二轴晶（+）
锂辉石	1.66 ~ 1.68	0.015	二轴晶（+）
橄榄石	1.65 ~ 1.69	0.036	二轴晶（+）
红柱石	1.63 ~ 1.64	0.010	二轴晶（-）
托帕石	1.61 ~ 1.65	0.008 ~ 0.010	二轴晶（+）
葡萄石	1.61 ~ 1.64	0.030	二轴晶（+）
拉长石	1.56 ~ 1.57	0.009	二轴晶（-）
堇青石	1.54 ~ 1.55	0.008 ~ 0.012	二轴晶（-）
日光石	1.53 ~ 1.54	0.009	二轴晶（-）
月光石	1.52 ~ 1.53	0.006	二轴晶（-）

在使用折射仪测试宝石折射率时，折射仪中出现的读数变动情况，可以判断宝石的轴性，如图4-14所示。

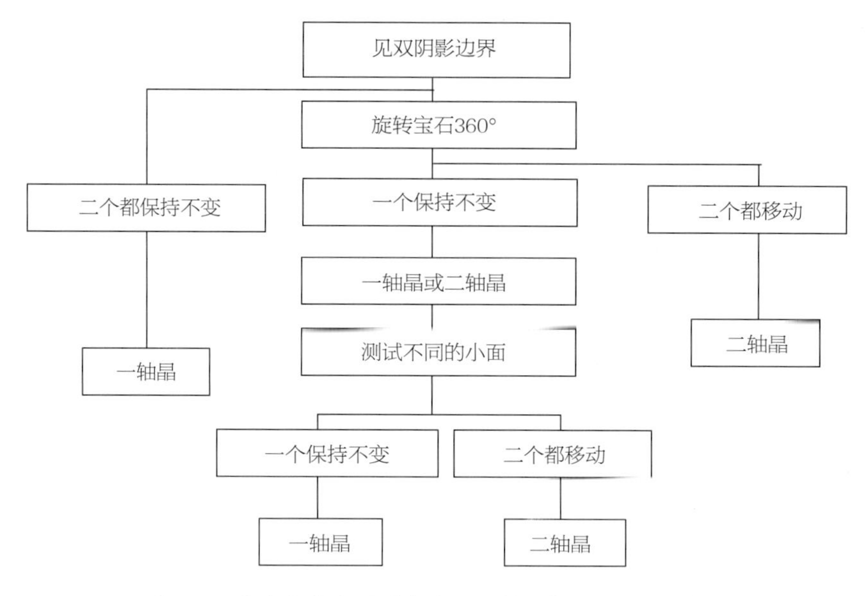

图4-14　根据折射仪的读数变化，判断宝石的轴性示意图

综上所述，利用折射仪测定大刻面宝石折射率，在测试过程中出现的以下几种特殊现象，应予以特别关注。

（1）假均质体现象　转动宝石360°，好像只有一条阴影边界，但快速转动偏光片，阴影边界上下跳动，这种现象表示待测宝石为非均质体，其双折射率很小，两条阴影边界距离很小，肉眼难于分辨，如磷灰石双折射率为0.002～0.008。

（2）假一轴晶现象　有些二轴晶宝石的N_g与N_m或N_m与N_p的差值很小，当转动宝石360°时，好像其中一条阴影边界不动，如金绿宝石和托帕石。当二轴晶宝石的测试刻面与某个振动方向垂直时，则必有一条阴影不动，与一轴晶宝石现象一致，若换一个刻面测试，这种现象即消失。

对于二轴晶宝石来说，由于两条阴影边界各自移动，在一个刻面不能同时获得宝石的最高与最低折射率值。

（3）一轴晶特殊方向的折射率值　如果宝石的光轴与所测的刻面垂直，那么在180°间的每一对读数都是最大值或者最小值，即只有一个值不是最大值就是最小值。

如果宝石的光轴与折射仪测台长轴方向平行，则只有一个值，转动宝石的方向，即可以看到双阴影边界。

（4）某些具有特殊双折射率的宝石　其中一个折射率值位于折射仪范围内，而另一个折射率值超出测试范围，当转动宝石时，只有一条阴影边界可见，随着宝石转动在不停移动。如菱锰矿。

四、测定小刻面宝石的折射率（远视法）

小刻面可出现于粒度小的宝石上，也可见于大颗粒宝石的侧刻面，即宝石测试面的直径比折射仪的测台窄。测定小刻面宝石的折射率，需要注意以下几个方面。

（1）选用最大且抛光良好的刻面。

（2）可不放大（取下偏光镜）。

（3）将微量折射油滴在折射仪测台的中央，并将宝石选好的小刻面放置在油滴之上，使宝石的长轴方向平行于测台的长轴方向，在距折射仪30～35cm处观察宝石的小刻面所形成的影像。取小刻面影像为半明半暗位置时的读数，即为该宝石的折射率值［图4-15（a）］。

五、测定弧面型宝石的折射率（点测法）

1. 测定弧面型宝石折射率

测定弧面型宝石的折射率，需要注意以下几个方面的问题：

（1）选用宝石抛光最佳的部位。

（2）可不放大（取下偏光镜）。

（3）在折射仪的测台上，滴一小滴折射油。

（4）将待测面沾上折射油并放置到测台的中央，若宝石为椭圆形，则使宝石的长轴方向平行于测台的长轴方向。

2. 测定弧面型宝石折射率的观测方法

在距折射仪30～35cm处观察宝石的点状影像，并选择下列三种观测法中的一种，进行读数［图4-15（b）］。

（1）1/2法　取点状影像为半明半暗位置时的读数，是点测法中较为精确的一种读数方法。

（2）明暗法　取点状影像急剧地由亮转暗位置的刻度值为所测折射率。

（3）均值法　点状影像的亮度在刻度尺的某一区间内逐渐变化，取最后一个全暗影像与第一个全亮影像的读数的平均值为所测折射率。这是点测法中最为不精确的一种读数方法。

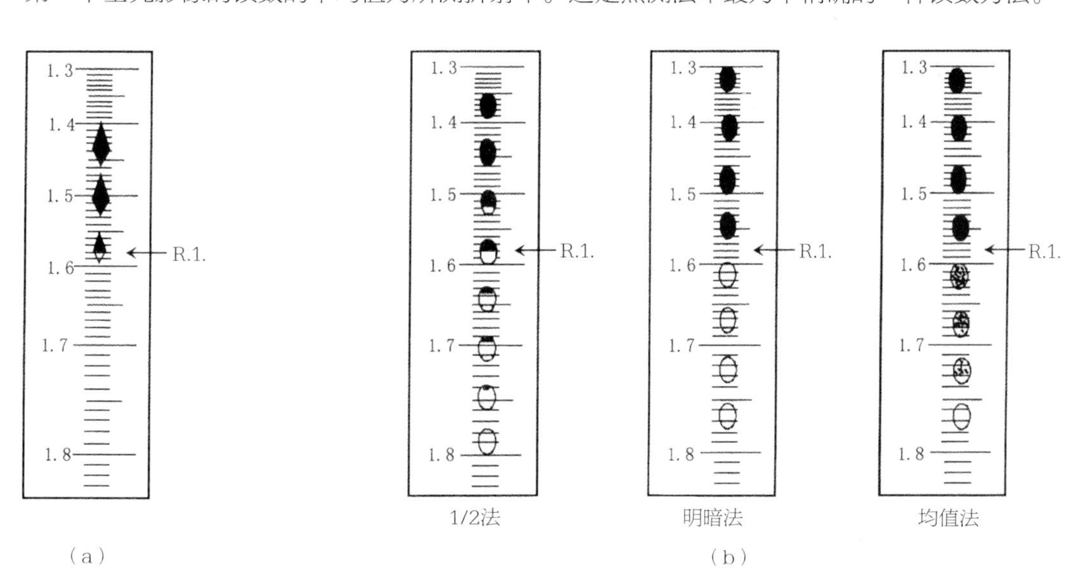

图4-15　远视法、点测法测定宝石的折射率（左图为远视法；右图为点测法）

注意：在测试过程中，过多的折射油会使影像过大或产生暗色环，还可产生弯曲的阴影截止边，甚至明、暗域颠倒。若折射油过多，可将宝石垂直拿起，擦去测台上的折射油，再将宝石置于测台中央。如此反复操作，直至点状影像的大小约覆盖2～3个读数刻度，再进行读数。点测法所测得的折射率，称宝石的近似折射率值。常见宝石近似折射率，见表4-4。

表 4-4　常见宝石的近似折射率值

宝石名称	近似折射率值	宝石名称	近似折射率值
孔雀石	1.85	岫玉	1.56～1.57
符山石	1.70～1.73	玳瑁	1.55
水钙铝榴石	1.70～1.73	象牙	1.54
翡翠	1.66	琥珀	1.54
绿松石	1.62	玉髓、玛瑙	1.53～1.55
和田玉	1.62	青金石	1.50
独山玉	1.56或1.70	硅孔雀石	1.50

六、折射仪的主要用途及局限性

1. 折射仪的用途

宝石鉴定中，折射仪是非常重要的科学检测仪器，获取的信息最多，其主要用途包括以下几方面。

（1）测定宝石的折射率　可测定折射率（*RI*）为1.35～1.81之间宝石的折射率值，绝大多数宝石的折射率在此范围内。

（2）测定宝石的双折射率（Biref.）一轴晶和二轴晶宝石具有双折射，双折射率值的准确测定，对于区分折射率值相近的宝石尤为重要。

（3）确定宝石的轴性和光性符号　根据宝石在折射仪上阴影边界的移动情况，可以判定宝石是各向同性（等轴晶系、非晶质）、各向异性（非均质宝石：一轴晶或二轴晶的正光性或负光性）。

（4）测定宝石的近似折射率值　利用点测法可以测定：弧面型、小刻面型、雕件和抛光不好的珠宝玉石的近似折射率值。

2. 折射仪的局限性

折射仪在宝石鉴定中，能获得很多有用的信息，但在使用过程中也存在着一定的局限性，主要包括以下几个方面。

（1）所测宝石一定要有能与折射仪测台保持良好接触的抛光面。

（2）能测得的折射率下限值约为1.35，上限值（取决于折射油的折射率）约为1.78～1.81。宝石的*RI*<1.35或者*RI*>1.81都无法测定；高于折射油的测试范围，折射仪上表现为负读数。

（3）不能区分某些人工处理宝石，如天然蓝宝石与热处理蓝宝石。

（4）不能区分某些合成宝石，如天然红宝石与合成红宝石。

3. 使用折射仪需要注意的问题

在使用折射仪测定宝石的折射率时，需要注意以下几个方面的问题。

（1）要用手拿着柔软的镜头纸或酒精棉球擦净测台，用手或镊子小心地取放测台上的宝石。

（2）折射率读数应精确到千分位（即误差 < 0.005），并且其精度和可靠性还取决于宝石样品的清洁程度及抛光质量、测台的状态、所用折射油的多少、折射仪是否标定（可用已知样品标定）和所用光源的类型等因素。测台上的折射油放置久了会干，这时要仔细擦净测台和宝石再重测。

（3）具双折射的单晶宝石，可通过偏光镜下的干涉图，进一步验证所测得的轴性。

（4）弧面型宝石底部若有抛光的平面，可采用测定刻面宝石折射率的方法，因为阴影截止边的读数，总是比点测法的读数更为精确。

（5）折射率超过折射油极限的宝石，在1.790读数附近可见阴影边界，这是折射油的折射率，宝石的折射率称为负读数，记录为$RI > 1.790$。

（6）操作时尽量将宝石放在测台的中部位置读数，观察时眼睛尽量靠近目镜，读数时眼睛都保持在同样的位置。

第三节 偏光镜

一、偏光镜的工作原理

偏光镜（Polariscope）是利用偏振滤光片只允许通过向一个方向振动的光，来获取平面偏振光的原理制作而成的。

正交偏光：当两个偏振滤光片振动方向互相垂直时，光无法通过，这时观察视域为全暗（全消光），称为正交偏光。

若以PP代表下偏光镜片的振动方向，而以AA代表上偏光镜片的振动方向，当自然光通过下偏光镜片后，就成为平行PP方向振动的偏光，此偏光通过均质体宝石后，振动方向不变，与上偏光镜片的AA振动方向相互垂直。因此，通过均质体宝石的光不能透过上偏光镜，宝石呈现全暗现象［图4-16（a）］。

在正交偏光中放置非均质体宝石时，光进入宝石后发生双折射，分解为振动方向相互垂直且光速不等的两个偏光，若两偏光的振动方向分别与上、下偏光镜片的振动方向一致，宝石呈黑暗，无光透过上偏光镜片；旋转宝石，透过宝石的两偏光的振动方向便与上、下偏光镜片的振动方向成斜交，它们有一部分光可以透过上偏光镜片，宝石相应变亮［图4-16（b）］。在旋转宝石360°过程中，共有4次黑暗与明亮的相互交替变化。

二、偏光镜的结构

偏光镜是一种快速鉴别宝石光性的专用仪器，结构简单，除了两个相互垂直振动的上、下偏光镜片外，还有支架、样品台和底部照明光源等（图4-17）。

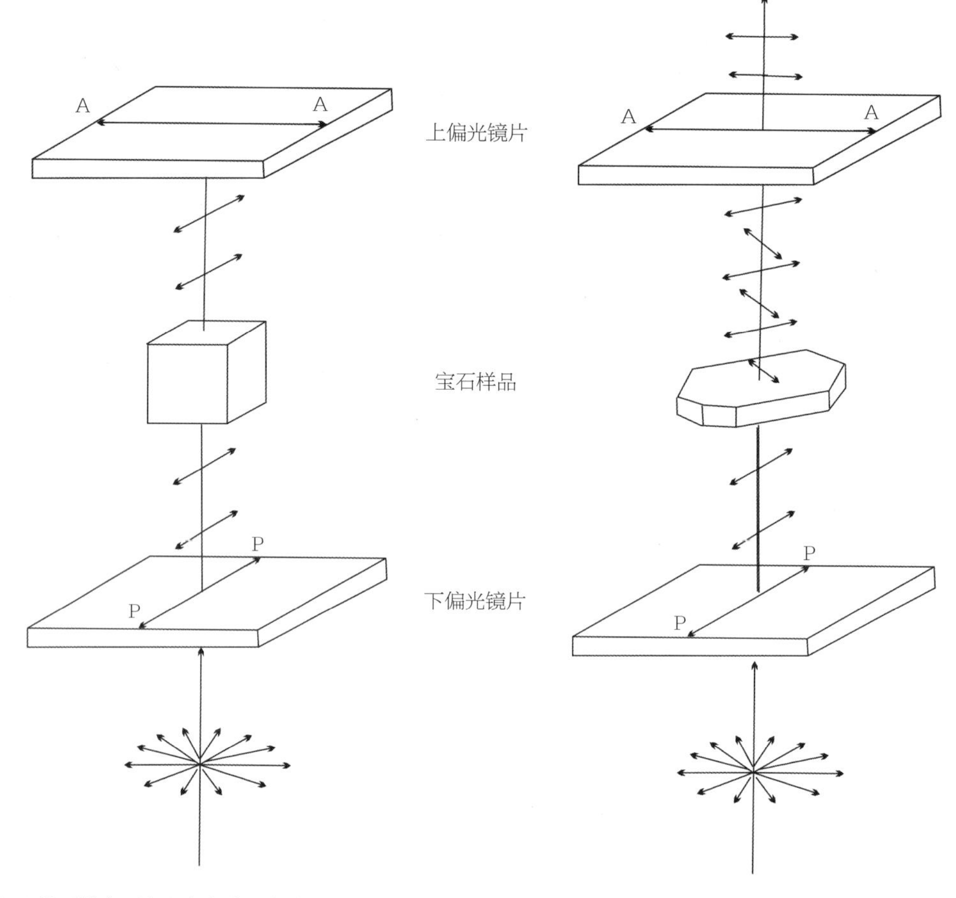

图4-16　宝石在正交偏光镜中的光学特点示意图

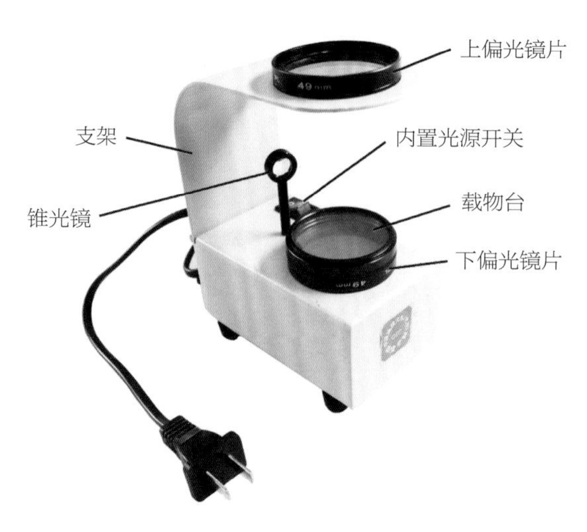

图4-17　偏光镜

下偏光镜片固定在偏光镜的底座上，其上部有一可以转动的玻璃样品台。下偏光镜片之下则为一内置式照明光源。上偏光镜片在弯臂支架之上，并可以自由转动。

三、偏光镜的用途

1. 测定宝石的光性

使用偏光镜测定宝石的光性，对所测的宝石需要满足以下要求。

① 宝石应透明至半透明，不透明或近于不透明的宝石不能用该仪器测定。

② 宝石尺寸不能太小，否则对观察和解释均会造成困难。

③ 宝石表面应清洁干净。

使用偏光镜测定宝石光性的基本操作步骤如下。

① 开启光源。

② 转动上偏光片，使偏光镜视域处于最黑暗状态，即正交偏光。

③ 将宝石置于下偏光片上或载物台上。

④ 将宝石转动360°，观察其变化，根据以下情况，做出分析判断。

若宝石始终全黑（又称全消光），说明宝石为各向同性宝石（均质体宝石）；若宝石全亮（也称不消光），说明宝石为多晶质（非均质或均质，隐晶质或微晶）集合体；若宝石呈现明显的四明四暗现象，说明宝石为各向异性宝石（非均质体或均质体的异常双折射现象），需进行验证性测试；若宝石呈现不规则的明暗变化（如斑纹状、网格状、弯曲色带等消光现象），称为异常消光，说明宝石多为玻璃、塑料等仿宝石材料。

2. 宝石光性的验证性测试

当宝石在偏光镜下出现四明四暗现象时，需进一步判断宝石是均质体宝石的异常双折射还是非均质体宝石。其判断的方法如下。

① 正交偏光下，将该宝石转至最亮位置（或宝石中局部位置处于最亮状态）。

② 迅速转动上偏光片90°，使上、下偏光片平行，此时整个视域明亮，进行观察：若宝石样品（或最亮部位处）明显变得更亮，说明宝石为均质体的异常双折射现象；若宝石样品（或最亮部位处）亮度不变或变暗，说明宝石为非均质体的双折射现象。

注意：验证时，可用黑色板或手指遮挡下偏光片的大部分照明光线，以利于观察和判断。

3. 测定宝石的轴性

单晶透明的非均质体宝石在正交偏光镜沿光轴方向，借助干涉球可观察到宝石的干涉图。干涉图是双折射宝石与聚合偏光相互作用产生的一种光学效应。

一轴晶宝石的干涉图：是一个黑十字加上以围绕黑十字交点为中心的同心环状的多圈干涉色色圈，色圈越往外越密，转动宝石，图形不变［图4–18（a）］。水晶由于内部结构使偏振光发生规律旋转（即旋光性），干涉图呈中空黑十字，称为“牛眼干涉图”［图4–18（b）］。某些水晶双晶的干涉图在中心位置呈现四叶螺旋桨状的黑带（特别是某些紫晶）。

二轴晶宝石的干涉图：根据观察方向的不同，二轴晶干涉图分为两种，即单光轴干涉图和双光轴干涉图。单光轴干涉图由一个直的黑带及干涉色圈组成，转动宝石，黑带弯曲，继续转动，黑带又变直，称为“单臂”干涉图［图4-18（c）］。双光轴干涉图由二条黑带及“∞”字形干涉色圈组成，两条黑带粗细不等，“∞”字形干涉色圈的中心为二个光轴出露点，越往外色圈越密，转动宝石，黑十字从中心分裂成两个弯曲黑带，继续转动，弯曲黑带又合成黑十字，称为“双臂”干涉图［图4-18（d）］。

干涉球操作步骤：适用于单晶透明的双折射宝石；在正交偏光下看到彩色圈，这是接近光轴的方向，在宝石与上偏光片之间放入干涉球，调整宝石方位，观察图案变化，找到色圈中心；根据干涉图判断宝石的轴性。

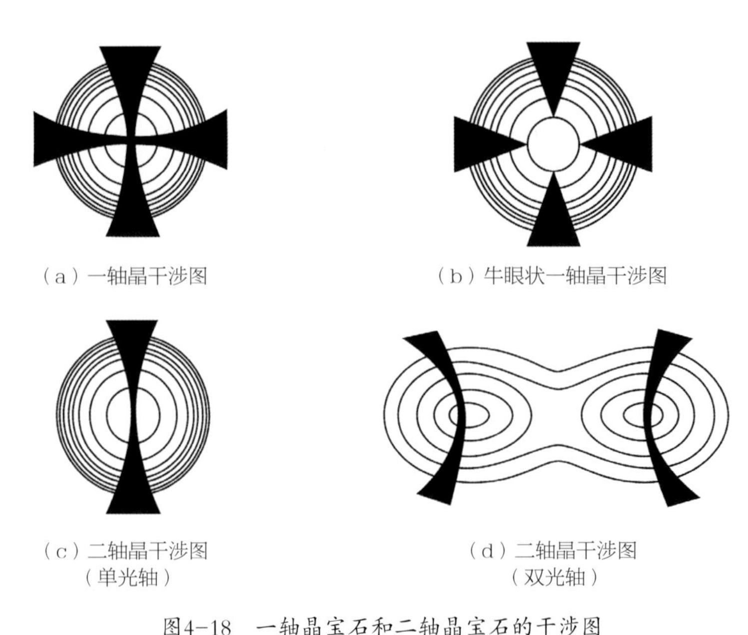

图4-18　一轴晶宝石和二轴晶宝石的干涉图

4. 宝石多色性的观察

转动偏光镜的上偏光镜片，使其与下偏光镜片的振动方向一致，此时视域应表现为最明亮，称单偏光。单偏光下边转动宝石、边观察宝石，具有多色性的宝石，其颜色将随着宝石的转动而发生变化。对于无多色性的宝石，无论怎样转动宝石，其宝石的颜色不发生任何变化。

这种观察方法对于多色性明显的宝石是有效的，而对多色性较弱的宝石，则必须用二色镜仔细观察才能分辨。

四、使用偏光镜的注意事项

要使用偏光镜测定宝石的光性时，通常需要注意以下问题。

① 各向异性宝石中，垂直光轴刻面测试为特殊的干涉现象，应多测几个方向。

② 具有聚片双晶的宝石在正交偏光下观察呈全亮，但宝石并非是多晶质宝石。

③ 裂隙或包裹体太多的透明宝石在正交偏光下观察也呈全亮现象。

④ 异常双折射的情况，可配合使用其他仪器进行验证，如红色石榴石出现四明四暗变化时，可用二色镜观察是否有多色性。

第四节　二色镜

一、二色镜的工作原理

由于对入射光的选择性吸收，宝石会呈现出不同的颜色。光性均质体的宝石其选择性吸收在各个结晶方向都是相同的，因而只有一种颜色；非均质体宝石则不然，其选择性吸收随不同方向而变化，使宝石在不同的方向上会呈现出不同的颜色，称为宝石的多色性。宝石的二色性（或多色性）可用二色镜（Dichroscope）观察（图4–19）。

图4–19　常用的宝石二色镜

二色镜的基本原理是利用高双折射率的冰洲石或偏振片，将透过宝石晶体的二束振动方向和传播速度都不相同的平面偏振光区分开来。通过二色镜目镜观察，则可见到二束由于选择性吸收不同，而表现为不同颜色的两块窗口色像，以此可进行对比和比较，判断宝石是否具有多色性（图4–20）。

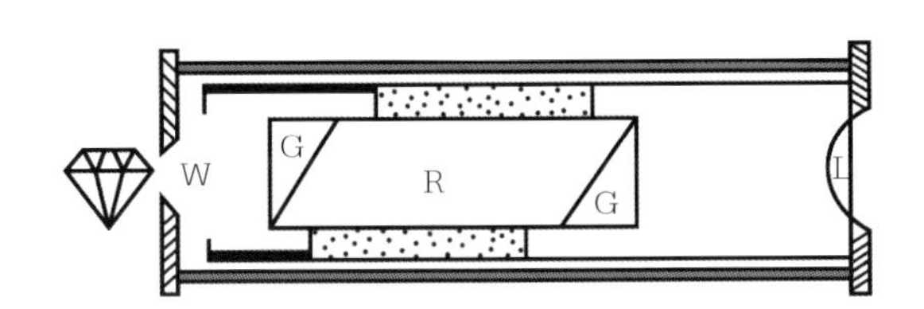

（a）二色镜结构
W—窗口；G—玻璃；R—冰洲石棱镜；L—目镜

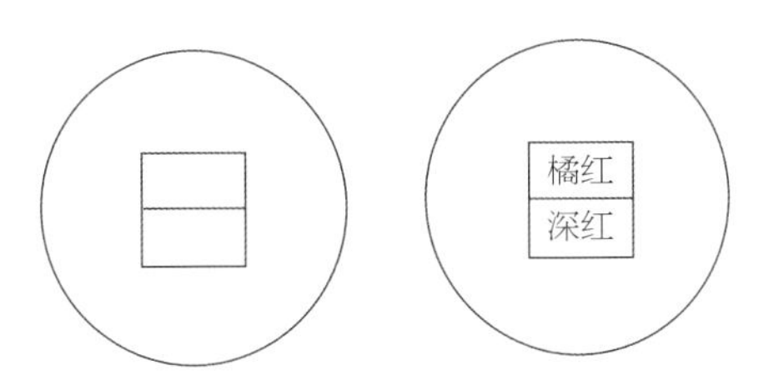

（b）视域中的色像图示，左图：未放宝石样品，通过目镜所观察到的两个长方形亮块；右图：窗口前放上样品（红宝石）时，两个亮块中呈现出不同的颜色色像

图4–20　二色镜结构和视域中色像示意图

二、二色镜的操作步骤

1. 二色镜的使用前提

用二色镜观察宝石的多色性，对宝石样品有以下要求。

① 宝石样品应透明或近于透明。

② 宝石样品必须为单晶体，且有颜色。

③ 宝石样品表面应清洁干净。

2. 操作步骤

① 将二色镜窗口对准白光光源，从目镜中观察两个平行相连的方形或圆形亮视域。

② 用手或宝石镊子抓住宝石放在二色镜窗口的前面，使透过宝石的光进入二色镜窗口并进行观察。此时，眼睛、二色镜和宝石三者成一线，且三者间应相距很近（间距应在2～5mm内）。

③ 边观察边转动宝石或二色镜。

④ 当观察到二色镜两窗口有色差时，需将二色镜转动90°，若两窗口颜色互换，则表明宝石具二色性。必须从三个互相垂直的方向观察，若宝石总共只有两种颜色变化则表明具二色性；若宝石有三种颜色变化则表明具三色性。

三、二色镜的主要用途

二色镜主要用于观察宝石的多色性。在二色镜中出现的颜色色彩变化，不但因宝石品种不同而表现出颜色差异，甚至同种类的宝石也可能由于所含色素离子的数量和组分差异而表现出不同的颜色色彩。二色镜在宝石鉴定与研究中，主要有以下用途。

① 帮助鉴定具有强多色性的宝石。如堇青石的三色性显著（蓝色、紫蓝色、浅黄色）

② 区分均质性与非均质性宝石。如红宝石与红色尖晶石。红宝石和红色尖晶石外观很相似，通过多色性的观察可以将二者快捷有效地区分开来。

③ 指导宝石的切磨与加工。了解宝石的多色性对切磨宝石定向很有帮助。如红宝石在加工中台面应垂直光轴方向，以便将宝石的最佳颜色通过台面显示出来。

四、二色镜使用的注意事项

用二色镜观察宝石多色性时，应注意以下问题。

① 应使用透射自然光光源，不能使用偏振光，并且观察时应选择无反射的白色背景。

② 宝石的长、宽、厚差异较大时，不同方向的颜色差异，也可能是由于宝石体色色调的深浅变化而引起，并非是宝石多色性的表现。

③ 在测定多色性之前或之后，可测定宝石的光性，以便互相验证所得到的结果。

④ 至少要从宝石的三个方向进行观察和检测（以避免沿宝石的光轴方向）。

⑤ 勿将宝石的色带或色斑与多色性相混。

⑥ 测定宝石的多色性不仅要观察多色性的颜色，而且还要观察多色性的强弱，并做好记录。

⑦ 同一宝石品种，其多色性的颜色和强弱可不同。

⑧ 宝石的厚度和本身颜色的深浅也会影响多色性的明显程度。

⑨ 对于弱多色性的宝石样品应慎重对待，不要轻易下结论，必须通过其他鉴定手段（如使用偏光镜、折射仪）进行验证。

常见宝石的二色性和三色性特征见表4-5。

表 4-5　常见宝石的多色性

宝石名称	多色性明显程度	多色性特征	
		种类	颜色变化
红宝石	强	二色性	淡橙红 / 红
蓝宝石	强–明显	二色性	淡蓝绿 / 蓝
绿色蓝宝石	强	二色性	淡黄绿 / 绿
紫色蓝宝石	强	二色性	浅黄红 / 紫
红电气石	强	二色性	粉红 / 深红
蓝电气石	强	二色性	浅蓝 / 深蓝

宝石名称	多色性明显程度	多色性特征	
		种类	颜色变化
绿电气石	强	二色性	淡绿/深绿
合成蓝宝石	强	二色性	紫/蓝
海蓝宝石	明显	二色性	淡蓝/无色
红色绿柱石	明显	二色性	亮红/紫
方柱石（紫）	明显	二色性	淡蓝紫/紫红
蓝色锆石	明显	二色性	无色/天蓝色
磷灰石（蓝绿）	明显	二色性	浅黄/蓝色
祖母绿	弱	二色性	翠绿/蓝绿；浅黄绿/蓝绿
紫水晶	弱	二色性	浅紫/紫
芙蓉石	弱	二色性	浅粉红/粉红
褐红色锆石	弱	二色性	褐色/淡褐红色
金绿宝石（深色）	强	三色性	无色/淡黄/柠檬黄
变石	强	三色性	绿/浅黄红/红
猫眼石	强	三色性	淡红黄/浅绿黄/绿
坦桑石	强	三色性	灰绿/紫红/蓝
蓝晶石	明显	三色性	淡蓝/蓝/蓝黑
蓝色托帕石	明显	三色性	无色/亮蓝/淡粉红
粉红色托帕石	明显	三色性	无色/淡粉红/粉红
黄色托帕石	明显	三色性	无色/淡褐黄/橙黄
橄榄石	弱	三色性	黄绿/绿/淡黄

第五节　可见光分光镜

一、分光镜的工作原理

分光镜的工作原理是利用色散元件（三棱镜或光栅）将白光分解成不同波长的单色光，且构成连续的可见光光谱。当入射的白光由分光镜狭缝进入后，经过准直透镜便形成一束平行光。当它进入色散系统时，由于光的色散作用，这束白色的平行光，按照光的波长分解成为连续的可见光谱色带——红、橙、黄、绿、蓝、靛、紫。

宝石中所含的各种色素离子（过渡族元素、某些稀土元素、放射性元素）对可见光光谱具有不同程度的选择性吸收。宝石的光谱中的吸收带、吸收线都具有固定的吸收位置，这一特点可用来鉴定宝石品种，帮助判断宝石致色的原因。

二、分光镜的种类

分光镜（Spectroscope）按其色散元件的不同可分为棱镜式和光栅式两种类型。

棱镜式分光镜特点是：光谱的蓝紫区相对拓宽，红光区相对压缩，红光区的分辨率比蓝光区的差，但是其透光性好，视域较明亮。

衍射光栅式分光镜特点：所产生光谱各色区大致相等；红光区分辨率比棱镜式要高；透光性差，需要强光源照明。

根据其结构特点，可分为手持式分光镜和台式分光镜两种。

1. 手持式分光镜

手持式分光镜（Hand-held spectroscope）通常为棱镜式，其外壳为金属管或塑胶管，长约7～10cm，直径1.5～2cm。手持式分光镜中没有光波的刻度尺，所观察到的只是一条连续的可见光光谱带（图4-21、图4-22）。

图4-21　常用的手持式分光镜

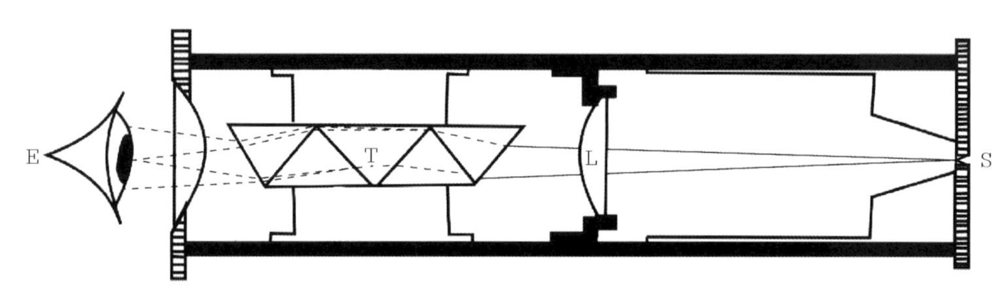

图4-22　手持式分光镜及结构示意图
E—眼睛；T—棱镜组；L—透镜；S—狭缝

2. 台式分光镜

台式分光镜（Desk model spectroscope）由一组棱镜、透镜、目镜、狭缝板、狭缝调节装置、滑管、波长标尺和光纤玻璃照明光源及其配套装置等组成。包括内藏可调光源，辅助光纤玻璃照明光源、分光器，观察镜筒和固定支架等部分（图4-23）。

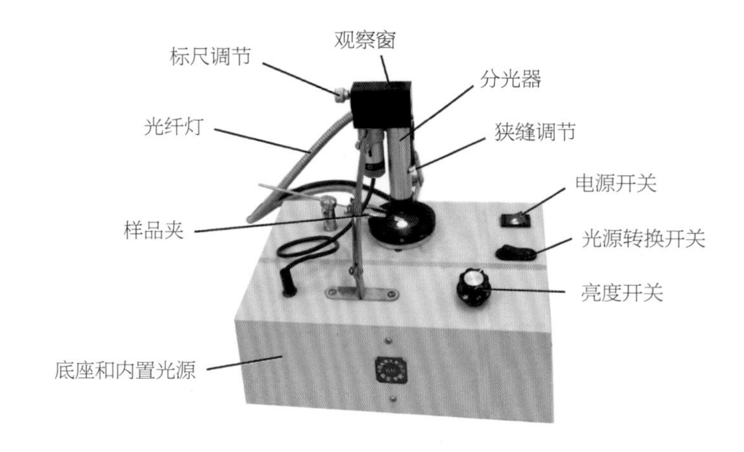

图4-23　台式分光镜

三、分光镜的操作方法及步骤

根据宝石的颜色深浅和透明程度调节透射光的照射亮度，或选择不同的照明方式。操作时，将擦拭干净的宝石置于样品台上或用宝石夹子夹住宝石。

1. 台式分光镜

对于透明到半透明的宝石，光源的照射方式适用于透射法［图4-24（a）］，具体操作步骤如下。

① 将宝石置于锁光圈上，根据宝石的大小调节锁光圈的开孔，仅让透过宝石的光线进入分光镜。若要改变宝石的方向应使用宝石夹。

② 调节光源的位置和距离以使更多的光线透过宝石。

③ 通过变阻开关调节光源的强度。浅色宝石用低强度，深色或半透明的宝石用高强度。

④ 完全闭合分光镜的狭缝，然后慢慢打开，直至能看到完整的光谱。通常在狭缝近于完全闭合的瞬间最易观察吸收光谱。对于透明宝石，狭缝要近乎完全闭合；而对于半透明宝石，狭缝则要开大些。

观察时先调节分光镜的焦距，下降滑管，紫光波段吸收谱清晰；反之红光范围波段吸收谱明显。调节分光镜进光狭缝和显微镜筒焦距，观察短波长的紫光区吸收光谱时，慢慢升镜筒；若观察长波长的红光区的吸收谱线时，则缓缓下降镜筒。

⑤ 调节观察目镜，使光波刻度尺准确聚焦。观察、记录宝石的吸收光谱。

对于不透明或透明度差、颜色深的宝石，光源的照射方式适用于表面反射法［图4-24（b）］，具体操作步骤如下。

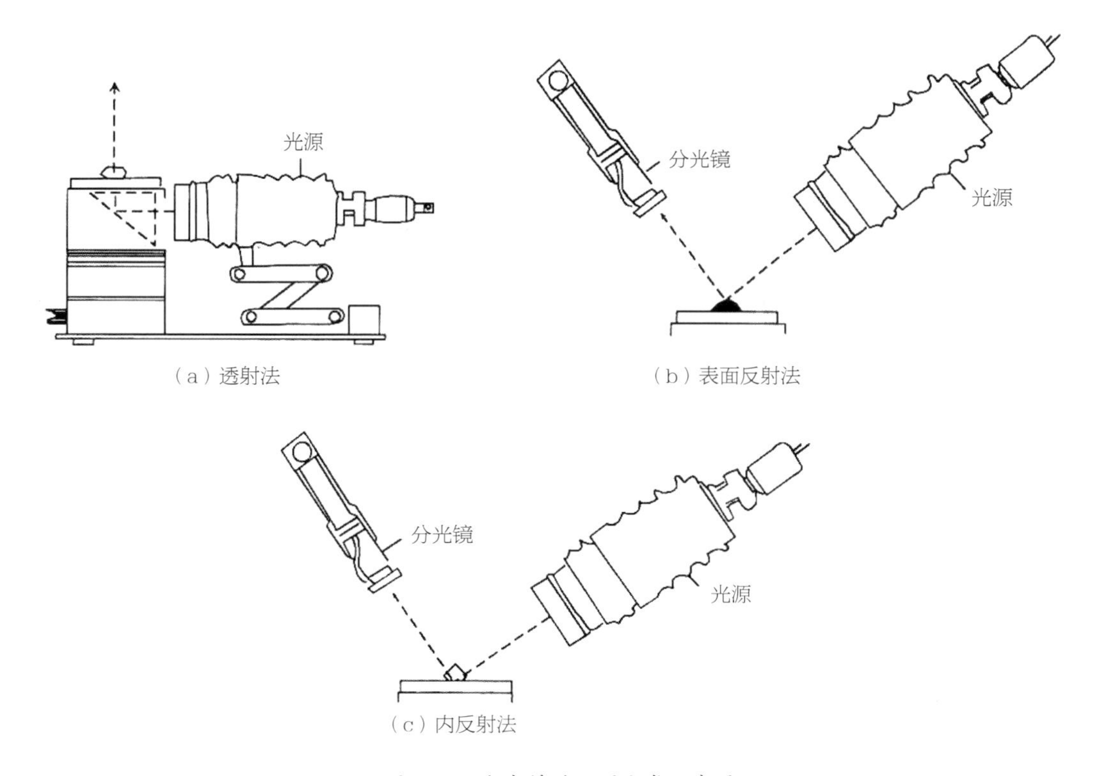

（a）透射法

（b）表面反射法

（c）内反射法

图4-24　分光镜的照明方式示意图

① 将宝石样品置于锁光圈或宝石夹上，应以无反射的黑色为背景。

② 调节光源的位置和距离以使从宝石表面反射出来的光线更多地进入分光镜中。

③ 按透射法所述步骤，调节分光镜的狭缝和滑管的焦距。

④ 观察、记录宝石的吸收光谱。

对于颜色浅、颗粒小的透明宝石，光源的照射方式适用于内反射法［图4-24（c）］，具体操作步骤如下。

① 将宝石样品台面向下置于锁光圈或无反射的黑色背景上。

② 调节光源的位置和距离，使光线从宝石的斜上方射入并从宝石台面的内表面反射出来后再进入分光镜中。

③ 按透射法所述步骤调节分光镜的狭缝和滑管的焦距。

④ 观察记录宝石的吸收光谱。

2. 手持式分光镜

使用手持式分光镜，测定宝石吸收光谱的操作步骤如下。

① 采用强光源——光纤灯对透明的宝石，使光透过宝石后进入分光镜狭缝；若宝石颜色深、透明度差，也可以将光源斜照宝石，使光从宝石表面反射后进入分光镜狭缝。

② 用手平稳地持住分光镜（或者用1个支架分别固定分光镜和光源），置于所测宝石前几毫米处。

③ 眼睛从窗口观察记录宝石的吸收光谱并记录。

四、分光镜的主要用途及局限性

1. 分光镜的主要用途

分光镜所观察的宝石吸收光谱对宝石鉴定有很大的作用。主要表现在以下几个方面。

① 帮助确定具有典型吸收光谱的宝石名称。如锆石653.5nm典型吸收线具有鉴定意义。

② 帮助确定宝石中的致色元素，宝石中微量的致色元素产生的吸收带、吸收线都有较为固定的位置，可根据宝石显示的吸收光谱特征来判断宝石的致色元素。如红宝石、祖母绿显示由铬致色的谱线：橄榄石显示由铁致色的谱线；磷灰石显示由稀土元素致色的谱线；合成蓝色尖晶石显示由钴致色的谱线等。

③ 帮助区分某些天然宝石与合成宝石。如合成蓝色尖晶石显示典型钴的吸收谱线；合成祖母绿中铬含量大于天然祖母绿中的铬元素含量，导致合成祖母绿在477nm具有明显的吸收线。

④ 帮助区分某些天然宝石与人工处理宝石。如天然绿色翡翠红区690nm、660nm、630nm显3条阶梯状吸收谱；染色翡翠（人工处理）则在红区显示模糊的吸收带。

⑤ 帮助区分某些宝石与仿宝石。如红宝石显示铬的吸收谱线，而红玻璃显示稀土元素的吸收谱线；祖母绿显示铬的吸收谱线，而绿色钇铝榴石显示稀土元素的吸收谱线。

2. 分光镜的局限性

在宝石鉴定中，虽然使用分光镜观察宝石的吸收光谱，可以帮助区分某些天然宝石和合成宝石，但不是对所有的天然宝石与合成宝石的鉴定都有效。如天然红宝石与合成红宝石具有相似的吸收光谱。此外，观察宝石的吸收光谱，需要有很强的光源照明，在某些场合也限制了分光镜的使用。

第六节　相对密度的测定方法

相对密度（Specific gravity,SG）是物质在空气中的质量与4℃时同体积水的质量之比。英文缩写为SG，是无量纲的。宝石的相对密度值是鉴定宝石的一个重要的物理常数。目前，在宝石鉴定中，用于测定宝石密度的方法主要有静水力学法和重液法两种。

一、静水力学法

1. 原理

根据阿基米德定律可知，当一个物体浸入液体中，液体作用于物体的浮力等于其所排开液体的质量。根据物体排开液体的质量可以得知物体的相对密度。

2. 设备

一台电子（克拉）天平、一个玻璃烧杯、一个阿基米德桥（即烧杯支架）、一个金属丝框（篮）及其支架、一把镊子、一杯液体等（图4-25）。

图4-25　静水称重法测定宝石的相对密度

3. 测定步骤

测定宝石的相对密度步骤如下（以电子天平测量法为例）。

① 将电子天平的质量单位调至克拉或克。

② 清洗宝石，使宝石表面洁净、无杂质。

③ 把宝石放在秤盘上，读出的数字即为宝石在空气中的质量M_1。

④ 将宝石放入在水杯的丝篮中，所读出的数字即称得宝石在水中的质量M_2。

⑤ 计算宝石的相对密度（SG），其计算公式为：

$$宝石相对密度（SG）=\frac{宝石在空气中的质量M_1}{宝石在空气中的质量M_1-宝石在水中的质量M_2}$$

4. 注意事项

① 待测宝石必须是非吸水性的，多孔隙材料不可测。

② 擦净宝石，使宝石没有油脂。

③ 宝石在水中称重时尽量避免附在水杯或样品上的任何气泡。

④ 用镊子拿放宝石要轻，环境要安静，以免影响测量精度。

⑤ 宝石颗粒小于1ct（1ct=0.2g），误差范围较大。

这种方法的优点是能准确地测定许多宝石的相对密度值，缺点是不能精确测定较小宝石的相对密度值。

二、重液法

重液法是将待测宝石放入已知的比重液中，视宝石在比重液中沉浮情况，间接测定宝石相对密度的一种简便易行、迅速有效的方法。重液法测定宝石的相对密度是一种有效的鉴定手段，尤其对小颗粒宝石更为方便快捷。

1. 重液系列

通常由四瓶重液组成，每瓶所盛重液大约为25mL。在有条件的情况下，可配制四瓶以上的重液系列。

常用的重液系列，其相对密度见表4-6。

表 4-6　常用重液系列表

重液名称	相对密度	折射率	相对密度指示宝石
三溴甲烷（稀释）	2.65		水晶
三溴甲烷（微黄色液体）	2.89	1.59	绿柱石
二碘甲烷（稀释）	3.05		粉红色碧玺
二碘甲烷（黄色液体）	3.33	1.742	翡翠

2. 操作步骤

① 用酒精清洁样品并擦干。

② 用手掂样品估计其相对密度，以决定最先用哪种相对密度的重液。

③ 用镊子把样品完全浸入已知相对密度的重液中，并把镊子靠在重液瓶内侧，以逸出气泡，而后松开镊子。

④ 观察样品在重液中的沉浮情况进行如下判断（见图4-26，$D_{宝}$和$D_{液}$分别表示宝石和重液的相对密度）：

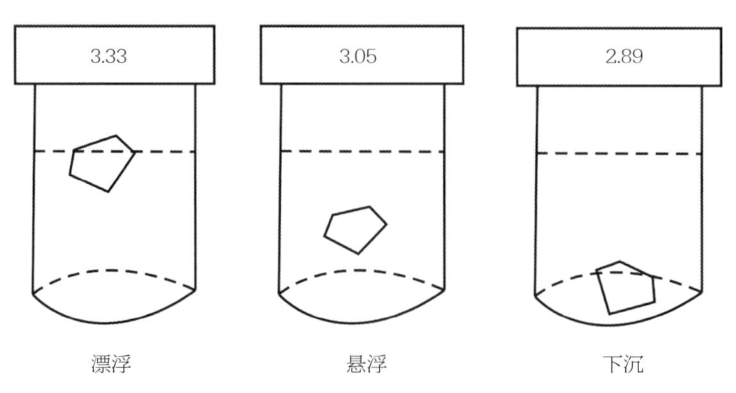

图4-26　重液法测定宝石的相对密度

宝石上浮：$D_宝<D_液$

宝石悬浮在重液中：$D_宝=D_液$

宝石样品下沉：$D_宝>D_液$

3. 注意事项

① 测试时，应将宝石最平的面向下或向上放入重液中，以利于观察。

② 可用标样进行对比测试。

③ 每一次测试仅能使用一个重液瓶，并且一个重液瓶中只能放入一个样品。

④ 在更换使用另一瓶重液测定时，应洗净、擦干样品并更换镊子。

⑤ 重液可反复使用，但温度会影响重液的相对密度。因此，每次使用之前，都要用标样检查重液。

⑥ 若宝石样品的折射率与重液的折射率接近时，宝石样品的轮廓会不清晰。

⑦ 观察宝石样品沉浮速度时，应使眼睛与重液保持在同一水平面上，以求得出较为精确的估计。

⑧ 由于结构、构造不同及杂质和包裹体的影响，同一种宝石的不同样品的相对密度会有所变化。

⑨ 重液有一定的毒性、挥发性和腐蚀性，应避免吸入其蒸汽或黏附皮肤和衣物。

⑩ 应将重液密封贮藏于阴暗处，并在含碘化合物重液中放入一小片铜可防止重液分解和发黑。

⑪ 有机宝石、塑料、拼合石和有空隙的宝石样品不宜用该法测定其相对密度。

这种方法优点：能精确测定较小宝石的相对密度值。缺点：大于瓶口的宝石无法测定其相对密度。其中一些重液属于危险品，或价格昂贵，应在通风设备好的实验室中使用。重液具有一定的挥发性，时间长了，重液的相对密度就会有所偏差

第七节 其他常用宝石鉴定仪器

一、查尔斯滤色镜

查尔斯滤色镜（Chelsea color filter）是由英国宝石测试实验室的安得逊研制并最先在查尔斯工业学校使用的一种袖珍检测仪器。

1. 滤色镜工作原理

查尔斯滤色镜是由两片仅允许深红色和黄绿色光通过的明胶滤色镜片组成（图4-27）。

当入射光从宝石反射至滤色镜片上，光的波长在560nm范围时，则有少量绿色光可被透过；而光波长在700nm范围时，则有大量近红外光被透过，其它波长范围的光则被滤色镜片吸收滤掉而不能透过。

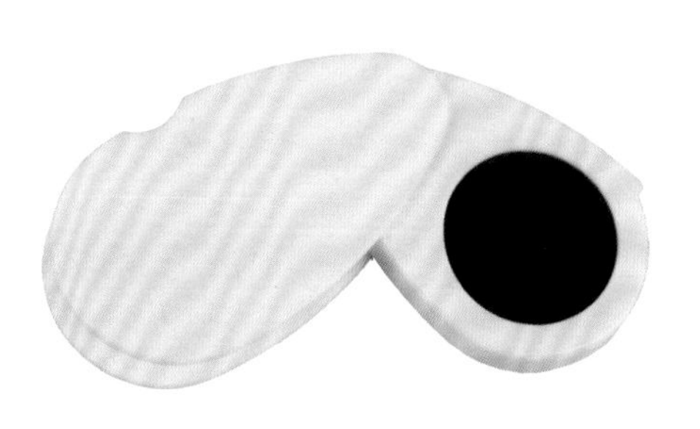

图4-27 查尔斯滤色镜

2. 滤色镜的用途

滤色镜主要是对绿色、蓝色宝石以及某些染色宝石有一定的鉴定作用，尤其是对祖母绿、蓝宝石、翡翠、尖晶石和缅甸红宝石的鉴别。

（1）帮助鉴定宝石品种　在透明宝石中，由铬离子致色的多呈鲜艳的红色和绿色。大多数天然产出的祖母绿在滤色镜下，显红色。而人工合成祖母绿在滤色镜下显示出艳红色或亮红色。东陵石、青金石、独山玉、水钙铝榴石、翠榴石在滤色镜下，呈现红色。

（2）帮助区分某些天然与人工处理宝石　绿色翡翠滤色镜下不变红，用铬盐染色的绿色翡翠，在滤色镜下呈现红色。由镍致色的绿玉髓，在滤色镜下不变红，而染色的绿玉髓，在滤色镜下呈现红色。

（3）帮助区分某些天然宝石与合成宝石　天然蓝色尖晶石滤色镜下不变红，合成蓝色尖晶石（Co致色）滤色镜下，呈现红色。

使用查尔斯滤色镜时，可将宝石置于阳光充足或强的反射光下观察，使光线从待测宝石的表面反射出来。光源采用光纤灯或笔式手电观察时，滤色镜应尽量靠近眼睛来观察待测宝石是否发生颜色变化，避免外来光线的干扰。查尔斯滤色镜下常见宝石的颜色特征，见表4–7。

表 4–7　查尔斯滤色镜下常见宝石的颜色特征

检测的宝石种类	颜色特征
哥伦比亚的祖母绿，南美的大部分和俄罗斯的部分祖母绿	红至粉红色
印度、尼日利亚、巴基斯坦、南非、赞比亚和津巴布韦等地祖母绿	绿色
合成祖母绿	透明的亮红色
绿色翡翠	绿色、浅灰绿色
染色翡翠（铬盐染色）	粉红色
绿色电气石	绿色
绿色萤石	浅红色
绿色钙铁榴石	粉红色
绿色玻璃	绿色
绿玉髓（镍致色）	绿色
绿玉髓（铬盐染色）	红色
绿色锆石	粉红色
斯里兰卡浅紫色蓝宝石	多数呈红色
蓝色尖晶石	淡红
合成蓝色尖晶石（钴致色）	亮红色至粉红色
合成蓝色尖晶石（铁致色）	浅黄橙色至粉红色
钴蓝玻璃	亮红色
蓝色蓝宝石	绿、浅灰绿色或黄色
海蓝宝石	绿或黄色
蓝色锆石	绿、浅灰绿色
缅甸红宝石	红色至粉红色
合成红宝石	亮红色
红色石榴子石	无颜色变化

注：查尔斯滤色镜下所见到的颜色深浅程度变化取决于被测宝石的颗粒大小、透明度以及本身颜色的深浅。

二、紫外荧光灯

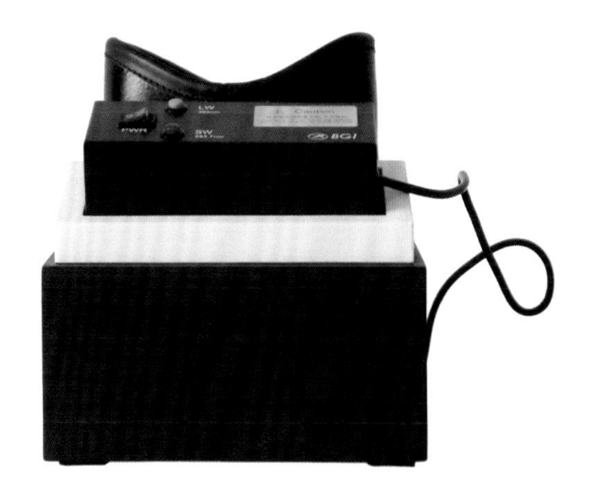

图4-28　紫外荧光灯

紫外线的波长范围在10～400nm之间。紫外荧光灯（Ultraviolet lamp）是通过其中的特殊灯管发出紫外线来激发宝石荧光和磷光的一种仪器。宝石在紫外线照射下，以产生荧光为主，磷光现象则较少见。

1. 紫外荧光灯的结构

紫外荧光灯根据其发出的波长能量不同，又可以分长波紫外光（LWUV）和短波紫外光（SWUV）。常用的荧光灯主要由两个紫外线灯管（长波365nm和短波254nm）、铅玻璃窗口和暗箱组成（图4-28）。

长波紫外光由高压石英水银蒸汽灯管发射射线，射线经含钴、镍的暗黑色玻璃过滤后，便只有波长为365nm的紫外光射出；短波紫外光是由低压石英水银灯管发射波长为254nm的紫外线。

宝石在紫外线照射下，荧光所呈现的颜色，既可与宝石本身的体色一致，也可完全不同。不同产地的同种宝石、合成和天然的同种宝石，其荧光特征都会有所差异。同种宝石在短波和长波紫外线照射下，其荧光特征也会不同。

有一些宝石对短波紫外线的发光效应比对长波紫外线的效应强；而对另一些宝石则可能正好相反。还有一些宝石，它们经短波紫外线和长波紫外线照射后发出的荧光强度是相等的。常见的重要宝石的荧光特征见表4-8。

表 4-8　常见重要宝石的紫外荧光特征

荧光颜色	长波紫外光	短波紫外光
红色荧光	天然和合成红宝石、天然和合成蓝宝石、合成绿色和粉红色蓝宝石、合成祖母绿、合成绿色尖晶石、合成变色蓝宝石、火欧泊（褐红色）	天然和合成红宝石、红色尖晶石、天然粉红色蓝宝石、合成橙色蓝宝石、斯里兰卡蓝色蓝宝石、合成变色蓝宝石、合成祖母绿、钻石、火欧泊（褐-红色）
绿色荧光	合成黄色尖晶石、合成黄-绿色尖晶石、钻石	合成黄-绿色尖晶石、合成绿色尖晶石、钻石
黄色荧光	钻石、锆石、托帕石、火欧泊（浅褐色）	钻石、锆石
紫色荧光	钻石、铯绿柱石（摩根石）、方柱石	钻石、铯绿柱石（摩根石）、合成粉红色蓝宝石
白色荧光	欧泊	合成白色尖晶石、欧泊、白钨矿
橙色荧光	斯里兰卡黄色蓝宝石、钻石、合成蓝色、绿色和棕色蓝宝石、合成变色蓝宝石、方柱石	斯里兰卡黄色蓝宝石、钻石、天然白色蓝宝石、合成橙色和蓝色蓝宝石、合成变色蓝宝石

2. 紫外荧光灯的使用方法

① 清洗宝石样品。若用有机液清洗，必须待清洗液挥发完毕后才能进行测试。

② 将宝石样品置于暗箱中的黑背景上，并关闭暗箱门。

③ 接通电源，按下波段选择开关。

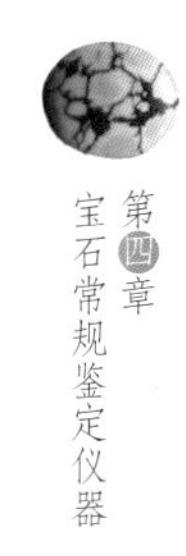

④ 从玻璃窗口分别观察宝石样品在长波或短波紫外光照射下的发光现象。

⑤ 若宝石样品不发光，则为惰性；若关闭紫外灯管后，宝石样品仍持续发光，则宝石样品具有磷光。

3. 紫外荧光灯的用途

（1）帮助鉴定宝石品种　某些祖母绿–绿玻璃、芙蓉石–月光石、蓝宝石–蓝锥矿等宝石对之间的荧光性存在着极大的差别，通过这种差别可指导鉴定并迅速验证鉴定结果。

（2）帮助区别某些天然宝石与合成宝石　如大多数天然蓝宝石无荧光，维尔纳叶法合成蓝宝石有荧光。

钻石的荧光性变化非常大，可从无到强，也可呈现各种各样的颜色。有强蓝色荧光的钻石通常具有黄色磷光。钻石的荧光特征也有助于区分天然钻石和合成钻石。

常见的钻石仿制品立方氧化锆，在长波紫外光照射下，呈惰性或发浅黄色荧光；人造钇铝榴石呈现黄色荧光；人造钆镓榴石则常呈粉红色荧光。因此，紫外灯对于鉴定群镶首饰十分有效。

（3）帮助判断宝石是否经过人工处理　某些拼合石的粘胶层、某些油处理宝石和玻璃充填物等会发出荧光。硝酸银（$AgNO_3$）染色的黑珍珠无荧光，而某些天然黑珍珠却可发出荧光。翡翠如有荧光则整体发光，某些酸处理翡翠有胶充填时，充填物胶具有荧光。

（4）帮助判断某些宝石的产地　如斯里兰卡产的无色、黄色蓝宝石在长波紫外光照射下发黄色荧光，而澳大利亚产的无荧光。

4. 使用荧光灯的注意事项

由于紫外线是高能量射线，因而检测者应在暗箱的玻璃门外进行观察。紫外线对人的眼睛有一定的伤害作用，操作时应注意操作规程。

三、钻石热导仪

钻石热导仪（钻石检测仪，Diamond beam）是利用钻石具有良好的导热性能的原理而设计制作的一种小巧实用的检测仪器（图4–29、图4–30）。天然宝石中，钻石的热导率最高，室温下Ⅰ型钻石热导率为100W/（m·℃），Ⅱ型钻石的热导率为2600W/（m·℃）；其次为红宝石和蓝宝石热导率为40W/（m·℃）。人工合成碳化硅热导率仅次于钻石，使用钻石热导仪检测，具有相同的反应。钻石导热性能好，故热导率大，散热也快；而钻石仿制品和绝大多数宝石的热导率小，散热也慢。钻石导热仪是利用钻石的散热速率极快（导热性能

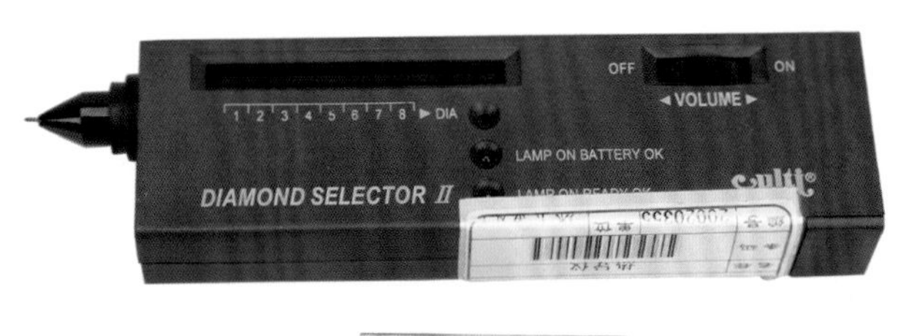

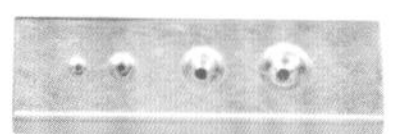

图4–29　钻石热导仪（一）

图4–30　钻石热导仪（二）

极好）这一特性来鉴定钻石及除碳化硅以外的钻石仿制品的。具有快速、准确、操作简便等优点。

钻石热导仪的主体由集成热敏元器件和控制盒组成，仪器前端装有一个针状热敏金属探针头。

钻石热导仪使用操作方法和注意事项如下。

① 打开电源开关，电源指示灯亮，仪器开始预热。此时仪器内对热敏金属探针头加热，10多秒钟后，探头预热测试指示灯亮，仪器进入工作准备状态。

② 将被测宝石放入支撑托盘合适的凹孔内，并将宝石的台面朝上。已镶嵌者不必放托盘孔中，而用手持即可。

③ 根据被测宝石的重量和测试环境温度，调亮若干个发光二极管（热导仪Ⅱ背面有对照表）。

④ 取下探针护套，用手握住热导仪，手指触及加热驱动开关（热导仪背面三角金属板），将热敏金属探针头垂直地轻轻触压在被测宝石的台面或表面。

⑤ 仔细观察热导仪的指示器，如果被测样品为钻石或碳化硅，金属探针头温度快速下降，电热传感使发光二极管的红色灯亮起来，并发出蜂鸣声。金属探针头轻轻触压在被测宝石表面，热导仪的反应极小，发光二极管绿色灯及橙色灯亮，红色灯不亮，没有蜂鸣声，则表明被测宝石不是真钻石或碳化硅。

⑥ 如热敏金属探针头接触到金属物体，会发出连续急促的信号声，这时应立即移开。

⑦ 热导仪使用温度为5～35℃，空气相对湿度小于80%，否则测试结果会不准确。

思考题

一、名词解释

多色性、选择性吸收、平面偏振光、相对密度、全内反射

二、问答题

1. 宝石显微镜有哪些照明方式？尽可能详尽地列出显微镜在宝石学中的应用？

2. 利用折射仪测定宝石时要注意哪些事项？折射仪在宝石鉴定中有哪些用途？

3. 分光镜在宝石鉴定中有哪些用途？分别绘出几种宝石的典型吸收光谱，并说明宝石的致色元素。

4. 说明用二色镜观察红宝石、碧玺、石榴石、黄水晶、紫水晶、蓝晶石、翡翠等的多色性特征。

5. 说明用偏光镜观察蓝宝石、托帕石、尖晶石、石榴石、玉髓、琥珀、玻璃等的现象并判断它们的光性特征。

6. 详细描述静水称重法测定宝石相对密度的过程，这种方法的优点和缺点有哪些？

7. 尽可能详尽地列出下列仪器在宝石鉴定中的用途：10×放大镜、热导仪、滤色镜、紫外荧光灯

8. 利用图示简述具抛光平面的橄榄石与碧玺在折射仪上所获得的阴影边界的位置及移动情况。

9. 简要说明观测宝石吸收光谱的操作步骤及如何选择照明方式？分光镜在宝石检测中有哪些用途？

三、选择题

1. 如果一粒宝石的相对密度是3.18，在下列重液中的表现为：

   （A）二碘甲烷中下沉　（B）三溴甲烷中悬浮

   （C）二碘甲烷中上浮、三溴甲烷中下沉　（D）二碘甲烷中悬浮

2. 一粒宝石经静水称重法测得相对密度值为3.52，它应为：

   （A）橄榄石　（B）钻石　（C）水晶　（D）尖晶石

3. 在某一种宝石中观察到三色性时，可以帮助确定该宝石为：

   （A）一轴晶　（B）非晶质　（C）均质体　（D）二轴晶

4. 折射率可以在折射仪上直接读数，哪类宝石在折射以上只有一个折射率值？

   （A）一轴晶和二轴晶　（B）二轴晶和非晶质

   （C）等轴晶系和非晶质　（D）一轴晶和等轴晶系

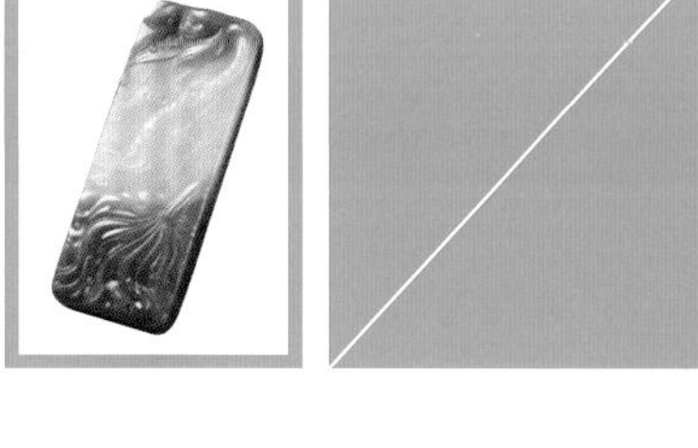

第五章

宝石的琢型

宝石的琢型（Cut），又称为宝石的造型、款式或切工。按照宝石造型的外部特征可以分为弧面型、刻面型、珠型和异型等款式类型。

第一节　弧面型琢型

弧面型琢型（Cabochon cut），又称为凸面型或素面型琢型。它适用于加工各种半透明和不透明宝石。弧面型的造型特征是宝石的上表面或上、下表面被加工成弧形曲面。

几种典型的弧面型宝石琢型，见图5-1。

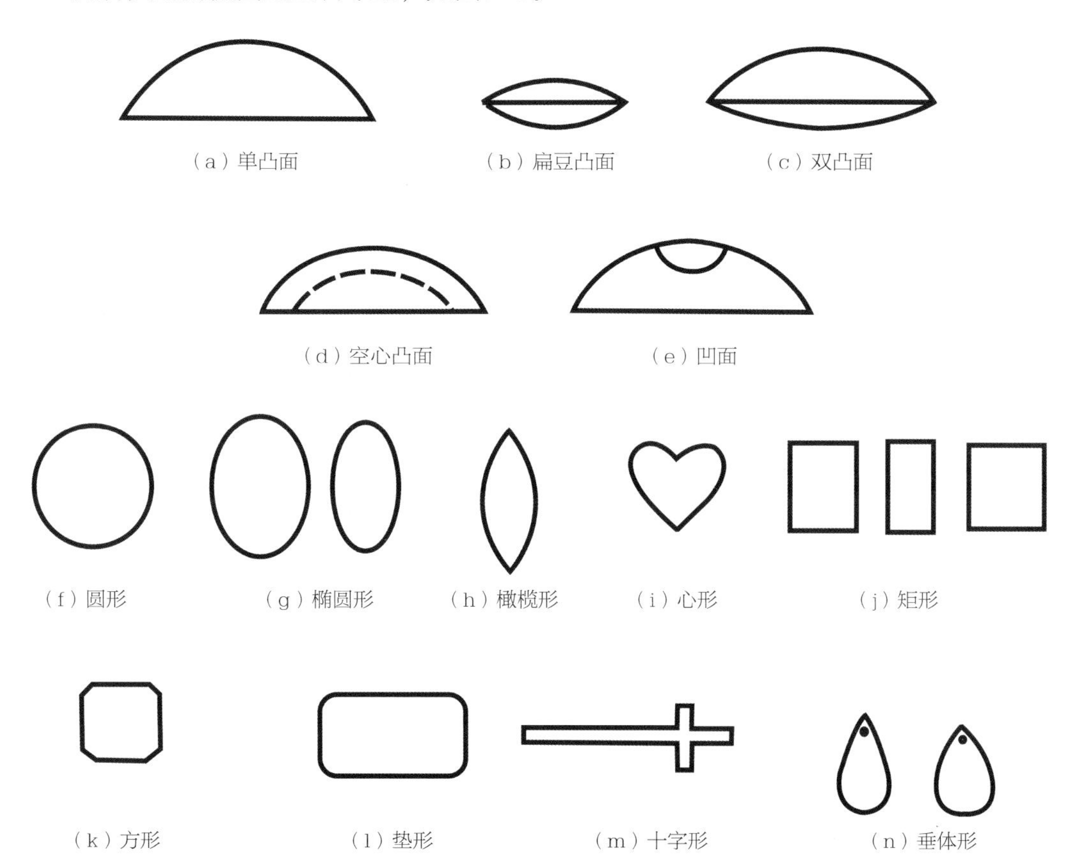

图5-1　弧面型宝石琢型

1. 单弧面型

单弧面型（Single cabochon cut）宝石的上表面为弧形凸面，下表面为平面。它适合于加工各种半透明和不透明宝石的戒面。

2. 双弧面型

双弧面型（Double cabochon cut）宝石的上表面和下表面都是弧形凸面，上表面比下表面更为凸出。它适合于加工各种有特殊光学效应的宝石（如星光、猫眼等）。

3. 透镜形弧面型

透镜形弧面型（Lentil cabochon）宝石的上表面和下表面都是弧形凸面，上表面与下表面弧度相同。加工欧泊等宝石可以选用这种款式。

4. 空心弧面型

空心弧面型（Hollow cabochon）在单凸弧面型的下表面，向上挖出一个凹形弧面。这种款式适用于颜色较深、透明度较差的宝石。可以获得减弱颜色深度、增加透明度的效果。翡翠等宝石在材质较差的情况下，可以选用这种款式。

5. 反向弧面型

反向弧面型（Reverse cabochon）在单凸弧面型的上表面，向下挖出一个凹形弧面。可以在这个凹形弧面上，镶入一颗较贵重的宝石，带来特殊的效果。例如，在黑色玉髓上镶入一颗钻石等。

第二节　刻面型琢型

刻面型琢型（Facet cut），又称为小面型或翻面型琢型。它适用于加工各种透明宝石。此种造型的宝石外部特征，是其表面将由若干个具有一定几何图形的小平面所组成，构成有规则的立体造型。

几种典型的刻面型琢型如下。

1. 圆多面型

圆多面型（Brilliant cut），又称为圆钻型（图5-2），主要用于加工具有高色散的无色宝石，也可用于彩色宝石。

为了适应不同形状的钻石原石加工需要，腰部形状还可为椭圆形、梨形、橄榄形、心形、垫形、盾形等的各种造型（图5-3），以及变形方形明亮型（又称公主方型，图5-4、图5-5）。此类造型仍沿用了圆多面型琢型中的加工尺寸比例和角度。同时，也能满足造型多样化和钻石原石在加工后保留最大重量的要求。

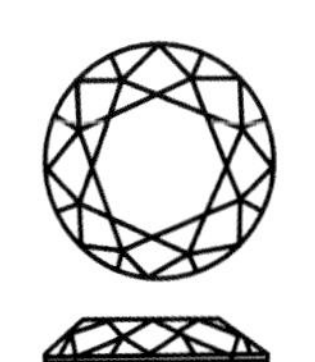

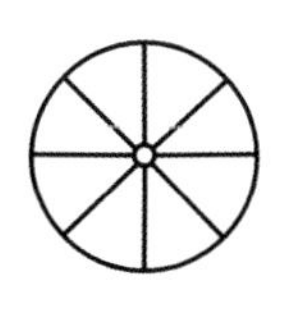
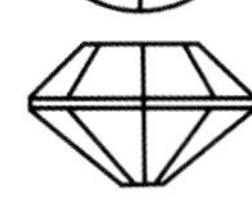
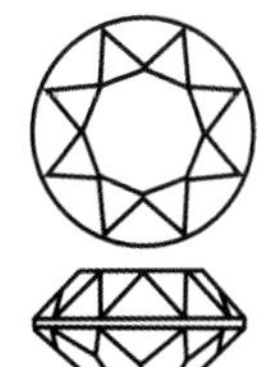
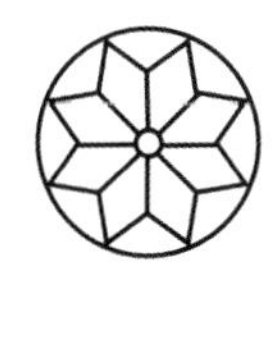

（a）现代标准圆钻式　（b）单翻圆钻式　（c）瑞士圆钻式

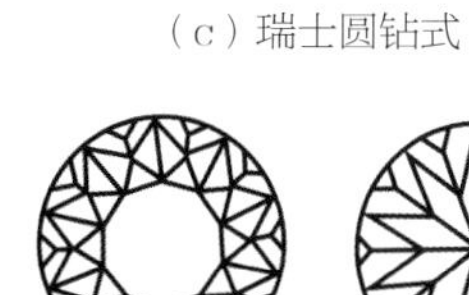

（d）皇家144式　（e）帝王式　（f）雄伟式

图5-2　圆多面型琢型

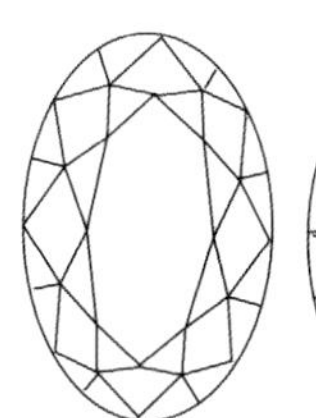
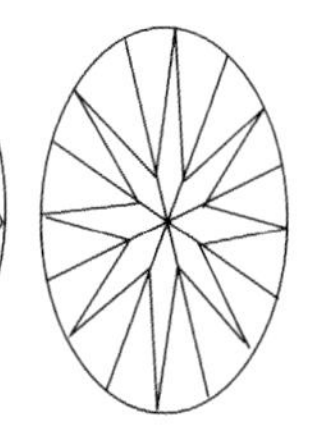
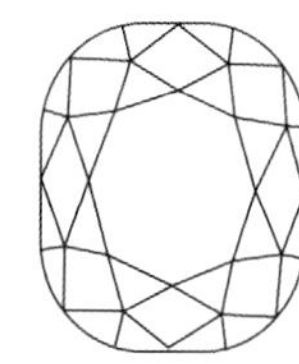
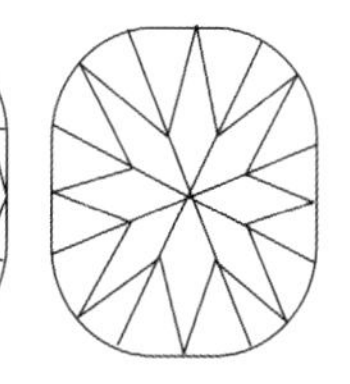

（a）椭圆明亮型　（b）水滴形明亮型　（c）垫形明亮型

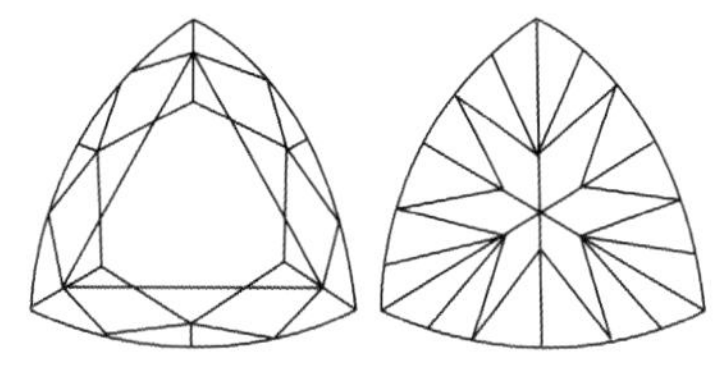
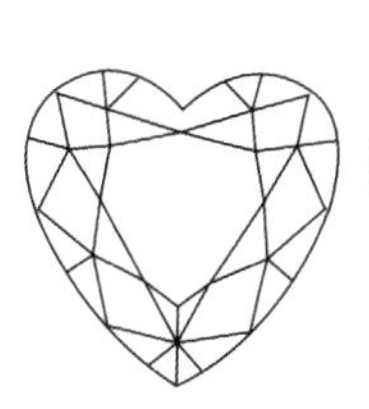

（d）盾形明亮型　（e）心形明亮型　（f）橄榄形明亮型

图5-3　各种花式琢型

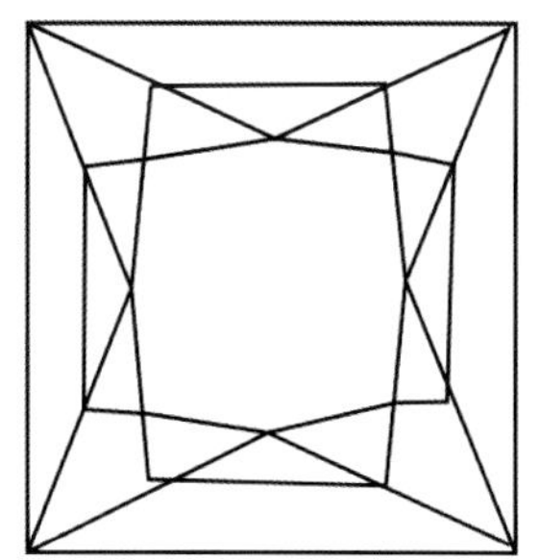
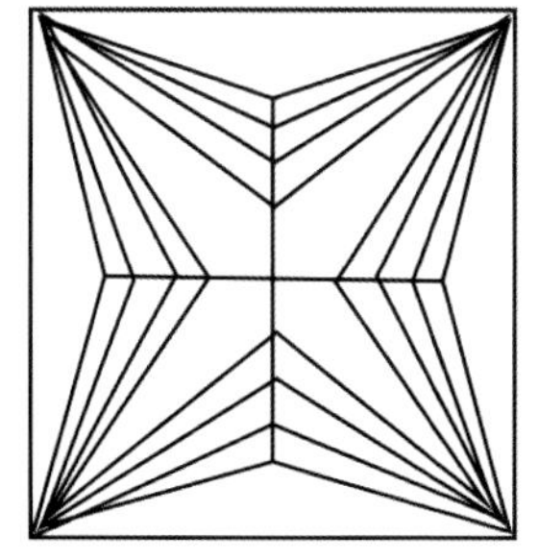

图5-4　变形方形明亮型（公主方型）

图5-5　公主方型钻石

2. 玫瑰型

玫瑰型（Rose cut）琢型的特征，是宝石外部被三角形小平面包围。如果上表面由连续排列的三角形小平面围成，下表面为一个平面，称为单玫瑰型。如果宝石的上下表面都由连续排列的三角形小平面围成，则称为双玫瑰型。按照不同的三角形小平面数量和腰部形状可以设计成多种造型，如荷兰玫瑰型、梨形玫瑰型、三面玫瑰型、六面玫瑰型等（图5-6）。

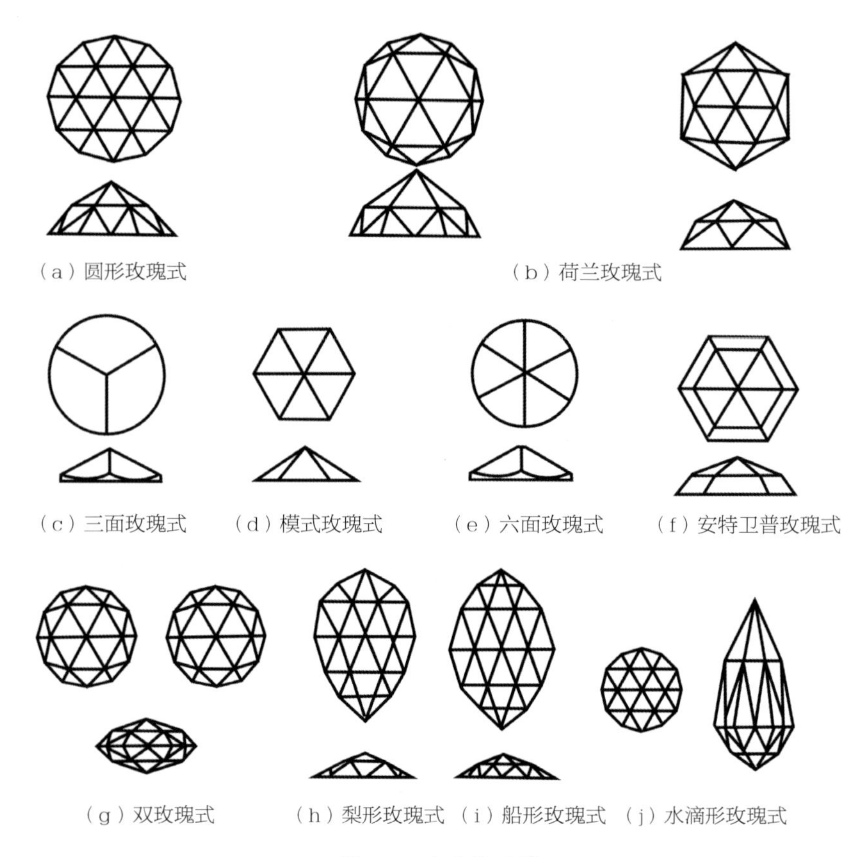

图5-6　玫瑰式琢型

3. 阶梯型

阶梯型（Step cut）琢型的特征，是上下表面有一些呈阶梯状排列的小面，下部终止于一条脊线，按照不同的阶梯数量和腰部形状可以设计成多种新奇的造型，如长方形、正方形、拱石形、五角形、六角形（图5-7）。这种造型适用于所有的透明宝石，尤其适用于透明的彩色宝石，可使台面显示出最好的颜色。长方阶梯型去掉四个棱角，会产生一个八边外形的矩形，称为祖母绿型，广泛应用于祖母绿的加工。这是由于祖母绿性脆易碎，去掉棱角，可使镶嵌时爪卡得牢固，损坏宝石的可能性最小。

4. 混合型

混合型（Mixed cut）琢型的外部特征，是宝石的冠部和亭部采用不同类型的琢型（图5-8）。最常见的混合型琢型是宝石的冠部为多面型，亭部为阶梯型。其目的是为了保持原石的最大重量，阶梯状的亭部琢磨得比较深，宝石的光学效应不是最佳，且镶嵌困难。

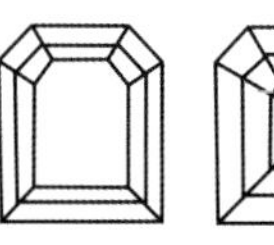
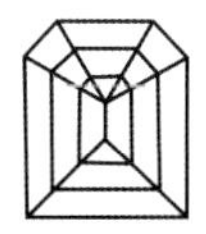

（a）扇形　（b）盾形　（c）牛头形　（d）窗形

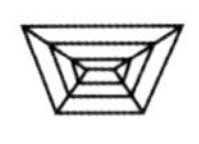
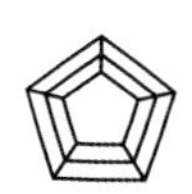

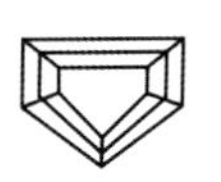

（e）斗形　（f）五角形　（g）肩章形　（h）渐长五角形

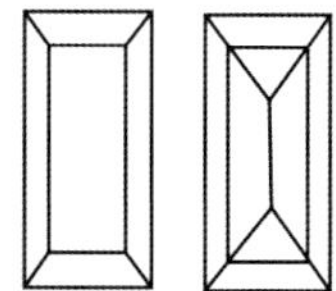
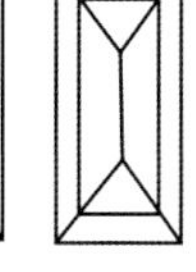
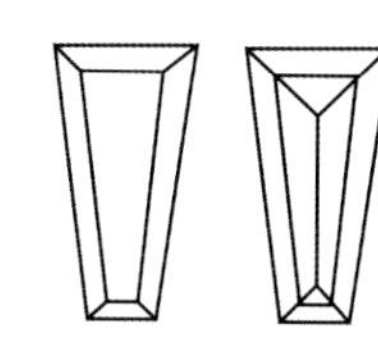

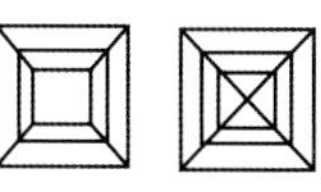
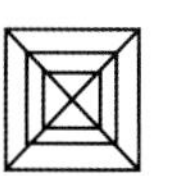
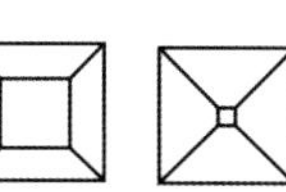
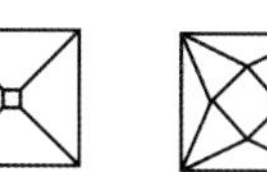
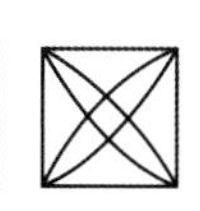

（i）长方形　（j）楔形　（k）方形　（l）桌面形　（m）法国式

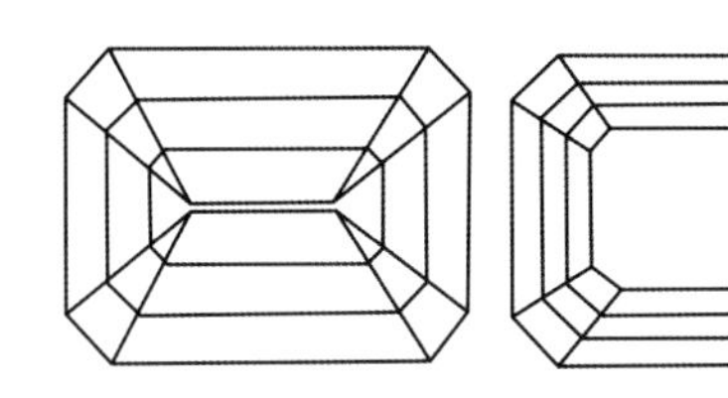
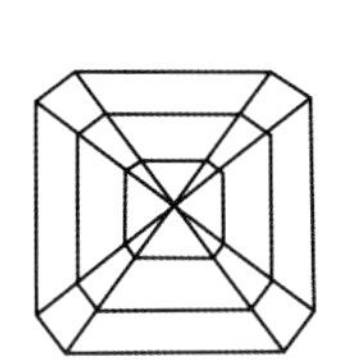

（n）祖母绿型（一）　（o）祖母绿型（二）

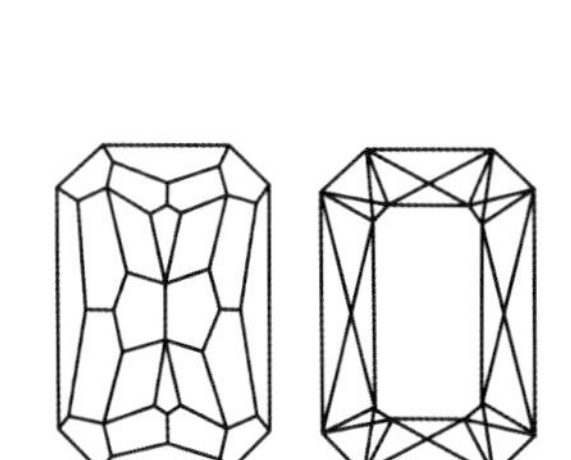
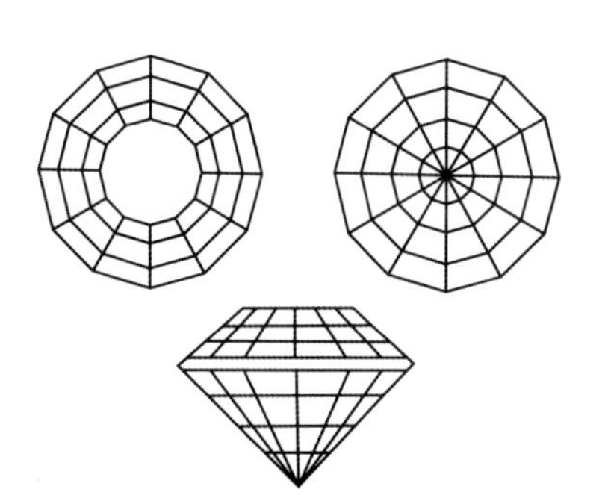

（p）剪刀形　（q）阶梯圆钻形　（r）阶梯珠形

图5-7　阶梯式琢型

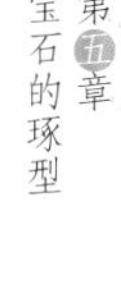

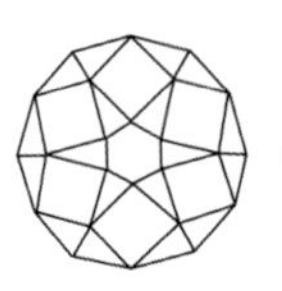
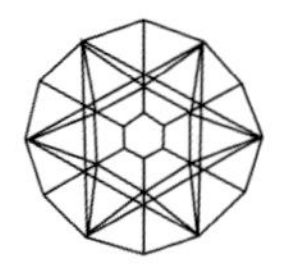
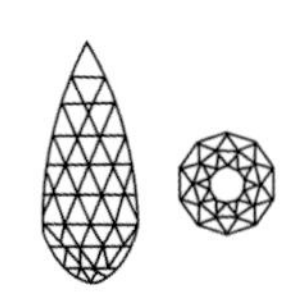
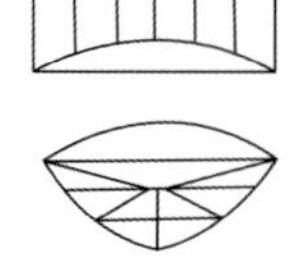
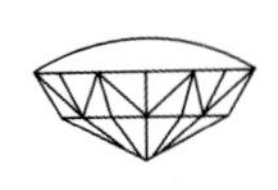

（a）开罗星式　（b）长泪形式　（c）弯顶式　（d）圆顶式

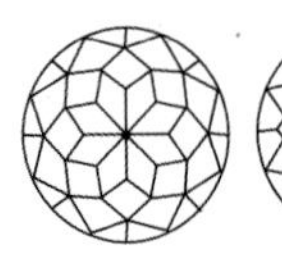
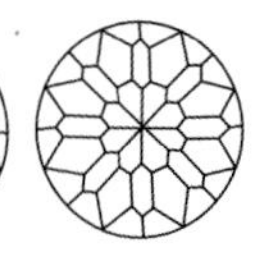
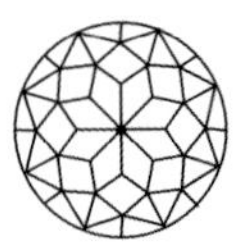
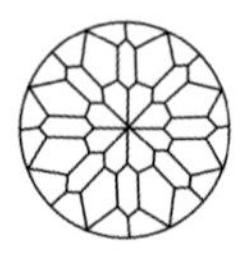

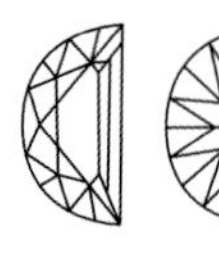

（e）20世纪式　（f）纪念式　（g）五星式　（h）半月式

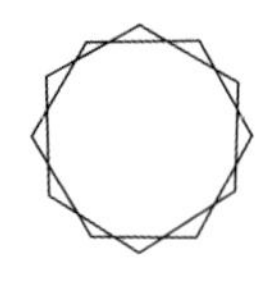
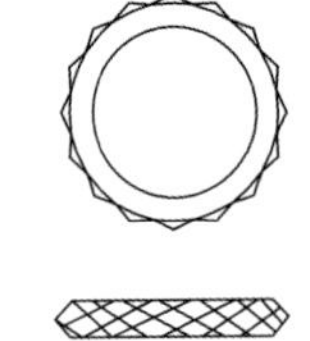
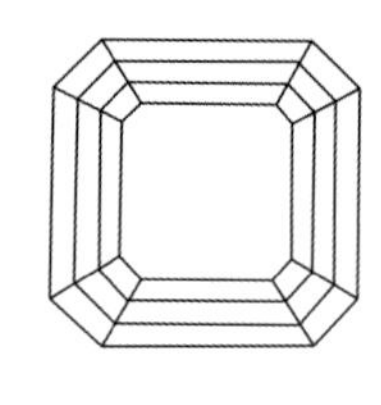
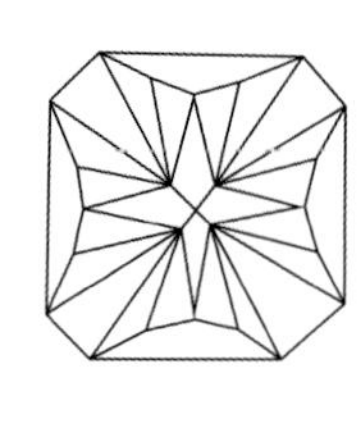
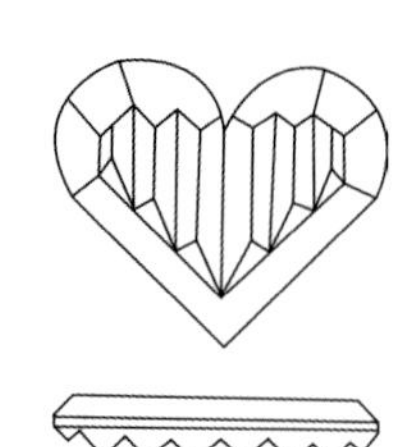

（i）螺栓式　（j）巴利奥钻式　（k）心式变形

图5-8　混合式琢型

第三节　珠型

珠型宝石的中心有用于穿线的小孔，外表面可以由各种弧形曲面或连续排列的小平面围成，也可以是几何形柱体。

根据珠石的外形不同，珠形琢型可以分为圆珠、椭圆珠、扁珠和棱珠等。由于多个珠型宝石可以用线串连成项链、手链等首饰，所以在琢型设计时应考虑珠串造型的整体效果（图5-9）。

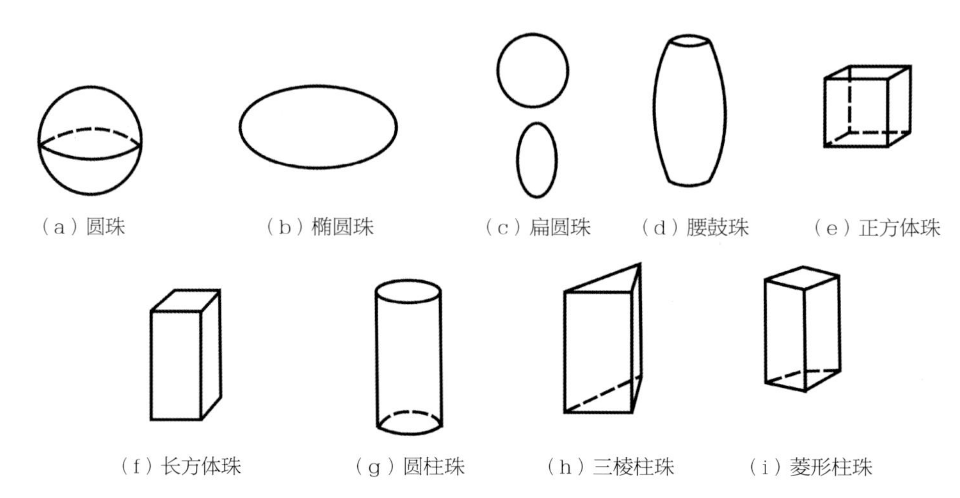

（a）圆珠　（b）椭圆珠　（c）扁圆珠　（d）腰鼓珠　（e）正方体珠

（f）长方体珠　（g）圆柱珠　（h）三棱柱珠　（i）菱形柱珠

图5-9　珠形琢型

第四节 异形琢型

异形琢型一般可以按照创作手法不同，分为自由型和随意型两种。

1. 自由型

自由型是一种根据原石的自然形态、颜色、色块及分布状况，自由确定创作主题和艺术表现手法的造型。这种琢型特别强调因材施艺。自古至今，中国出产的大量玉雕饰品，大部分采用自由型款式。有着丰富多彩造型的玉雕饰品，充分体现了时代特征和民族精神及情趣。

2. 随意型（随型）

这是一种只进行一点磨棱去角和抛光的简单加工，尽量保持原石自然形态的宝石加工方式。例如雨花石、三峡石等观赏石即为随意型宝石。又如利用大量的小块碎料加工随意型珠串项链。

思 考 题

一、名词解释

弧面型、刻面型、自由型、随意型、阶梯型、标准圆钻型、圆明亮型

二、问答题

1. 常见宝石的琢型有哪些类型？祖母绿为什么常加工成阶梯型琢型？绘出祖母绿琢型的顶视图和侧视图。

2. 绘出钻石的标准圆钻型琢型的顶视图和侧视图，并标明各类刻面的名称。

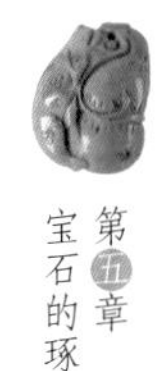

第六章
钻石

钻石（Diamond），熠熠生辉、光芒四射，既明艳动人，又坚不可摧，有“宝石之王”的美誉，矿物学中称为金刚石。英文词Diamond，源自于希腊语Adamas，意为坚硬无比或不可征服。钻石是公认的最为珍贵的宝石，用作四月的生辰石，象征爱情的坚贞、纯洁和永恒，也是结婚钻戒和结婚60周年的纪念石。

1905年1月25日，在南非的“普列米尔”钻石矿山，发现了世界上迄今为止最大的钻石原石“库里南（Cullinan）”，其大小为：长10cm，宽6.5cm，厚5cm，重量为3106ct，“库里南”钻石晶型不完整，呈块状，形似成人男性的拳头，无色，透明如水，质量极佳，被切磨成9颗大钻和96颗小钻，其中最大一颗命名为库里南Ⅰ号，又名“非洲之星”（Star of Africa），重530.2ct，呈梨型，非常美观，镶在英王的权杖上（图6-1、图6-2）；第二大的为库里南Ⅱ号，呈垫型，重317.4ct，镶在英王的王冠上（图6-3、图6-4）。

图6-1　镶在英王的权杖上的非洲之星钻石

图6-2　非洲之星钻石

图6-4　库里南Ⅱ号钻石

图6-3　镶在英王王冠上的库里南Ⅱ号钻石

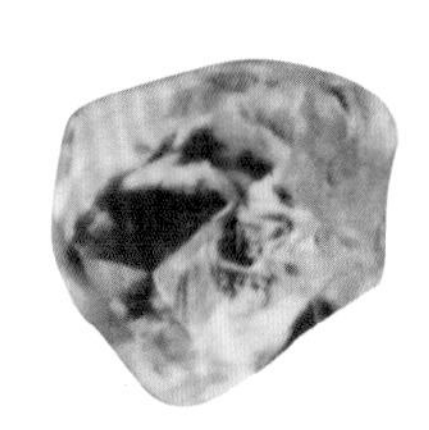

图6-5　常林钻石（重158.786ct）

我国现存的发现最大的钻石名为“常林钻石”，1977年12月21日发现于山东临沭，重158.786ct，长36.3mm，宽29.6mm，高17.3mm。呈淡黄色，透明度极好，其形态为立方体与四六面体的聚形（图6-5）。

第一节　钻石的基本特征

一、钻石的化学成分及分类

1. 化学成分

钻石的化学成分为碳（C），它是完全由碳元素结晶而成的矿物，也是宝石中唯一由单元素组成的宝石。钻石中常含有氮（N）、硼（B）、氢（H）等微量杂质元素。其中N的含量可在很宽的范围内变化，并可在钻石的结构中形成各种缺陷中心和色心，使钻石带有深浅不同的黄色调。硼（B）元素的存在，常使钻石呈蓝色并具有半导体性能。

2. 钻石的分类

钻石中最常见的微量元素是氮（N）元素。氮（N）以类质同象形式替代碳（C）而进入晶格，氮（N）原子的含量和存在形式对钻石的性质有重要影响，同时也是钻石分类的依据。

根据钻石含氮（N）和不含氮（N），可将钻石分为Ⅰ型钻石和Ⅱ型钻石。再根据氮（N）原子在晶格中存在的不同形式及特征，可将Ⅰ型钻石进一步分为Ⅰ$_a$型和Ⅰ$_b$型；根据不含硼（B）或含硼（B），可将钻石分为Ⅱ$_a$和Ⅱ$_b$类型，见表6-1。

表 6-1　钻石类型划分及特征表

性质	Ⅰ$_a$	Ⅰ$_b$	Ⅱ$_a$	Ⅱ$_b$
氮元素特征	含氮（N）较多，氮（N）在晶体中呈聚合的小片状存在	含氮（N），氮（N）在晶格中呈单独的分散状存在	不含氮（N）或氮（N）极少，碳（C）原子因位置错移造成缺陷	不含氮（N）或氮（N）极少，含少量硼（B）元素
颜色特征	无色至深黄色（一般天然黄色钻石均属此类型）	无色至黄色、棕色（所有合成钻石及少量天然钻石）	无色至棕色、粉红色（极稀少）	蓝色（极稀少）
紫外荧光	常有蓝色荧光，少有绿、黄、红等色荧光，也可以没有荧光	同Ⅰ$_a$型	大多数没有荧光	同Ⅱ$_a$型
磷光性	强蓝白色荧光者可有磷光		无磷光	有磷光
导电性	不导电	不导电	不导电	半导体
其他	占天然钻石产量的98%	绝大多数为合成钻石，天然钻石中极少	数量极少，但巨大的钻石都是这种类型	罕见，常为蓝色
辐照处理	形成蓝色至绿色	形成蓝色至绿色	形成蓝色至绿色	形成蓝色至绿色

Ⅰ$_a$型钻石内氮（N）呈有规律的聚合状态，Ⅰ$_b$型钻石内氮（N）以原子状态分散存在于晶体中，在一定的温度、压力及长时间的作用下，Ⅰ$_b$型钻石可以转化为Ⅰ$_a$型钻石。

Ⅰ$_a$型在1000～1400℃的上地幔中可保存较长时间，而在相同的条件下，Ⅰ$_b$型钻石保留时间不超过50年，即将发生向I_a型转化的过程。因此，天然钻石以I_a型为主，而合成钻石以I_b型为主。

II_a型钻石内可因碳（C）原子位错而造成晶格缺陷，II_b型钻石可含有少量的硼（B），使钻石呈蓝色。

二、结晶特征

钻石属等轴晶系，碳（C）原子位于立方体晶胞的角顶及面心，每一个碳（C）原子周围有四个碳（C）原子围绕，形成四面体配位，整个晶体结构可视为以角顶相连接的四面体组合（图6-6）。

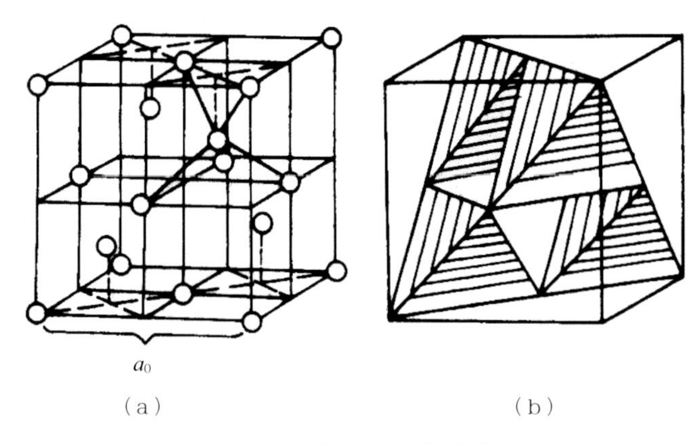

图6-6　钻石的晶体结构

C–C原子成四面体状，以共价键相联结，由于共价键具有饱和性和方向性，碳（C）原子间联结十分牢固，导致钻石具有高硬度、高熔点、高绝缘性和非常稳定的化学性质，无论是强酸或强碱都不能腐蚀它，甚至放在酸、碱溶液中煮，也不会发生变化。钻石虽然有很高的熔点，但在空气中若将钻石加热至700～900℃，钻石就会出现燃烧现象，部分钻石会出现焦痕，就是因为钻石中的碳开始转化成二氧化碳或一氧化碳的缘故。当加热到1700℃时钻石就会迅速碳化。自然光及各种人造光源对钻石的稳定性，没有影响。

钻石常见的晶体形态为八面体，其次为菱形十二面体和立方体及其聚形（图6-7、图6-8）。晶体常出现歪晶，晶棱晶面常弯曲成浑圆状；晶面上还有三角形、四边形、网格状、锥形等蚀像及阶梯状生长纹（图6-9、图6-10）。

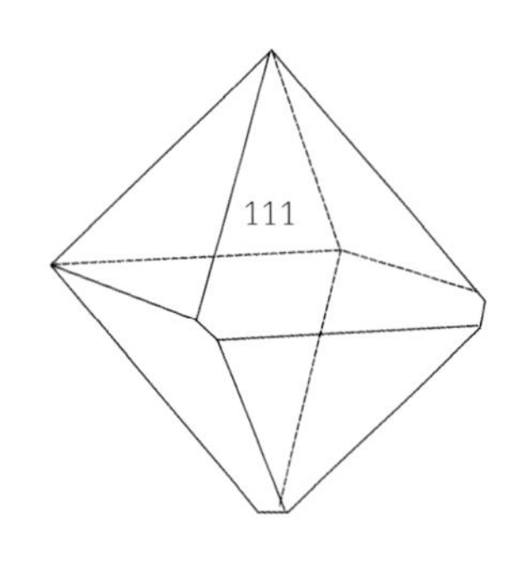

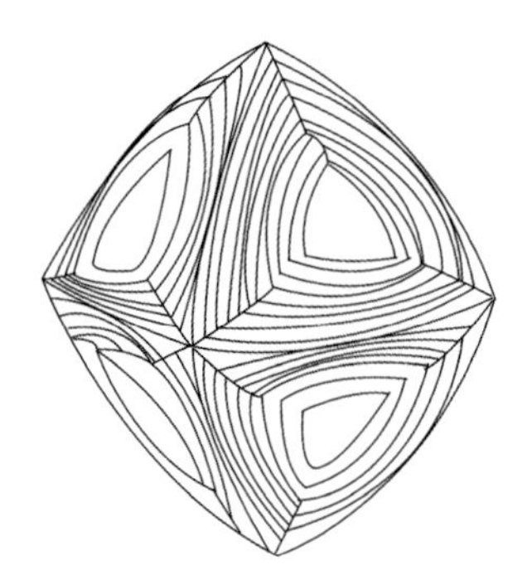

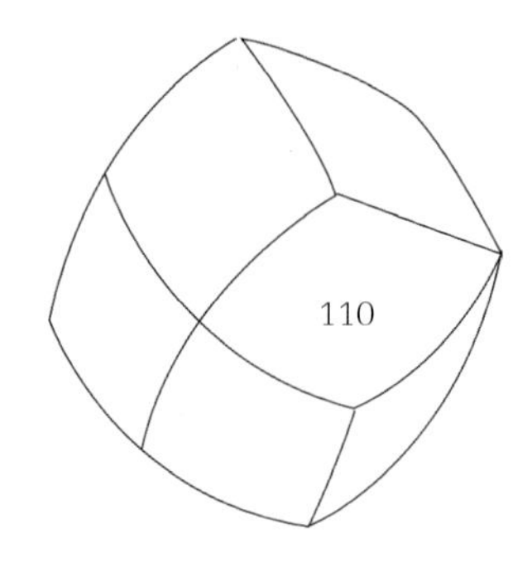

图6-7　钻石的晶体形态

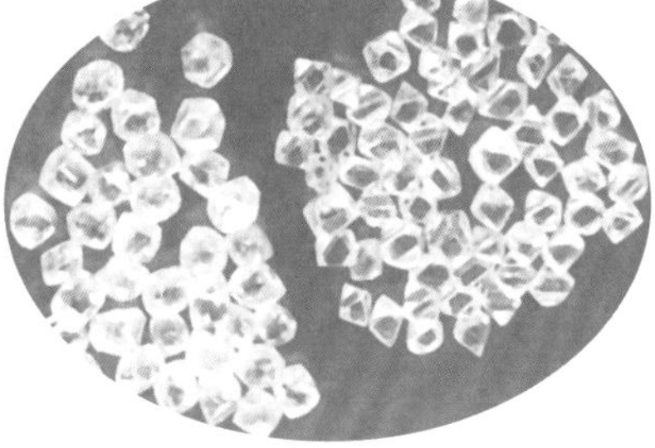

图6-8　钻石的原石

图6-9　钻石八面体上的三角形蚀像

图6-10　钻石八面体上的阶梯状生长纹

三、物理性质

1. 力学性质

钻石具有沿着八面体方向的四组中等解理，钻石切磨中，由于解理的存在，有利于劈开钻石和去除钻石内部的杂质，但是在切磨过程中需适当注意速度，过快的抛磨会导致出现“胡须腰”。

钻石硬度（*H*）为10，是自然界中硬度最大的物质，但它很脆，即怕重击，重击后容易沿其解理方向产生裂纹甚至破碎。钻石的硬度具有各向异性的特征，不同方向的硬度不同，其八面体晶面的硬度大于立方体晶面的硬度。无色透明钻石的硬度比彩色钻石的硬度略高。硬度是防磨损的重要因素，硬度越大的宝石，表面越不易磨损，切磨抛光后的效果也越佳。

钻石的相对密度（*SG*）为3.52，透明钻石的相对密度较稳定，而彩色钻石的相对密度略高。

2. 光学性质

（1）颜色　根据颜色钻石总体上可分成三个系列：无色至浅黄（灰）色系列、褐色系列和彩色系列。

① 无色至浅黄色系列（又称为开普系列、好望角系列）：包括近无色微黄白至明显黄色调的钻石，自然界产出的绝大多数钻石属此系列。

② 褐色系列：由浅的褐色至深的褐色的一系列钻石。

③ 彩色系列：指具有特征色调的钻石，彩色钻石可呈现可见光谱中的所有色调，包括黄色、橙色、褐色、红色、粉红色、蓝色、绿色、紫色等，其中最罕见的是红色。大多数彩色钻石颜色发暗，强至中等饱和度的颜色艳丽的彩色钻石极为罕见的。彩色钻石是由于少量杂质氮（N）、硼（B）和氢（H）原子进入钻石的晶体结构之中，形成各种色心而产生的颜色。另一种原因是晶体塑性变形而产生位错、缺陷，对某些光能的吸收而使钻石呈现颜色。此类钻石自然界产出极少，价值很高。

（2）光泽和透明度　钻石具典型的金刚光泽。纯净的钻石是透明的，但由于常有杂质元素进入矿物晶格或有其他矿物包裹体的存在，钻石可呈现半透明，甚至不透明。

（3）折射率和色散　钻石的折射率（*RI*）为2.417，色散值（Disp.）为0.044。由于钻石具有高的折射率和色散值，经过琢磨抛光后的钻石，可呈现出五彩缤纷的宝石光和晶莹似火

图6-11　圆钻型钻石的“火彩”

图6-12　心型钻石的“火彩”

的光学效应，俗称“火彩”（图6-11、图6-12）。钻石属等轴晶系，为各向同性的单折射宝石，但大多数钻石在正交偏光镜下显示异常双折射及多种类型的异常消光现象。

（4）吸收光谱　无色至浅黄色系列的钻石，在紫区415.5nm处有一吸收谱线。褐色系列钻石，在绿区504nm处有一吸收谱线。有的钻石可能同时具有415.5nm和504nm处的两条吸收线。天然蓝色钻石不显可见光吸收谱线。

（5）发光性　钻石在紫外线、阴极射线和X射线照射下，具有不同的发光特征。

① 紫外荧光和磷光：钻石在紫外线照射下，一般长波下的荧光强于短波下的荧光。长波紫外光照射下荧光由无到强，颜色可呈浅蓝色、蓝色、黄色、橙黄、粉红色、黄绿及白色。Ⅰ型钻石以蓝色至蓝色荧光为主，Ⅱ型钻石以黄色、黄绿色荧光为主。无色至浅黄色系列钻石，常显蓝白色荧光；褐色钻石显黄绿色荧光；鲜黄色钻石显黄色荧光，显强蓝白色荧光的钻石常具有浅黄色磷光。可以确定，在同等强度紫外线照射下，不发荧光的钻石最硬，发黄色荧光的次之，发淡蓝色荧光的硬度最低。在钻石加工过程中，可以利用这一特性。

② 阴极射线荧光：钻石在高能阴极电子激发下发出可见光的现象称为阴极发光，表现为不同强度的黄绿色和蓝色，钻石内发光区和非发光区、不同颜色发光区分布样式不同，是区别天然钻石与合成钻石的重要因素之一。

③ X射线荧光：无论何种类型的钻石在X射线照射下都能发荧光，而且荧光颜色一致，通常呈蓝白色。利用这一特性设计的X射线钻石分选机，在钻石分选中具有很好的效果，既灵敏又精确。

3. 热学性质

钻石具有极好的热导性，钻石的热导率比银和铜的还高2～5倍，是透明宝石中热导率最高的，远远高出其他所有的宝石，即它的传热非常快，手接触有凉感觉。人们利用这一特性，制造出了专门检测钻石的仪器——热导仪以区分钻石仿制品。

4. 润湿性

钻石的润湿性为亲油疏水，钻石对油脂有很强的吸附能力，钻石的选矿就是利用油脂摇床将钻石吸附粘住。钻石笔就是利用钻石的亲油疏水性来鉴定钻石，其内装有特殊油性的墨水，当在钻石的表面画线时能留下连续的笔迹，而在仿制品表面则留下不连续的痕迹。

四、内含物特征

钻石中常见的固态包裹体有金刚石（图6-13）、铬透辉石（图6-14）、镁铝榴石（图6-15）、橄榄石、铬尖晶石、锆石、金红石、石墨、绿泥石、黑云母、磁铁矿、铬铁矿、钛铁矿和硫化物（黄铁矿、磁黄铁矿、镍黄铁矿、黄铜矿）等。在显微观察中还可看到钻石的生长纹、解理纹等内含物特征。

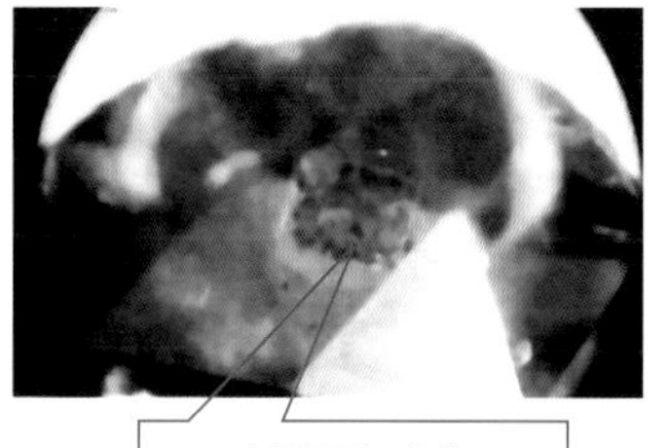

图6-13　钻石中的金刚石包裹体

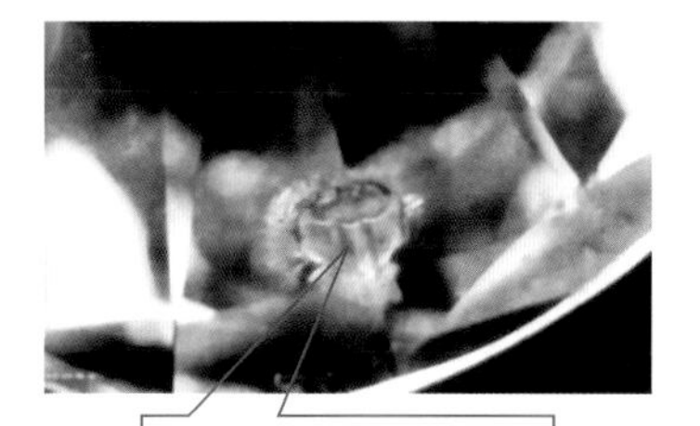

图6-14　钻石中的铬透辉石包裹体

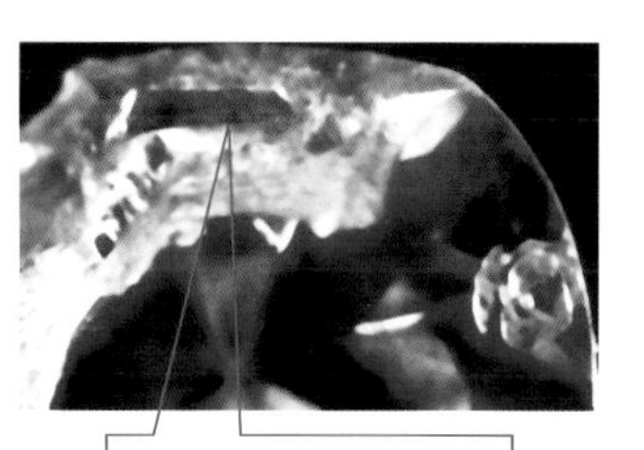

图6-15　钻石中的镁铝榴石包裹体

第二节　钻石的鉴定特征

一、钻石的鉴定特征

1. 钻石原石的鉴定

钻石原石可根据很强的金刚光泽（肉眼观察具有“闪亮”刺眼的感觉），独特的晶体形态（八面体、立方体、菱形十二面体及其聚形）和晶面花纹（弯曲的晶面、三角形蚀像、阶梯状生长纹），极高的硬度，中等的相对密度、紫外荧光多样性的特征等进行鉴别。

2. 成品钻石的鉴定

（1）观察光泽及“火彩”　钻石具有强的金刚光泽，色散值高，出“火”好，折射率高，硬度高。抛光完好的钻石其反光强，给人以刺眼的感觉。标准切工的圆钻呈现五光十色、具跳动感且柔和的钻石“火彩”。钻石的“火彩”中蓝色居多，很少有彩虹般的多色“火彩”钻石。立方氧化锆（CZ）的色散值比钻石高，所以“火彩”的颜色多样，且橙色较多，尤其在太阳光下更易察觉。

（2）透视效应　将钻石台面向下底尖朝上放在一张画有黑线的纸上，如果是钻石则看不到纸上的黑线，但需注意，折射率很高的钻石仿制品如人造钛酸锶和合成金红石也看不到黑线。若能看到黑线，则说明是其他折射率较低的钻石仿制品（图6-16）所示，即折射率越低越容易透视。因为钻石的切工通常是标准型的，几乎没有光能够通过亭部刻面，因此就看不到纸上的线条，但切磨不当的钻石除外。

此法仅适用于圆钻型切工的钻石，其它切工的钻石则不适用。如钻石上沾有液体，则会具有可看透性。

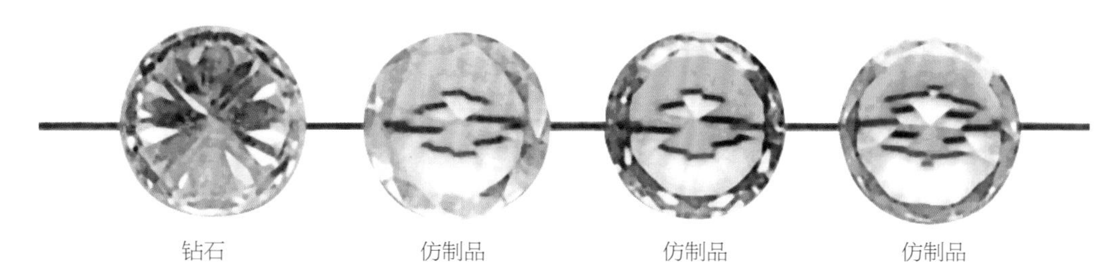

图6-16　线条试验及透视效应

（3）亲油性试验　钻石具有亲油性而难以被水浸润，由于钻石对油脂的吸附力强，用手触摸后看上去有一层油膜。当用油性笔在钻石表面划过时，可留下清晰而连续的线条，若是钻石仿制品，表面则是一个个小液滴，而不是连续的线。

3. 放大观察特征

（1）表面特征　钻石由于硬度极高，在研磨后刻面极为平整、光滑，而且刻面与刻面之间的棱线笔直、锐利。而大多数仿制品，因硬度低，刻面相对没有那么光滑，棱线也较圆钝，甚至会有许多碰伤和缺口。

（2）腰部特征　钻石腰棱共有三种情况，即打磨腰棱、抛光腰棱和刻面腰棱。打磨腰棱表面粗糙不光亮，呈毛玻璃状，这是最常见的腰棱形状；抛光腰棱表面透亮、光整；刻面腰棱呈现多个刻面，光洁、透亮，但刻面大小通常不等大。

赝品也可以处理成和钻石一样的特征，但因其较便宜，大都未经特别处理，腰部呈粗糙毛玻璃状，有的在腰部范围内会有斜纹，如果在腰部范围内有斜纹则是赝品。

钻石在打圆过程中，如果所施压力过大，会使腰部造成细如发状的小裂纹，俗称“胡须腰”。钻石在切磨过程中，为最大限度地保留重量，在腰部下方经常可见到保留一些钻石原来的结晶面（原晶面），其上可有阶梯状、三角形生长纹或解理面等。

（3）内含物特征　钻石内部常含有特有的天然矿物包裹体，仿制品则内部可能含有圆形气泡。观察钻石的内含物特征，可区分钻石及其仿制品、天然钻石和合成钻石、钻石的优化处理品等。利用显微镜观察到的重影现象，还可将钻石与无色锆石、榍石、合成碳化硅等区别开来。

4. 钻石热导仪检测

钻石热导仪是根据钻石对热的传播速度极快的原理制成的，它可以准确地测出被测宝石是否是钻石。20世纪90年代中期，出现的人工合成碳化硅（又称碳硅石或莫桑石）也能通过钻石热导仪的检测，因此，还需要用其他的方法进一步区分这两种宝石。

二、钻石与合成钻石的鉴别

近年来，随着钻石合成技术的不断发展，合成钻石的成本得到了有效的降低，产量成倍增长，合成钻石的品质越来越好，近无色洁净者越来越多，已对市场产生了较大冲击。目前，有高温高压法（HTHP）合成钻石和化学气相沉淀法（CVD）合成钻石。合成钻石与天然钻石的化学成分、晶体结构、物理性质基本一致，肉眼根本无法辨别。只有配备了高精尖专用设备的实验室，通过仔细检测才能分辨出来。由于合成钻石与天然钻石的形成条件不同，在某些宝石学特征方面与天然钻石也存在着一定的差异，因此，在有条件的情况下，是可以鉴别出来的。具体鉴别特征见表6-2。

表6-2　天然钻石与合成钻石鉴别表

特征	天然钻石	HTHP合成钻石	CVD合成钻石
颜色	无色带黄色调、褐色调、灰色调，粉红、红、黄、蓝、绿等颜色	近无色、浅黄色、黄到褐色，甚至蓝色	早期：暗褐色和浅褐色；近期：近无色略带灰色G-H色，蓝色

续表

特征	天然钻石	HTHP合成钻石	CVD合成钻石
晶体形态	常见八面体，圆钝的晶棱，晶面常呈粗糙弯曲的表面，可见倒三角形生长花纹、晶面蚀像或生长阶梯等表面特征	立方体与八面体的聚形晶面上常见叶脉状、树枝状、瘤状物表面特征，某些晶体可见籽晶	晶体呈板状
包裹体	金刚石、透辉石、石榴石等天然矿物晶体包裹体	板状、棒状、针状金属包裹体	不规则的深色包裹体、点状包裹体、羽状纹
生长纹	平直线状	“砂漏状”的生长纹，不规则的颜色分带。颜色分布不均匀，有时呈魔块状	平行色带，具有该合成方法特征的层状生长纹理（图6-17）
紫外荧光	可呈多种颜色，多数为蓝白色或无荧光，长波发光强于短波（图6-18）	LW下常呈惰性，SW下有明显的分带现象，为无至中的淡黄色、橙黄色、绿黄色不均匀荧光，可有磷光	LW和SW下有典型的橙色荧光（图6-19），或黄色、黄绿色荧光，短波荧光强于长波
阴极发光	显示较均匀的中强蓝色至灰蓝色荧光，并显示规则或不规则的生长环带结构（图6-20）	具有规则的几何图形，不同的生长区发出不同颜色的荧光（图6-21、图6-22），以黄绿色荧光为主，常常可见各生长区内发育的带状生长纹理	
磁性	不会被磁铁吸引	有些含金属包体而被磁铁吸引	
吸收光谱	多数开普系列钻石可见415nm处吸收线	缺失415nm吸收线	
异常双折射	复杂，不规则带状、魔块状的十字形	很弱，较简单，呈十字形交叉的亮带	强的异常消光
钻石类型	大多数是含聚合氮的$\mathrm{I_a}$型	大多数合成钻石是含单氮的$\mathrm{I_b}$型	不含氮的$\mathrm{II_a}$型

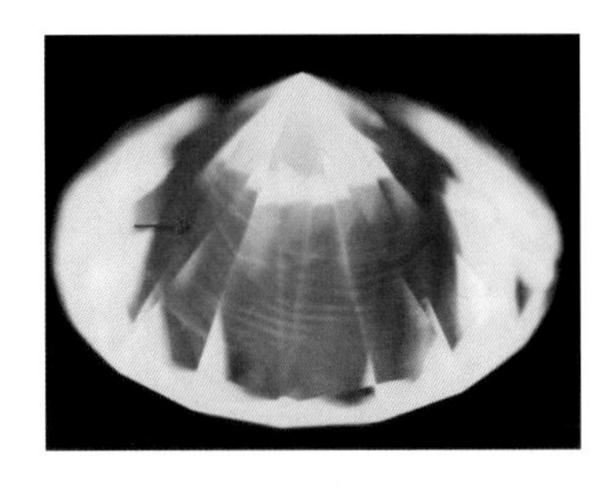
图6-17　CVD合成钻石Diamond View™下观察到的层状生长纹理

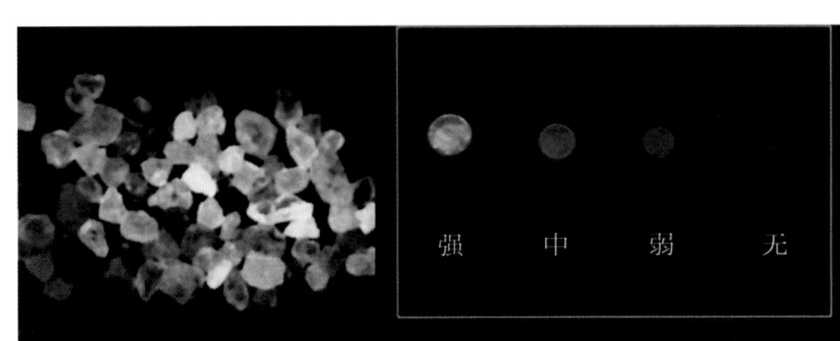

图6-18　天然钻石的紫外荧光呈现多种颜色

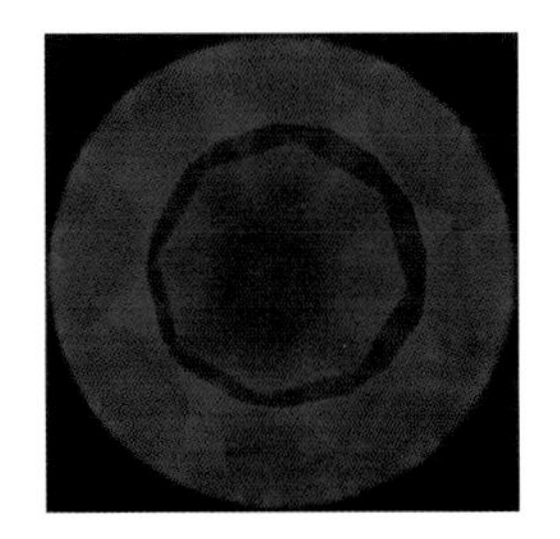
图6-19　CVD合成钻石Diamond View™下的橙色紫外荧光

图6-20　天然钻石的阴极发光图

图6-21　HTHP合成钻石阴极发光图（近正方形几何图形或不同的生长区发出不同颜色的荧光）

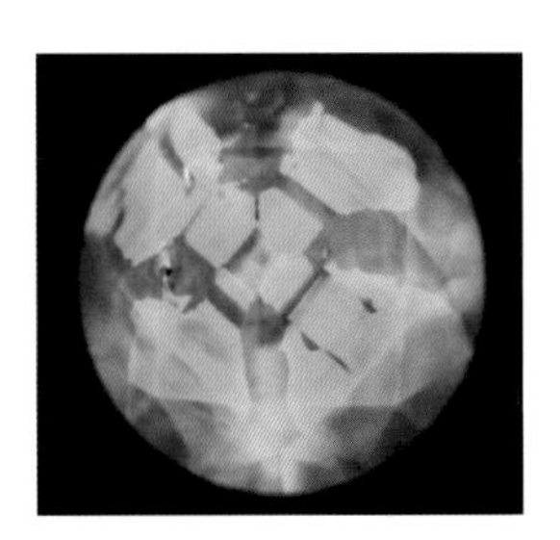
图6-22　HTHP合成钻石阴极发光图（八面体生长区呈十字交叉状）

三、优化处理钻石的鉴别

优化处理钻石是指以改善钻石的外观为目的，利用一些技术手段改变钻石的颜色、提高钻石净度等级。

1. 改色钻石的鉴别

颜色不好的或较浅的彩色钻石可以通过辐照进行改色，使其产生鲜艳的颜色或使钻石的颜色饱和度提高，从而提高钻石的价值。辐照钻石几乎可以呈现任何颜色，但颜色不稳定，常需辐照后配合加热处理的方法。最常见的辐照加热改色钻石的颜色有绿色、黄色和褐色。其主要鉴定特征如下。

（1）颜色分布特征　天然致色的彩色钻石，其色带为直线状或三角形状，色带与晶面平行。而人工改色钻石颜色仅限于刻面宝石的表面，其色带分布位置及形状与琢型形状及辐照方向有关，从亭部方向对圆多面型钻石进行轰击时，透过台面可以看到辐照形成的颜色呈伞状围绕亭部分布。

当轰击来自钻石的冠部时，则在钻石的腰棱处显示一深色色环。当轰击来自钻石琢型侧面时，则琢型靠近轰击源一侧颜色明显加深。

（2）吸收光谱　经辐照和热处理的黄色和褐色钻石的吸收光谱，在黄区（594nm）显一条吸收线，蓝绿区（504nm、497nm）处显几条吸收线。经辐照改色后的红色系列钻石，常显示橙红色的紫外荧光，可见光谱中有570nm荧光线（亮线）和575nm的吸收线，大多数情况下还伴有610nm、622nm、637nm的吸收线。

（3）导电性　天然蓝色钻石由于含杂质硼而具有导电性，辐照而成的蓝色钻石则不具导电性。

2. 充填钻石的鉴别

用高折射率玻璃充填钻石裂隙，可以改善钻石的净度等级，从而提高钻石的价值。充填的过程是在真空中将具高折射率的铅玻璃注入钻石中延伸到表面的裂隙内，这样可以在一定的程度上掩盖钻石内部的裂隙。其主要鉴定特征如下。

（1）显微镜观察　充填裂隙可具明显的闪光效应，暗域照明下最常见的闪光颜色是橙黄色、紫红色、粉红色，其次为粉橙色（图6-23）。亮域照明下最常见的闪光颜色是蓝绿色、绿色、绿黄色和黄色。同一裂隙的不同部位可表现出不同的闪光颜色，充填裂隙的闪光颜色可随样品的转动而变化，有时还可见有流动构造和扁平状气泡。

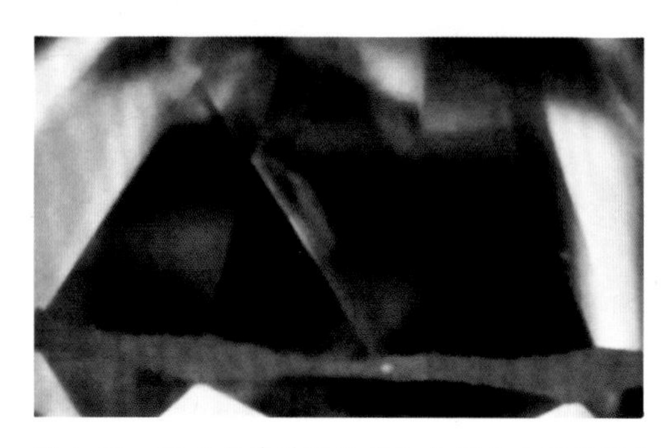

图6-23　钻石充填裂隙面的红色闪光（暗视域）

（2）X光照相　对充填钻石可以做出确定性的结论，同时还可确定出充填处理的程度及充填物，以及因首饰修理过程加热被破坏的位置。钻石在X光下呈高度透明，而充填物近于不透明（含Pb、Bi等元素）。充填区域在X光照片中，呈白色轮廓。

3. 激光钻孔钻石的鉴别

激光钻孔钻石是利用激光钻孔技术，来移

除钻石中黑色或暗色包裹体，达到优化钻石净度的目的。在10倍放大镜或显微镜下仔细观察钻石，一般情况下，不难确定这种处理钻石，其主要鉴别特征如下。

① 观察钻石表面激光孔眼处的不平“凹坑”。

② 转动钻石，观察线形的激光孔道(图6–24)。激光孔道因充填物的折射率、透明度、颜色与钻石不一致，而呈现较明显的反差。

③ 激光孔充填物与周围钻石颜色、光泽存在差异。

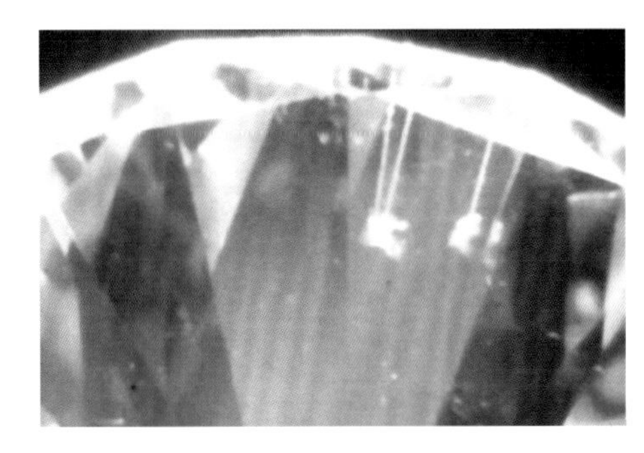

图6–24 钻石的激光钻孔

4. 表面镀膜钻石的鉴别

钻石膜是由碳原子组成的具有钻石结构和物理性质、化学性质、光学性质的多晶质材料。天然钻石是单晶体，钻石膜是多晶体，厚度一般为几十至几百微米，最厚可达毫米级。主要鉴别特征如下。

① 仔细观察镀膜钻石的表面，显微镜放大观察具有粒状结构，而天然钻石不存在这种粒状结构。若镀上彩色膜时，可将钻石置于二碘甲烷中观察，钻石表层会产生干涉色。

② 用拉曼光谱仪测定，天然钻石的特征吸收峰在1332cm^{-1}处，因钻石是单晶体，峰的半高宽度窄，优质的钻石膜特征吸收峰在1332cm^{-1}附近，峰的半高宽度较宽，质量差的钻石膜特征峰频移大，强度减弱。

四、钻石与仿制品的鉴别

钻石的仿制品主要有立方氧化锆、合成碳硅石、合成金红石、人造钛酸锶、人造钇铝榴石、人造钆镓榴石等，其特征分述如下。

1. 立方氧化锆

（1）名称 立方氧化锆（Cubic Zirconia），简称CZ。

（2）化学成分 ZrO_2，常加CaO或Y_2O_3作稳定剂，另加多种致色元素Nd、Co、Ce、V、Ti等。

（3）结晶特征 等轴晶系，常呈块状。

（4）力学性质 无解理，呈贝壳状断口。硬度8.5，相对密度为5.80。

（5）光学性质 可呈现各种颜色（图6–25）。市场上蓝色和绿色的立方氧化锆晶体，可以仿制蓝宝石的蓝色和祖母绿的绿色。具金刚光泽，透明。折射率为2.15，色散值为0.060，

图6–25 各种颜色的立方氧化锆

切磨成圆钻型琢型，具有很强的“火彩”。无色者短波下常呈弱至中橙黄色荧光，长波下呈中至强的绿黄或橙黄荧光。因致色元素不同，可呈现不同特征的吸收光谱

（6）内含物特征　通常立方氧化锆的大多数晶体是很洁净的，只有少数产品可能会因冷却速度过快而产生气态包体或裂纹。还有些靠近熔壳者，晶体内可能有未完全熔化的面包屑状的氧化锆粉末，偶见漩涡状内部特征。

2. 合成碳硅石

（1）名称　合成碳硅石（Synthetic Moissanite），又名莫桑石。

（2）化学成分　SiC。

（3）结晶特征　六方晶系，常呈块状。

（4）力学性质　无解理，摩氏硬度9.25，仅次于钻石，且晶体的韧性极好。相对密度为3.22。

（5）光学性质　颜色呈无色或略带浅黄、浅绿色调。亚金刚光泽，透明。非均质体，一轴晶（+）。折射率为2.648～2.691，双折射率为0.043，后刻面棱重影现象明显。长波紫外光照射下，呈无色至橙色。色散值高（0.104），切磨成圆钻型琢型，具有很强的“火彩”。

（6）内含物特征　内部可含有白线状细长的管状物、不规则空洞、小的SiC晶体、负晶及深色具金属光泽的球状物，可三粒或多粒呈线状排列，也可有呈云雾状、分散的针点状包体，气泡包体。

（7）特殊性质　合成碳硅石的导热性强，热导率与钻石相近，因此用热导仪检测时，合成碳硅石与钻石一样，具钻石反应。

合成碳硅石比钻石更加稳定，在空气中1700℃和真空中2000℃稳定。因此，合成碳硅石晶体能够经受住首饰制作和修复的所有工序而不会发生变化。

3. 合成金红石

（1）名称　合成金红石（Synthetic rutile）。

（2）化学成分　TiO_2。

（3）结晶特征　四方晶系，常呈块状，摩氏硬度6～7，相对密度为4.26。

（4）力学性质　不完全解理，

（5）光学性质　颜色常见浅黄色，也可有蓝、蓝绿、橙色。亚金刚光泽至亚金属光泽，透明。非均质体，一轴晶（+）。多色性很弱，浅黄至无色。折射率为2.616～2.903，双折射率为0.287，具极明显重影现象。无紫外荧光，黄色和蓝色者在430nm以下全吸收。色散值高（0.330），是所有宝石中色散最强的，强火彩。

（6）内含物特征　一般内部洁净，偶见有气泡。

4. 人造钛酸锶

（1）名称　人造钛酸锶（Strontium Titanate）。

（2）化学成分　$SrTiO_3$。

（3）结晶特征　等轴晶系，常呈块状。

（4）力学性质　无解理，硬度5～6，相对密度为5.13。

（5）光学性质　颜色呈无色、绿色。玻璃至亚金刚光泽，透明。均质体，无紫外荧光。

折射率为2.409，色散值高（0.190），肉眼观察人造钛酸锶戒面时，几乎每一个小刻面均能反射出五彩缤纷的火彩。

（6）内含物特征　放大检查少见气泡，仔细观察，钛酸锶刻面宝石的腰围处有明显的擦痕，台面可发现有抛光细痕。

5. 人造钇铝榴石

（1）名称　人造钇铝榴石（Yttrium Aluminum Garnet），简称YAG。

（2）化学成分　$Y_3Al_5O_{12}$。

（3）结晶特征　等轴晶系，常呈块状。

（4）力学性质　无解理，摩氏硬度8，相对密度为4.50～4.60。

（5）光学性质　常见颜色有无色、绿色（可具变色效应）、蓝色、粉红色、红色、橙色、黄色、紫红色。玻璃至亚金刚光泽。均质体，折射率1.833。无色人造钇铝榴石在长波紫外线照射下，呈无至中等橙色；短波紫外线照射下，呈无至中等红橙色。粉红色、蓝色人造钇铝榴石，无荧光。黄绿色人造钇铝榴石，具强黄色荧光，可具磷光。绿色人造钇铝榴石，在长波紫外线照射下，呈强红色；在短波紫外线照射下，呈弱红色。深绿色、浅粉红色及浅蓝色的人造钇铝榴石，在600～700nm有多条吸收线。

（6）内含物特征　内部洁净，偶见气泡。

6. 人造钆镓榴石

（1）名称　人造钆镓榴石（Gadolinium Gallium Garnet），简称GGG。

（2）化学成分　$Gd_3Ga_5O_{12}$。

（3）结晶特征　等轴晶系，常呈块状。

（4）力学性质　无解理，摩氏硬度6～7，相对密度为7.05。

（5）光学性质　颜色常见为无色至浅褐色或黄色。玻璃至亚金刚光泽。均质体，折射率1.970。在短波紫外线照射下，呈中至强的粉橙色荧光。色散值高（0.045），具明显的火彩。

（6）内含物特征　可有气泡、三角形板状金属包裹体、气-液包裹体。

天然钻石与钻石仿制品的鉴别，主要依据它们的物理性质和光学性质，见表6-3。

表6-3　钻石、钻石仿制品及易混宝石特征表

宝石名称	折射率	双折射率	相对密度	色散	摩氏硬度	其他特征	备注
钻石	2.417	均质体，具异常双折射	3.52	0.044	10	金刚光泽，棱线锋利，交点尖锐	
碳硅石（SiC）	2.648～2.691	0.043	3.22	0.104	9.25	明显的刻面棱重影，白线状包体，导热性与钻石接近	
立方氧化锆（CZ）	2.09～2.18	均质体	5.60～6.0	0.060	8.5	很强的色散，气泡或助熔剂包裹体；在短波下发橙黄色荧光	相对密度大
钛酸锶	2.409	均质体	5.13	0.190	5.5	极强的色散，硬度低，易磨损，含气泡包裹体	
钆镓榴石（GGG）	1.970	均质体	7.00～7.09	0.045	6.5	相对密度很大，硬度低，偶见气泡	

续表

宝石名称	折射率	双折射率	相对密度	色散	摩氏硬度	其他特征	备注
钇铝榴石(YAG)	1.833	均质体	4.50～4.60	0.028	8.5	色散弱，可见气泡	相对密度大
白钨矿	1.918～1.934	0.016	6.1	0.026	5	相对密度大，硬度低	
锆石	1.925～1.984	0.059	4．68	0.039	7.5	明显的刻面棱重影，磨损的小面棱，653.5nm的吸收线	可见明显的小面棱重影
合成金红石	2.616～2.903	0.287	4.6	0.330	6.5	极强的色散，硬度较低，双折射很明显，可见气泡包裹体	
无色蓝宝石	1.762～1.770	0.008～0.010	4.00	0.018	9	双折射不明显	可用折射仪测定折射率和双折射率
合成尖晶石	1.72～1.73	均质体，具异常双折射	3.64	0.020	8	异形气泡包裹体，在短波下发蓝白色荧光	
托帕石	1.610～1.620	0.008～0.010	3.53	0.014	8	色散弱，双折射不明显	
玻璃	1.50～1.70	均质体，具异常双折射	2.30～4.50	0.031	5～6	气泡包裹体和旋涡纹；硬度低，易磨损；有些发荧光	

无论采用什么方法，由于钻石极为珍贵，因而了解和掌握钻石的基本特征，进行综合分析、对比、研究，都是十分重要的。虽然钻石所具有的基本特征和鉴别依据，不可能完全适用于所有与其相似的宝石及其仿制品，但总有1～2项是起主导作用或已被实践证明是卓有成效的。

钻石与立方氧化锆的区别在于后者的相对密度比钻石大，硬度比钻石低，折射率比钻石低，导热性比钻石低很多，已镶嵌者可借“吹气”实验，将其与钻石分开，这是因为在立方氧化锆上吹气之后，其“雾气”的蒸发比钻石慢。

合成碳化硅与钻石最为相似，能通过钻石热导仪的检测，但碳化硅有极大的双折射率，可以通过观察重影现象、白线状包体与钻石区别。

钻石与锆石之间也有许多相似之处。但锆石为一轴晶，有明显的双折射，色散及“火彩”弱，硬度又比钻石低；而钻石属于等轴晶系，具均质性，色散及“火彩”很强，硬度最高，据此即可将二者区别开。

钻石与尖晶石同为等轴晶系，都为均质体，但二者的区别在于尖晶石的硬度、折射率、色散等均比钻石低。

钻石与人造金红石的区别在于金红石含有球状气泡包裹体，相对密度、折射率、色散均比钻石高，特别是其色散极强，具有比钻石强得多的多颜色“火彩”。

钻石与人造钛酸锶的区别在于钛酸锶在放大镜下缺乏钻石的光辉，外观几乎似黄油状，并可见到球形气泡包裹体，在紫外线照射下钛酸锶无荧光，但钛酸锶的色散比钻石强，出“火”性好，有强烈的火彩，其硬度比钻石低得多，饰品经佩戴一段时间，各小面的棱角变得圆滑，相对密度也比钻石大。

人造钇铝榴石酷似钻石，但它的相对密度比钻石大、硬度比钻石低、折射率比钻石小、色散比钻石小，出“火”弱，火彩少，可以与钻石相区别。

人造钆镓榴石以在短波紫外线照射下能发出橙色和橙红色强荧光，在长波紫外线照射下无荧光显示，并以相对密度大、硬度低、含有三角形片状包裹体和微小球形气泡包裹体而区别于钻石。

第三节　钻石的质量评价

钻石的质量评价也称4C评价，分别是颜色（Color）、净度（Clarity）、切工（Cut）和重量（Carat weight）。因它们英文每个词的第一个字母均为“C”，故在珠宝业中，称之为“4C”评价。

一、颜色分级

颜色是决定钻石质量优劣最为重要的标志，钻石4C分级的主要对象是无色至浅黄（浅褐、浅灰）色系列，根据钻石颜色变化划分为12个连续的颜色级别，由高到低用英文字母D、E、F、G、H、I、J、K、L、M、N、<N代表不同的色级，也可用数字表示。世界各主要钻石分级机构，对钻石颜色分级标准没有本质的区别，欧洲的色级使用描述性的术语，含义与颜色现象接近，直接明了。美国宝石学院（GIA）的色级术语非常简练，但很抽象。我国的《钻石分级》国家标准，规定了三种同样有效的色级术语，见表6-4。颜色分级是与一套已经标定色级、颗粒大小相近的标准样品进行比较而确定的。表中H以上色级一般肉眼观察无色，I～J级小于0.2ct的钻石感觉不到颜色，大于0.2ct的钻石可感到有颜色色调，K～L级一般肉眼能感觉到有颜色色调的存在，M～R级一般肉眼能感觉到有颜色，且颜色逐渐加深，S级以下颜色呈明显的黄色或棕色，属于工业级钻石。钻石的颜色对钻石售价的影响是很大的。

表6-4　世界主要钻石分级机构颜色等级划分表

美国宝石学院（GIA）	中国钻石分级标准 GB/T 16554—2010			国际珠宝首饰联盟（CIBJO）1991	比利时钻石高阶层议会（HRD）	国际钻石委员会（IDC）1979
D	极白	D	100	极白色（+）		极白色（+）
E		E	99	极白		极白
F	优白	F	98	很白（+）		很白（+）
G		G	97	很白		很白
H	白	H	96	白		白
I	微黄白	I	95	较白		较白
J		J	94			
K	浅黄白	K	93	次白		次白
L		L	92			
M	浅黄	M	91	一级微黄		一级微黄
N		N	90			

续表

美国宝石学院（GIA）	中国钻石分级标准 GB/T 16554—2010			国际珠宝首饰联盟（CIBJO）1991	比利时钻石高阶层议会（HRD）	国际钻石委员会（IDC）1979
O		<N	<90	二级微黄		二级微黄
P						
Q				三级微黄		三级微黄
R						
S–Z				四级微黄		四级微黄

注：中国钻石分级标准规定，适用0.20ct及以上的钻石（裸钻）。颜色分级中的三种色级命名都有效。

带有明显颜色的钻石，属于彩色钻石。彩色钻石极为稀少和瑰丽，又被誉为钻石家族中的“贵族”，对于彩色钻石有特殊的评价方法。

二、净度分级

净度是指钻石纯净、透明无瑕的程度，钻石缺陷越少越纯净，即钻石的净度等级越高。净度级别对价格的影响与色级同等重要。钻石的净度分级，是指用10倍放大镜或者在10倍放大条件下观察的结果为依据，对钻石内部和外部的瑕疵（也称内、外部特征）进行等级划分。我国国家标准与GIA的钻石净度分级，见表6–5。对于1ct重的钻石FL级的价值是P_3级的3倍。

表 6–5　钻石净度等级划分表

中国国家标准		GIA		瑕疵特征
镜下无瑕级（LC）	FL	完美无瑕（FL）		10倍放大条件下洁净，内外部不见缺陷，额外刻面位于亭部；原始晶面位于腰围，不影响腰部的对称，两者冠部不可见
	IF	内部无瑕（IF）		10倍放大条件下发现少量外部缺陷，内部生长纹理无反光，无色透明，不影响透明度；可见极轻微外部特征，经轻微抛光后可去除
极微瑕级（VVS）		非常极微瑕	VVS_1	10倍放大镜下钻石具极其微小的内外部瑕疵。极难观察定为VVS_1；很难观察，定为VVS_2
			VVS_2	
微瑕级（VS）		极微瑕	VS_1	10倍放大镜下钻石具有细小的内外部瑕疵。难以观察定为VS_1；比较容易观察，定为VS_2
			VS_2	
瑕疵级（SI）		微瑕	SI_1	10倍放大镜下钻石具有明显的内外部瑕疵。容易观察定为SI_1；很容易观察，定为SI_2
			SI_2	
重瑕疵级（P）		有瑕	I_1	从冠部观察，肉眼可见钻石具明显的内外部瑕疵，肉眼可见，定为P_1（I_1）；肉眼易见定为P_2（I_2）；肉眼很易见定为P_3（I_3）
			I_2	
			I_3	

三、切工分级

切工是指按设计要求对钻石进行切割和琢磨，生产出理想的钻石制品的整个工艺技术过程的总称。钻石一般加工成刻面型（图6–26），切工的好坏对钻石的颜色、净度、重量等都将产生很大的影响。

图6-26　各种不同琢型的钻石

最常见的钻石琢型为圆多面型，它是根据全内反射的原理设计的。好的切工，外形、大小、各部分比例、切割角度、对称性、颜色、光学效果、重量等各方面都能达到理想的要求，使透过钻石的光线发生全内反射，从钻石的顶部散出，“出火”最好（图6-27）。

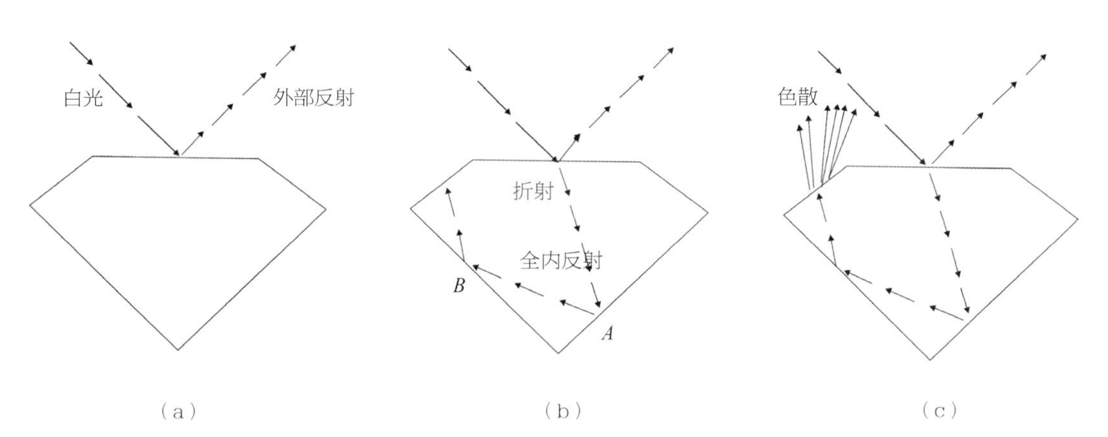

图6-27　钻石的火彩成因

（a）当一束光线照射到钻石的表面，一部分光线将反射回观察者的眼中，称外部反射；
（b）余下的光线穿过钻石折射进入钻石内部，称为折射，光线在钻石内部到达钻石面上的A点和B点，称为内部反射；
（c）光线反射到钻石表面，在那里进一步分解成光谱色即色散

现代标准圆钻型始于1919年，曼塞尔·托克瓦斯基（Marcel Tolkwasky）根据光学原理，科学地计算出圆钻型琢型中的最佳切磨比例和角度，大大提高了钻石的火彩、闪烁和亮度等光学效应。此种琢型是由冠部、腰部和亭部组成，被加工出57个小面，刻面名称如图6-28所示，钻石各部分的比例及腰棱直径如图6-29所示。如不按比例切磨的钻石，由于透过钻石的光线不能发生全内反射，就没有“火”或“出火”不好，钻石会显得“呆板”，甚至出现“黑底”或“鱼眼”现象。

钻石的切工分级主要针对标准圆钻型切工，依据各部分相对于腰棱平均直径的百分比即比例进行，通常采用台宽比、冠高比、腰厚比、亭深比、底尖比、全深比以及冠部角度的实测值来衡量一颗钻石比例是否合理，切工等级分为很好、好、一般三个等级，国内外切工

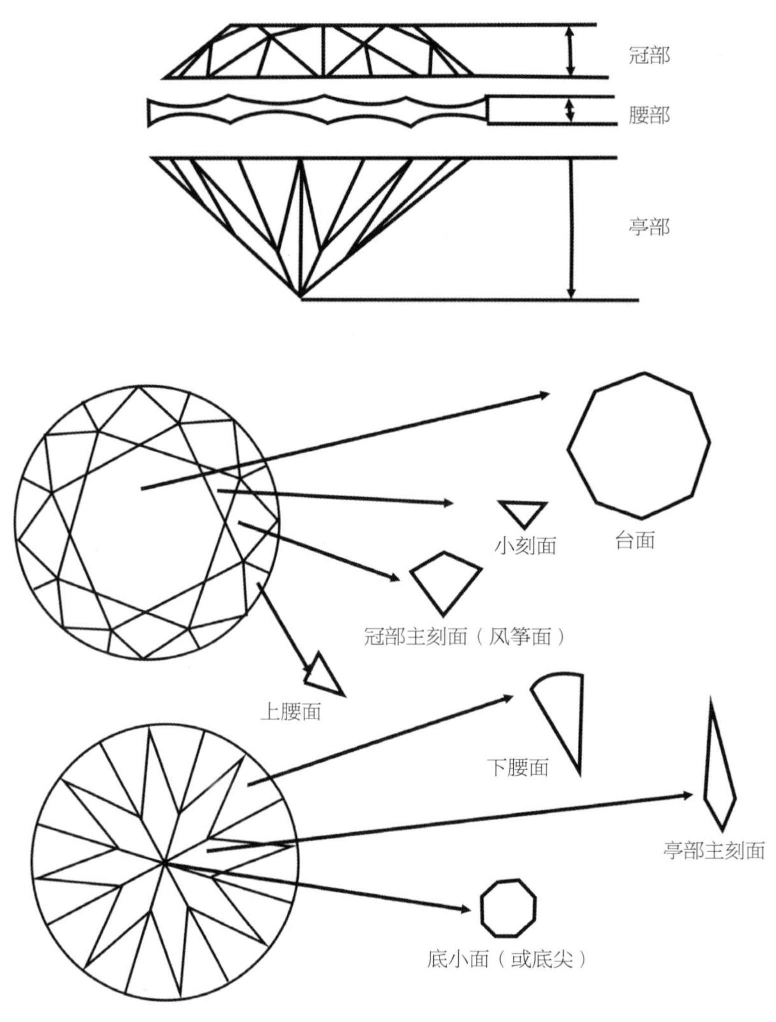

图6-28　标准圆钻型各部分名称

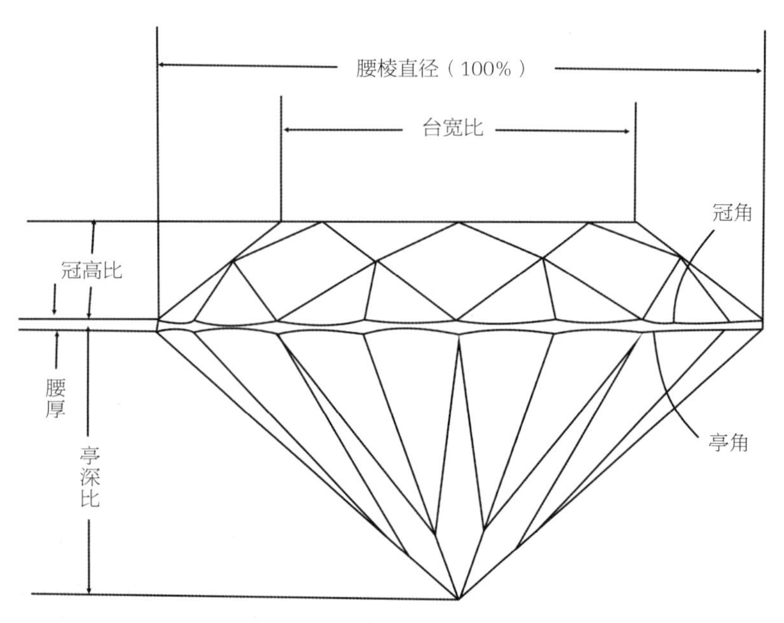

图6-29　标准圆钻琢型的比例

比例分级标准基本一致，见表6-6。现在，切工比例的测量是用全自动钻石切工比例仪测出的，非常精确，可精确到0.1%。

表 6-6 圆钻型切工比例分级标准

测量项目	一般	好	很好	好	一般
台宽比/%	≤50	51～52	53～66	67～70	≥70
冠高比/%	≤8.5	9～10.5	11～16	16.5～18	≤18.5
腰厚比/%	0～0.5 极薄	1～1.5 薄	2～4.5 薄至中	5～7.5 厚	≥8 极厚
亭深比/%	≤39.5	40～41	41.5～45	45.5～46.5	≥47
底尖比/%			<2（小）	2～4（中）	>4（大）
全深比/%	≤52.5	53.0～55.5	56～63.5	64.0～66.5	≥67.0
冠角	≤26.5°	27.0°～30.5°	31°～37.5°	38°～40.5°	≥41°

2000年，市场上出现了一种新型的钻石琢型——丘比特琢型（又称八心八箭）。标准的八心八箭是由心和箭两部分图形构成的。是人眼通过一个镜子（Firescope），从亭部观察可见8颗对称的心——永恒之心，从冠部观察可见8支对称的箭——爱神之箭，均按8个方向向外发散，整个图像完整清晰，严格对称（图6-30）。这种琢型是在标准圆钻型中比例适中对称性极好的情况下造成的，很受市场欢迎。

图6-30 八心八箭切工

四、克拉重量

钻石的重量是以克拉（ct）作为计量单位，1ct=0.2g=100分。重量是钻石“4C”评价中最为客观的一个标准，在钻石贸易中对钻石进行计价时，首先考虑的因素就是它的重量。钻石的重量越大，每克拉的单价越高。一般情况下，钻石的价格是以重量的平方乘以每克拉的市场基价，即：

钻石价格=克拉重量^2×1克拉市场基础价

钻石的重量通常用电子天平、电子克拉秤直接称重，得到的结果十分准确。

已镶嵌的钻石，如果切割比例标准，也可进行重量估算，通常先测量钻石各部分的尺寸，然后用特定的经验公式计算其重量，由此得到的重量称为“钻石估算重量”。不同形状的钻石有不同的重量估算公式，以下计算以腰部的厚度中等为准。

（1）圆钻型 钻石估算重量（ct）= 平均腰围直径^2×深度×0.0061

（2）椭圆型 钻石估算重量（ct）= 平均直径^2×深度×0.0062（平均直径为椭圆长径和短径的平均值）

（3）心型 钻石估算重量（ct）= 长度×宽度×深度×0.0061

（4）祖母绿型（长方型）、橄榄型、梨型　钻石估算重量（ct）=长度×宽度×深度×调整系数。

式中的调整系数与长度和宽度之比有关，需先求出长、宽比，然后选择与之相应的调整系数，再代入上述公式，计算出钻石的估算重量。上述三种琢型的调整系数见表6–7。

表 6–7　钻石重量估算调整系数表

祖母绿型（长方型）		橄榄型		梨型	
长宽比率	调整系数	长宽比率	调整系数	长宽比率	调整系数
1.00：1.00	0.0080	1.50：1.00	0.00565	1.25：1.00	0.00615
1.50：1.00	0.0092	2.00：1.00	0.00580	1.50：1.00	0.00600
2.00：1.00	0.0100	2.50：1.00	0.00585	1.66：1.00	0.00590
2.50：1.00	0.0106	3.00：1.00	0.00595	2.00：1.00	0.00575

由于钻石有固定的切磨比例，相对密度又相当稳定，所以只要知道钻石的直径，便可知道钻石的大概重量，见表6–8。

表 6–8　钻石直径与估算重量表

钻石直径/mm	估算重量/ct	钻石直径/mm	估算重量/ct	钻石直径/mm	估算重量/ct	钻石直径/mm	估算重量/ct
1.3	0.01	3.0	0.10	4.1	0.25	8.8	2.50
1.7	0.02	3.1	0.11	5.15	0.50	9.05	2.75
2.0	0.03	3.2	0.12	5.9	0.75	9.35	3.00
2.2	0.04	3.3	0.14	6.5	1.00	9.85	3.50
2.4	0.05	3.5	0.16	7.0	1.25	10.3	4.00
2.6	0.06	3.6	0.17	7.4	1.50	11.1	5.00
2.7	0.07	3.7	0.18	7.8	1.75	11.75	6.00
2.8	0.08	3.8	0.20	8.2	2.00		
2.9	0.09	4.0	0.23	8.5	2.25		

第四节　钻石的产地

钻石形成于上地幔，根据钻石包裹体的研究表明，钻石的形成温度为900～1300℃，压力为（4.5～6）×10^9Pa，相当于地球上地幔150～200km的深度。钻石原生矿产于金伯利岩和钾镁煌斑岩中，钻石砂矿是由含钻石的原生矿经过风化、搬运、沉积后形成。

世界上最早的钻石于2800年前发现于印度，在随后的两千多年时间里，印度是钻石的唯一出产国，许多古老的世界名钻均产自印度，如光明之山钻石、大莫卧儿钻石、霍普钻石、摄政王钻石等，现今也还有钻石产出。1725年，巴西发现了钻石资源，成为当时新的钻石产地。1867年以后，南非冲积砂矿和原生金伯利岩型钻石原生矿的发现，使南非一举成为世界钻石的主要产地，其产量长期位于世界钻石产量的前列。

1954年，在俄罗斯西伯利亚的雅库特地区发现了钻石原生矿床，使俄罗斯也成为世界钻石的主要出产国。1979年，在澳大利亚发现了橄榄钾镁煌斑岩型钻石原生矿床，这是世界上首次在非金伯利岩中发现了钻石原生矿，尤其是其西北部阿盖尔（Argyle）地区钻石原生矿的发现，使得澳大利亚成为世界上重要的钻石出产国。

现今世界上主要的钻石出产国有澳大利亚、刚果民主共和国、博茨瓦纳、俄罗斯、南非、巴西、圭亚那、委内瑞拉、加拿大、安哥拉、中非共和国、莱索托、加纳、几内亚、象牙海岸、利比亚、纳米比亚、塞拉利昂、坦桑尼亚、印度尼西亚、印度和中国等。

中国的钻石资源主要产于辽宁瓦房店、山东蒙阴及湖南的沅水流域。前两处产地为钻石原生矿，后者为砂矿。

思　考　题

一、名词解释

Ⅰ型钻石、Ⅱ型钻石、库里南钻石、常林钻石、钻石的火彩

二、问答题

1. 简述钻石的发光性及其应用。
2. 简述内含物对钻石外观的影响及其研究意义。
3. 怎样根据内含物特征确定钻石的净度级别？
4. 论述钻石的鉴定特征。
5. 简述钻石分类及其特征。
6. 钻石的颜色级别有哪些？请列表并用文字描述颜色特征。
7. 列出钻石的净度级别，并用文字描述净度特征。
8. 目前钻石的合成方法有哪两种？不同方法合成的钻石有何特征？
9. 如何区别天然钻石与合成钻石？
10. 常见的钻石仿制品有哪些？如何区别钻石及其仿制品？

三、判断题

1. 钻石中见到的三角凹坑只出现在八面体面上。（　　）
2. 钻石由于质地坚硬，所以不怕碰撞。（　　）
3. 砂矿中金刚石很多是近球形的，这是由于搬运过程中磨蚀所致。（　　）
4. 钻石中所含的氮（N）、硼（B）等元素决定了钻石的类型和主要物理性质。（　　）
5. 钻石属于等轴晶系，是光性均质体，故在正交偏光下不会有明暗变化。（　　）
6. 钻石的4C分级是钻石定价的基础，也是钻石商贸重要的一环。（　　）
7. 钻石表面具有亲油性和疏水性。（　　）
8. 大部分合成钻石属于$Ⅰ_b$型，常为高色级的白色。（　　）
9. 钻石形成于温度、压力都很高的地球表层。（　　）
10. 钻石的解理平行（111）。（　　）

第七章 红宝石和蓝宝石

红宝石（Ruby）和蓝宝石（Sapphire）的矿物学名称为刚玉（Corundum），刚玉类宝石可呈现很多不同的颜色（图7-1），国际珠宝界依据颜色将刚玉宝石划分为红宝石、蓝宝石两大品种。由于红宝石和蓝宝石所特有的美丽、鲜艳的颜色和高质量的宝石特性，它们一直列于四大名贵宝石。红宝石用作七月的生辰石，象征着热情似火，美好永恒，也是结婚40周年的纪念石。蓝宝石用作九月的生辰石，象征着忠诚、坚贞和稳重，是结婚45周年的纪念石。

图7-1　不同颜色的刚玉类宝石

第一节　红宝石和蓝宝石的基本性质

1. 化学成分

化学成分为三氧化铝（Al_2O_3），含有微量的杂质元素Cr、Fe、Ti、Ni、Mn、V等，其中红宝石中因含有Cr而呈红色；蓝宝石因含有Fe和Ti而呈蓝色。在宝石学中除红色刚玉称为红宝石外，其他颜色的刚玉矿物，都泛称为蓝宝石。当单独用蓝宝石一词时，特指蓝色蓝宝石，其他颜色蓝宝石通常在前面加颜色描述，如黄色蓝宝石、绿色蓝宝石等。

2. 结晶特征

三方晶系，单晶常呈柱状、桶状或板状六边形晶体产出，常见单形为六方柱、六方双锥和菱面体（图7–2），常发育有聚片双晶，晶体柱面有横纹（图7–3、图7–4），横截面可见六方生长色带（图7–5、图7–6）。

3. 力学性质

红宝石和蓝宝石摩氏硬度9，相对密度为3.95～4.05，随宝石中所含杂质元素的不同，而略有差异，山东出产的蓝宝石相对密度可达4.17。没有解理，具有平行菱面体的聚片双晶，故常沿菱面体面发育裂理，其另一组常见裂理发育于与底面平行的方向（图7–3）。断口呈贝壳状。

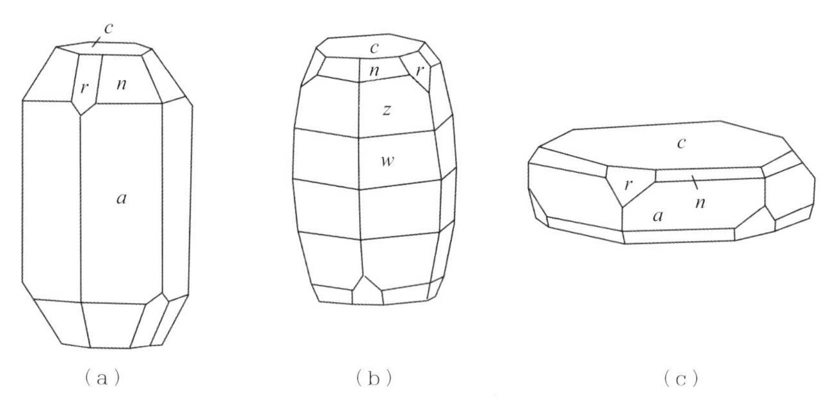

图7–2 红宝石和蓝宝石的晶体形态

图7–3 红宝石晶体

图7–4 蓝宝石晶体

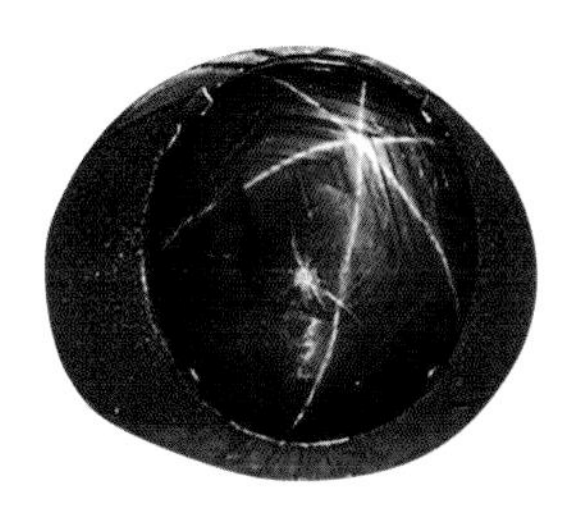

图7–5 星光红宝石的六边形生长纹

图7–6 蓝宝石的六边形生长纹

4．光学性质

（1）颜色　刚玉宝石颜色丰富，几乎可包括可见光光谱中的红、橙、黄、绿、蓝、紫等所有颜色（图7-7～图7-12）。红宝石出产稀少，晶粒细小，单个晶粒平均重量大都小于1ct，超过2ct的很少，大于5ct的甚为稀罕，最名贵的是“鸽血红”红宝石，其颜色特征是中等-浓的血红色，它比钻石还要贵重。最优质的蓝宝石称为克什米尔蓝宝石，其颜色特征为“矢车菊蓝色”，纯正、浓郁又微微带紫的正蓝色。

图7-7　红宝石

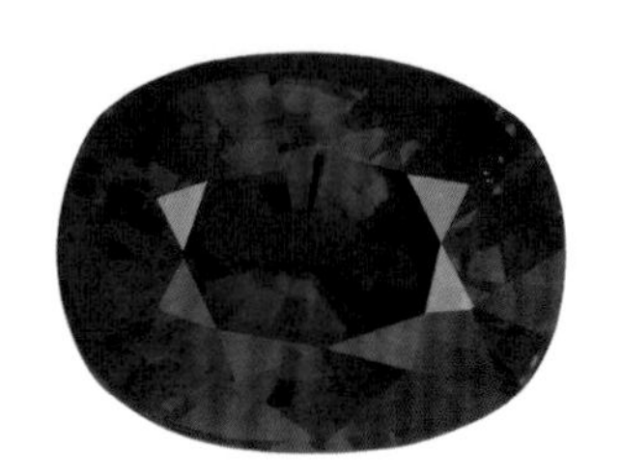
图7-8　蓝宝石

图7-9　粉橙色蓝宝石

图7-10　粉红色蓝宝石

图7-11　金黄色蓝宝石

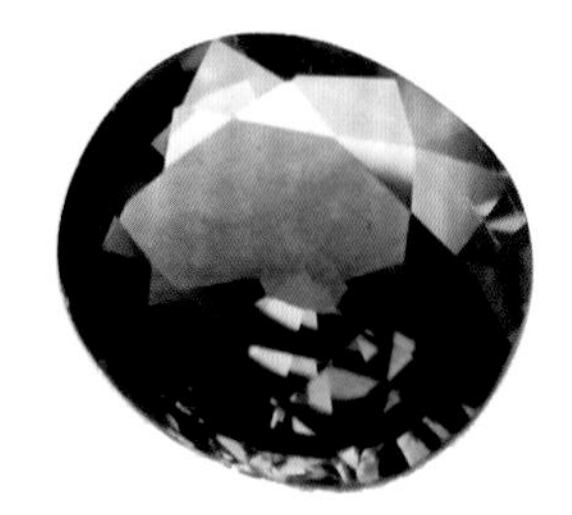
图7-12　绿色蓝宝石

（2）光泽和透明度　强玻璃光泽-亚金刚光泽；透明度为透明至不透明。

（3）折射率、双折率和色散　折射率为1.762～1.770，双折率为0.008，色散值为0.018。

（4）光性　一轴晶负光性。

（5）多色性　明显，除无色蓝宝石外，有色的刚玉类宝石均具二色性，二色性的强弱及色彩变化，取决于自身颜色及颜色深浅程度，见表7-1。

表7-1　红宝石和蓝宝石的二色性特征表

宝石名称	二色性特征
红宝石	深红色-浅红色、红色-橙红色、紫红色-褐红色、玫瑰红色-粉红色
蓝宝石	深紫蓝色-蓝色、蓝色-浅蓝色、蓝色-蓝绿色、蓝色-灰蓝色
绿色蓝宝石	深绿色-黄绿色
紫色蓝宝石	紫色-橙色
黄色蓝宝石	金黄色-黄色、橙黄色-浅黄色、浅黄色-无色

（6）发光性　红宝石在紫外光照射下，呈明显的红色荧光。不同产地、不同颜色红宝石的紫外荧光，随所含Cr、Fe含量的不同而变化，Cr含量高者红色荧光强而鲜艳，Fe含量高者荧光弱而暗。蓝宝石一般无荧光或荧光特征不明显。红宝石和蓝宝石的荧光特征，见表7-2。

表 7-2　红宝石和蓝宝石的紫外荧光特征表

不同产地的红蓝宝石	紫外荧光	
	LWUV	SWUV
缅甸红宝石	鲜艳深红色	中等红色
斯里兰卡粉红色蓝宝石	橘红色	中等橘红色
泰国红宝石	暗红色	无色至弱红色
泰国蓝宝石	无	无
斯里兰卡浅蓝色蓝宝石	浅橙色	无色至弱橙色
斯里兰卡黄色蓝宝石	杏黄至橙黄色	浅黄至浅橙黄色

（7）吸收光谱　红宝石在红区694nm、692nm有强吸收双线，668nm、659nm有两条弱吸收线，黄绿区620～540nm（以550nm为中心）有吸收带，蓝区476nm、475nm、468nm有三条弱吸收线，紫区全吸收。深红色红宝石的540～620nm吸收带表现得很强烈，而浅色者此带相对弱以至模糊不清。

蓝宝石中的蓝色、绿色品种，可具有470nm、460nm、450nm的3条吸收线，不同产地或颜色深浅不同其吸收光谱稍有差异。如深蓝色者往往只见到450nm处一较粗的吸收带及460nm的一条细线，浅灰蓝色者仅可见450nm处的一条细线，黄色蓝宝石的吸收线则很难见到。

（8）滤色镜　在查尔斯滤色镜下，红宝石可显示不同程度的红色，而蓝色、黄色、绿色等蓝宝石的颜色没有变化。

（9）特殊光学效应　很多红蓝宝石内部含有丰富的定向排列的纤维状、针状金红石包裹体，在垂直光轴的平面内互相以60°交角相交而呈三组不同的方向，加工成弧面型宝石时，包含三组包裹体的平面平行底面的弧面可呈现六射星光效应（图7-13～图7-15）。

图7-13　星光红宝石

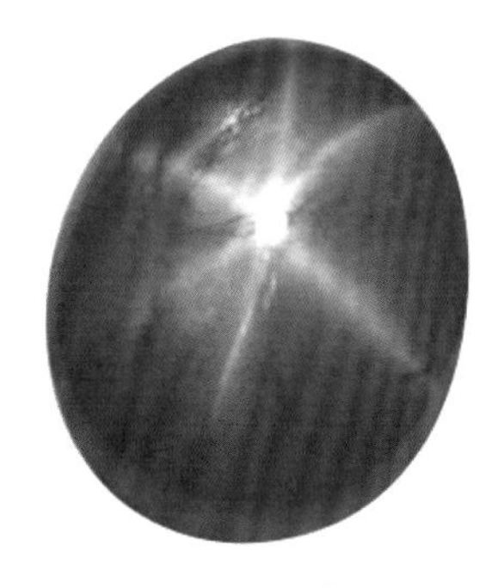

图7-14　星光蓝宝石

图7-15　不同颜色的星光红宝石和星光蓝宝石

少数蓝宝石具变色效应，它们在日光下呈蓝紫色、灰蓝色（图7–16），在白炽光下呈暗红色、褐红色（图7–17），颜色不甚鲜艳。

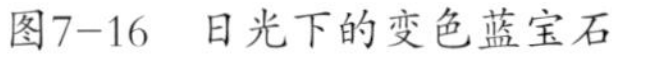

图7–16　日光下的变色蓝宝石

图7–17　白炽光下的变色蓝宝石

5. 内含物特征

红宝石和蓝宝石可含有丰富的固相、气–液两相包裹体及特征的生长结构，主要包括以下类型。

（1）丝状、针状包裹体　通常为金红石，三组金红石包裹体呈60°交角相交，在与晶体的Z轴垂直的同一平面内，发育完好的纤维状、针状包裹体切磨成弧面型时，可形成六射星光效应，针状包裹体发育不完整时，常显示不完整的“丝光”（图7–18、图7–19）。

图7–18　缅甸红宝石中的针状金红石包裹体

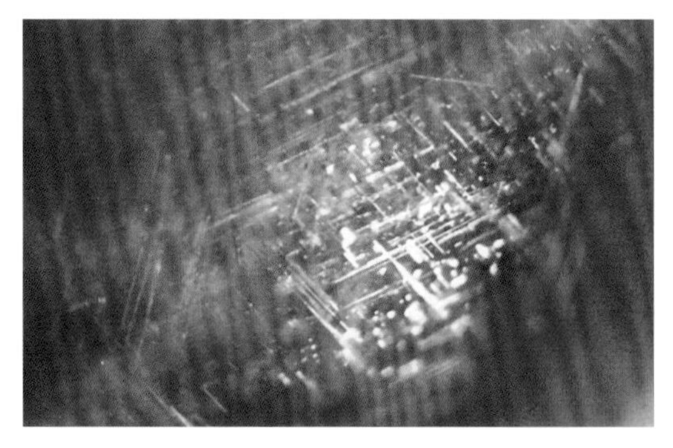

图7–19　缅甸红宝石中的针状金红石包裹体

（2）锆石　通常周围有黑色裂纹晕圈。

（3）尖晶石　在缅甸出产的红宝石和斯里兰卡出产的蓝宝石中易看到小的八面体形尖晶石包裹体。

（4）指纹状包裹体　类似于指纹状分布的气液两相包裹体（图7–20～图7–23）。

此外，还有云母、赤铁矿、石榴石、方解石和刚玉等矿物晶体包裹体。

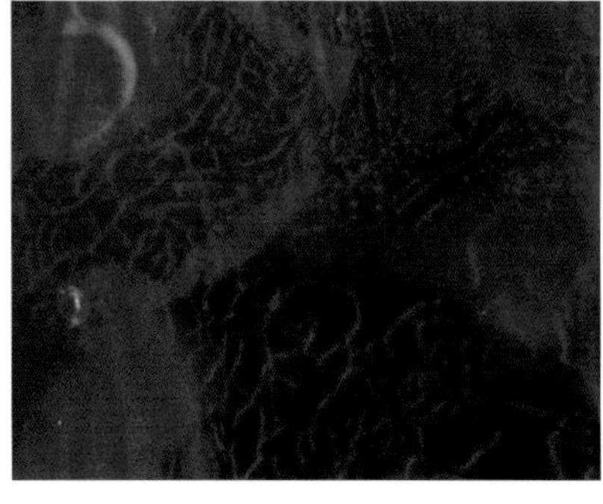

图7–20　泰国红宝石中流体充填的愈合裂隙

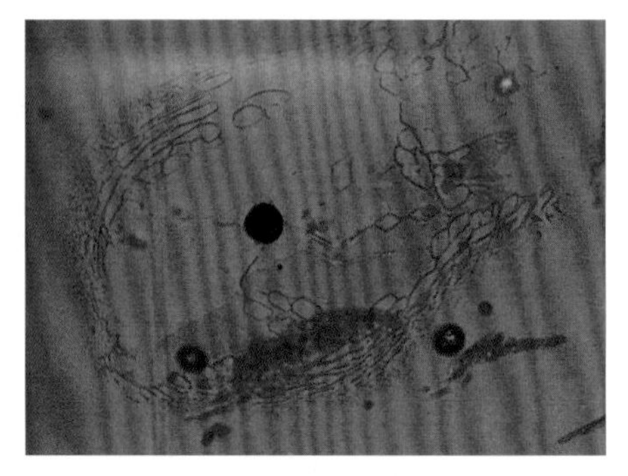

图7–21　泰国红宝石中愈合裂隙中的空晶或晶体

图7-22　蓝宝石中的丝状物及液相包裹体

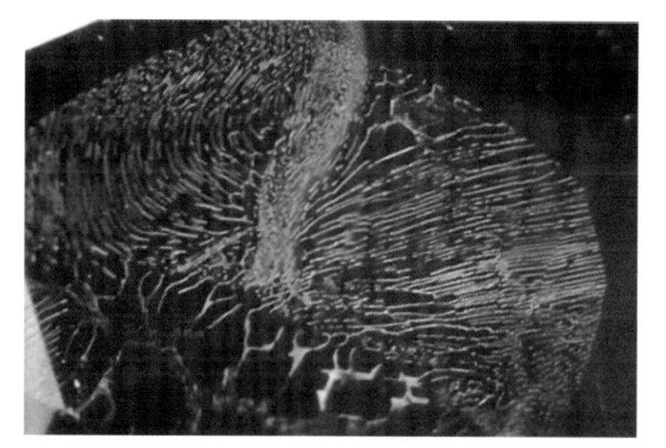

图7-23　蓝宝中的指纹状羽状包裹体

第二节　红宝石和蓝宝石的鉴定特征

红宝石和蓝宝石的原石可根据晶体形态、晶面特征、颜色色带等特征鉴别。成品则根据颜色特征、强玻璃光泽、折射率、双折射率、明显的多色性、发光性、滤色镜下观察的特征，加以鉴别。

一、红宝石和蓝宝石的鉴定

1. 肉眼鉴定

观察颜色特征，具有强玻璃光泽，可见聚片双晶纹。

2. 仪器检测

在肉眼观察的基础上，折射率为1.762～1.770，双折射率为0.008，具有明显的二色性。滤色镜下观察，红宝石呈暗红色至红色，蓝宝石不变色。紫外光下红宝石具红色荧光，不同产地的红宝石荧光强度不同，蓝宝石无荧光。

二、红宝石、蓝宝石与合成红宝石、合成蓝宝石的鉴别

红宝石、蓝宝石与合成红宝石、合成蓝宝石的鉴别是相对比较复杂的，其主要鉴别特征，见表7-3和图7-24及图7-25。

表 7-3　红宝石和蓝宝石与合成红宝石和合成蓝宝石鉴别表

特征	天然红宝石和蓝宝石	合成红宝石和合成蓝宝石
颜色	柔和，不均匀	饱和度高，均匀，洁净，块体大
内含物	多，锆石、尖晶石、刚玉、石榴石、方解石、长石、云母、磷灰石等各种矿物包裹体，金红石针状包裹体，指纹状、不规则状气液两相包裹体，愈合裂隙、聚片双晶纹等	稀少，圆形、泪滴形气泡，单个或多个聚集的熔滴，组成的面纱状、羽状包裹体；三角形或六边形、长方形的金属光泽的铂金片；钉状、锯齿状、波浪状、树枝状等不同长度的细小针状体，可产生星光效应
紫外荧光	红宝石荧光相对较弱	合成红宝石荧光相对较强，呈透明的亮红色
生长纹	直线状或六边形生长纹	偶尔可见弧形生长纹

特征	天然红宝石和蓝宝石	合成红宝石和合成蓝宝石
二色性	台面观察无二色性	大多数台面观察有二色性
星光	深处发出，星线粗细不等，在星线的交会处星线变粗，形成一个光线相对密集的光点，称宝光	浮在表面，星线规则、清晰明亮、细而均一，无宝光，在室内自然光照射下即能看清（图7-13）

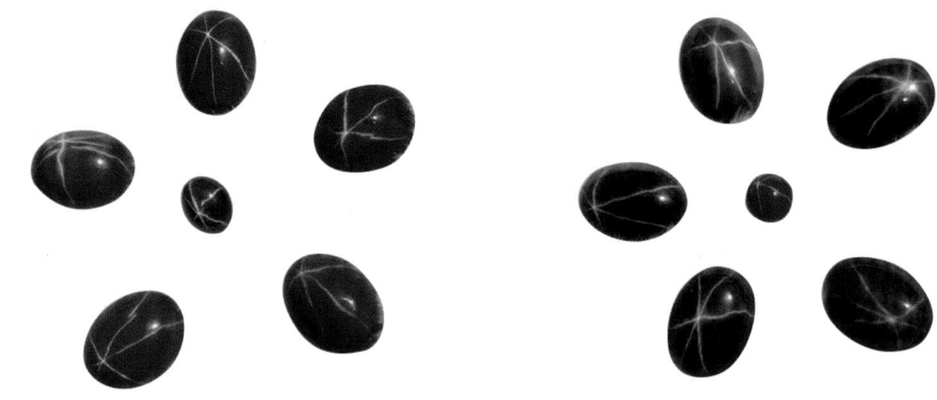

图7-24　合成星光红宝石

图7-25　合成星光蓝宝石

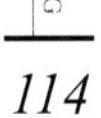

三、红宝石与相似宝石及其仿宝石的鉴别

与红宝石相似的天然红色宝石主要有红色石榴石（铁铝榴石、镁铝榴石）、红色锆石、红色尖晶石、红色碧玺、红色绿柱石、浅红色托帕石、红柱石等。仿宝石有红色玻璃。其鉴别特征见表7-4。

表 7-4　红宝石与相似宝石及其仿宝石鉴别特征表

宝石名称	摩氏硬度	相对密度	折射率	双折射率	多色性
红宝石	9	3.95～4.05	1.762～1.770	0.008	强至中等
合成红宝石	9	3.95～4.05	1.762～1.770	0.008	强
铁铝榴石	7.5	3.84	1.76	无	无
镁铝榴石	7.5	3.78	1.74	无	无
红色锆石	7.5	4.70	1.92~1.98	0.059	中等
红色尖晶石	8	3.60	1.72	无	无
红色碧玺	7～7.5	3.06	1.62～1.64	0.018	强
红色绿柱石	7.5～8	2.72	1.57～1.58	0.004～0.008	中等
浅红色托帕石	8	3.52	1.619～1.627	0.008	中等
红柱石	6.5～7.5	3.17	1.63～1.64	0.007～0.013	强
红色玻璃	5～6	2.30	1.48～1.52	无	无

四、蓝宝石与相似宝石及其仿宝石的鉴别

与蓝宝石相似的天然宝石主要有蓝色尖晶石、蓝色碧玺、坦桑石、蓝锥矿、蓝晶石、堇青石。仿宝石有蓝色玻璃。其鉴别特征见表7–5。

表 7–5　蓝宝石与相似宝石及其仿宝石鉴别特征表

宝石名称	颜色	摩氏硬度	相对密度	折射率	双折射率	多色性
蓝宝石	不均匀的蓝色	9	3.95~4.05	1.762 ~ 1.770	0.008	强至中等
蓝色锆石	艳蓝色	7.5	4.70	1.92 ~ 1.98	0.059	中等
蓝色尖晶石	微带灰的蓝色	8	3.60	1.72	无	无
蓝色碧玺	带绿的蓝色	7 ~ 7.5	3.06	1.62 ~ 1.64	0.018	强
坦桑石	蓝紫色	6–7	3.35	1.69 ~ 1.70	0.009	强
蓝锥矿	蓝至蓝紫色	6.5	3.65	1.75 ~ 1.80	0.047	中等
堇青石	蓝色	7 ~ 7.5	2.65	1.54 ~ 1.55	0.008–0.012	强
蓝晶石	不均匀的蓝色	4.5 ~ 7.5	3.65 ~ 3.69	1.715 ~ 1.732	0.017	强
蓝色玻璃	蓝色	5	2.30	1.48 ~ 1.62	无	无

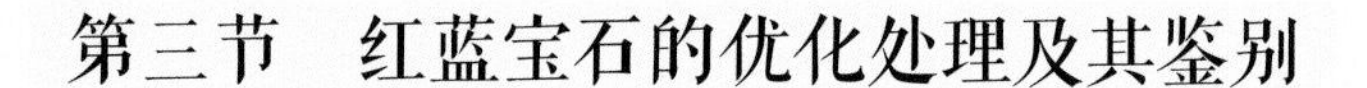

第三节　红蓝宝石的优化处理及其鉴别

红宝石、蓝宝石的人工优化处理方法，主要包括染色、充填、表面扩散、热处理等。

一、染色处理

1. 方法

将颜色浅淡、裂隙发育的红宝石和蓝宝石放进有机染料溶液中浸泡、加温，使之染上颜色。

2. 鉴别

① 早期染色的红宝石和蓝宝石，颜色过于浓艳，给人以不真实感，包装纸上往往还留有染料痕迹，用蘸有酒精或丙酮的棉球擦试样品时，棉球全被染色。

② 近期染色的红宝石和蓝宝石颜色趋于自然，外面涂过蜡等物质，使颜色封存在裂隙中。但在放大检查时，可以发现染料在裂隙中集中的现象。

③ 由于染色所用的红色、蓝色染料仅分布于裂隙中而未进入宝石的晶格，所以出现多色性异常。即表面颜色浓艳的宝石，却没有明显的多色性。

④ 染色红宝石和蓝宝石，可呈现有染料引起的特殊荧光。例如，染色红宝石可有橙黄至橙红色荧光。

⑤ 在红外光谱中出现染料的吸收峰。

二、充填处理

1. 方法

当红宝石和蓝宝石裂隙发育，可采用充填处理方法来掩盖这些裂隙，注入的物质包括油、胶、玻璃等。

2. 鉴别

① 注油处理的红宝石和蓝宝石放大检查可以发现油充填后的裂隙，呈现五颜六色的干涉色现象，当部分油挥发后可留下斑痕及渣状沉淀物。在热针试验中，针头所到处有油珠被析出。

② 注胶处理的红宝石和蓝宝石其裂隙处的光泽存在差异，胶的光泽明显低于宝石的光泽，裂隙较大时，针尖触之，胶可被划动。红外光谱检测，可出现胶的吸收峰。

③ 玻璃充填的红宝石和蓝宝石往往裂隙十分发育，裂隙内玻璃的光泽明显低于宝石的光泽，大的裂隙充填玻璃后平面往往呈凹陷状。红外光谱检测可发现玻璃的存在。

三、热处理

1. 红宝石和蓝宝石的热处理

红宝石和蓝宝石的热处理，历史悠久，其热处理结果稳定、耐久而被人们所接受，主要应用于以下几个方面。

① 消减红宝石中多余的蓝色和削弱深色蓝宝石的蓝色。红宝石和蓝宝石中的蓝色色调，大多由电荷转移引起。在高温氧化中加热红宝石或深色蓝宝石将发生Fe^{2+}向Fe^{3+}的转变，即：$Fe^{2+} \rightarrow Fe^{3+} + e^-$，$Ti^{4+} + e^- \rightarrow Ti^{3+}$，宝石中的$Fe^{2+}$和$Ti^{4+}$离子的数量减少，从而去除多余的蓝色。

② 诱发或加深蓝宝石的蓝色。在高温还原中加热蓝宝石，使宝石中原有的Fe^{3+}转换为Fe^{2+}，增加宝石中Fe^{2+}和Ti^{4+}的离子的数量，从而使宝石的蓝色由浅变深。

③ 去除红宝石、蓝宝石中的丝状包裹体或发育不完美的星光。在空气中将宝石加热到1600～1800℃，迅速冷却，使原来以包裹体形式存在的金红石（TiO_2）在高温下熔融，进入晶格与Al_2O_3形成固熔体，从而达到消除星光和丝状包裹体的目的。

④ 产生形成星光的条件。在空气中加热宝石，然后缓慢冷却，使宝石内以固熔体形式存在的钛分离形成金红石包裹体，从而产生形成星光效应的条件。

⑤ 将浅黄色、黄绿色的蓝宝石在氧化条件下进行高温处理，可使其颜色变成橘黄色和金黄色蓝宝石。

2. 鉴别

（1）颜色　热处理后的红宝石和蓝宝石可形成颜色不均匀现象，如出现特征的格子状色块、不均匀的扩散晕。另外处理前后原色带的颜色、清晰度也会发生不同程度的变化。

（2）固态包裹体　经热处理的红宝石和蓝宝石其固态包裹体将发生不同程度的变化。红宝石和蓝宝石内的低熔点包裹体，如长石、方解石、磷灰石等，在长时间的高温作用下发生部分熔融，原柱状晶体将变得圆滑。

一些针状、丝状固态包裹体（如金红石）随着熔融程度的不断加强转变成断续的丝状、微小的点状等形态。有时高温处理的红宝石和蓝宝石表面可见到一种白色丝斑，就是金红石高温破坏后的产物。

（3）流体（气液）包裹体　红宝石和蓝宝石内的原生流体（气液）包裹体，在高温作用下会发生胀裂，流体浸入新胀裂的裂隙中。

（4）表面特征　由于高温熔融作用，成品红宝石和蓝宝石的表面会发生局部熔融，因而产生一些凹凸不平的麻坑。

为了消除这些宝石上的麻坑样品需进行二次抛光，二次抛光过程中不能确保第一次抛光刻面的完整性，常使原本平直的刻面棱角出现双腰棱、多面腰棱的现象。

（5）吸收光谱及荧光特征　经热处理的黄色和蓝色蓝宝石在台式分光镜下观察，缺失450nm吸收带，某些热处理的蓝宝石在短波紫外光照射下显示弱的淡绿色或淡蓝色荧光。

四、表面扩散处理

（一）表面扩散处理红宝石

1. 方法

利用高温使外来的铬离子，进入浅色红宝石表面晶格，形成一薄的红色扩散层。

2. 鉴别

（1）颜色　表面扩散处理的红宝石，早期产品多为石榴红色，带有明显的紫色和褐色色调。新产品可有不同深浅的红色，但颜色分布不是十分均匀，常呈斑块状。

（2）放大检查　将宝石浸入二碘甲烷中，用漫反射光观察，可见红色多集中于腰围刻面棱及开放性裂隙中，但这种颜色的集中现象没有表面扩散蓝宝石表现得明显。

（3）荧光　表面扩散处理的红宝石在短波紫光照射下可有斑块状蓝白色磷光。

（4）二色性　宝石可具有模糊的二色性，有时表现出一种特殊的黄至棕黄色的二色性。

（5）折射率　表面扩散处理的红宝石具有异常折射率，折射率最高可达1.80。

（二）表面扩散处理蓝宝石

1. 方法

高温下通过不同的致色剂的扩散，在无色或浅色蓝宝石表面，产生不同的颜色。

使用铬和镍做致色剂在氧化条件下可产生橙至黄色扩散层；使用钴做致色剂可产生蓝色扩散层。国内市场上见到的主要是用Fe、Ti做致色剂的扩散蓝宝石。

扩散处理只能在宝石表面形成一层很薄的颜色层，根据这一颜色层的厚度又可将扩散处理分为Ⅰ型扩散处理和Ⅱ型扩散处理两种。Ⅰ型扩散处理蓝宝石表面颜色层厚一般为0.004～0.1mm，Ⅱ型扩散处理蓝宝石表面颜色层厚度可达0.4mm。

2. 鉴别

（1）颜色　Ⅰ型扩散处理蓝宝石为灰蓝色，蓝色表面常有一种水淋淋、灰蒙蒙的雾状外观，而Ⅱ型扩散处理蓝宝石则为清澈的蓝色、蓝色至紫色，颇似天然优质蓝宝石。

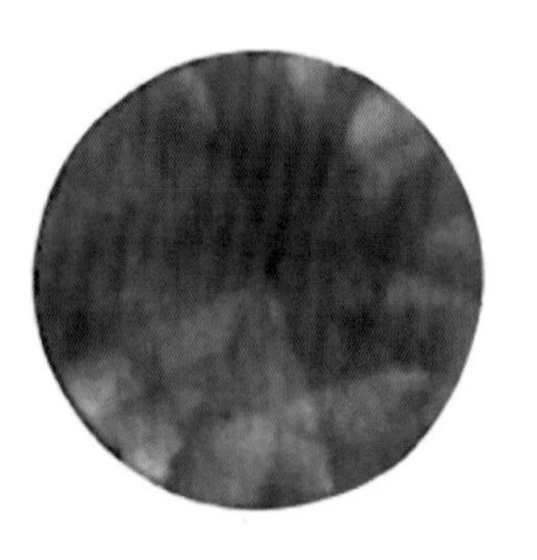

图7-26 散射光照明条件下扩散蓝宝石的颜色分布特征

（2）放大检查 将宝石置于散射光照明下，可观察到颜色在宝石腰围及交棱处集中，Ⅰ型扩散处理蓝宝石呈现出一明显的“黑圈”和“蜘蛛网”图案（图7-26）。样品总体颜色不均匀，不同刻面上的颜色深浅有差异。

而Ⅱ型扩散处理蓝宝石的上述现象，表现得不明显。宝石的开放裂隙及表面凹坑处可有颜色富集现象。

（3）荧光 一些表面扩散处理蓝宝石在短波紫外光照射下，可呈现白垩状蓝色或绿色荧光；而在长波紫外光照射下，呈现蓝色、绿色或橙色荧光。

（4）吸收光谱 有些表面扩散处理蓝宝石无450nm吸收带。

（三）表面扩散处理星光红宝石和星光蓝宝石

红宝石和蓝宝石经表面扩散处理可产生星光蓝宝石和星光红宝石，表面扩散处理的星光蓝宝石已面市，与天然星光蓝宝石鉴别可从以下方面区分。

（1）颜色 表面扩散处理星光蓝宝石整体为具黑灰色色调的深蓝色，表面特别在弧面型宝石的底部或裂隙处存在红色斑块状物质。

（2）“星光”特点 星光完美、星线均匀，似合成星光蓝宝石。

（3）放大检查 显微镜下观察可发现“星光”仅局限于样品表面。弧面型宝石表面有一层极薄的絮状物，由细小的白点聚集而成，在电子显微镜放大3000倍的条件下，未发现天然星光蓝宝石中存在的三组定向排列的金红石针。

（4）荧光 在长波和短波紫外光照射下，无荧光。部分宝石表面具有的红色色斑可发红色荧光。

（5）化学成分 宝石表面Cr_2O_3含量异常。由于宝石表面的高铬含量，在油浸中观察宝石表面呈现红色，并具有一个轮廓清晰，且突起很高的红色色圈。

第四节 红宝石和蓝宝石的质量评价

红宝石和蓝宝石为有色宝石，国际上还没有钻石那样详细的等级标准，评价有色宝石比评价无色透明的钻石要复杂得多，影响因素也更多，目前红宝石和蓝宝石的评价指标，主要依据颜色、透明度、净度、切工等因素，其中最基本、最重要、最关键的是颜色，颜色的优劣对宝石价值的影响，占宝石价值的50%以上。

1. 颜色

宝石的不同颜色，存在着色调、彩度和明度的差异，对不同的宝石还存在着颜色分布的均匀程度和多色性程度差别，因此具体评价红宝石、蓝宝石颜色时，应从以下5个方面进行。

（1）色调 宝石颜色在色轮上的位置，按照符合或接近纯光谱色的程度，色调分为最优、优质、良好、较差四级。优质者为最优。

（2）彩度　指宝石颜色的纯净度和鲜艳度。一般分为纯正鲜艳、较鲜艳、中等、色较淡、色很淡五级。优质者颜色纯正鲜艳。

（3）明度　指宝石颜色的光亮程度。从宝石台面观察时，色泽闪耀的比例占整个冠部的百分比为标准。不同颜色的宝石，理想的比例也不同，例如红宝石的理想比例是55%～75%，蓝宝石的理想比例是60%～80%。

（4）色形　是指宝石颜色分布的均匀程度。宝石上出现颜色深浅不同，或颜色呈现条带状、斑状分布等。以台面向上，目光与台面呈45°观察的结果为准，不考虑其他方向。分为无色区或无色带、轻微色区或色带、中等色区或色带、较强色区或色带、严重色区或色带五级。

（5）多色性　指从台面观察时颜色的多色性程度，不考虑从其他方向观察的结果，分成无多色性、弱多色性、明显多色性、强多色性四级。

颜色是影响彩色宝石价值最重要的因素。通常红宝石颜色的优劣依次为：血红、鲜红、纯红、粉红、紫红、深紫红。最优质的是鲜红中微带紫色的"鸽血红"，这种优质品多产于缅甸，又称为"鸽血红红宝石"（图7–27）。

蓝宝石颜色优劣依次为：矢车菊蓝（微带紫色的深蓝）、洋青蓝（海蓝）、滴水篮（鲜蓝）、天蓝（湖蓝）、淡蓝、灰蓝等。最优质的是深蓝中微带紫色的矢车菊蓝色，呈现出一种类似高原天空般纯正、浓郁又微微带紫的正蓝色，因最早产自克什米尔，又称"克什米尔蓝宝石"（图7–28）。

2. 透明度

有色宝石的透明度，是除颜色之外最重要的因素。透明者为上品，质地越透明其价值也越高，但对于刻面宝石和星光宝石的评价标准不同。刻面宝石透明度分为四级：透明、半透明、微透明、不透明。

图7–27　"鸽血红"红宝石

3. 净度

宝石的洁净程度（净度）对于刻面宝石尤为重要，严重的内含物可能失去其宝石价值，净度分为六级。

一级：10倍放大镜下洁净。

二级：10倍放大镜下难以见到内含物，肉眼观察洁净。

三级：肉眼可见轻微内含物。

四级：肉眼可见中等内含物。

五级：肉眼可见内含物，较严重影响外观。

六级：肉眼可见内含物，严重影响外观。

4. 切工

切工是对已切磨好的宝石各部分的比例和对称程度的评价。一般情况下，占宝石价值的比例小，但特别粗略和很差的切工，对其价值的影响也会很大。

切工分为：很好、较好、一般、较差、很差五个级别。

图7–28　克什米尔蓝宝石

第五节　红宝石和蓝宝石的产地

红宝石和蓝宝石属于多成因矿物，既可产于与火山活动有关的岩浆岩中，也可产于与气成热液有关的变质岩中，还可产于外生成因的残、坡积砂矿中。其中外生成因的砂矿，是红宝石和蓝宝石的重要来源。

一、红宝石的产地

红宝石产出稀少，高质量的红宝石产出极少，一般颗粒细小，单个晶粒平均重量大都小于1ct，超过2ct的很少，超过5ct的刻面宝石已属罕见，而超过10ct的刻面宝石即可成为稀世珍宝。世界上最大的红宝石原石发现于缅甸，重3450ct，最大的鸽血红宝石仅重65ct。目前，世界上出产红宝石的国家主要有缅甸、泰国、斯里兰卡、越南、坦桑尼亚、肯尼亚等。我国的云南、青海等地也产有少量的红宝石。

缅甸是世界上优质红宝石的主要出产国，是世界上红宝石最著名、最重要的产地。尤其是缅甸北部抹谷（Mogok）地区所产的一种“鸽血红”红宝石更居红宝石之首，它色泽鲜艳，如同当地一种鸽鸟胸部的鲜血一样，故得名“鸽血红”。抹谷地区出产的红宝石是世界上粒度最大，质量最好。所产红宝石颜色呈鸽血红色、玫瑰红色和浅玫瑰红色，鲜艳明亮。既出产透明的红宝石，也产有含三组针状包裹体的红宝石，这些可以琢磨成具有星光效应的红宝石。

泰国在历史上曾是红宝石的主要产地，产地位于泰国南部的占他武里。所产红宝石大部分颜色较深，呈暗红色或棕色，在暗红的颜色中隐约见有紫色色调，宝石内部除见有极少指纹状气液包裹体外，比较洁净，见不到其它包裹体。

斯里兰卡的红宝石主要为冲积型砂矿，分布于西南部的拉特纳普勒（Ratnapura）城附近，颜色常呈浅红色、极浅红色或粉红色。还产一种称之为“巴巴拉查”（法文Paparacha之音译，本意为荷花）实为粉红色和橙色混合的红宝石。此外，斯里兰卡还是世界上星光红宝石的主要出产国。

越南的红宝石总体颜色呈粉红色至浅红色，少数呈红色，透明度普遍较低，有些甚至不透明，裂隙发育，所含杂质较多。据统计，越南红宝石64%属雕刻级宝石，30%属弧面级宝石，6%属刻面级宝石。

坦桑尼亚的红宝石颜色以玫瑰红色为主，呈单晶粒状，晶体颗粒较大，最大可达15～20cm，呈透明、半透明或不透明状，大部分宝石只能切磨为弧面型，少数可切磨成刻面型宝石。

肯尼亚的红宝石颜色以粉红色、玫瑰红色为主，单晶体多数在1～10cm，内部较洁净、杂质少，主要属半透明的切磨成弧面型的宝石。

中国的红宝石资源主要分布于云南、青海、安徽、新疆和黑龙江等省区，其中以云南红宝石的质量为最好。云南红宝石的颜色主要为红色、玫瑰红色和浅玫瑰红色，颜色较为纯正、浓艳、均匀，粒度一般为0.1～1cm，最大者可达5cm，瑕疵主要有裂纹、包裹体、孔洞和蚀痕等，以切磨成弧面型的宝石为主，刻面型宝石较少。

二、蓝宝石的产地

与红宝石相比，世界上已发现的蓝宝石矿比红宝石矿要多。蓝宝石不仅产量大，而且颗粒大的也不少。世界上蓝宝石的主要出产国有印度、斯里兰卡、泰国、缅甸、澳大利亚、美国、坦桑尼亚、肯尼亚、柬埔寨等，我国的山东、海南、江苏、福建、安徽、黑龙江等地也有蓝宝石产出。

印度克什米尔的蓝宝石产于喜马拉雅山脉扎斯卡尔山（Zaskar Range）的克什米尔河谷。这里的蓝宝石成因，不同于世界其他著名蓝宝石矿床的地质成因。蓝宝石不是与玄武岩有关的岩浆矿物，而是伟晶岩脉与大理岩（已变质成透闪石、阳起石）的交代变质作用的产物。克什米尔出产的蓝宝石颜色呈矢车菊蓝（微带紫色调的蓝色），色泽鲜艳而纯正，宝石中的气液包裹体呈雾状展布，使宝石呈现天鹅绒般的蓝色，称克什米尔蓝宝石，是最为珍贵的蓝宝石。由于多年开采，现资源已趋枯竭，因此这种流传于世的克什米尔蓝宝石十分珍贵。

斯里兰卡的蓝宝石，主要产于该国西南部的冲积砂矿中，所产的蓝宝石有两种类型：一种是颜色呈蓝色、天蓝色、浅黄色、浅紫色，透明度好，内部缺陷少的优质蓝宝石，用来加工琢磨成刻面型宝石；另一种是星光蓝宝石，颜色有蓝色、浅蓝色、灰蓝色、浅紫色等，星线细而明显，为优质的星光蓝宝石。此外，斯里兰卡还产有一种名为“Geuda（牛奶石）”的蓝宝石。Geuda是一种半透明的乳白色刚玉，常附有奶状、烟雾状色带以及柴油色色块或丝光。Geuda经热处理后能从乳白色变成具较高价值的蓝宝石。

泰国的蓝宝石，主要产于占他武里地区，所产蓝宝石颜色为深蓝色、褐色、黑色或黑色星光蓝宝石，由于几十年的开采，现在产量已很少，但占他武里现已发展成为世界上一个重要的红宝石、蓝宝石集散地。

缅甸的蓝宝石，主要产于抹谷地区，产有两种类型的蓝宝石：一种是透明度好，瑕疵少，呈鲜艳蓝色的蓝宝石，这种原料可以琢磨成优质刻面蓝宝石。另一种是透明度较差，呈半透明至不透明状，内含有针状金红石包裹体或管状气液包裹体的蓝宝石，这种原料可琢磨成六射星光蓝宝石。

澳大利亚是世界上蓝宝石主要的出产国之一。出产的蓝宝石颜色普遍较深，价值不大，其中90%的原料需进行优化处理，才能用于珠宝业，其余10%的原料颜色为绿色、黄色、金黄色等，有的经琢磨可呈现星光效应，价值相对较高。

中国的蓝宝石，首先于20世纪70年代发现于海南省文昌市，继而又在山东、福建、江苏、黑龙江等省相继发现了蓝宝石矿床。尤其是海南文昌市和山东昌乐县的蓝宝石矿，具有重要经济价值，且蕴藏量可观的蓝宝石资源的开发利用，已使中国蓝宝石在国内外珠宝市场上占有一席之地。

山东蓝宝石，主要产于昌乐、临朐一带。其矿床类型有原生矿和砂矿两种，以砂矿为主。所产蓝宝石呈柱状，大多数为块状和不规则粒状，杂质少且裂纹不多，透明度也较好，颜色有蓝色、墨水蓝色、绿色、黄色、无色等，颗粒粒径均在0.5cm以上，1cm以上者较多见，个别的可达3cm以上。山东蓝宝石具有良好的宝石学特性，颜色较深、较暗，有些需优化处理，故影响了蓝宝石的价值。山东蓝宝石分布面积较大，储量较丰富。

海南的蓝宝石，主要产于文昌市，蓝宝石与红色锆石共生，产于碱性玄武岩风化壳的红土层中。所产蓝宝石呈柱状、板状及不规则粒状，颜色为深蓝色、蓝绿色、黄褐色或无色等，常含杂质且裂纹较多，呈透明至半透明状，粒径一般在0.2～0.8cm之间，最大可达2～3cm。

思考题

一、名词解释

红宝石、蓝宝石、星光红宝石、星光蓝宝石、鸽血红红宝石、矢车菊蓝蓝宝石、充填处理红宝石、扩散处理蓝宝石

二、问答题

1. 简述红宝石和蓝宝石的鉴定特征。
2. 如何评价红宝石和蓝宝石的品质?
3. 如何鉴别红宝石、蓝宝石、合成红宝石和合成蓝宝石?
4. 红宝石和蓝宝石的优化处理方法有哪些?如何鉴别红宝石和蓝宝石和优化处理品?
5. 红宝石的产地有哪些?不同产地的红宝石有何特征?
6. 蓝宝石的产地有哪些?不同产地的蓝宝石有何特征?
7. 充填处理的红宝石有何鉴定特征?
8. 扩散处理的蓝宝石有何鉴定特征?

三、判断题

1. 红宝石和蓝宝石的多色性以垂直台面观察结果较为准确。 (　　)
2. 缅甸红宝石中很少见固态包体,流体包裹体异常丰富。 (　　)
3. 斯里兰卡红宝石内的金红石包体与缅甸红宝石的金红石包裹体比较更细长,呈丝状,分布均匀。 (　　)
4. 红宝石常发育平行底面的解理。 (　　)
5. 斯里兰卡红宝石往往透明度较高颜色较深。 (　　)
6. 红宝石中蓝区468nm和475nm的吸收线与Cr有关。 (　　)
7. 合成红宝石和合成蓝宝石不具备平直及角状的色带。 (　　)
8. 扩散处理的红宝石和蓝宝石颜色都只是处在靠近表层的地方。 (　　)

第八章 祖母绿、海蓝宝石和绿柱石

祖母绿（Emerald）、海蓝宝石（Aquamarine）和绿柱石（Beryl）宝石属于同一矿物——绿柱石。其中祖母绿是绿柱石族宝石最珍贵的品种，也是四大名贵宝石之一，祖母绿以其青翠悦目大受人们的喜爱，也被许多王室所珍藏（图8-1）。作为五月的生辰石，代表着春天大自然的美景，是信心、永葆青春、仁慈善良的象征，用作结婚55周年的纪念石。

图8-1 祖母绿王冠

海蓝宝石是天蓝至海水蓝色的绿柱石，作为三月的生辰石，既是沉着、勇敢的象征，又是幸福、长寿的标志。

其他绿柱石还有粉红色的铯绿柱石、金黄色的金绿柱石、黄色绿柱石、红色绿柱石、紫色绿柱石、褐色绿柱石、无色绿柱石等。

第一节 绿柱石族宝石的基本性质

1. 化学成分

绿柱石的化学成分为铍、铝的硅酸盐，化学式为：$Be_3Al_2[Si_6O_{18}]$，成分中常含有Cr、Cs、Mn、Fe、Ni、V等色素离子，使得绿柱石呈现各种不同的颜色。

2. 结晶特征

六方晶系，晶形常呈六方柱状，六方双锥和平行双面，在柱面上常见垂直的条纹（图8-2）。

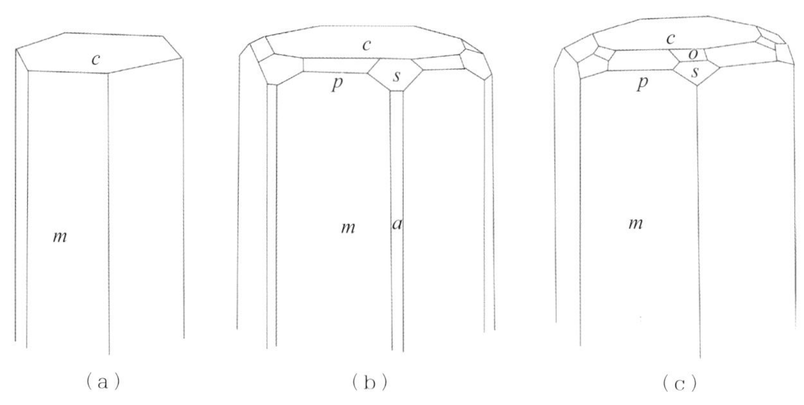

图8-2 绿柱石晶体形态

3. 力学性质

不完全的底面解理，断口呈贝壳状，性脆；摩氏硬度为7.5～8；相对密度为2.7～2.9，品种不同略有变化。

4. 光学性质

（1）颜色、品种和多色性　见表8-1。此外，还有无色和褐色的绿柱石（图8-3）。

表 8-1　绿柱石宝石品种、颜色和多色性特征

名称	颜色	多色性
祖母绿	绿	蓝绿至黄绿
钒绿柱石	绿	蓝绿至黄绿
海蓝宝石	绿	绿至无
海蓝宝石	蓝	蓝至无
铯绿柱石	粉红	粉红至浅蓝粉红
红绿柱石	红	粉红至红
黄绿柱石	黄	弱
金绿柱石	金黄	多变

图8-3　各种不同颜色的绿柱石宝石

（2）光泽和透明度　玻璃光泽；透明至半透明。

（3）折射率和双折射率　折射率通常为1.56～1.59，双折射率为0.004～0.009视品种不同而变，色散值为0.014。

（4）光性　一轴晶负光性。

（5）特殊光学效应　可具猫眼效应和星光效应。

（6）琢型　大多数切磨成祖母绿型，由于祖母绿性脆、易碎，加工成钝角的阶梯型可以使受损坏的程度降到最低，同时，阶梯型琢型有利于加深宝石的颜色。

不同品种的绿柱石宝石其发光性、吸收光谱和内含物不同，不同产地的祖母绿其物理性质也有微小的差异。

第二节　祖母绿

一、祖母绿的鉴定特征

1. 颜色

祖母绿呈翠绿色或浓绿色（图8-4、图8-5），是由于化学成分中含有一定的Cr_2O_3，一般含量为0.15%～0.20%，浓绿色者可达0.50%～0.60%。此外，还有微量的钒（V），致色是以铬为主，钒为辅。

图8-4　祖母绿晶体

2. 折射率和双折射率

折射率通常为1.577～1.583（可低至1.565～1.570，高至1.590～1.599，折射率随碱金属含量的增加而增大）。双折射率为0.005～0.009（不同产地的祖母绿稍有不同），见表8-2。色散值0.014。

图8-5　祖母绿戒面

3. 紫外荧光

在紫外光照射下，呈弱橙红色至红色的荧光，但可能因为铁的存在而被抑制和掩盖。

4. 吸收光谱

祖母绿具有典型的富铬宝石光谱，而且常光和非常光吸收光谱有明显不同。常光红区683nm、680nm、637nm有吸收线，橙黄区625～580nm有弱吸收带（以600nm为中心），蓝区477nm有一弱吸收线，紫区460nm全吸收。非常光线红区683nm处的一对吸收线较强，无637nm的吸收线，而在662nm、646nm处有几条分散的弱吸收线，蓝区无吸收线，紫区全吸收。

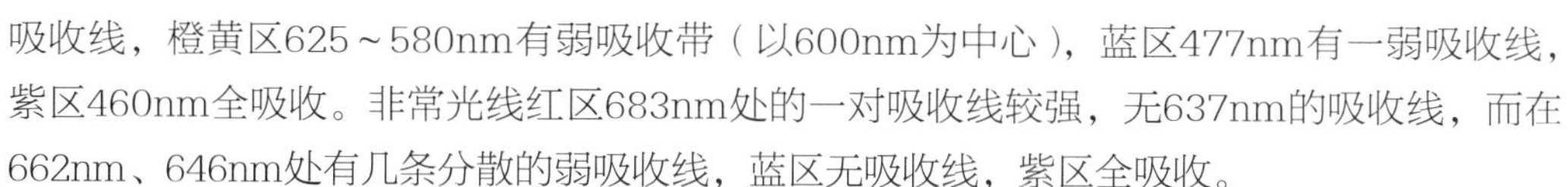

5. 相对密度

不同地区出产的祖母绿，相对密度有一定的变化，见表8-2。

表8-2　不同产地祖母绿的折射率、双折射率和相对密度

产地	折射率	双折射率	相对密度
哥伦比亚（契沃尔）	1.571～1.577	0.006	2.69
哥伦比亚（木佐矿）	1.578～1.584	0.006	2.71
津巴布韦（桑达瓦纳）	1.586～1.593	0.007	2.73～2.74
俄罗斯（乌拉尔）	1.581～1.588	0.007	2.74
印度（卡里古门）	1.585～1.593	0.007	2.74
南非（柯布拉）	1.586～1.593	0.007	2.75
赞比亚（米柯）	1.580～1.602	0.006～0.010	2.74～2.80

6. 内含物特征

在多数情况下，天然祖母绿可根据其典型的包裹体与合成祖母绿或其他绿色宝石区分，许多包裹体具有产地特征。世界主要产地祖母绿包裹体特征，见表8-3。

表 8-3　世界主要产地祖母绿包裹体特征表

<table>
<tr><th colspan="2">产地</th><th colspan="2">包裹体特征</th></tr>
<tr><td rowspan="2">哥伦比亚</td><td>契沃尔（Chivor）</td><td>呈锯齿状外形的三相（气相、液相和固相）包裹体（图8-6、图8-7），黄铁矿包裹体较多</td><td rowspan="2">此外，还含有缝合线状内含物使宝石呈云雾状</td></tr>
<tr><td>木佐（Muzo）</td><td>分叉状和锯齿状外形的三相包裹体，黄褐色粒状氟碳钙铈矿、方解石</td></tr>
<tr><td rowspan="2">巴西</td><td>巴黑额和卡纳巴</td><td colspan="2">二相包裹体、部分愈合裂隙和空洞、黑云母-绢云母、方解石-白云石、石英、黄铁矿等</td></tr>
<tr><td>依坦毕拉</td><td colspan="2">黄铁矿、点状绿泥石、牛奶状白云石等</td></tr>
<tr><td>俄罗斯</td><td>乌拉尔</td><td colspan="2">阳起石呈细丝状或竹节状（图8-8），垂直晶体长轴方向裂理发育，云母片</td></tr>
<tr><td>津巴布韦</td><td>桑达瓦纳</td><td colspan="2">长而弯曲的纤维状透闪石（图8-9）、褐色云母片、短柱状或细弯曲状矿物纤维、带黄色晕圈的石榴石、赤铁矿、长石</td></tr>
<tr><td>坦桑尼亚</td><td>曼亚拉</td><td colspan="2">由短管或方形空洞组成的两相或三相包裹体、多种云母、磷灰石、正长石、石英</td></tr>
<tr><td>赞比亚</td><td>米库</td><td colspan="2">透闪石（图8-10、图8-11）、镁电气石、磁铁矿、黑云母-金云母（图8-12）、金红石、金绿宝石、赤铁矿、褐铁矿等，气液两相包裹体</td></tr>
<tr><td>尼日利亚</td><td></td><td colspan="2">复杂的生长带、两相和三相包裹体（图8-13）、外形呈锯齿状的部分愈合裂隙</td></tr>
<tr><td>南非</td><td>柯布拉</td><td colspan="2">典型的棕色云母片、弯曲的辉钼矿晶体</td></tr>
<tr><td>马达加斯加</td><td></td><td colspan="2">色带、两相或三相负晶、愈合裂隙、棕色云母片、短柱状或针状透闪石-阳起石</td></tr>
<tr><td>印度</td><td>卡里古门</td><td colspan="2">逗号状负晶或空洞或被气液两相所充填（图8-14）、片状黑云母</td></tr>
<tr><td>巴基斯坦</td><td>东部</td><td colspan="2">液体和矿物包裹体</td></tr>
<tr><td>阿富汗</td><td></td><td colspan="2">多相包裹体、液态包裹体、铁质氧化物包裹体</td></tr>
<tr><td>奥地利</td><td>哈巴克托</td><td colspan="2">短柱状透闪石、片状云母，呈熔蚀状</td></tr>
<tr><td>挪威</td><td>爱德斯法</td><td colspan="2">苔藓状块状包裹体，许多互连的空洞呈水痘状</td></tr>
<tr><td>中国</td><td>云南</td><td colspan="2">三相包裹体、白色管状包裹体、色带、黑色电气石、云母片、黄铁矿</td></tr>
</table>

图8-6　哥伦比亚祖母绿

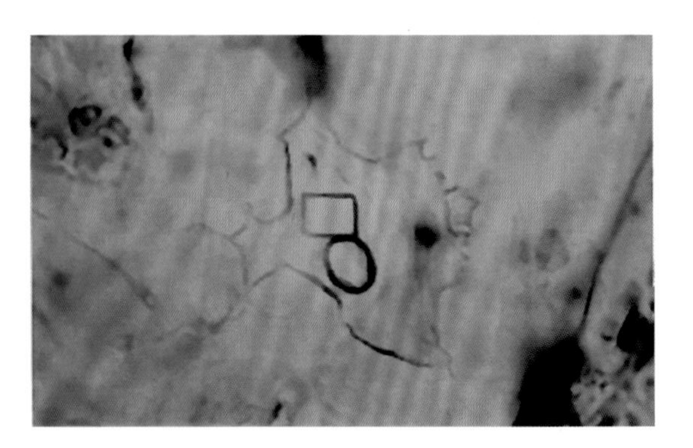

图8-7　哥伦比亚祖母绿及其中的三相包裹体

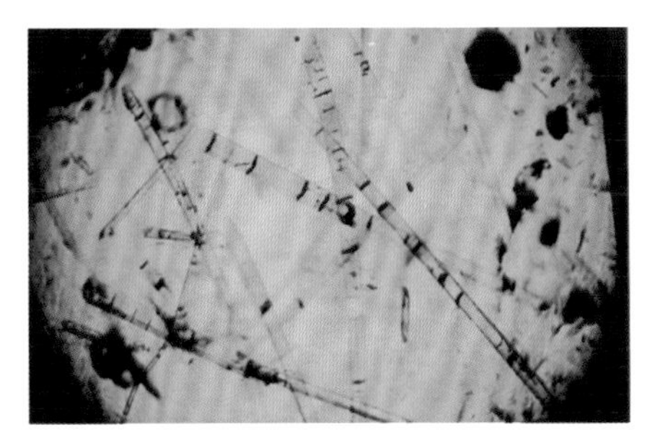

图8-8　乌拉尔祖母绿中的竹节状包裹体

图8-9　桑达瓦纳祖母绿中纤维状透闪石包裹体

图8-10　赞比亚祖母绿

图8-11　赞比亚祖母绿及其中的透闪石包裹体

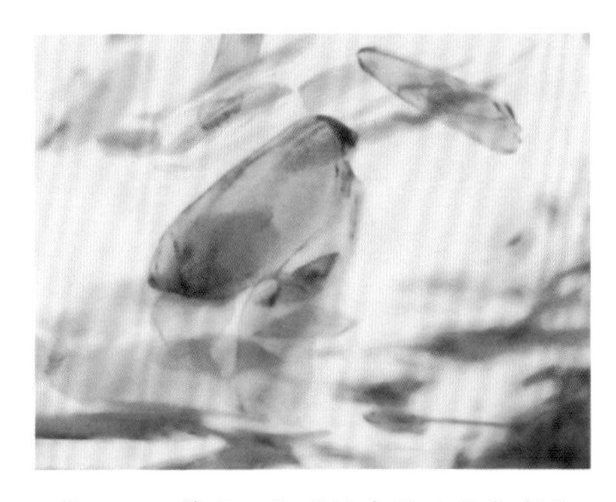

图8-12　赞比亚祖母绿中的云母包裹体

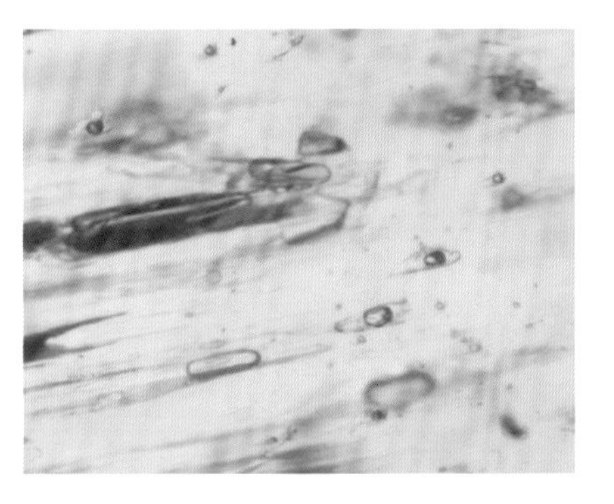

图8-13　尼日利亚祖母绿中的两相和三相包裹体

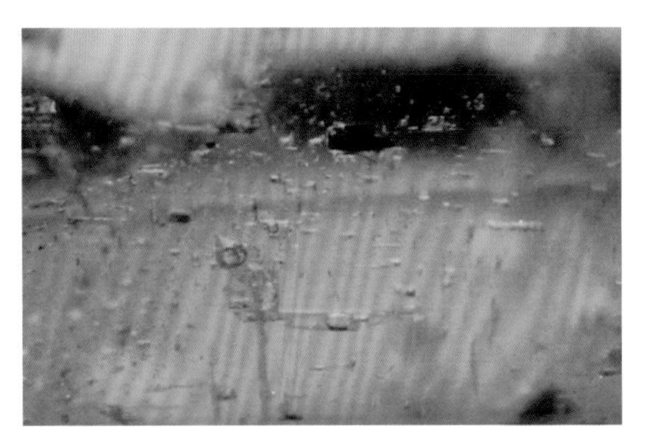

图8-14　印度祖母绿中的气液两相包裹体

图8-15　达碧兹（Trapiche）祖母绿

7. 特殊光学效应

祖母绿猫眼，自然界中能显猫眼效应的祖母绿少之又少，可谓是稀罕之物。因此，祖母绿猫眼价格十分昂贵。

达碧兹（Trapiche）祖母绿（图8-15）：祖母绿单晶体中心，有碳质包裹体组成的暗色和向周围放射的六条臂，类似六射星光，这种宝石仅产于哥伦比亚。

二、优化处理祖母绿的鉴别

对祖母绿进行优化处理的历史悠久，主要方法有浸注处理和覆膜处理。

1. 浸注处理

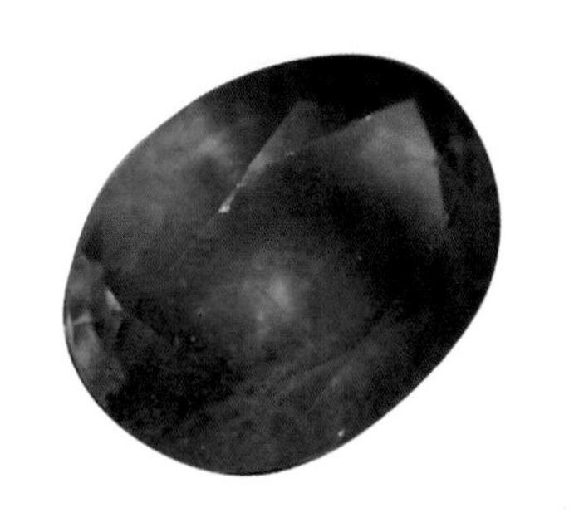

图8-16　浸无色油祖母绿

根据浸注的材料不同，浸注处理大致归为三类：浸无色油、浸有色油和树脂充填。

（1）浸无色油处理　注无色油的祖母绿，目前已得到国际珠宝界和消费者的认可，而且在市场上很常见（图8-16）。油的作用是掩盖已有的裂隙和孔洞，提高宝石的透明度和颜色的亮度，对祖母绿的市场价值没有影响。检测方法如下。

① 放大观察裂隙中是否有油存在的特征，可将祖母绿浸入水中或其他无色透明的液体中进行观察。在反射光下，慢慢转动宝石，在某一角度上可观察到裂隙中无色油产生的干涉色。如果裂隙未完全充填，观察时可见裂隙中不规则分布的油痕，其反光比一般裂隙中液态包裹体强。

② 观察祖母绿是否有受热后流油"发汗"的情况。用台灯或热针靠近祖母绿样品，样品受热，油会像出汗似的从裂隙中渗出，用棉纸或镜头纸擦拭可看出是否有油渗出。浸过油的祖母绿在包装纸上会留下油迹，细心检查包装纸，可得出该样品是否经过浸油。

（2）浸有色油处理　浸有色油处理的祖母绿，放大检查时可见绿色油呈丝状沿裂隙分布，油干涸后会在裂隙处留下绿色染料，受热渗出的油和包装纸上的油迹呈绿色。某些有色油在紫外光照射下，会发出荧光。

浸有色油与浸无色油，用红外光谱仪测试，可测出有机物的吸收峰。

需注意的问题：浸油祖母绿在受热和强光照射下，会产生挥发而干涸，原先掩盖住的裂隙会重新显露出来，有时会引起商家与消费者之间的纠纷。对浸油祖母绿，要避免用超声波清洗或强清洗剂清洗等。

（3）树脂充填处理　树脂充填处理的祖母绿，检测方法与上述两者相同，也同样具有干涉效应，但无"发汗"现象。充填物较厚处可能会残留有气泡，有时充填区呈雾状，充填物内有流动结构。用反射光观察，可见祖母绿表面有蛛网状的裂隙充填物，其光泽较周围祖母绿暗。丙酮擦拭可溶解充填物，热针可熔融充填物。

（4）染色处理　通过化学反应或蒸发溶剂等方式，在宝石的裂隙中浸入颜色，或将色浅

的祖母绿或绿柱石染成深绿色，以达到祖母绿的效果。所使用的染料可以是有机染料，也可以是无机染料。这种染色处理的绿色染料，沿裂隙分布，可呈蛛网状。可有630～660nm吸收带，在长波紫外光照射下，可呈黄绿色荧光。

2. 覆膜处理

（1）底衬处理　为加深祖母绿的颜色，在祖母绿戒面底部，衬上一层绿色的薄膜或绿色的锡箔，用闷镶的形式镶嵌。

检测时不易察觉，放大检查其底部近表面处可有接合缝，接合缝处可有气泡残留，有时会有薄膜脱落、起皱等现象。

（2）镀膜处理　常采用天然无色绿柱石作核，在外层生长合成祖母绿薄膜。所以有人称其为再生祖母绿。用无色绿柱石作内核，可以保证样品整体的密度与祖母绿一致。

一般外层合成祖母绿只有0.5mm厚，很容易产生裂纹，呈交织网状，这是镀膜祖母绿的一个明显特征。

观测时，浸泡于水中或其他透明液体中，可见棱角处的颜色明显集中，在长波紫外光照射下外层的荧光比宝石内部的荧光强得多，且内部包裹体的特征为无色绿柱石的特征，即有雨点状、管状包裹体、气液包裹体，而不是祖母绿中的典型包裹体。

也有多次覆层的祖母绿，内部用无色绿柱石作籽晶，外生长一层合成祖母绿后，又生长一层合成绿柱石。

鉴别的关键是浸泡在透明的液体中（如水），并从侧面观察，可清楚见到多层分布的现象。

三、祖母绿与合成祖母绿的鉴别

合成祖母绿的方法主要有两种：助熔剂法和水热法。鉴定的主要依据是内部包裹体特征和红外光谱特征。

1. 内含物特征

合成祖母绿含有硅铍石、铂片、弯曲的脉状裂隙、两相包裹体、助熔剂残余物呈面纱状、指纹状分布的包裹体和波状、树枝状的生长纹等（图8-17、图8-18）。

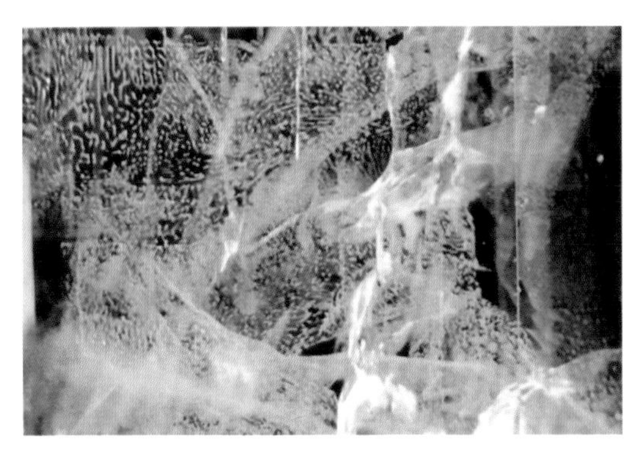

图8-17　合成祖母绿中的面状羽裂及面纱状包裹体

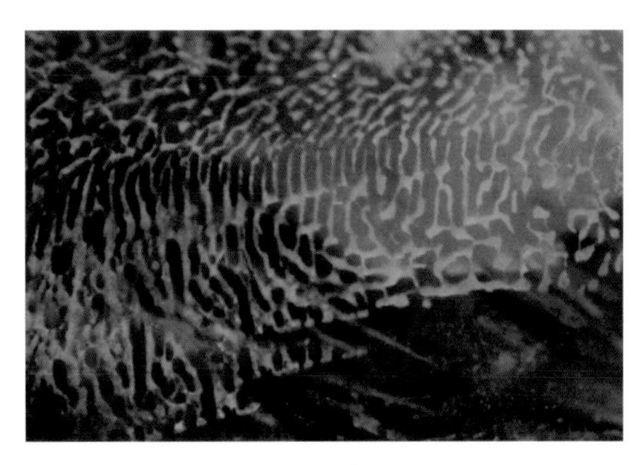

图8-18　合成祖母绿中的指纹状包裹体

2. 荧光性

天然祖母绿和合成祖母绿，在紫外光照射下都可显示浅红色、红色荧光，也可能不显荧光。在长波紫外光照射下观察，比在短波紫外光照射下更明显。在长波紫外光照射下发出红色荧光的合成祖母绿，其发光强度比天然祖母绿要强得多，显示明亮的红色。

3. 红外光谱特征

红外光谱是鉴别天然和合成祖母绿的一种快速有效的鉴别方法，不同成因的祖母绿对红外光的吸收不同，而且同一粒祖母绿的两个不同方向，吸收强度不同。

天然和水热法合成的祖母绿都含有水，而助熔剂法合成祖母绿无水，根据红外光谱中有无水的吸收峰，可将助熔剂法合成祖母绿区分出来。

水热法合成祖母绿和天然祖母绿均含有水，但所含水的类型不同。所含水的类型根据其与$[Si_6O_{18}]^{12-}$团的结合方式分为Ⅰ型水和Ⅱ型水。

水热法合成的祖母绿也可含Ⅰ型水和Ⅱ型水，但水分子的伸缩振动和合频振动的峰位和强弱不同。

水热法合成祖母绿在中红外4357cm^{-1}，4052cm^{-1}，3490cm^{-1}，2995cm^{-1}，2830cm^{-1}和2745cm^{-1}处有吸收，可与天然祖母绿区别开。天然祖母绿和助熔剂法合成祖母绿、水热法合成祖母绿的区别，见表8-4。

表 8-4 天然祖母绿与助熔剂法合成祖母绿、水热法合成祖母绿鉴别表

性质	助熔剂法合成祖母绿	水热法合成祖母绿	天然祖母绿
相对密度	2.65～2.67	2.67～2.69	2.69～2.74
N_o	1.560～1.563	1.566～1.576	1.565～1.586
N_e	1.563～1.566	1.571～1.578	1.570～1.593
双折射率	0.003～0.005	0.005～0.006	0.005～0.009
固相包裹体特征	硅铍石晶体、不透明三角或六角形的铂晶片、弯曲的脉状裂隙、呈窗纱状的助熔剂残余物	硅铍石晶体，种晶片	云母、透闪石、阳起石、黄铁矿、石英、方解石、白云石、石榴石、针铁矿等
两相及三相包裹体	破碎的熔融体，空洞的羽状体以及两相或三相长尖状内含物	细小的两相包裹体、硅铍石和空洞组成的图钉状或剑状包裹体	不规则状或层状分布的乳滴状气–液两相包裹体，气液固三相包裹体
其它包裹体特征	具典型的云翳状或花边状或羽状体。放大到70倍，就可见是由排列成复杂图形助熔剂残余和空洞组成	麦穗状、锯齿状、树枝状、水波纹状生长纹，祖母绿的双层结构及表面交织裂隙网纹	常呈蝉翼状的液态羽状体，可被铁染；细管状平行排列的空洞或孔腔等；大量的细小气液包裹体构成絮状体
水	无	含Ⅰ型水和Ⅱ型水	含Ⅰ型水和Ⅱ型水
红外光谱特征	无水吸收峰	Ⅰ型水和Ⅱ型水的吸收峰同样明显	Ⅰ型水吸收峰极明显，Ⅱ型水仅有小的吸收峰

四、祖母绿与相似宝石及仿宝石的鉴别

与祖母绿相似的天然宝石主要有铬透辉石、铬钒钙铝榴石、翠榴石、绿色碧玺、磷灰

石、萤石和翡翠等。与祖母绿相似的仿宝石主要有绿柱石玻璃、钇铝榴石和绿玻璃等。它们之间的鉴别特征，见表8-5。

表 8-5　祖母绿与相似宝石及仿宝石鉴别特征表

宝石名称	摩氏硬度	相对密度	光性	折射率	双折射率	滤色反应	其他特征
祖母绿	7.5	2.72	非均质	1.577～1.583	0.005～0.009	红或绿	绵绺多，含三相包裹体
铬透辉石	5.5～6	3.29	非均质	1.675～1.701	0.026	绿	重影，505nm吸收线普遍
铬钒钙铝榴石	7～7.5	3.61	均质	1.740	无	红、粉红	光泽强，反火好，含黑色固态包裹体
翠榴石	6.5～7	3.84	均质	1.888	无	红、粉红	强色散，含马尾丝状石棉包裹体
绿色碧玺	7～7.5	3.06	非均质	1.624～1.644	0.020	绿	具双影，二色性明显
绿色磷灰石	5	3.18	非均质	1.634～1.638	0.004	绿	油脂光泽，假二轴晶干涉图
萤石	4	3.18	均质	1.434	无	绿	解理，强淡蓝色荧光
翡翠	6.5～7	3.33	集合体	1.66	无	绿	纤维交织结构，翠性
绿柱石玻璃	7	2.49	均质	1.520	无	绿	内部洁净，偶含气泡
钇铝榴石	8.5	4.55	均质	1.833	无	红	内部洁净，偶含气泡
绿玻璃	5	2.30～4.50	均质	1.470～1.700	无	红	内部洁净，偶含气泡和铸模痕迹

五、祖母绿的质量评价

祖母绿的质量评价是从颜色、透明度、净度、切工及重量等方面来进行的，其中颜色是最为重要的。

1. 颜色

祖母绿的颜色为浅绿色、翠绿色至深绿色。对颜色的评价应看其绿色的深浅程度及分布的均匀程度，以不带杂色或稍带有黄或蓝色色调、中至深绿色为最好。颜色分布不均匀、颜色较浅的祖母绿，其价格比较低。

2. 透明度及净度

净度可以直接影响透明度，一般内部杂质、裂隙较少的，其净度高，透明度好；如果内部杂质较多，特别是裂隙较多时，其透明程度将会降低。高质量的祖母绿，要求内部瑕疵小而少。

3. 切工

祖母绿一般切磨成祖母绿型琢型。这种琢型，可将祖母绿的绿色很好地体现出来。质量好的祖母绿一般都采用祖母绿型切工。质量差或裂隙较多的祖母绿，一般切磨成弧面型或做链珠。

4. 克拉重量

祖母绿的重量与其价值有密切相关，随着重量的增大，其价值呈跳跃式递增。

六、祖母绿的产地

世界上绝大多数的祖母绿，产于超基性岩的交代岩——云母片岩、滑石绿泥石片岩中，是花岗岩岩浆期后热液交代超基性岩的产物。但哥伦比亚祖母绿是一种低温热卤水的热液型矿床。

在古代，世界的祖母绿主要来自埃及的克娄巴特拉（Cleopatra）矿山，开采历史非常悠久，可以追溯到公元前1650年。埃及出产的祖母绿质量较差，颜色浅，宝石内部杂质多且透明度差。16世纪初，在南美的哥伦比亚发现了优质的祖母绿矿床。1830年在澳大利亚的新南威尔士州、南非、印度、巴西、津巴布韦、赞比亚等地相继发现了祖母绿矿床，其中以哥伦比亚出产的祖母绿最为著名。

哥伦比亚是世界上优质祖母绿的主要出产国，当今世界珠宝市场上的祖母绿大多数来自哥伦比亚，祖母绿也是哥伦比亚的主要经济来源之一。祖母绿主要产自四个矿区，即木佐（Muzo）、契沃尔（Chivor）、高加拉（Gachala）和科斯丘兹（Cosquez），所产祖母绿呈翠绿和稍带蓝色调的绿色，木佐矿的祖母绿品质最优。

巴西也是世界祖母绿重要的出产国之一。出产的祖母绿有两种类型：伟晶岩型和云母片岩型。伟晶岩型的祖母绿净度较高，常常近于无瑕，一般不含包裹体，颜色较浅，呈浅微黄绿色。而云母片岩型祖母绿则净度较低，常有严重的瑕疵，大多数祖母绿含有两相包裹体，颜色一般呈浅黄绿色，粒度较小，多在0.5～0.6cm之间。

乌拉尔祖母绿产于东乌拉尔山脉金云母片岩中，祖母绿为稍带黄色调、褐色调的绿色，较大的晶体颜色不佳，含有云雾状内含物，有些小晶体的颜色极佳。

印度拉贾斯坦邦的祖母绿，产于黑云母片岩中，优质祖母绿呈深绿色，透明或半透明，颗粒不大。

津巴布韦从1956年开始，陆续发现了一些大型祖母绿矿床，如桑达瓦纳（Sandawana）、尼维洛（Nivello）、什克旺达（Chikwanda）、马钦维（Machingwe）、阿德里德内（Adriadne）和费拉巴斯（Filabus）矿。祖母绿产于透闪石片岩和云母绿泥石片岩中，其中以桑达瓦纳产出的祖母绿质量最好，所产祖母绿颜色浓艳。

赞比亚的祖母绿，发现于1970年，开采的矿区位于赞比亚北部铜带省基特韦（Kitwe）的米库（Miku）矿及卡布布（Kabubu）的卡马康嘎（Kamakanga）矿，现已成为世界上重要的祖母绿出产国。颜色为带蓝的绿色，稍带灰色色调，晶体中可见到固态包裹体，透明度较好。

祖母绿的其他产地还有奥地利、澳大利亚、南非、坦桑尼亚、挪威、美国、巴基斯坦等。我国云南产的祖母绿颜色主要由钒（V）致色，仅含微量的铬（Cr），所以颜色不够鲜艳（图8-19、图8-20）。

图8-19　云南祖母绿晶体（一）

图8-20　云南祖母绿晶体（二）

第三节　海蓝宝石

一、海蓝宝石的鉴定特征

天蓝色至海水蓝色的绿柱石称为海蓝宝石（图8-21～图8-25），因似海水的颜色而得名。传说航海家曾用海蓝宝石祈祷海神保佑航海的安全。海蓝宝石作为三月的生辰石，象征着幸福、勇敢和永葆青春。

图8-21　海蓝宝石晶簇

图8-22　海蓝宝石戒面（一）

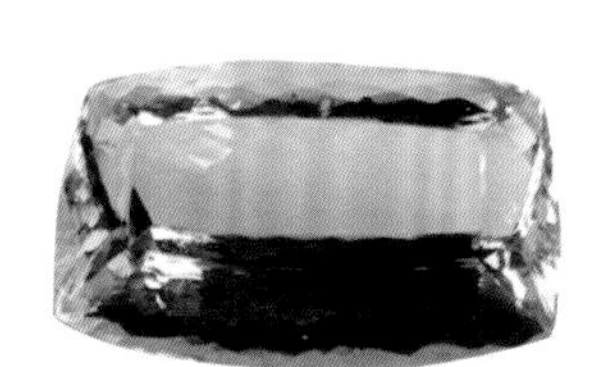

图8-23　海蓝宝石戒面（二）

图8-24　海蓝宝石手链（一）

图8-25　海蓝宝石手链（二）

海蓝宝石因含微量Fe^{2+}而呈现天蓝色或海水蓝色、微蓝绿色，常见淡天蓝色，呈透明无瑕的大晶体，海蓝宝石的包裹体相对较少，肉眼不易发现，不同产地者，其包裹体特征基本相似，除颜色外，主要鉴别特征如下。

图8-26　海蓝宝石中的气-液包裹体

图8-27　海蓝宝石中的愈合裂隙

1. 放大观察

最常见长管状气-液包裹体（图8-26），管状包裹体可呈断续状平行排列，也称为“雨丝状”包体。若管状包裹体密集平行排列，定向切磨可加工成海蓝宝石猫眼。另外，常见雨点状或由气液包体充填的愈合裂隙（图8-27）及固态云母包裹体等。纯净时无内含物。

2. 折射率和双折射率测定

海蓝宝石的折射率为1.570～1.585，双折射率为0.005～0.006。

3. 多色性

海蓝宝石具有弱至明显的二色性，呈弱至中等的蓝色、蓝绿色或不同深浅的蓝色。

4. 吸收光谱

海蓝宝石由铁致色，吸收光谱不明显，有些海蓝宝石在蓝紫区456nm有一弱的吸收线，在紫区427nm处有一稍宽的吸收带，有的浅绿色者在537nm处显示一条吸收线。

5. 紫外荧光

海蓝宝石在紫外光照射下，不发荧光。

6. 相对密度

海蓝宝石的相对密度为2.68～2.73，在2.65重液中下沉，在2.89重液中上浮。

二、海蓝宝石与相似宝石的鉴别

与海蓝宝石相似的宝石主要有：改色蓝托帕石、蓝色锆石、蓝色磷灰石等，海蓝宝石与它们的区别，主要依据相对密度、折射率、双折射率、硬度等差异，加以以鉴别。与海蓝宝石相似的合成宝石和仿宝石，主要为合成尖晶石和蓝色玻璃，它们均为光性均质体。见表8-6。

表 8-6　海蓝宝石与相似宝石及仿宝石的鉴别特征表

宝石名称	摩氏硬度	相对密度	折射率	双折射率	多色性	光性
海蓝宝石	7.5	2.66 ~ 2.90	1.577 ~ 1.583	0.005 ~ 0.009	二色性明显	一轴（－）
蓝色锆石	7.5	4.70	1.90 ~ 2.01	0.059	二色性较明显	一轴（－）
蓝色托帕石	8	3.59	1.609 ~ 1.617	0.008–0.010	二色性较明显	二轴（＋）
合成尖晶石	8	3.64	1.728	无	无	均质
蓝色玻璃	5	3.40 ~ 4.00	1.60 ~ 1.66	无	无	均质
蓝色磷灰石	5	2.90 ~ 3.50	1.634 ~ 1.638	0.002 ~ 0.005	二色性强	一轴（－）

三、海蓝宝石的产地

海蓝宝石产在花岗伟晶岩中，精美优质的晶体多来自伟晶岩晶洞，是气成热液作用的产物。世界上优质的海蓝宝石主要来自巴西，巴西的米那斯吉拉斯州所产海蓝宝石约占世界产量的70%，迄今发现的最大海蓝宝石晶体重110.5kg就出产于此地。此外俄罗斯的乌拉尔，马达加斯加，美国的科罗拉多州、缅因州、加利福尼亚州，巴基斯坦、印度、津巴布韦等也出产海蓝宝石。

我国新疆阿勒泰、云南的哀牢山、四川、内蒙古、湖南、海南等地均发现有海蓝宝石。尤其是阿勒泰地区的海蓝宝石蕴藏量十分丰富，宝石呈透明至半透明，颜色浅天蓝色至深天蓝色，还发现有海蓝宝石猫眼和水胆海蓝宝石。

第四节　绿柱石

一、绿柱石的品种

除祖母绿和海蓝宝石外，其他各种颜色的绿柱石类宝石统称为绿柱石。由于绿柱石成分中可含有微量钾（K）、钠（Na）、锂（Li）、铯（Cs）、铁（Fe）、锰（Mn）等元素，可使绿柱石呈现不同的颜色。

根据颜色的不同，绿柱石又可分为下列几个品种。

1. 金色绿柱石

金色绿柱石（Golden beryl，Helioder）指呈金黄色或淡柠檬黄色的透明绿柱石晶体（图8-28、图8-29）。其颜色由Fe致色，物理性质和海蓝宝石相似。产地为马达加斯加、巴西、纳米比亚和美国。

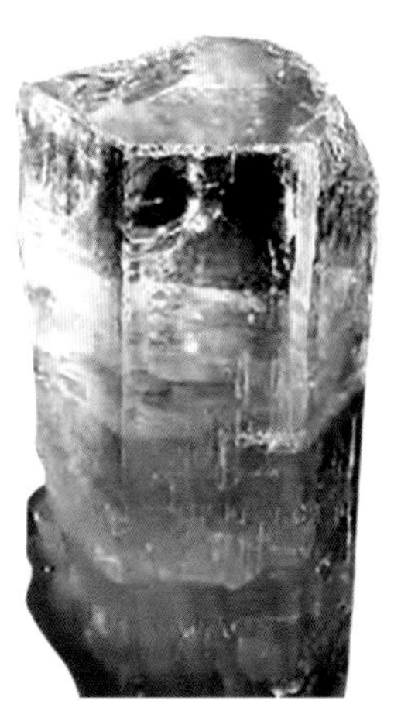

图8-28　金色绿柱石晶体

图8-29　金色绿柱石戒面

2. 粉红色绿柱石（又名铯绿柱石，摩根石）

粉红色绿柱石（Pink beryl，Morganite），指粉红色、浅橙红至浅紫红色、桃红色和玫瑰红色的透明或半透明的绿柱石（图8-30～图8-32）。主要由锰（Mn）致色，常有微量的稀有金属铯（Cs）和铷（Rb）替代，使宝石折射率和相对密度偏高，折射率为1.560～1.592，相对密度2.71～2.90，二色性很明显，浅粉红色至带蓝的粉红色，紫外光下呈弱淡紫红色。铯绿柱石发现于巴西，精美的大晶体产自马达加斯加，美国最闻名的宝石级铯绿柱石产于加利福尼亚。目前，市场上可见铯绿柱石与海蓝宝石组成的手链（图8-33）。

图8-30　粉红色绿柱石晶体

图8-32　粉红色绿柱石戒面（二）

图8-31　粉红色绿柱石戒面（一）

图8-33　粉红色绿柱石、海蓝宝石手链

3. 红色绿柱石

红色绿柱石（Bixbite），指呈鲜艳红色的绿柱石。由锰（Mn）致色，锰的含量可达0.08%，约为粉红色绿柱石的20倍，折射率为1.58～1.60，二色性明显，淡红至深蓝色。相对密度为2.71～2.84，可见内含物为由气液包体构成的愈合裂隙。1905年，发现于美国犹他州的Wah-Wah山矿区，非常稀少珍贵（图8-34、图8-35）。

4. 纯绿柱石

纯绿柱石（Goshenite），指无色、透明的绿柱石，总是带有很浅的绿色、粉红色或黄色调。有些富铯的无色绿柱石有较高的折射率和相对密度。

5. 水胆绿柱石

水胆绿柱石（Water-drop beryl），指无色或浅色、透明，含有液态包裹体的绿柱石晶体。其基本的物理化学特性与海蓝宝石相同。

图8-34 红色绿柱石晶体

6. 暗褐色绿柱石

一种产自巴西带星光效应和青铜光彩的暗褐色绿柱石。定向排列的钛铁矿使宝石呈暗褐色，且使宝石具有弱星光。青铜光彩是由于平行薄层构造产生的。这种星光绿柱石无荧光，也没有特征的吸收光谱。

二、绿柱石的产地

绿柱石宝石主要产在花岗伟晶岩中与海蓝宝石共生，其主要产于巴西、美国、马达加斯加、纳米比亚、俄罗斯等。我国的新疆、内蒙古、云南等地，也产有绿柱石宝石。

图8-35 红色绿柱石戒面

思　考　题

一、名词解释

达碧兹、摩根石、三相包裹体、愈合裂隙、蝉翼状包裹体、竹节状包裹体、“雨状”包裹体

二、问答题

1. 阐述祖母绿的物理性质及鉴定特征。
2. 阐述海蓝宝石的物理性质及鉴定特征。
3. 祖母绿有哪些著名的产地？不同产地的祖母绿其内含物特征有何不同？
4. 合成祖母绿的方法有哪些？如何鉴别合成祖母绿与天然祖母绿？
5. 简述不同产地祖母绿的特征。
6. 绿柱石族宝石有哪些品种？写出它们的鉴定特征。
7. 如何区别祖母绿和优化处理的祖母绿？

三、判断题

1. 无论颜色深浅只要具有铬（Cr）的吸收光谱的绿柱石就可以称为祖母绿。（　　）
2. 祖母绿的绿色通常是由Cr^{3+}和V^{3+}造成的。（　　）
3. 哥伦比亚祖母绿的典型产地特征是三相包裹体。（　　）
4. 合成祖母绿中没有晶体包裹体。（　　）
5. 合成祖母绿在滤色镜下均显示强红色。（　　）
6. 祖母绿三个特殊品种是祖母绿星光、祖母绿猫眼、达碧兹。（　　）
7. 海蓝宝石的特征包体是雨丝状和管状气-液包裹体。（　　）

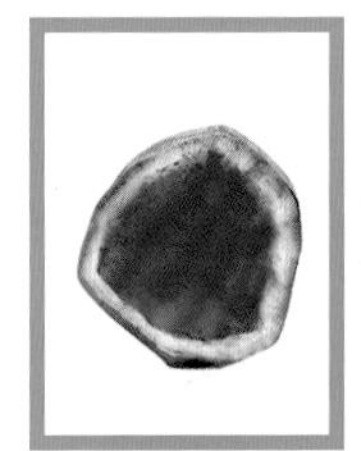

第九章 其他常见单晶宝石

第一节 金绿宝石

猫眼石、变石和金绿宝石的矿物学名称为金绿宝石（Chrysoberyl）。金绿宝石族中最著名的品种是具有猫眼效应的猫眼石（Cat’s-eye）和变色效应的变石（Alexandrite），没有特殊光学效应者，称为金绿宝石。猫眼石为斯里兰卡国石，又称“锡兰”或“东方”猫眼，一颗名为“斯里兰卡的骄傲”的猫眼石，价值几十万美元。1993年，在冲积砂砾层中曾采到一颗重达2375ct的特大猫眼石，原石呈浑圆三角形，颜色为带金黄色调的茶棕色，内含密集平行排列的细管状包裹体，堪称世界之最。猫眼石为十月份的生辰石，象征着美好的希望和幸福。

变石（又称亚历山大石），据传说1830年，在俄国沙皇亚历山大二世生日的那天，发现了这种宝石，故将这种宝石命名为“Alexandrite（亚历山大石）”。变石因稀少、颗粒小而珍贵，重量超过5ct的优质晶体十分罕见，因而价格极其昂贵。世界上许多著名的博物馆（如英国的大英自然历史博物馆、美国华盛顿的史密森博物馆等）均收藏有斯里兰卡出产的变石。变石为六月份生辰石，象征着富裕、健康和长寿。

2007年在香港佳士得“珠宝及翡翠首饰”秋季拍卖中展示一颗212.76ct巨型变石猫眼（图9–1），日光下呈绿色，黄（白炽灯）光下呈红棕色。

图9–1　212.76ct巨型变石猫眼

一、金绿宝石的基本性质

1. 化学成分

金绿宝石是铍、铝的氧化物，化学式为$BeAl_2O_4$，纯净的金绿宝石是无色透明的。猫眼石通常为褐黄色、黄色，其颜色是由于晶体中含有微量的Fe^{2+}所致。变石的颜色和变色效应，是由于晶体中含微量的Cr^{3+}。无特殊光学效应的金绿宝石，通常呈浅黄色、浅黄绿色，也是由于晶体中含微量的Fe^{2+}所引起的。最稀少的是集猫眼效应和变色效应于一身的变石猫眼石，呈灰蓝色，是由于晶体中含微量的Cr^{3+}和定向排列的针管状内含物所致。

2. 结晶特征

斜方晶系。矿物晶体常呈板状、短柱状晶形，晶面常见平行条纹，晶体常形成假六方的三连晶（图9–2）。

3. 力学性质

不完全到中等解理，摩氏硬度为8～8.5，相对密度为3.71～3.75。

4. 光学性质

（1）颜色　猫眼石主要为黄色至黄绿色、灰绿色、褐色至褐黄色；变石通常在日光下为带有黄色色调、褐色色调、灰色色调或蓝色色调的绿色，而在白炽光下则呈现橙色或褐红色至紫红色；金绿宝石通常为浅至中等的黄色至黄绿色、灰绿色、褐色至黄褐色以及很罕见的浅蓝色；变石猫眼石呈灰蓝色。

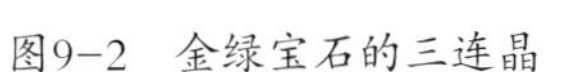

图9-2　金绿宝石的三连晶

（2）光泽和透明度　猫眼石及变石猫眼石呈亚透明至半透明；变石通常为透明；金绿宝石通常为透明至不透明；三个品种的抛光面均为亮玻璃光泽至亚金刚光泽。

（3）折射率和双折射率　折射率为1.745～1.755，双折射率为0.008～0.010，色散值为0.014。

（4）光性　二轴晶正光性。猫眼石一般不见多色性；变石的三色性很强，表现为绿色至橙黄色至深红色；金绿宝石常见的多色性为弱至中等的绿色至黄色至褐色。

（5）发光性　猫眼石在紫外线照射下不发荧光；变石在长波和短波紫外线照射下，可发出中等红色荧光；黄色、褐色和绿色的金绿宝石在紫外线照射下不发荧光。

（6）吸收光谱　猫眼石和金绿宝石的吸收光谱具有相似的特点，由于Fe^{2+}的存在，产生445nm为中心的吸收带。

变石显示铬（Cr）的典型吸收光谱：红区680.5nm和678.5nm两条强吸收线和665nm、655nm和645nm的三条弱吸收线，黄绿区580nm为中心的吸收带，蓝区476.5nm、473nm和468nm的三条弱吸收线，紫区全吸收。

（7）特殊光学效应　在金绿宝石中通常出现猫眼效应和变色效应。最为珍贵的是在1颗金绿宝石上，既出现猫眼效应，又出现变色效应。

二、金绿宝石的品种

1. 猫眼石（猫眼）

猫眼石是具有猫眼效应的金绿宝石。金绿宝石猫眼是所有具有“猫眼效应”的宝石中质量最好的。当金绿宝石内部存在大量细小、密集、平行排列的针状、丝状管状金红石包裹体，定向切磨成弧面型宝石时，会出现一条亮带，这条亮带随着光线的移动而移动，称为“猫眼线”。猫眼石的颜色有：棕黄色、蜜蜡黄色、浅黄色、绿黄色、褐黄色等（图9-3）。

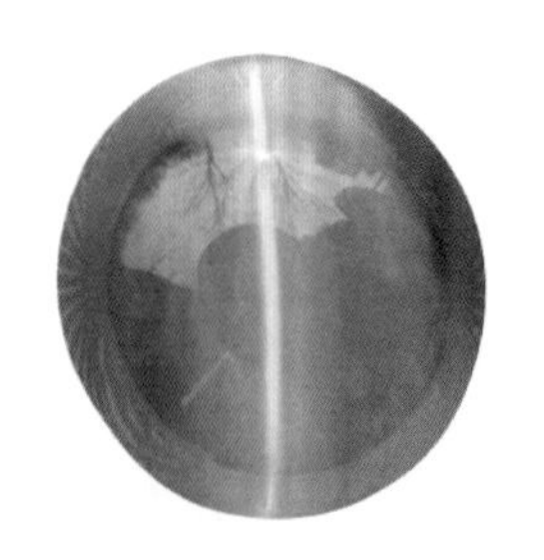

图9-3　各种颜色的猫眼石

猫眼石的质量优劣、价值高低，与宝石的颜色、眼线的清晰程度、重量以及琢型的完美程度有关。眼线的特点与下列因素有关。

（1）内含物　当内部平行排列的针状、丝状内含物结构不均匀时，眼线呈现不连续、不均匀状，甚至发生眼线断开或弯曲不直的现象。内含物的结构粗而疏，则眼线模糊不清，内含物的结构细而密，则眼线清晰明亮。

（2）宝石的透明度　直接影响眼线的清晰程度，透明度越高，眼线越不清晰，半透明宝石能将猫眼眼线衬托得更明显。

（3）加工方向　宝石的加工方向选择要正确，弧面型宝石的底面应与针管状内含物平行。

（4）弧度的高低　弧面型宝石的表面弧度高时，表现出的眼线细窄明晰；表面弧度越低则眼线粗而混浊。一般加工中底面不抛光，则可以减少光的散失，还可以增加宝石的重量。

评价猫眼石的质量，最重要因素是眼线的清晰程度，优质的猫眼石眼线应该较为狭窄，界线清晰，开合自如（俗称活光），并且位于宝石的正中央。眼线的颜色与背景色反差明显，显得干净利落。最好的猫眼石的颜色，对着光的一侧呈蜜黄色，背光的一侧呈乳白色。

2. 变石（亚历山大石）

变石是一种含有微量三氧化二铬（Cr_2O_3），具有变色效应的金绿宝石变种，透明至半透明，具有十分明显的三色性，呈深红、橙黄、绿色。在日光下呈现绿色色调为主的颜色，带黄、褐、含蓝色调的绿色，在白炽光下呈现红色色调为主的颜色，橙红色、褐红色、紫红色（图9-4、图9-5）。变色效应是由于宝石对白光的选择性吸收，使能透过宝石的红光与蓝绿色的比例近于平衡。当日光照射到变石上时，透射最多的为绿光，而使宝石呈现绿色；当富含红光的白炽光照射时，透射的红光量最多，而使宝石呈现红色。变石的变色效应随产地不同，变色程度也有所差异。在日光下，俄罗斯变石为蓝绿色，斯里兰卡变石为深橄榄绿色，津巴布韦变石为艳绿色或翠绿色。变石常加工成刻面型宝石。

图9-4　变石（一）（左为日光下，右为白炽光下）

图9-5　变石（二）（左为日光下，右为白炽光下）

评价变石质量的关键就是其变色效应的强弱。在日光下显示绿色（越接近祖母绿的绿色越好），在白炽光下显示带紫的红色（越接近红宝石的红色越好），具这种颜色变化的变石，价值最高。但这样的变石自然界产出非常稀少，多数的变石颜色只是近似。更多的变石颜色是带有褐色调的红色和绿色，而且颜色的变化范围很广，几乎没有两粒具同样变色效应的变石。不管怎样，凡颜色变化好而均匀美观的变石，都属高档之列。在日光下，呈现灰色的变石，价值相对较低。其次才是宝石的透明度、外表形态和瑕疵的多少等。

图9-6 不同颜色的金绿宝石

3. 金绿宝石

金绿宝石是指没有任何特殊光学效应的、达到宝石级的透明品种。由于铁含量的不同，颜色呈淡黄、葵花黄、金黄色、黄绿色、绿色和褐黄色（图9-6）。其中葵花黄色最好。通常琢磨成刻面型宝石。

4. 变石猫眼石

变石猫眼石（Alexandrite cat's-eye）是同时具有变色效应和猫眼效应的金绿宝石，是一种极为稀有的宝石品种（图9-7）。当变石中含有大量平行排列的针管状或纤维状内含物时，定向切磨成弧面型宝石，能产生猫眼效应。

三、猫眼石、变石和金绿宝石的鉴定特征

1. 猫眼石的鉴别

猫眼效应是鉴别猫眼石的标志性特征。

（1）颜色　棕黄、蜜蜡黄色、浅黄色、绿黄色、褐黄。

（2）猫眼线　细窄明亮。

（3）折射率　1.74（点测法）。

（4）吸收光谱　在蓝紫光区445nm处有一条强的吸收窄带，此吸收带具有诊断意义。

（5）相对密度　3.72。

猫眼石与其他具有猫眼效应的宝石鉴别，见表9-1。

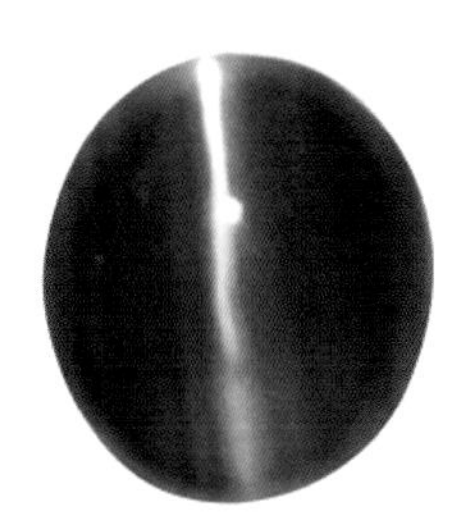

图9-7 变石猫眼石（上为日光下，下为白炽光下）

表 9-1　猫眼石与其他具猫眼效应的宝石鉴别表

宝石名称	相对密度	摩氏硬度	折射率	双折射率	光性
猫眼石	3.71～3.75	8.5	1.745～1.755	0.009	二轴晶（+）
石英猫眼石	2.65～2.66	7	1.544～1.554	0.009	一轴晶（+）
碧玺猫眼石	2.90～3.20	7～7.5	1.62～1.66	0.018	一轴晶（-）

续表

宝石名称	相对密度	摩氏硬度	折射率	双折射率	光性
绿柱石猫眼石	2.70～2.90	7～7.5	1.56～1.59	0.004～0.009	一轴晶（－）
磷灰石猫眼石	3.20	5	1.62～1.65	0.002～0.006	一轴晶（－）
方柱石猫眼石	2.50～2.74	6	1.54～1.58	0.004～0.037	一轴晶（－）

2. 变石的鉴别

变色效应是鉴别变石的标志性特征。

（1）颜色　具有明显的变色效应。日光下呈浅绿、黄绿至蓝绿色；白炽光下呈浅红、紫红到深红色。

（2）折射率和双折射率　折射率为1.74～1.75；双折射率为0.009。

（3）光性　二轴正光性。

（4）多色性　强三色性，深红、橙黄、绿色。

（5）发光性　在长波紫外光照射下，呈红色；在短波紫外光照射下，呈橙黄色。

（6）吸收光谱　变石显示铬（Cr）的典型吸收光谱。红区680nm和678nm两条强吸收线，红橙区655nm和645nm的两条弱吸收线，黄绿区580nm为中心的吸收带，蓝区476nm、473nm和468nm的三条弱吸收线，紫区全吸收。

（7）滤色镜　滤色镜下观察，呈深红色。

（8）内含物　常见黑云母片，气液包裹体。

与变石相似的宝石有红柱石、合成刚玉变石和合成尖晶石变石。其鉴别特征，见表9-2。

表 9-2　变石与相似变色宝石特征鉴别表

宝石名称	摩氏硬度	*SG*	*RI*	多色性	包裹体特征
变石	8.5	3.72	1.745～1.755	三色性	不规则分布的气液包裹体
合成刚玉变石	9	4.00	1.762～1.770	二色性	弧形的生长纹或色带等
合成尖晶石	8	3.64	1.727	无	弧形的生长纹或色带等
红柱石	7.5	3.10～3.20	1.64～1.65	三色性	磷灰石、金红石、白云母、石墨等，气液包裹体

3. 金绿宝石的鉴别

金绿宝石的主要鉴别特征，颜色呈淡黄、蜜蜡黄、金黄和黄绿色，其中以蜜蜡黄最好，通常琢磨成刻面型宝石。折射率1.74～1.75，双折射率0.009，二轴晶正光性，具有铁（Fe）的典型吸收光谱，蓝紫区444nm处的吸收窄带。摩氏硬度为8，耐磨性能好，相对密度为3.72，且较为稳定。

四、金绿宝石的质量评价

最好的猫眼石眼线应该较为狭窄、界线清晰，且开合自如，并且位于宝石的正中央。眼线的颜色，呈银白色或金黄色者较好，呈绿色或蓝白色者相对较差。体色呈不透明的灰色者，常常有蓝色或蓝灰色的眼线。无论什么颜色，重要的是眼线必须与背景形成明显的反差，且显得干净利落。眼线张开时，越大越好；而合拢时，则越锐利越好。

评价变石优劣的首要因素，就是其变色效应的强弱。在日光下显示绿色（越接近祖母绿的绿色越好），在白炽光下显示带紫的红色（越接近红宝石的红色越好）。具这种颜色变化的变石，价值最高。但这样的变石自然界产出非常稀少，多数的变石颜色只是近似。更多的变石颜色是带有褐色调的红色和绿色，而且颜色的变化范围很广，几乎没有两粒具同样变色效应的变石。凡变色效应明显，颜色均匀美观的变石，均属高档宝石之列。在日光下，呈现灰色的变石，价值相对较低。其次，才是宝石的透明度、外表形态和瑕疵的多少等。

五、金绿宝石的产地

猫眼石、变石和金绿宝石是极为稀有的宝石品种，常产于变质岩、花岗岩、伟晶岩中，由于其化学性质稳定，硬度大，耐磨性能好，常富集于砂矿中。

金绿宝石的主要产地有斯里兰卡、巴西、缅甸、印度、俄罗斯的乌拉尔和津巴布韦。

斯里兰卡的猫眼石、变石和变石猫眼，主要产于冲积砂矿中。

巴西的变石和猫眼石，以矿囊的形式产于花岗伟晶岩的晶洞中。

俄罗斯的变石、变石猫眼石，主要产于乌拉尔山的白云母片岩和砂矿中。

第二节　水晶

水晶（Rock crystal）矿物学名称为石英，是无色透明的石英晶体。石英是地壳中分布最广泛的矿物之一，它的化学成分为二氧化硅（SiO_2）。石英有一个庞大的“家族”，宝石和玉石品种多，按结晶程度可分为显晶质、隐晶质和非晶质三类，水晶则属于其中的显晶质。水晶是最普通、最常见而又最古老的一种宝石。

一、水晶的基本性质

1. 化学成分

化学成分为二氧化硅（SiO_2）。常含微量的杂质元素铁（Fe）、钛（Ti）、铝（Al），成分越纯，其物理和光学性质越稳定。微量元素和色心的存在，可以形成不同颜色的水晶。

2. 结晶特征

三方晶系。常见六方柱、菱面体、三方双锥和三方偏方面体聚形组成的柱状晶体（见图9-8）。柱面上常有横的生长纹，双晶发育，常见有巴西双晶、道芬双晶和日本双晶。晶体常呈晶簇状产出（图9-9）。

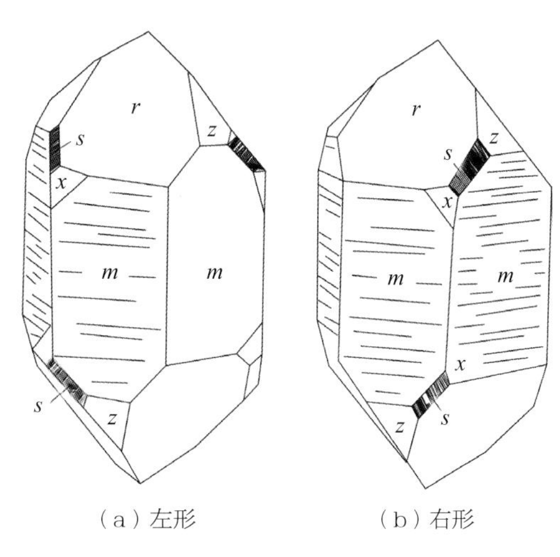

（a）左形　　（b）右形

图9-8　水晶晶体

图9-9 水晶晶簇

图9-10 水晶的牛眼状光轴干涉图

图9-11 水晶手链（一）

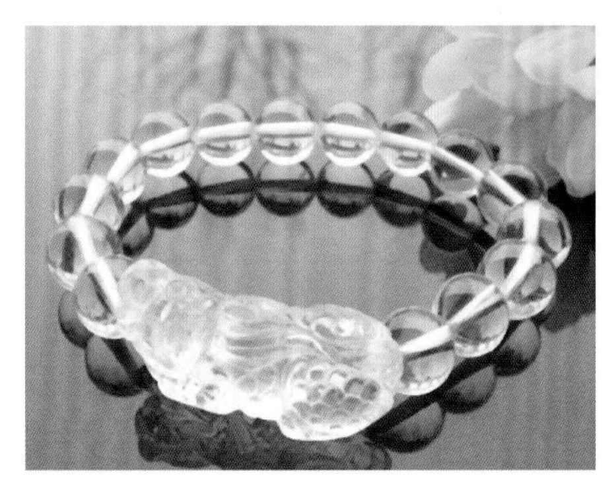

图9-12 水晶手链（二）

3. 力学性质

无解理，呈贝壳状断口。摩氏硬度为7，相对密度为2.65，且非常稳定。纯净的水晶具有强的压电性。

4. 光学性质

（1）颜色　通常为无色，含有微量的杂质元素，可使水晶呈现紫色、黄色、粉红色以及深浅不同程度的褐色。

（2）光泽和透明度　玻璃光泽，透明至半透明。

（3）折射率和双折射率　折射率为1.544～1.553，双折射率为0.009，色散值0.013。

（4）光性　一轴晶正光性，具有独特的旋光性，造成牛眼状光轴干涉图（图9-10）。无色水晶没有多色性，其他颜色水晶多色性较弱，随体色深浅不同而变化。

（5）特殊光学效应　具有猫眼效应和星光效应。

5. 内含物特征

常见不规则排列的气液两相包体，金红石、阳起石、电气石等针状包体以及赤铁矿、云母片状包体等肉眼可见的液态包裹体（俗称“水胆”）。

二、水晶的品种

依据水晶的颜色、内含物及其他特征，可将水晶划分为不同的品种。

1. 依据水晶颜色的分类

（1）水晶　无色至淡灰色透明的晶体，通常做成手链、项链（图9-11、图9-12）。在国外用于宝石的水晶常有“钻石”之称，例如，“阿拉斯加钻石”、“亚利桑那钻石”等。

水晶的内含物，主要包括气液两相包裹体、负晶、愈合裂隙、多种晶体包体，当晶体中包含大量的针状、纤维状包裹体时称为发晶。含有大量微细裂隙的水晶，因裂隙对光的干涉形成晕彩，也称彩虹水晶。天然彩虹水晶很少，但可以通过淬裂处理，形成彩虹水晶，这种淬裂水晶常用于染色。

水晶的产地遍布世界各地，其中巴西是最负

盛名的水晶产地之一，产出世界上最大的水晶，晶体重达40t。还有马达加斯加、日本等许多国家产出。我国也有许多地方产出水晶，1958年在江苏东海发现一重达4t多的水晶晶体，广西、湖南等地都有产出。

（2）紫晶（Amethyst） 浅紫色至红紫色透明的水晶（图9-13、图9-14），紫色主要与含有微量的Fe^{2+}、Fe^{3+}有关，是石英族宝石中价值较高的一种。在西方，自古以来就把紫色看作是高贵的颜色，紫晶用作二月的生辰石，象征着诚实、心地平和，是结婚17周年的纪念石。

紫晶晶体为粗而短的六方柱与菱面体聚形，晶体常见深浅不同的色带。多色性为弱至中等的紫色和带红的紫色。具一轴晶黑十字干涉图。

紫晶的内含物，主要包括气液两相包体和愈合裂隙。

紫晶的产地遍布世界各地，但仍以巴西的紫晶最为著名。市场上可见巴西、乌拉圭的紫晶以晶簇状的形式，生长在火山岩玛瑙结核之中（图9-15）。赞比亚、马达加斯加、乌拉圭、斯里兰卡、美国也是重要的产地。我国紫晶产地分布在山西、内蒙古、山东、河南、云南、新疆和青海等地，主要为热液石英脉型和伟晶岩型的矿床，产量较小。

（3）黄晶（Citrine） 透明的浅黄色到深黄色的水晶（图9-16、图9-17），颜色与含微量的Fe^{2+}有关，天然的黄晶比紫晶还

图9-13 紫晶戒面

图9-14 紫晶手链

图9-15 紫晶晶簇状集合体

图9-16 黄晶戒面

图9-17 黄晶手链

图9-18 烟晶戒面

图9-19 烟晶手链

图9-20 粉晶吊坠

图9-21 星光芙蓉石

少，市场上的大部分黄晶是紫晶、烟晶经过加热处理或是水晶经辐照后再加热处理而成的，或者是合成的。天然的黄晶有弱的多色性，微弱的黄色至褐黄色，由紫晶或烟晶加热改色而成的黄晶没有多色性。黄晶的主要产地是马达加斯加、巴西、西班牙和缅甸。我国的黄晶产地有新疆、内蒙古、云南等地，产于伟晶岩中。

（4）烟晶（Smoky quartz，Cairngorm） 烟灰色、褐色到灰黑色的水晶（图9-18、图9-19）。浅色的烟黄色、褐色水晶称为“茶晶（Tea-crystal）”；黑色水晶称为墨晶（Morion）。深色调烟晶的多色性为褐色-带红的褐色，浅色调烟晶的多色性为浅黄褐色-深黄褐色。烟晶的颜色是因其含有微量的Al^{3+}，形成空穴色心，在随后的天然辐照作用下形成的。烟晶的颜色经加热会褪色，变成无色的水晶。同样，许多无色的水晶可经辐照形成烟晶。烟晶的内含物与水晶类似，偶见细长的金红石针。主要产地有瑞士阿尔卑斯山、西班牙、俄罗斯、巴西、马达加斯加、韩国、苏格兰、美国，以及我国的内蒙古、青海、甘肃、福建、浙江和新疆等地。烟晶多产于花岗伟晶岩、花岗岩的晶洞和后期的热液矿脉中。

（5）芙蓉石（Rose quartz，又称粉晶） 呈玫瑰红或红色至粉红色的水晶（图9-20），颜色通常比较浅，其颜色是含有微量的Mn、Ti，颜色深者其多色性为不同色调的粉红色。芙蓉石的颜色不甚稳定，阳光晒后会变淡。半透明至亚半透明，偶见透明。芙蓉石内可含有细小针状金红石包裹体，有一定透明度，磨制成弧面型宝石可显示透射星光（图9-21）。芙蓉石通常呈无规则外形的巨晶块体，常产于伟晶岩中，储量非常丰富，产地也很普遍。最著名的产地是巴西、马达加斯加、美国，印度、俄罗斯和纳米比亚。我国的芙蓉石主要产于新疆。

（6）紫黄水晶 呈现紫色和黄色两种颜色的水晶（图9-22、图9-23），紫色和黄色形成各自的色斑或色块，往往没有明显的界线。天然的紫黄水晶只产于玻利维亚，但这种颜色特征可用紫晶或合成紫晶，经过加热处理来实现，处理紫黄水晶与天然的尚无法加以区别。

（7）绿水晶 绿水晶是一种非常罕见的淡绿至

苹果绿色的水晶，颜色是因含有Fe^{2+}，可以是紫晶通过加热而成。美国加州发现的天然绿水晶，围绕一个流纹岩体出现黄晶和绿水晶到紫晶的分带，可能是流纹岩的热量使最靠近岩体的紫晶转变成黄晶和绿水晶。据资料报道，我国在20世纪90年代，在江苏东海也发现过绿水晶。

图9-22 紫黄水晶戒面（一）

2. 依据水晶所含的包裹体分类

（1）发晶（Hair crystal） 含有纤维状、针状、丝状、放射状等形态的包裹体的水晶（图9-24、图9-25），根据其中所含包裹体的不同，可以称为金红石发晶、电气石发晶、角闪石发晶、透闪石发晶、绿泥石发晶、绢云母发晶和金丝发晶等，其中金丝发晶是一种极其罕见的珍贵宝石。大多数发晶通常是无色透明的，但也有一些发晶带有明显的色调。

图9-23 紫黄水晶戒面（二）

发晶通常与其他种类的水晶共生，其产地也较为广泛，但比同类的水晶品种更为少见。世界范围内，主要产地有巴西、马达加斯加、美国、俄罗斯、赞比亚等。我国的发晶产地有广东、新疆、江苏、云南、广西、辽宁等地。

图9-24 发晶戒面

图9-25 发晶手链

（2）水胆水晶（Rock quartz with water-bile） 含有肉眼可见大型液态包裹体的透明水晶，很少见。

（3）彩虹水晶（Iris quartz，Rainbow quartz） 含有细小气泡或液体充填裂隙的水晶，当光线通过这些裂隙时，产生干涉作用而形成彩虹般的干涉色。

（4）星光水晶（Asterism quartz，星光石英） 含有纤维状细小金红石针或其他纤维状矿物包裹体，垂直*C*轴方向互成60°的交角排列，切磨成弧面型宝石后呈现出六射星光效应。具有星光效应的石英主要见于芙蓉石，有时也见有无色的及淡黄色的星光水晶。星光水晶的星光不明显，可显示透射星光现象。我国星光水晶主要产于新疆阿尔泰地区。

（5）水晶猫眼（Cat's-eye quartz） 含有纤维状电气石或其他纤维状矿物包裹体，并沿一个方向作定向排列，切磨成弧面型宝石后呈现出猫眼效应（图9-26、图9-27）。外观上与真正的猫眼石相似，可具有精美的猫眼光带，体色通常为半透明，浅灰到灰褐色，也可带有黄和绿的色调。

图9-26　水晶猫眼戒指

图9-27　水晶猫眼手链

三、水晶的鉴定特征

1. 水晶与相似宝石的鉴别

与水晶相似的宝石主要有托帕石、碧玺和绿柱石等，根据其折射率、双折射率、相对密度、多色性特征等，可与水晶相区别，见表9-3。

表 9-3　水晶与相似宝石特征鉴别表

宝石名称	折射率	双折射率	相对密度	多色性
水晶	1.544～1.553	0.009	2.65	二色性弱到中等
托帕石	1.619～1.627	0.008～0.010	3.52～3.57	三色性明显
碧玺	1.624～1.644	0.018～0.020	3.06	二色性强
绿柱石	1.570～1.583	0.006	2.72	二色性明显

2. 水晶与玻璃的区别

水晶与玻璃的化学成分都是SiO_2，玻璃是非晶质体，无双折射，使用偏光镜，很容易将两者区分开来。此外，水晶与玻璃的折射率、相对密度、硬度、热导率也有差别。由于玻璃硬度比水晶低，因而水晶总是能刻划玻璃，玻璃不能刻划水晶；玻璃的棱线总会有不同程度的磨损，而呈圆滑状。由于水晶热导率高，因而手摸上去有凉感，而玻璃则有温一些的感觉（表9-4）。

表 9-4　水晶与玻璃的鉴别特征表

性质	水晶	玻璃
偏光镜下特征	四明四暗，牛眼状干涉图	全暗或异常消光
折射率	1.544～1.553	1.50±
相对密度	2.65	2.50±

续表

性质	水晶	玻璃
摩氏硬度	7	5.5
热导率	较高，手摸凉感	较低，手摸温感
内含物	较多，气–液包裹体、杂质、裂隙等	较少，气态包裹体、流动构造

四、水晶的质量评价

在各种颜色的水晶中，最受欢迎的是紫色水晶，因而在所有水晶类宝石中，紫晶的价格也是最高的。除紫晶外，具星光和猫眼效应，且效果好者，价值也较高。此外，一些含有包裹体的水晶，当其包裹体呈特殊造型，如山、水、花、鸟、人物、文字等，是十分难得的观赏石珍品，也是收藏家努力寻求的对象。

水晶作为低档宝石，世界各地均有产出，产量很大。其重量大的、无瑕透明的都十分常见。无色水晶、黄晶、茶晶、烟晶、墨晶、发晶等被大量用来制作戒面、手链、项链、吊坠及各类工艺雕刻品。

第三节　尖晶石

尖晶石（Spinel）是一种具有悠久历史的宝石品种，由于其美丽、稀少，自古以来就一直为人们所喜爱，由于其美丽鲜艳的红色，往往把它误认为红宝石。世界上最具传奇色彩的铁木尔红宝石（Timur Ruby），重352.2ct、黑太子红宝石（Black Prince’s Ruby），重约170ct，现镶嵌在英帝国国王王冠的正面。这2颗历史悠久的“红宝石”，经科学鉴定都是红色尖晶石。

一、尖晶石的基本性质

1. 化学成分

尖晶石为镁铝的氧化物，化学式为$MgAl_2O_4$，其中Mg^{2+}可被Fe^{2+}完全类质同象替代，而呈黑色；Al^{3+}被Cr^{3+}不完全类质同象替代，则形成红色。

2. 结晶特征

等轴晶系。常见单形为八面体，有时也会出现八面体与菱形十二面体的聚形，还可见到以（111）为双晶面的接触双晶（尖晶石律双晶）（图9–28～图9–30）。

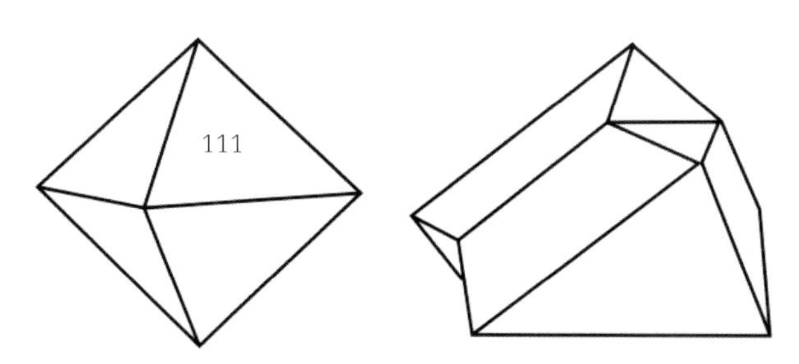

图9–28　尖晶石晶体形态图（左图为八面体，右图为尖晶石双晶）

图9-29　尖晶石晶体（一）

图9-30　尖晶石晶体（二）

3. 力学性质

尖晶石无解理，呈贝壳状断口，摩氏硬度为8，相对密度3.57～3.70，具较好的韧性。

4. 光学性质

（1）颜色　尖晶石的颜色，可呈现红色、粉红色、橙色、蓝色、紫色，也可呈现黄色、绿色、褐色、黑色和无色。其中最主要的颜色为红色（图9-31～图9-33）、粉红色（图9-34～图9-36）和蓝色（图9-37～图9-39），橙色和橙红色的尖晶石也被称作火焰尖晶石，少数尖晶石可具有变色效应，在日光下呈灰蓝色，在白炽光下呈紫色。

（2）光泽和透明度　亮玻璃光泽，透明至不透明。

（3）折射率　1.718（1.710～1.735），不同颜色的尖晶石，折射率有存在着一定的差异。红色尖晶石1.715～1.740，蓝色尖晶石1.715～1.747。色散值为0.020。

（4）光性　尖晶石为光性均质体，无多色性。

（5）紫外荧光　红色、粉红色和橙色尖晶石，在长波紫外

图9-31　红色尖晶石（一）

图9-32　红色尖晶石（二）

图9-33　红色尖晶石（三）

图9-34　粉红色尖晶石（一）

图9-35　粉红色尖晶石（二）

图9-36　粉红色尖晶石（三）

图9-37　蓝色尖晶石（一）

图9-38　蓝色尖晶石（二）

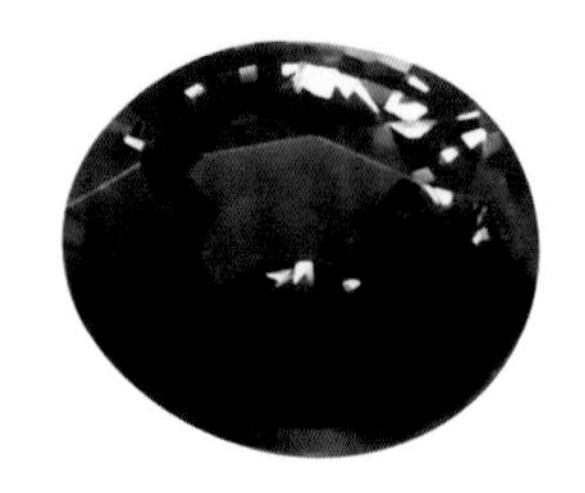

图9-39　蓝色尖晶石（三）

光照射下，呈弱至强的红色或橙色荧光，在短波紫外光照射下，不发荧光或发微弱的红色或橙红色荧光。无色或浅绿色尖晶石在长波紫外光照射下，发中等橙色或橙红色荧光。浅蓝色及紫色尖晶石在长波紫外光照射下，发绿色荧光。其他颜色的尖晶石，通常不发荧光。

（6）吸收光谱　红色和粉红色尖晶石由Cr^{3+}致色，具有典型的铬（Cr）吸收光谱，在红区685nm、675nm有明显的吸收线，颜色鲜艳者可呈现5～8条吸收谱线，称为风琴管状吸收光谱，黄绿区595～490nm吸收带，紫区普遍吸收。

蓝色尖晶石由Fe^{2+}致色，在550nm、510nm显示弱吸收线，460nm左右显示强的吸收带。而由钴致色的合成蓝色尖晶石，在480nm、460nm、434nm处显示吸收带。

（7）特殊光学效应　极少数尖晶石具有变色效应，日光下呈现带灰的蓝色，白炽灯下呈现红紫色（图9-40）。具有星光效应的尖晶石极为罕见，多是透明度差的暗紫到黑色或灰色，因含平行排列的针状金红石、针状榍石包体，而呈四射或和六射星光。

图9-40　变色尖晶石（上：日光下呈带灰的蓝色，下：白炽灯下呈红紫色）

5. 内含物特征

尖晶石中通常包含八面体形尖晶石、柱状锆石、磷灰石及针状金红石固相包体，及较多的气液包体，有时也呈“指纹状”形式出现，锆石周围可有盘状应力纹。

二、尖晶石的鉴定特征

尖晶石颜色多样，类似尖晶石的宝石品种很多。尖晶石的主要鉴别特征。

（1）颜色　大多数颜色较浅，纯红色、橙红、紫红、浅蓝、无色等。

（2）折射率　1.712～1.730，单折射。

（3）吸收光谱　红色尖晶石与红宝石的吸收光谱比较，缺失蓝区的3条吸收线，其光谱具有鉴定意义。

（4）内含物　八面体晶体包裹体，内部洁净。

与其他红色宝石如石榴石、绿柱石、碧玺、锆石等的区别，可从折射率、双折射率、多色性、硬度、相对密度等方面进行。

三、合成尖晶石的鉴定特征

目前市场上的合成尖晶石颜色有蓝色、无色和红色，主要鉴别特征如下。

（1）正交偏光下　合成尖晶石呈斑纹状异常消光。

（2）折射率　绝大多数合成尖晶石的折射率为1.727，且较为稳定，而大多数天然尖晶石的折射率小于1.720。

（3）吸收光谱　由钴致色的合成蓝尖晶石具有典型的钴谱，在红、橙、绿区有三条强吸收带。

（4）内含物　焰熔法合成尖晶石中常可见弯曲生长纹和气泡，气泡形态呈伞状、拉长状或变形状。助熔剂法合成尖晶石，常见呈滴状或面纱状的助熔剂残余及金属薄片。

（5）滤色镜　由钴致色的合成蓝色尖晶石滤色镜下观察呈红色。

四、尖晶石的质量评价

从商业角度看，尖晶石最好的颜色是深红色，其次为紫红色和橙红色，其他颜色的尖晶石的价值，相对要低一些。但具有变色效应的尖晶石则属例外。尖晶石一般较洁净，瑕疵较少，如果肉眼可以看到瑕疵、裂口或裂缝、裂纹，则其价值要降低许多。尖晶石中如有包裹体，只要所含包裹体不影响尖晶石的整体颜色，则对评价尖晶石的质量无太大的影响。

五、尖晶石的产地

宝石级尖晶石产于接触交代矿床中的大理岩和灰岩内及其风化产物中，经常以砾石的形式出现在砂砾层中。历史上，阿富汗的巴达赫尚（Badaksha）省出产优质的尖晶石，尤其是红色的尖晶石，它与红宝石共生在冲积砂矿中。现在产量已大大下降，以至于提到尖晶石的产地时常被忽略。

目前，宝石级尖晶石主要产于缅甸、斯里兰卡和泰国的沉积砂矿中，与刚玉及其他冲积宝石矿物密切共生。此外，在坦桑尼亚的乌姆巴河流域的冲积矿床中，也发现了与刚玉共生的尖晶石，柬埔寨、巴基斯坦等国也产有尖晶石。我国的江苏、福建等地也发现有尖晶石。

第四节 橄榄石

橄榄石（Peridot）因其特征的橄榄绿色而得名，也是一种历史悠久的宝石品种，历史上曾被称作为“太阳宝石”，人们相信橄榄石所具有的力量，可以驱除邪恶、降服妖术。常把橄榄石镶嵌在黄金上，作为护身符，认为佩戴这样的护身符可以消除恐惧。橄榄石还用作八月的生辰石，象征着幸福和谐，也被称作为“幸福石”。

一、橄榄石的基本性质

1. 化学成分

橄榄石为镁铁的硅酸盐，化学式为$(Mg,Fe)_2[SiO_4]$，Mg^{2+}和Fe^{2+}之间可成为完全的类质同象替代，随着铁含量的增加，其折射率和相对密度也随之增加。

2. 结晶特征

斜方晶系，晶体形态常呈短柱状或长柱状（图9-41），柱面有垂直条纹，晶体完好者少见，呈不规则的碎块或卵石状产出（图9-42、图9-43）。

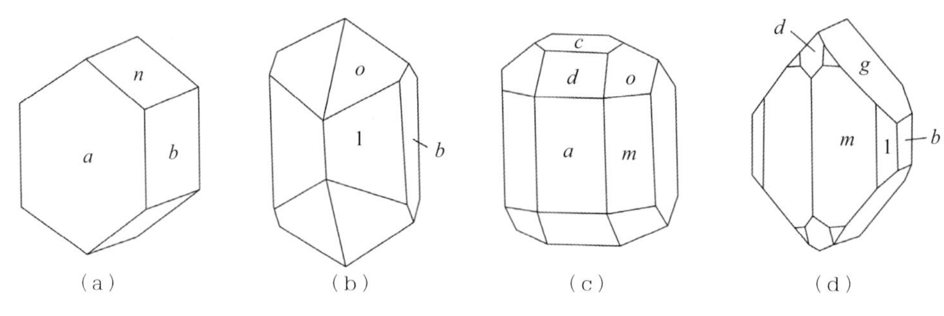

图9-41 橄榄石的晶体形态

3. 力学性质

橄榄石具有不完全解理，断口呈贝壳状。摩氏硬度6.5～7，相对密度为3.27～3.48。

图9-42　不规则状橄榄石晶体

4. 光学性质

（1）颜色　浅黄绿色至深绿色、浅绿褐至褐色（少见），通常呈中等色调的黄绿色（图9-44、图9-45）。

（2）光泽和透明度　玻璃光泽，透明至半透明。

（3）折射率和双折射率　折射率1.654～1.690，双折射率0.035～0.038。色散值为0.020。

（4）光性　二轴晶正光性。多色性呈弱的绿色至浅黄绿色至淡黄色。

（5）紫外荧光　在长波和短波紫外光照射下，不发荧光。

（6）吸收光谱　在蓝区497nm、477nm、457nm处显示典型的铁致色宝石的吸收谱线。

图9-43　粒状橄榄石晶体

5. 内含物特征

以椭圆形或圆形的气-液包裹体较为常见，常含铬铁矿晶体包裹体，其周围形成扁平状应力纹圈，似水百合花的叶子，称睡莲叶状包裹体（图9-46），有时还含有黑云母、石墨、铬铁矿等矿物包裹体。含黑云母片多时，宝石略带浅褐色调。由于橄榄石双折射率较大，放大观察，内含物及后刻面棱可见双影现象。

图9-44　橄榄石戒面

图9-45　橄榄石手链

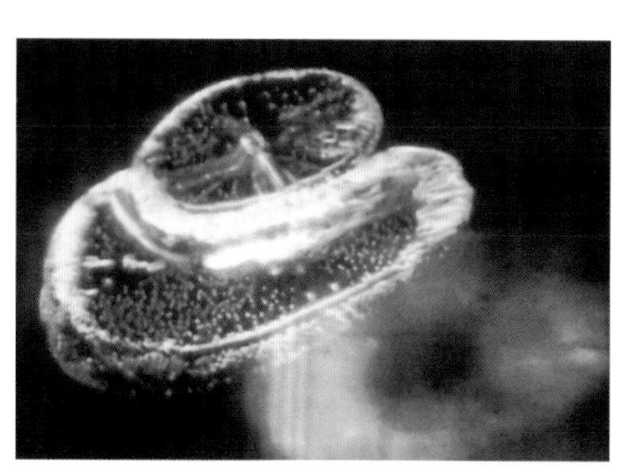

图9-46　橄榄石中睡莲叶状包裹体

二、橄榄石的鉴定特征

橄榄石以其带黄或微带黄的绿色及较高的双折射率为主要鉴定特征，测定其折射率、双折射率是一种较好的鉴别方法。用放大镜观察橄榄石成品时，可见内含物和其棱、角的双影现象，这些特征很容易与其他相似宝石区分开。橄榄石与相似宝石在物理性质方面的具体差异，见表9–5。

表 9–5　橄榄石及其相似宝石之主要性质对比表

宝石名称	摩氏硬度	相对密度	折射率	双折射率
橄榄石	6.5 ~ 7	3.27 ~ 3.48	1.654 ~ 1.690	0.035 ~ 0.038
祖母绿	7.5	2.72	1.577 ~ 1.583	0.005 ~ 0.009
绿色蓝宝石	9	4.00	1.762 ~ 1.770	0.008 ~ 0.010
铬钒钙铝榴石	7 ~ 7.5	3.61	1.740	无
翠榴石	6.5 ~ 7	3.84	1.888	无
翡翠	6.5 ~ 7	3.25 ~ 3.40	1.66	无
绿碧玺	7 ~ 7.5	3.05	1.624 ~ 1.644	0.018 ~ 0.020
绿柱石玻璃	7	2.49	1.52	无

三、橄榄石的质量评价

颜色是决定橄榄石价值的主要因素，要求颜色纯正、均匀，不带有任何褐色或黑色色调的中至深黄绿色或微带黄的绿色（似橄榄色），有一种温和的感觉者为最佳。

橄榄石一般为透明的不规则晶体，如果成品中存在有肉眼可以观察到的瑕疵，对橄榄石的净度和价值影响极大。内部洁净的橄榄石价值最高；其次为含有无色或浅色调包裹体者；质量最差的是含有黑色或深色调包裹体和较多裂隙的橄榄石。

四、橄榄石的产地

橄榄石是地幔岩的主要组分，宝石级橄榄石产出的地质条件单一，基本都来自玄武岩捕获的橄榄石包体。橄榄石最初主要产自埃及红海的扎巴贾德岛（Red Sea island of Zebarget），但现在产量已很少。缅甸的抹谷地区是世界上橄榄石的一个重要产地。美国的亚利桑那州也出产橄榄石。墨西哥北部奇瓦瓦州产出的橄榄石，带有明显的褐色色调。挪威出产的橄榄石颗粒较小，颜色为浅绿色，但颜色较正且鲜艳，透明度较好。巴西产有优质的橄榄石。中国也是世界上主要的橄榄石出产国，主要分布在河北万全县的大麻坪、山西天镇县、吉林蛟河的大石河和辽宁宽甸等地。其中最重要的是河北万全县大麻坪的橄榄石矿，所产橄榄石颜色为深浅不等的黄绿色和橄榄绿色，属于质量较好的橄榄石。

第五节　石榴石

石榴石（Garnet）因其晶体形态与石榴的肉籽极为相似而得名。石榴石也是最早被利用的一种宝石，在我国古时称之为紫牙乌（指紫红色的石榴石宝石）。在古埃及、古希腊和罗马帝国时代，石榴石被视作一种护身符，主要用于驱魔避邪。红色石榴石作为一月的生辰石，视作浪漫、忠实和纯朴的象征。石榴石还作为结婚18周年纪念宝石。

一、石榴石的基本性质

石榴石是一个复杂的矿物族，可作宝石的亚种有6个，其成员都有一个共同的结晶习性及稍有差异的化学成分。宝石的价值与自然界资源量有很大的相关性，如暗红色的铁铝榴石和镁铝榴石都为常见宝石，价值相对较低。而橙色、橙红色的锰铝榴石则较为稀有，有较高的商业价值。绿色的翠榴石和钙铝榴石则是石榴子石家族中的珍贵品种，价值高，所以石榴石不是一个单一的宝石品种，而是这个家族的总称，对具体的品种必须准确定名。

1. 化学成分

石榴石族矿物的化学通式为$X_3Y_2[SiO_4]_3$，式中X代表二价阳离子，主要为Ca^{2+}、Mg^{2+}、Fe^{2+}、Mn^{2+}等，Y代表三价阳离子，主要为Al^{3+}、Fe^{3+}、Cr^{3+}等。

由于三价阳离子的离子半径相互接近，因而彼此可发生相互置换。而二价阳离子，Mg、Fe、Mn具有较小的离子半径，但Ca离子半径较大，因此，Ca难以与Mg、Fe、Mn相互置换。这决定了石榴石具有两种不同类型的系列，在Y位置上为铝称为铝榴石系列，在X位置上为钙称为钙榴石系列，每个系列又包括若干种不同的矿物。

铝榴石系列：镁铝榴石、铁铝榴石、锰铝榴石，三个品种之间可产生完全类质同象。

钙榴石系列：钙铝榴石、钙铬榴石、钙铁榴石，类质同象发生在钙铝榴石、钙铁榴石，钙铬榴石、钙铁榴石之间。

两个系列的石榴石之间，X类与Y类离子相互间的类质同象替代广泛，故自然界中，纯端元组分的石榴石很少发现，一般是若干端元组分的混合物。

由于各个石榴石的化学成分差异，使其物理性质发生改变，导致宝石折射率、色散、相对密度、硬度、内含物等略有差异。因此，借助常规的宝石鉴定仪器就可以区分开来，见表9-6。

表 9-6　石榴石族宝石的化学成分及特征表

宝石名称	化学成分	颜色	折射率	摩氏硬度	相对密度	色散	内含物
镁铝榴石	$Mg_3Al_2[SiO_4]_3$	红、黄红、橙略带紫的红	1.714～1.76	7.25	3.2～3.9	0.022	较少、稀少针状金红石，其它形状矿物包裹体
铁铝榴石	$Fe_3Al_2[SiO_4]_3$	褐红、带紫的红、深紫红	1.76～1.81	7.5	3.8～4.2	0.024	三组针状金红石，矿物包裹体
锰铝榴石	$Mn_3Al_2[SiO_4]_3$	棕红、褐红、黄橙，光泽比前两者强很多	1.80～1.82	7	4.1～4.2	0.027	波状裂隙、异形(扭曲、碎状)、气-液两相包裹体
钙铝榴石	$Ca_3Al_2[SiO_4]_3$	无、黄、绿、褐黄-褐红	1.74～1.75	7.25	3.6～3.7	0.028	浑圆状、搅动状包裹体，锆石、磷灰石等矿物包裹体
钙铁榴石	$Ca_3Fe_2[SiO_4]_3$	黑、褐、黄绿、绿	1.89	6.5	3.85	0.057	翠榴石有马尾丝状包裹体
钙铬榴石	$Ca_3Cr_2[SiO_4]_3$	深绿、鲜绿	1.87	7.5	3.77	未知	未知

2. 结晶特征

等轴晶系。常见晶体形态为菱形十二面体和四角三八面体，或二者的聚形（图9–47）。也可呈粒状集合体。

菱形十二面体　　四角三八面体　　菱形十二面体与四角三八面体的聚形

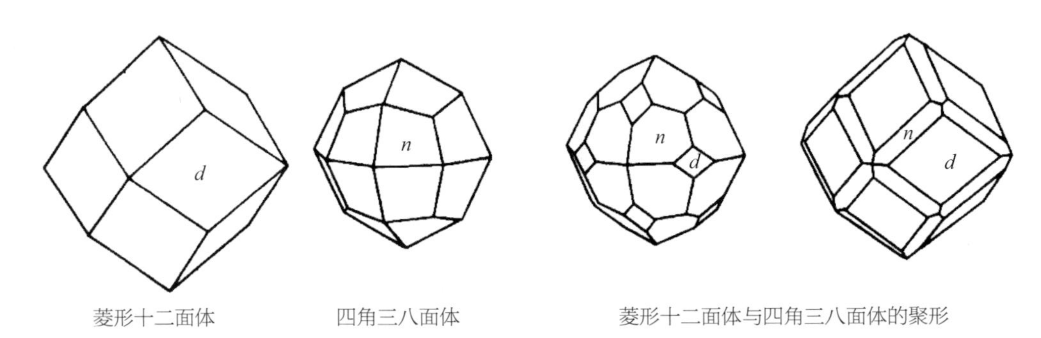

图9–47　石榴石的晶体形态

3. 力学性质

石榴石无解理，摩氏硬度为6.5～7.5，相对密度为3.15～4.30，摩氏硬度和相对密度随成分的不同而有所变化，断口呈贝壳状。

4. 光学性质

石榴石都具有强玻璃光泽至亚金刚光泽，透明、半透明至不透明，均质体。不同品种颜色既可以不同，也可以相似。颜色、折射率、色散，随品种的不同而发生变化。石榴石族宝石紫外光照射下，不发荧光。

二、石榴石的主要品种

1. 镁铝榴石（红榴石）

图9–48　镁铝榴石（一）

图9–49　镁铝榴石（二）

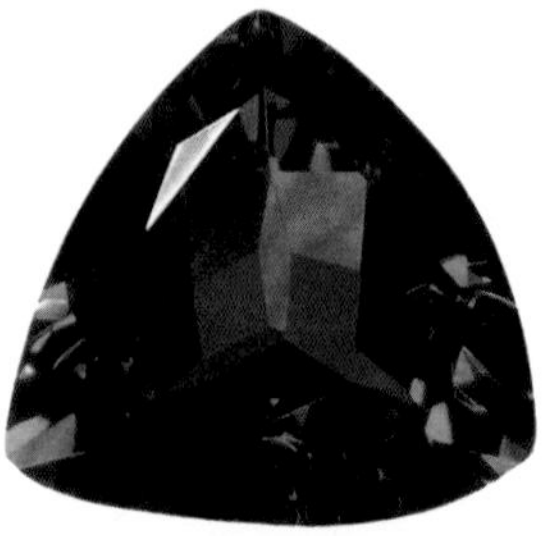

镁铝榴石（Pyrope）的商业名为红榴石，也曾被称为火红榴石，因其英文名Pyrope，源自希腊语Pyropos，意为“火红的”、“像火一样”，火红榴石名称更能体现宝石的性质和特点，高质量的镁铝榴石，包裹体少，颜色趋向纯红色，很少带褐色调。因此，镁铝榴石比铁铝榴石的颜色更接近红宝石。颗粒大、纯净、颜色漂亮的镁铝榴石，价值昂贵，也非常罕见。

（1）颜色　镁铝榴石由于含Fe和Cr而呈现红色、微带紫的红色和橙红色、浅黄红色（图9–48、图9–49）。

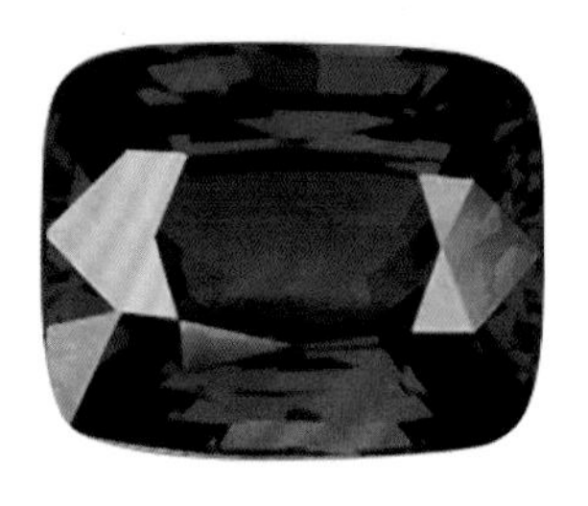

（2）光泽　强玻璃光泽，折射率为1.714～1.76，色散值为0.022。摩氏硬度为7～7.5，相对密度为3.7～3.8。

（3）吸收光谱　含Cr的镁铝榴石，可以显示红区680nm处有一弱的吸收线，黄绿区500～590nm有特征的宽吸收带，蓝区475nm后全吸收。还有一种吸收光谱是：除红至橙区外全部吸收。

（4）内含物　镁铝榴石内部较纯净，内含物较少，常见浑圆状的磷灰石、细小片状钛铁矿、针状金红石及石英等包裹体，少见裂隙。

（5）特殊光学效应　镁铝榴石具变色效应，日光下呈蓝紫色，白炽灯光下呈红色，挪威的镁铝榴石在日光下呈紫色，白炽光下呈深红色，但宝石非常小（约0.5ct）；东非翁巴谷的镁铝榴石是与锰铝榴石的混容体，并含少量Ca和Ti，在日光下呈带绿的蓝色，在白炽光下呈酱红色。

图9-50　铁铝榴石

（6）产状及产地　镁铝榴石主要产于各种超基性岩中，如金伯利岩、橄榄岩和蛇纹岩及其风化而成的砂砾层中，砂矿是宝石级镁铝榴石的重要来源。主要产地有缅甸、南非、马达加斯加、坦桑尼亚、澳大利亚、巴西、美国、俄罗斯及中国等。

图9-51　铁镁铝榴石

2. 铁铝榴石（贵榴石）

铁铝榴石（Almandite）是自然界中最常见的石榴石品种，又称之贵榴石、紫牙乌。颜色以深色、暗色居多（图9-50）。

（1）化学成分　$Fe_3Al_2[SiO_4]_3$，成分越纯，颜色越深，大多数宝石成分中含有镁铝榴石和锰铝榴石组分，使其颜色较多，如铁镁铝榴石是含有少量镁铝榴石成分的铁铝榴石（图9-51），其颜色为粉红到红色。

（2）颜色　常呈橙红至红、暗红、褐红色到深紫红色，色调较暗，由于颜色很深，导致透明度降低。常加工成凹凸面型琢型或低凸型，以减少宝石厚度而显示较好的颜色。

（3）光泽　强玻璃光泽，折射率为1.76～1.81，色散值为0.024。摩氏硬度为7～7.5，相对密度为3.8～4.2。

（4）吸收光谱　典型的Fe的吸收光谱，黄绿区575nm、525nm和505nm的3条强吸收窄带，又被称为“铁铝窗”，此外在橙区617nm和紫区425nm有弱吸收。

（5）内含物　主要为矿物包裹体，针状金红石、棒状角闪石、锆石、磷灰石和尖晶石等，当针状的金红石致密并呈三个方向规则排列时，定向切磨成弧面型宝石可呈现四射或六射星光效应（图9-52～图9-55）。

图9-52　星光铁铝榴石手链

图9-53　铁铝榴石手链（一）

图9-54　铁铝榴石手链（二）

图9-55　铁铝榴石手链（三）

（6）产状及产地　铁铝榴石是一种常见的变质矿物，产于片麻岩、云母岩和接触变质岩中，砂矿是铁铝榴石的重要来源。铁铝榴石分布广，世界各地均有产出。宝石级的铁铝榴石主要产于印度、斯里兰卡、坦桑尼亚、津巴布韦、马达加斯加、巴西和中国。星光铁铝榴石主要产于印度和美国的爱达荷州。

图9-56　锰铝榴石（一）

图9-57　锰铝榴石（二）

图9-58　锰铝榴石（三）

3. 锰铝榴石

锰铝榴石（Spessartite）是比较罕见的宝石，由锰致色。

（1）颜色　具有黄色至橙红色的各种色调，其中橙红色最漂亮（图9-56～图9-58），价值较高。由于颜色接近于“芬达”饮料的颜色，故又称为“芬达”石。成分中可含Fe，并导致褐红色色调，近于纯净的锰铝榴石为黄色至淡橙黄色。

（2）光泽　强玻璃光泽，折射率1.80～1.82，色散值为0.027。摩氏硬度为7，相对密度为4.1～4.2。

（3）吸收光谱　紫区430nm和410nm的吸收窄带具鉴定意义，此外，在紫区420nm，蓝区495nm、485nm和462nm有吸收线。

（4）内含物　具有不规则愈合裂隙与浑圆状晶体包裹体。愈合面上具有由细长暗色的气液二相包体组成指纹状图案，有时也描述“花边状”。尤其是斯里兰卡及巴西产的锰铝榴石具有这种包裹体。

（5）产状及产地　锰铝榴石主要产于花岗岩及砂矿中，宝石级锰铝榴石主要产于缅甸、斯里兰卡、马达加斯加、肯尼亚、巴西和美国。我国新疆阿尔泰、甘肃等地也有发现。

4. 钙铝榴石

钙铝榴石（Grossularite）有许多颜色，其颜色决定于Fe和Mn的含量，若Fe含量小于2%时，呈浅色和无色、浅黄色；Fe含量高于2%，呈黄橙色、红橙色、橙褐色、黄绿色和绿色。含微量Cr和V则呈鲜绿色。根据颜色和结构的不同，钙铝榴石又可有以下变种。

（1）铁钙铝榴石　是一种含铁的钙铝榴石，也称桂榴石。颜色为暗红色、褐黄色、褐红色等，折射率为1.74～1.76，色散为0.028，无典型吸收光谱。摩氏硬度7～7.5，相对密度为3.57～3.73。内部可含有大量的矿物包裹体，特征包裹体为浑圆状的磷灰石和方解石。

铁钙铝榴石最重要的产地是斯里兰卡的宝石砾石层。此外，还有巴西、马达加斯加、加拿大、坦桑尼亚等。世界上最好的一颗桂榴石现存美国国家自然历史博物馆，是一个雕刻的基督头像，重61.5ct。

（2）铬钒钙铝榴石（Tsavorite）　含Cr和V的钙铝榴石。颜色为鲜艳绿色、黄绿色，市场上常称之为沙弗莱石（图9-59、图9-60），折射率1.74左右，内部较干净，有时含长柱状磷灰石、细小的棱柱状透辉石以及石英、长石、顽火辉石和硫锰矿等矿物包裹体、气液包裹体等，其中的典型包裹体是被褐铁矿染的侵蚀凹缝和石墨。在滤色镜下观察呈红色，无典型光谱。主要产地除了肯尼亚和坦桑尼亚交界处的塔斯沃（Tsavo）国家公园外，还发现于赞比亚和加拿大等地。

（3）水钙铝榴石（Hibschite）　一种钙铝榴石的多晶集合体，半透明到不透明，也称南非玉（图9-61、图9-62）。常见浅绿色，绿色由Cr致色，也有粉红色，颜色呈粒状、块状和不规则状色斑，不均匀地分布于白色的底色中，白色部分为无色的钙铝榴石，常有黑色的铬铁矿，这种黑色的斑点，也是鉴定水钙铝榴石的重要特征。水钙铝榴石折射率1.70～1.73，相对密度为3.35左右，绿色部分在滤色镜下观察呈红色，在X射线照射下，发出很强的黄色、橙色荧光。产地主要为南非、巴基斯坦、加拿大、美国加利福尼亚州等地。产于我国青海、新疆和贵州等地的水钙铝榴石，在商业上称“青海翠”。主要特征以钙铝榴石为主，可含少量的绢云母、蛇纹石、黝帘石等，折射率1.74～1.75。

图9-59　铬钒钙铝榴石（沙弗莱石）（一）

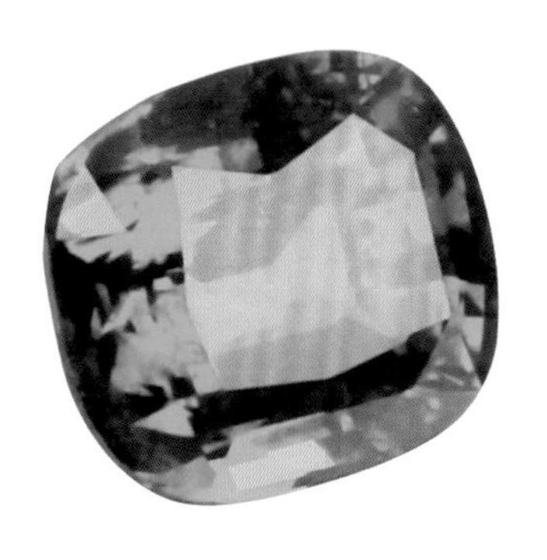

图9-60　铬钒钙铝榴石（沙弗莱石）（二）

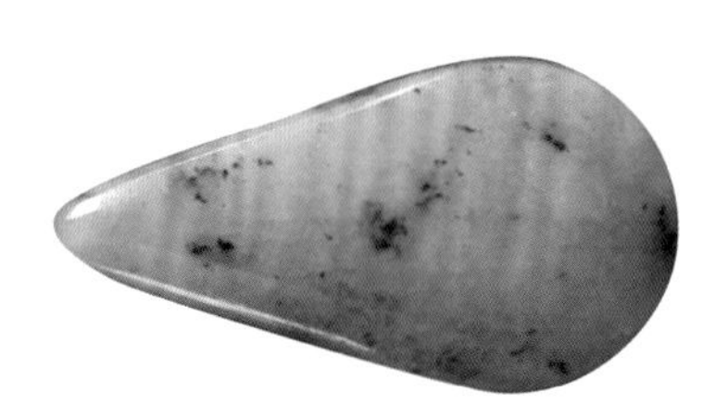

图9-61　水钙铝榴石（一）

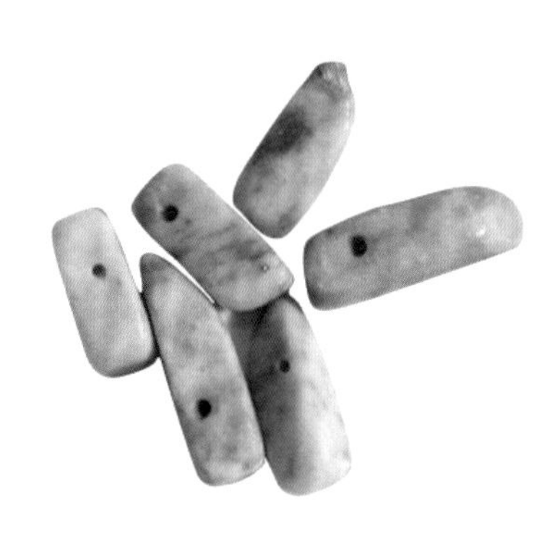

图9-62　水钙铝榴石（二）

图9-63 翠榴石（一）

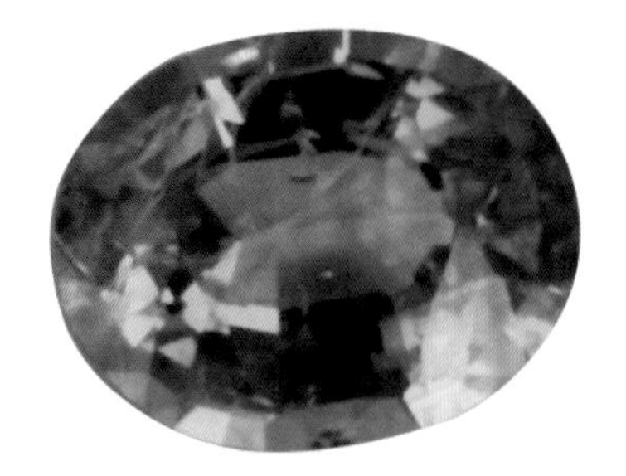

图9-64 翠榴石（二）

图9-65 翠榴石（三）

5. 钙铁榴石

钙铁榴石（Andradite）含Ti为黑色，称黑榴石。含Ti、Cr呈绿黄色，又称黄榴石，大于3ct就很珍贵。

最重要的钙铁榴石变种是翠榴石（Demantoid，图9-63～图9-65），一种含Cr的中等至深绿色或带黄的绿色的钙铁榴石，是一种稀有的宝石，大颗粒、深绿色的翠榴石十分昂贵。翠榴石的绿色成因是由于少量的Cr取代了晶体中的Fe所致，折射率为1.855～1.895，色散值高达0.057，摩氏硬度为6.5～7，相对密度为3.81～3.87，查尔斯滤色镜下观察呈红色，具典型的Cr吸收光谱：深绿色翠榴石在红区690nm、685nm、634nm和618nm处可显示吸收线，紫区440nm以下强的吸收带。

俄罗斯乌拉尔产的翠榴石有特征的“马尾丝状”包裹体（图9-66），可作为鉴定标志。纳米比亚产的翠榴石无此特征。但具有明显的生长纹和碎裂状的黑色包裹体。翠榴石主要产于蚀变的超基性岩的蛇纹石脉，产地有俄罗斯的乌拉尔、纳米比亚、赞比亚、意大利和美国加利福尼亚州等。

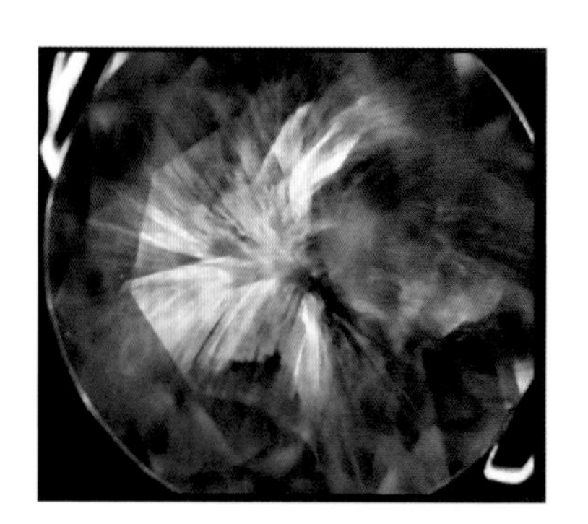

图9-66 翠榴石中的“马尾丝状”包裹体

6. 钙铬榴石

钙铬榴石（Uvarovite），颜色为鲜艳的绿色，其颜色成因与晶体中含有微量的铬有关，主要产于俄罗斯的乌拉尔。晶体通常以小颗粒状形式出现，具有良好的宝石学特性。摩氏硬度为7.5，相对密度为3.72～3.78，折射率为1.82～1.88。

最著名的产地为芬兰奥托孔普，其他产地还有挪威、俄罗斯、南非和加拿大等。

三、石榴石的鉴定特征

原石的识别特征为独特的晶形特点和颜色。晶体通常呈菱形十二面体和四角三八面体及两者的聚形，晶面上有生长纹。对成品的鉴别，从以下四个方面进行。

（1）光泽　因高折射率使表面具有强玻璃光泽，非常明亮。

（2）折射率　单折射宝石，不同品种的石榴石折射率大小不一，除翠榴石、锰铝榴石、部分铁铝榴石的折射率超出折射仪的测试范围外，其他都可测，只要仔细测定折射率，对鉴定石榴石的品种是有帮助的。

（3）吸收光谱　镁铝榴石、铁铝榴石、锰铝榴石和翠榴石典型的吸收光谱提供了准确的鉴定依据，从而帮助确定石榴石的品种。

（4）内含物　不同品种的石榴石，内含物特征不同，可以为准确鉴定石榴石品种提供依据，

红色石榴石易与红宝石、红色和粉红色碧玺等相混；黄色者易与托帕石、黄水晶、黄色绿柱石和金绿宝石等相混；绿色者还可与祖母绿、翡翠等相混。但只要测试其折射率和相对密度，并注意石榴石属光性均质体，是不难区分的，详见表9–7。

表 9–7　石榴石与相似宝石主要性质对比表

宝石名称	摩氏硬度	相对密度	折射率	双折射率	多色性
红宝石	9	4.00	1.762～1.770	0.008～0.010	二色性强
碧玺	7～7.5	3.03～3.05	1.624～1.644	0.018～0.020	二色性强
托帕石	8	3.53	1.619～1.627	0.008～0.010	三色性明显
水晶	7	2.66	1.544～1.553	0.009	二色性弱
绿柱石	7.5～8	2.72	1.577～1.583	0.005～0.009	二色性中等
金绿宝石	8.5	3.73	1.746～1.755	0.008～0.010	三色性强
石榴石	7～7.5	3.60～4.20	1.730～1.889	均质	无
翡翠	6.5～7	3.25～3.40	1.66		

此外，石榴石与尖晶石也易于混淆，但尖晶石在紫外线照射下会发出荧光，而石榴石族宝石则不发荧光。

四、石榴石的质量评价

由于石榴石有许多品种，相互间价格的差别比较大，因而品种便成了评价石榴石质量的重要因素。在市场上，石榴石常见有两种颜色，一是较为普遍的红色、紫红或深暗红色，包括镁铝榴石、铁铝榴石和少数锰铝榴石，这种石榴石价格比较便宜，一般每克拉几元至几十元；二是十分美丽的绿色，主要是铬钒钙铝榴石和翠榴石，铬钒钙铝榴石价格每克拉几十至几百元；优质钙铝榴石价值近于翠榴石；翠榴石颜色为极其鲜艳的翠绿色，折射率高达1.89，尤其是它的高色散值（0.057）为其他种类石榴石的两倍，且大于钻石，故而琢磨成宝石时光彩耀眼，非常惹人喜爱，宝石学特性很好，但在自然界产出很少，它们的价值较其他种类的石榴石要高出许多。因此，翠榴石一直是很受人喜爱的高档宝石，其价值可与优质蓝宝石相当。优质的翠榴石的价格可接近甚至超过同样颜色祖母绿的价格。橙色的锰铝榴石、红色的镁铝榴石、暗红色的铁铝榴石其价格依次递减。

第六节　锆石

锆石（Zircon），亦称锆英石（日本称之为“风信子石”）。锆石光泽强、色散高，堪与钻石媲美，各种仿钻材料还未研制出来时，无色的锆石是钻石的最佳替代品。现代用于首饰的主要是无色和蓝色锆石。在世界许多著名博物馆里，都收藏有锆石珍品。锆石作为十二月的生辰石，象征着繁荣与成功。

一、锆石的基本性质

1. 化学成分

锆石是锆的硅酸盐，化学成分为$Zr[SiO_4]$，可含有微量放射性元素铀（U）、钍（Th）以及Hf、Ca、Mg、Fe、Al等。由于锆石成分中含有一定量的放射性元素，因而可以使锆石发生从结晶态到非结晶态的转变，称为蜕晶化。结晶态者称为高型锆石，非结晶态者则称为低型锆石，常见者为介于其间的中型锆石。高型锆石、中型锆石和低型锆石在物理性质方面存在着较大的差异（见表9–8）。

表 9–8　不同类型锆石特征表

性质	高型锆石	中型锆石	低型锆石
结晶特征	晶质体，四方晶系	晶质向非晶质过渡	非晶质体
颜色	深红褐色、褐色、橙色、橙红色、黄绿色、蓝色、无色	黄绿色、褐绿色	绿色、褐绿色、灰黄色、暗褐色
多色性	红色：明显，其他色：弱		不明显
折射率	1.90～2.01	1.83～1.89	1.78～1.82
双折率	0.059	0.10～0.40	单折射
硬度	7～7.5	6～7	6～6.5
相对密度	4.67～4.73	4.1～4.6	3.9～4.0
吸收光谱	653.5nm、659nm为诊断线，红色、橙色则无。黄色、褐色、绿色者多达40条吸收谱线。		653.5nm的模糊线
内含物特征	愈合裂隙，矿物包体磷灰石、磁铁矿、黄铁矿等		平直色带和角状环带现象，大量云雾状内含物
其他	后刻面棱重影	绿色者在滤色镜下呈红色	绿色者在滤色镜下呈红色
产地	柬埔寨、泰国	斯里兰卡	斯里兰卡

2. 结晶特征

四方晶系，晶形常为四方柱状及四方双锥状的聚形，因锆石的生成环境不同，其柱面及锥面的发育程度不一，有时锥面较柱面发育，而使锆石呈似八面体的双锥晶体。双晶类型为膝状双晶（图9–67）。

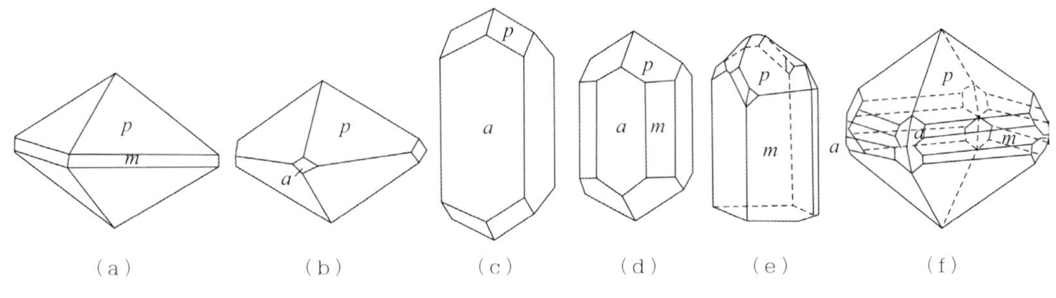

图9-67 锆石的晶体形态

3. 力学性质

锆石无解理，断口呈贝壳状，性脆。刻面型宝石的棱边易被磨损，如果多粒锆石用纸包在一起，锆石之间产生摩擦，就会相互磨损，锆石的这一性质称之为“纸蚀效应”（图9-68）。因此，锆石的包装需用软纸包裹，通常要单粒分装。高型锆石的摩氏硬度为7～7.5，相对密度为4.67～4.73；低型锆石的摩氏硬度为6～6.5，相对密度为3.90～4.00。

图9-68 锆石的“纸蚀效应”

4. 光学性质

高型锆石颜色为深红褐色、褐色、橙色、橙红色、黄绿色、蓝色、无色（图9-69）。光泽为亚金刚光泽，透明。折射率为1.90～2.01，双折射率高，达0.059，色散值也较高为0.039。低型锆石的颜色为绿色、褐绿色、灰黄色、暗褐色等。折射率为1.78～1.82，双折射率为0.005。锆石中最具特征的吸收谱线是653.5nm，可作为鉴定标志。

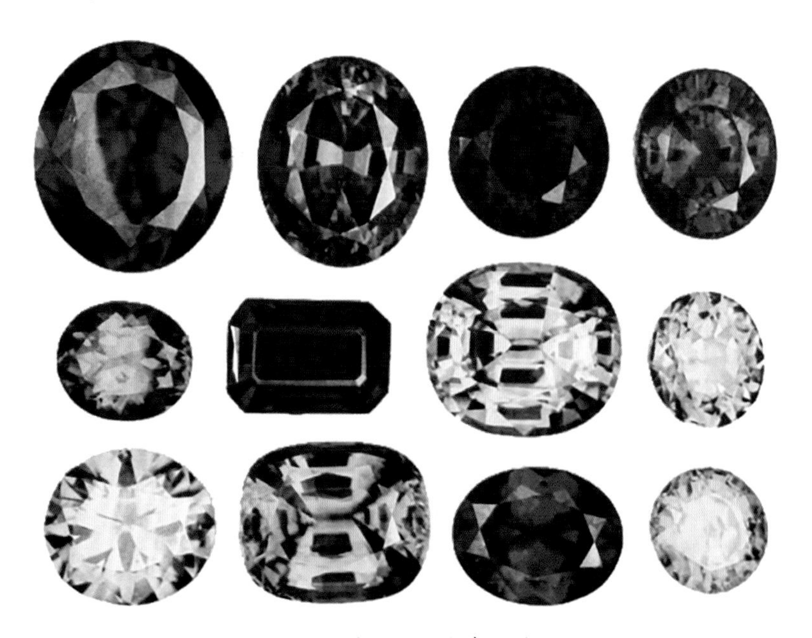

图9-69 各种不同颜色的锆石

高型锆石为一轴晶正光性。蓝色锆石的多色性明显，呈蓝色–褐黄色；红色锆石的多色性为中等的红紫色–紫褐色；橙色锆石的多色性为中等的褐黄色–紫褐色；绿色的锆石的多色性为绿色–黄绿色，并在查尔斯滤色镜下呈粉红色。

5. 内含物特征

高型锆石常见愈合裂隙及固态包裹体，如磷灰石、磁铁矿、黄铁矿等固态包裹体，刻面棱上可见到双影线（图9–70）。绿色低型锆石中常见有平直色带和角状环带现象以及絮状包裹体（图9–71）。

图9–70　锆石刻面棱重影

图9–71　斯里兰卡绿色蜕晶锆石平行线条的角状结构

低型锆石经一段时间的高温加热，可重新获得高型锆石的特征，使相对密度增高，吸收谱线清晰。红褐色锆石加热后变为无色锆石，有些在常温下放置几年时间后，红褐色会逐渐显示出来。

二、锆石的鉴定特征

锆石与钻石、金绿宝石、尖晶石、托帕石等宝石相似，放大观察：锆石有后刻面棱重影现象，结合锆石的相对密度、折射率、光性特征等可与其他宝石区分，见表9–9。

表 9–9　锆石与相似宝石主要性质对比表

宝石名称	摩氏硬度	相对密度	折射率	双折射率	光性	多色性
高型锆石	7～7.5	4.67～4.73	1.90～2.01	0.059	一轴（+）	弱
低型锆石	6～6.5	3.90～4.00	1.78～1.82	无	光性异常	无
钻石	10	3.52	2.417	无	均质	无
尖晶石	7.5～8	3.57～3.70	1.71～1.755	无	均质	无
金绿宝石	8.5	3.73	1.746～1.755	0.008～0.010	二轴（+）	弱–明显
托帕石	8	3.49～3.57	1/619～1.627	0.008～0.010	二轴（+）	较明显

三、锆石的产地

锆石产于伟晶岩和碱性岩中，宝石级锆石主要产于砾石层中。斯里兰卡和泰国是世界上宝石级锆石的主要产地。其它产出国包括老挝、柬埔寨、缅甸、法国、澳大利亚和坦桑尼亚等。

我国有多个锆石出产地，其中以海南文昌红色锆石和福建明溪的无色锆石最为著名，其次为山东昌乐、辽宁宽甸、江苏六合等地。

第七节　托帕石

托帕石（Topaz），是英文名称“Topaz”的音译，其矿物学名称为黄玉。因为黄玉容易使人理解为和田玉中的“黄玉”。1996年10月，制定的珠宝玉石国家标准正式规定以“托帕石”作为标准名称使用。托帕石具有晶体大、硬度高、耐磨性好的特点，是国际市场上畅销的宝石之一，特别是天然产出的天蓝色托帕石和酒黄色托帕石。托帕石作为十一月的生辰石，象征着智慧、友情和幸福。

一、托帕石的基本性质

1. 化学成分

托帕石是一种含羟基的铝硅酸盐，化学式为$Al_2[SiO_4](F,OH)_2$，其中F与OH的比值可以影响其物理性质，成分中还常含有微量的Cr、Li、Be、Ga、Cs等元素。

2. 结晶特征

斜方晶系。常见单形为斜方柱、斜方双锥、平行双面，晶体形态常为柱状，端部常为锥状，柱面上常有纵纹。有时晶体很大，一端为锥，一端为底面解理，有时晶形呈块状、粒状（图9-72和图9-73）。

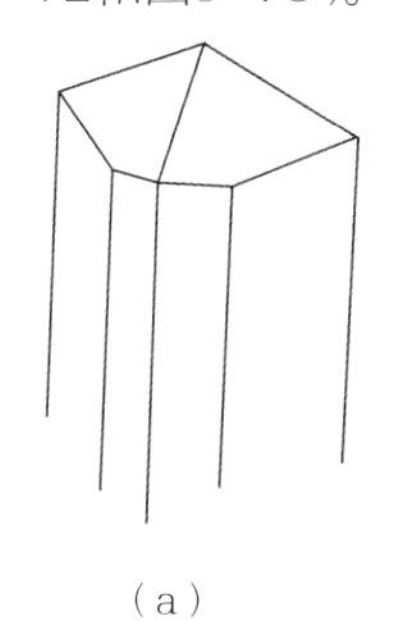
（a）
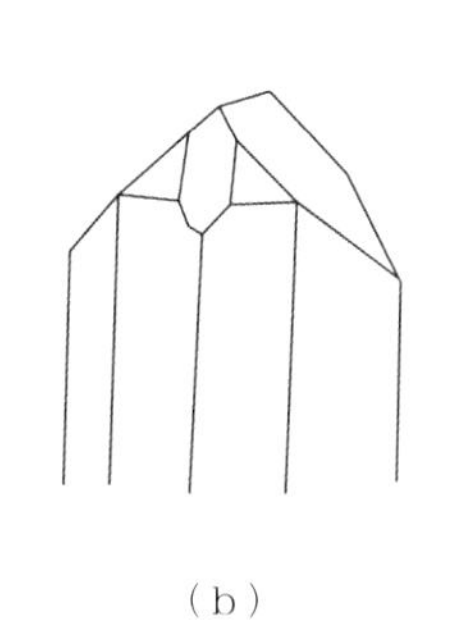
（b）
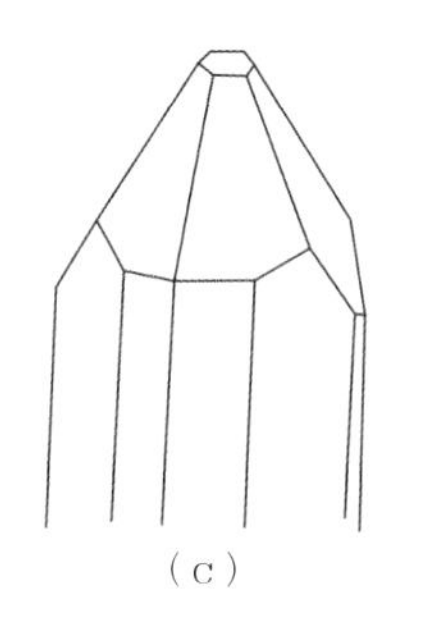
（c）
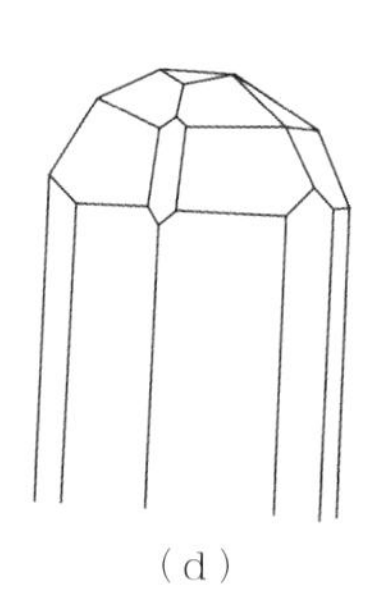
（d）

图9-72　托帕石的晶体形态

3. 力学性质

一组底面完全解理，加工时台面与解理面要斜交5°以上，否则台面不能抛光。摩氏硬度为8，相对密度为3.49～3.57（通常3.53），且随F含量的增加而增加。由于托帕石解理发育，所以性脆，非常易碎，轻轻撞击或敲打宝石，都可导致宝石的损坏。

图9-73　托帕石晶体

4. 光学性质

（1）颜色　黄、橙、褐、粉红、红、紫红、蓝、浅绿和无色（图9–74）。褐色的托帕石在阳光照射下，可以转变为极浅的蓝色，许多无色的托帕石在人工辐照并伴随热处理条件下，可以转化成各种色调的蓝色。

图9–74　各种颜色的托帕石

（2）光泽和透明度　玻璃光泽，透明。

（3）折射率和双折射率　折射率为1.61～1.64，不同颜色的托帕石其折射率存在着一定的差异。无色、浅蓝色和浅绿色的托帕石，折射率为1.609～1.617；黄色、褐色和红色的托帕石，折射率为1.629～1.637。双折射率为0.008～0.010，色散值为0.014。

（4）光性　二轴晶正光性，折射仪上表现为假一轴晶。多色性明显。

（5）紫外荧光　黄色、褐色、粉红色和红色托帕石，在长波紫外光照射下，发微弱至中等橙黄色荧光，在短波紫外光照射下，发微弱荧光。

蓝色和无色托帕石，发微弱的黄色或绿色荧光。橙褐色的托帕石经过热处理后，变成粉红色。

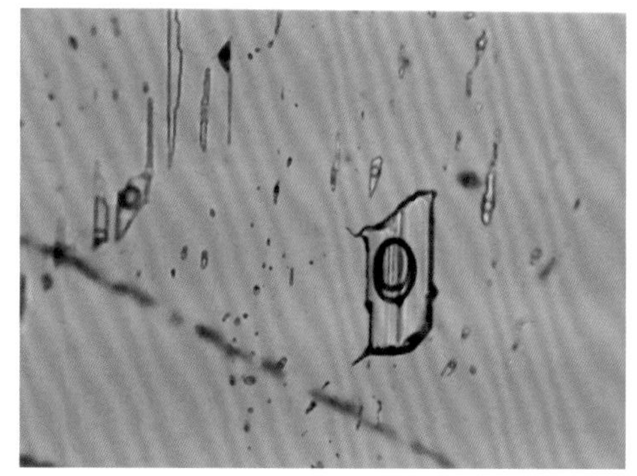

图9–75　巴西托帕石三相包裹体（一）

5. 内含物特征

托帕石一般内部洁净，可含有细小液态包裹体、气–液两相包裹体、两相不相容的液相+气相的三相包裹体（图9–75、图9–76），还有云母、钠长石、电气石、赤铁矿等固态矿物包裹体以及初始解理等。

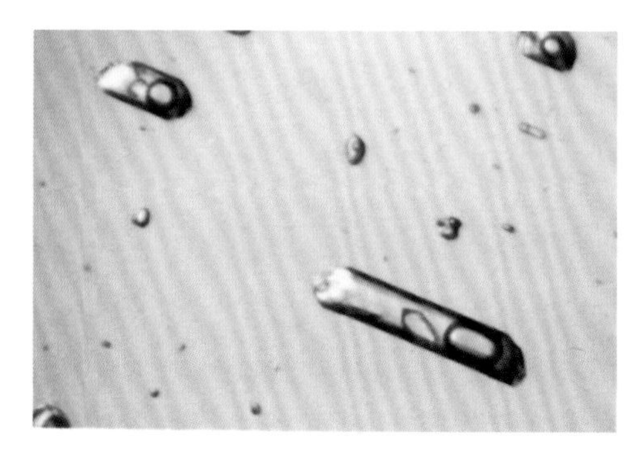

图9–76　巴西托帕石三相包裹体（二）

二、托帕石的品种

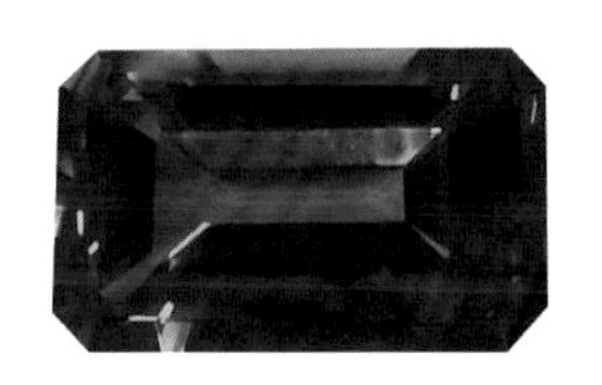

图9-77　蓝色托帕石

托帕石的品种主要根据颜色来划分，可分为下列品种。

（1）黄色托帕石　有价值的为金黄色及酒黄色。金黄色是黄带橙色，酒黄色则是黄带红色。黄色托帕石很普通，常见个体为中等，极大块的也不罕见。

（2）粉红至红色托帕石　目前国际市场上出售的粉红至红色托帕石，大部分是用黄色和橙色的托帕石经过加热处理而得到的，这种处理品颜色比较稳定，不会变化。

（3）蓝色托帕石　这是国际市场上比较畅销的托帕石品种，因为它比海蓝宝石便宜，可外观质量却差不多。它的颜色主要是天蓝色，并常带一点灰或绿色调。它是由无色托帕石先经辐照，然后再加热处理而呈蓝色，这种处理品颜色也很稳定（图9-77）。

（4）无色托帕石　因折射率不高，色散亦低，琢磨成刻面后与水晶非常相似，通常用来优化成蓝色托帕石，做成戒面、手链、项链。

三、托帕石与相似宝石的鉴别

就原石而言，托帕石易与水晶相混，但托帕石的硬度大于水晶，且托帕石有一组完全解理，而水晶则无解理。对成品而言，相对密度是托帕石与相似宝石鉴别的主要依据，见表9-10。

表 9-10　托帕石与相似宝石特征鉴别表

宝石名称	相对密度	摩氏硬度	折射率	双折射率	多色性
托帕石	3.53	8	1.619～1.627	0.008～0.010	三色性明显
磷灰石	3.10	5	1.634～1.638	0.002～0.008	蓝色品种二色性强
赛黄晶	3.00	7～7.5	1.630～1.636	0.006	三色性弱
海蓝宝石	2.72	7.5～8	1.577～1.583	0.005～0.009	二色性明显
碧玺	3.06	7	1.624～1.644	0.018～0.020	二色性强
黄水晶	2.66	7	1.544～1.553	0.009	二色性弱

四、托帕石的质量评价

由于托帕石为中低档宝石，大块的宝石较易找到，因而重量不是十分重要的评价要素，颜色才是最重要的，不同颜色的托帕石其价值不同，最珍贵的颜色为粉红色、红色、金黄橙色，粉红色托帕石超过5ct以上、金黄色托帕石超过20ct以上的很少见。粉红色托帕石通常带有浅紫罗兰色色调，其颜色越接近于红色，价值也就越高。黄色调的托帕石，以金黄色、雪利（橙黄）色为最好，其中以不带任何褐色的深色调雪利色托帕石为最好；而黄色、柠檬黄色托帕石则价值相对低一些。蓝色的托帕石往往色调较浅（其色调与海蓝宝石相似），现在市场上出售的颜色较深的蓝色托帕石，其颜色是由人工辐照处理而产生的，这样的托帕石价值比较低。

五、托帕石的产地

宝石级的托帕石主要产于伟晶岩、酸性火山岩晶洞及高温热液钨锡石英脉中。冲积砂矿中呈砾石产出。

世界上优质托帕石的主要产地为巴西、斯里兰卡、美国、日本、缅甸、马达加斯加、纳米比亚、津巴布韦、中国和俄罗斯等。其中橙黄色和酒黄色托帕石，主要产于巴西的欧罗·帕莱托地区；蓝色和淡蓝色托帕石，则主要产于美国的加利福尼亚州和得克萨斯州。

我国出产的托帕石以无色为主，主要产于云南、内蒙古和新疆等地的伟晶岩中。目前我国的改色托帕石，品质较好，是重要的宝石品种之一。

第八节　碧玺

碧玺（Tourmaline）是宝石级电气石的总称，电气石名称是由于该矿物受热带电或受压带电的特性而得名。18世纪荷兰人发现碧玺在阳光照射下具有吸附灰尘、碎纸屑的功能，而得名“吸灰石”。碧玺是颜色最丰富的宝石之一，有的晶体的两端或晶体的内外颜色不同，也称为“双色碧玺”、“西瓜碧玺”。碧玺自古以来就一直是人们喜爱的宝石，它与欧泊一起作为十月的生辰石，象征着和平、平安和希望。

一、碧玺的基本性质

1. 化学成分

碧玺的化学成分复杂，为铝、铁、镁的硼硅酸盐，成分中以含有挥发性硼（B）元素为特征。化学式为$(Na,Ca)(Mg,Fe^{2+},Fe^{3+},Mn,Li,Al)_3Al_6[Si_6O_{18}][BO_3]_3(OH，F)_4$，Mg、Fe、Li、Al之间形成复杂的类质同象，导致碧玺颜色多样，含铁多时，颜色为黑色。

2. 结晶特征

三方晶系。晶体形态常为三方柱、六方柱、三方单锥，晶体两端单形不同，柱面上常有纵纹，横切面呈球面三角形，可作为肉眼鉴定的主要依据之一（图9-78）。用作宝石的材料，大多数都是晶形完好的单晶（图9-79～图9-82）。

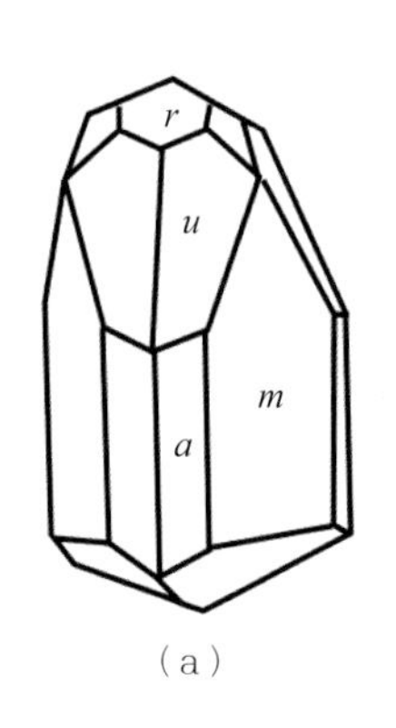

（a）

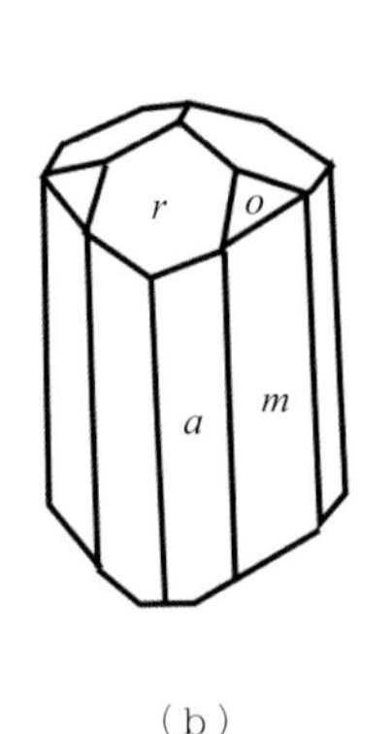

（b）

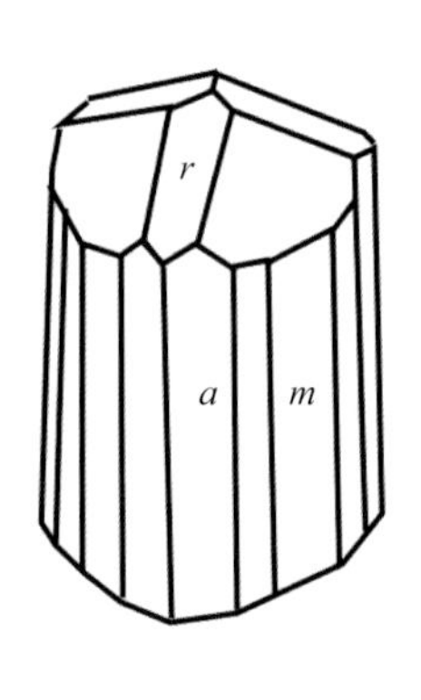

（c）

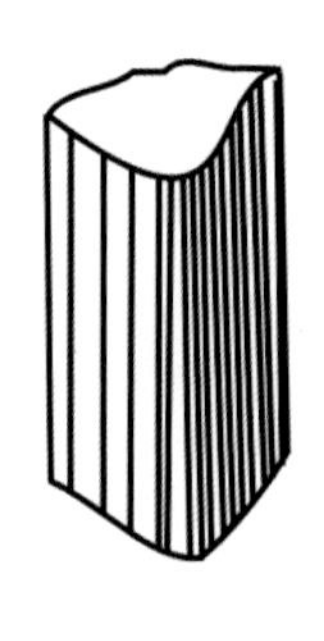
（d）

图9-78　碧玺的晶体形态

图9-79　不同颜色的碧玺晶体

图9-80　红色碧玺晶体

图9-81　绿色碧玺晶体

图9-82　蓝色碧玺晶体

3. 力学性质

碧玺无解理，具贝壳状至不平坦状断口。摩氏硬度7～7.5，相对密度3.01～3.26，随含铁量增加，相对密度值也相应增高。具有强烈的压电性和热电性（即按一定方向对柱状晶体加以压力，或在柱状晶体中间加热，晶体两端表现出正负不同的电性），这也是“电气石”名称的由来。

4. 光学性质

碧玺的光学性质，随化学成分的不同而有所变化。

（1）颜色　碧玺的颜色类型多样，是颜色种类最多的宝石之一。可呈无色、粉红色、红色、绿色、蓝色、紫色、黄色、黄绿色、褐色、黄褐色、黑色等（图9-83～图9-85），颜色的分布可具有色带现象。在垂直晶体延长方向的横切面上，由中心向外不同的颜色形成同心环状分布，常为内红外绿，酷似西瓜，称“西瓜碧玺”（图9-86、图9-87）；也可以在同一个晶体的两端，呈现不同的颜色，称“双色碧玺”或“三色碧玺”。形成这种颜色分带现象的原因，是晶体结晶过程中周围化学成分发生变化的缘故。

图9-83　各种不同颜色的碧玺

图9-84　不同颜色的碧玺珠串成的手链

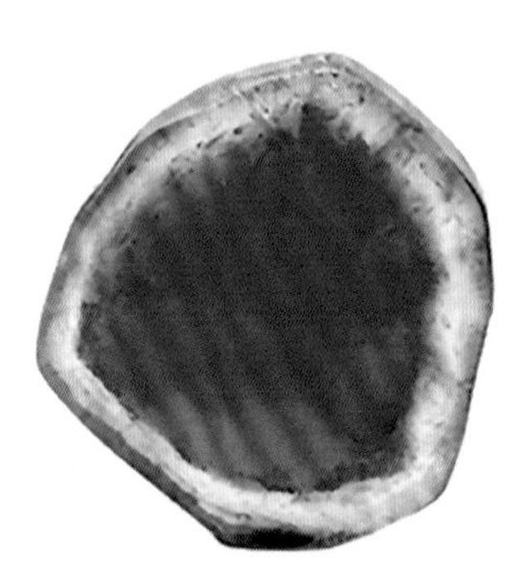

图9-86　西瓜碧玺（一）

图9-87　西瓜碧玺（二）

图9-85　不同颜色的碧玺珠串成的项链

（2）光泽和透明度　玻璃光泽，透明至不透明。

（3）折射率和双折射率　折射率为1.62～1.65，双折射率为0.014～0.021（0.018），色散值为0.017。

（4）光性　一轴晶负光性。碧玺具有很强的多色性，随其体色的不同而不同。如红色和粉红色碧玺多色性为红色至橙红色；绿色碧玺为绿色至黄绿色；蓝色碧玺为浅蓝色至深蓝色。

（5）发光性　大多数碧玺在紫外光照射下，不发荧光。但部分粉红色的碧玺在紫外光照射下，可以发出很微弱的红色至紫色的荧光。

（6）特殊光学效应　碧玺可具有猫眼效应。

5. 内含物特征

碧玺中常有较多的气液包裹体或裂纹（图9-88），但绿色者相对较少；包裹体多呈星散状分布，其形态为椭圆状、片状及雨滴状、长管状等。红色和粉红色的碧玺常含有大量充满液体的扁平状和不规则管状包裹体，若管状包裹体定向密集排列，则可加工成碧玺猫眼。

图9-88　巴西碧玺中的内含物

二、碧玺的品种

碧玺的品种主要依据颜色来划分，颜色与晶体中所含的微量元素有关。

（1）红碧玺（Rubellite）　桃红、玫瑰红、粉红至红色的碧玺，是碧玺中的珍贵品种。优质的红碧玺，其颜色如红宝石一样的红色，多色性明显，呈红色至橙红色。俄罗斯乌拉尔产优质红碧玺。

（2）绿碧玺（Verdelite）　暗绿、浅绿色、蓝绿色和黄绿色的碧玺，多色性明显至强，呈绿色至黄绿色，折射率为1.62～1.65，双折射率为0.018，极少数可达0.039。

（3）蓝碧玺（Indicolite）　浅蓝色至深蓝色的碧玺，切磨成刻面宝石后外观与蓝宝石相似。

（4）褐碧玺（Dravite）　也称镁电气石，浅褐色、褐色和绿褐色的碧玺，多色性明显，呈褐色至浅褐色。

（5）多色碧玺（Particolored tourmaline）　在一个碧玺晶体中同时出现多种颜色的碧玺，如双色碧玺、三色碧玺（图9-89～图9-91）和西瓜碧玺。

图9-89　双色碧玺（一）

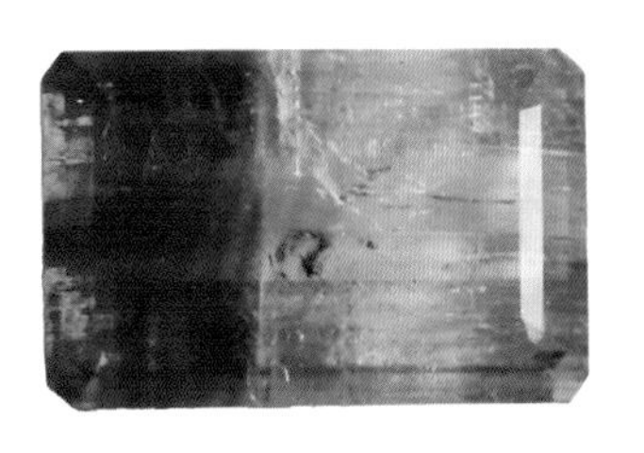

图9-90　双色碧玺（二）

图9-91　三色碧玺

（6）碧玺猫眼（Cat's-eye tourmaline）　碧玺内含大量平行管状、线状空穴包裹体，加工时定向切磨成弧面型宝石，可具有猫眼效应（图9-92），一般常见于绿碧玺中。

（7）蓝绿色碧玺（Paraiba，又称帕拉伊巴碧玺）　这是一种由Cu和Mn致色的碧玺，与绿松石颜色相似，呈非常漂亮的蓝绿色（图9-93～图9-95），是碧玺中的高档品种。1988年发现于巴西，现在莫桑比克也发现了这种含Cu、Mn的碧玺。

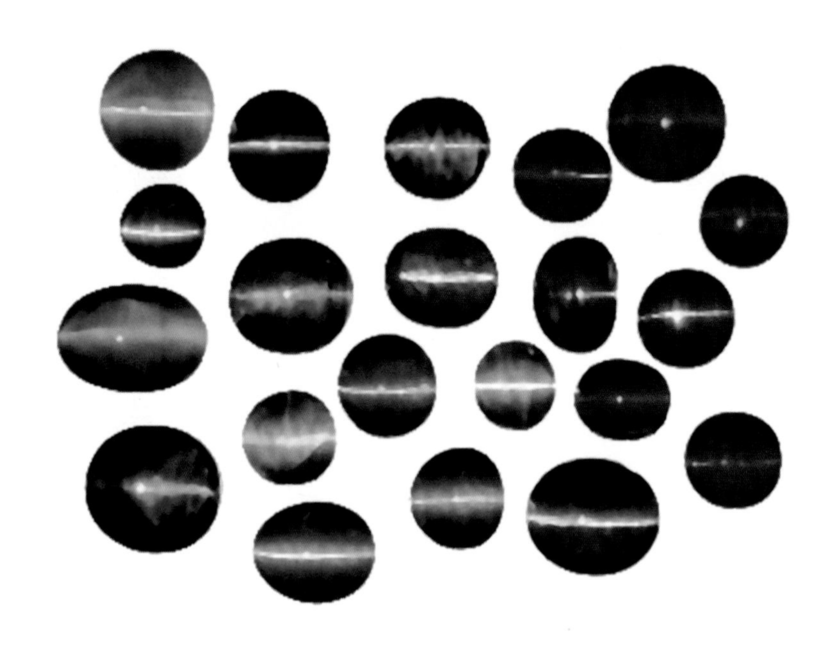

图9-92　碧玺猫眼

图9-93　帕拉伊巴碧玺（一）

图9-94　帕拉伊巴碧玺（二）

图9-95　帕拉伊巴碧玺钻石吊坠

三、碧玺的鉴定特征

1. 原石的鉴别

原石的鉴别是根据晶形特点、晶面纵纹、横截面为球面三角形及颜色特征鉴别。

2. 成品鉴别

碧玺颜色种类繁多，外观上容易和其他宝石相混淆，例如尖晶石、红宝石、蓝宝石、托帕石、祖母绿和水晶等，通过下列简单的方法可将碧玺与其他宝石区别开来。

碧玺颜色丰富，红、绿、黄、蓝、褐、黑等，颜色比较淡，透明度较好，折射率为1.62～1.65，双折射率为0.018。具有极强的二色性，有时用肉眼就可以观察到其颜色的变化。相对密度为3.01～3.26。

四、碧玺的质量评价

碧玺属中档宝石，15～20ct以上洁净无瑕的碧玺也较常见。一般认为最好、最珍贵的碧玺为帕拉伊巴碧玺，其次是红色碧玺、多色（杂色）碧玺，多色碧玺比相应的单色碧玺更珍贵、价值更高。

绿色碧玺可以带有许多不同的色调，有带褐的绿色、带黄的绿色、类似嫩草的绿色、似祖母绿色的绿色和带蓝的绿色，其中以似祖母绿色的绿色和带蓝的绿色为最好，而带褐或带黄的绿色将降低绿色碧玺的等级。

五、碧玺的产地

具宝石价值的碧玺除镁电气石产于大理岩外，大多数产于花岗伟晶岩中。

主要产出国有巴西、马达加斯加、纳米比亚、莫桑比克、俄罗斯、斯里兰卡、美国、缅甸和中国。其中世界上50% ～70%的彩色碧玺，产自巴西的米那斯吉拉斯州，它同时还出产多色碧玺和碧玺猫眼。

我国的碧玺主要产于新疆、内蒙古、河南、云南等地。其中以新疆阿勒泰地区出产的碧玺最佳，品种有绿色、黄色、粉红色，以及“西瓜碧玺”和碧玺猫眼等。

第九节　长石族宝石

长石（Feldspar）是自然界中普遍存在的一种矿物，其矿物种类繁多，凡色泽艳丽、透明度高、无裂纹、块度大，或具有特殊光学效应的长石均可用作宝石。

一、长石族宝石的基本性质

1. 化学成分及品种

长石是一个矿物族的名称，为架状结构的钾、钠、钙铝硅酸盐，矿物成分主要为$KAlSi_3O_8$–$NaAlSi_3O_8$–$CaAl_2Si_3O_8$的三元系列（图9–96），即相当于由钾长石、钠长石和钙长石三个端员分子组成的混溶矿物，钾长石和钠长石在高温条件下形成完全类质同象，构成钾长石系列，温度降低时则混溶性逐渐减小。钠长石和钙长石形成完全的类质同象，称为斜长石系列。钾长石和钙长石在任何条件下都不能混溶。按成分特点长石族分为两个系列。

（1）钾长石系列　化学成分为$KNaAlSi_3O_8$，包括正长石、透长石、月光石和微斜长石。

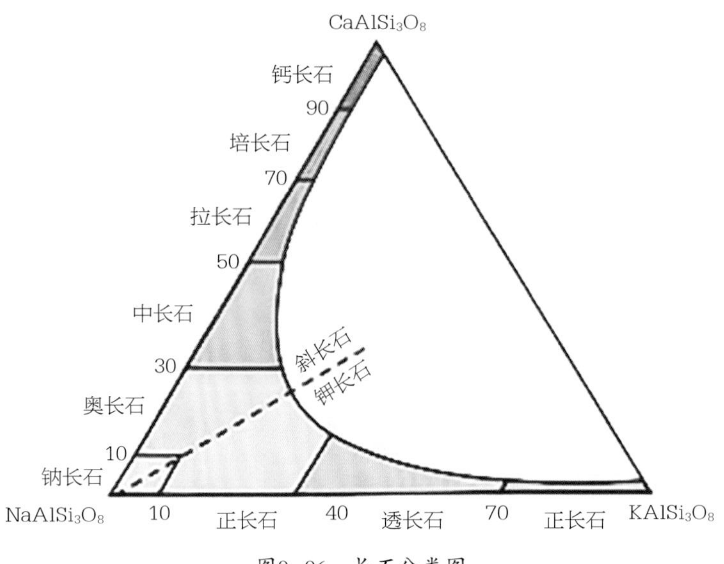

图9-96　长石分类图

（2）斜长石系列　化学成分为$NaAlSi_3O_8$–$CaAl_2Si_3O_8$两种端员组分的完全类质同象系列，根据钠长石对钙长石的相对百分率又划分为钠长石、奥长石、中长石、拉长石、培长石、钙长石。

长石种类很多，但能用做宝石的则很少，能用来做宝石的品种主要有月光石、天河石、日光石、拉长石等。

2. 结晶特征

正长石、透长石为单斜晶系，其他为三斜晶系。长石通常呈板状、棱柱状，双晶发育，斜长石发育聚片双晶，钾长石发育卡氏双晶（图9–97）。

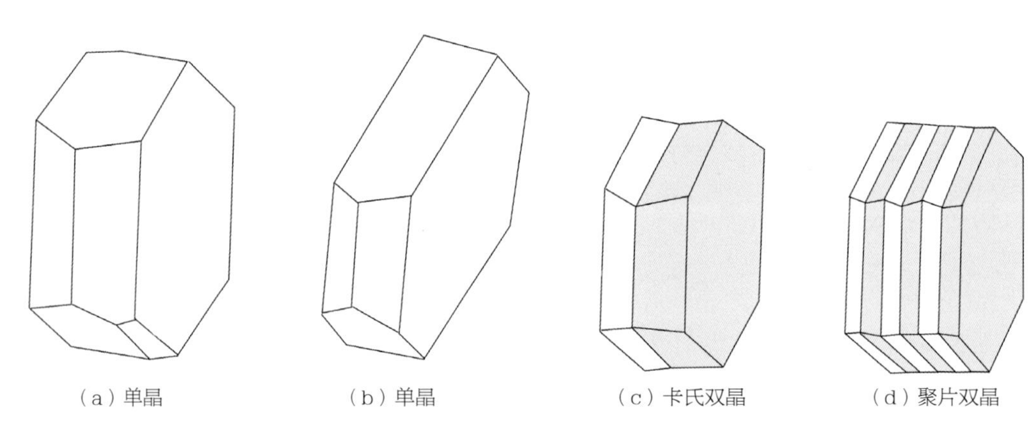

图9–97　长石的晶体形态及双晶

3. 力学性质

长石发育有两组完全解理，正长石中两组解理的交角为90°，其他长石中二组解理的交角近于90°，摩氏硬度为6，相对密度2.30～2.70，随成分、品种不同而异。

4. 光学性质

（1）颜色　长石通常呈无色、白色、淡褐色、浅黄色、绿色和蓝绿色等，长石的颜色与其中所含有的微量杂质、矿物包裹体及特殊光学现象有关。

（2）光泽及透明度　长石的抛光面呈玻璃光泽，解理面呈玻璃至珍珠光泽，透明至不透明。

（3）折射率和双折射率　折射率为1.52～1.57，双折射率为0.006～0.011，因品种不同而异，见表9–11。

（4）光性　非均质体，钾钠长石为二轴晶负光性。斜长石为二轴晶正光性。多色性不明显。

（5）发光性　紫外光照射下，无荧光或呈弱粉红色、黄绿色、橙红色荧光。

（6）特殊光学效应　长石族宝石可呈现月光效应、猫眼效应、砂金效应和晕彩效应。

图9–98　月光石中蜈蚣足状包裹体（一）

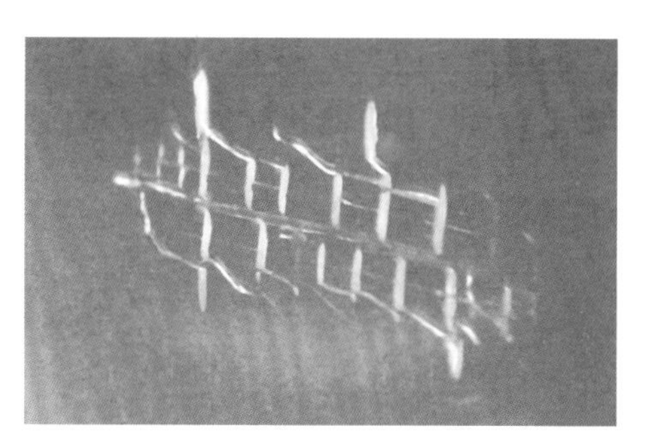

图9–99　月光石中蜈蚣足状包裹体（二）

5. 内含物特征

在长石中可见到固态包裹体、气液两相包裹体、聚片双晶、解理以及由两组解理近于垂直相交排列的“蜈蚣”状包裹体（图9–98、图9–99）。不同品种中的特征包裹体不同，如天河石中可见两组近于直角的解理，呈网状或格子状分布。日光石中的赤铁矿包裹体。拉长石中常见多组定向排列的针状或板状包裹体。

二、长石族宝石的主要品种及鉴定特征

长石中常见的宝石品种主要有钾长石中的月光石、透长石、天河石和斜长石中的日光石和拉长石等。

1. 月光石

月光石（Moonstone，又名月亮石），世界上很多国家的人们认为月光石能给人带来好运，给人以力量。月光石与珍珠、变石一起作有六月的生辰石，象征健康、富贵和长寿。

月光石是正长石（$KAlSi_3O_8$）和钠长石（$NaAlSi_3O_8$）两种成分层状交互的矿物。通常呈无色至白色，粉红色、浅黄、橙至淡褐、蓝灰或绿色及灰色等（图9–100～图9–103），红色调是由于含针铁矿包裹体所致。具有特征的月光效应，是两种长石的层状隐晶平行相互交生，折射率稍有差异对可见光发生散射，当有解理面存在时，可伴有干涉或衍射等，长石对光的综合作用使长石表面产生一种蓝色的浮光。以白色有蓝色光彩的价值最高。玻璃光泽，透明至亚半透明。折射率1.52～1.53，双折射率0.006，相对密度为2.56，两组完全解理。内含物通常是沿长石的初始解理产生一些微裂隙，由于两组微裂隙相交而构成各种图案，称为蜈蚣足状包裹体。

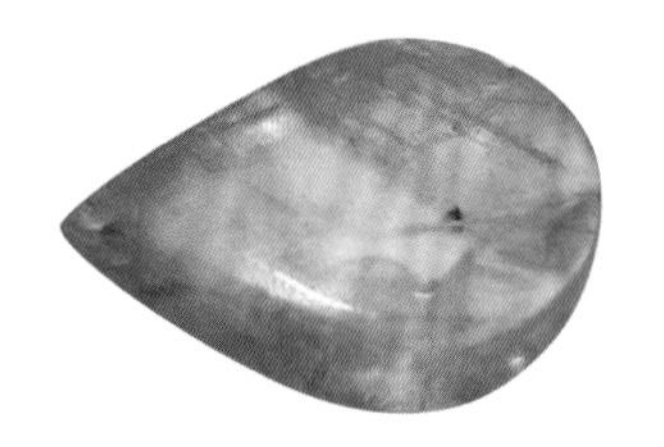

图9-100　月光石（一）

图9-101　月光石（二）

图9-102　月光石（三）

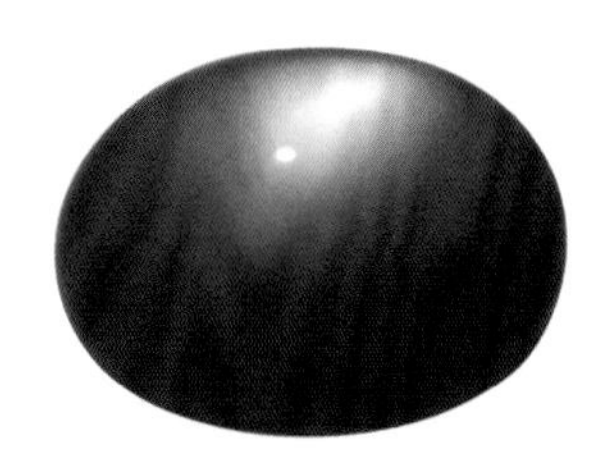

图9-103　月光石（四）

图9-104　天河石

世界上优质的月光石主要产自缅甸、坦桑尼亚、马达加斯加、斯里兰卡和美国。中国的月光石主要产于内蒙古、河北、安徽、四川和云南等地。

2. 天河石

天河石（Amazonite，又名亚马逊石）是以钾长石为主的钾长石和钠长石的固溶体，当温度降低时，钠长石从钾长石中出熔，所以在低温中稳定。颜色呈绿色、浅蓝绿至蓝绿色，其颜色是因含铷致色（图9-104）。常含有斜长石的聚片双晶或穿插双晶，而呈绿色和白色格子状、条纹状或斑纹状，致密块状体，相对密度2.56，不透明，折射率1.52～1.54，双折射率0.006，可见两组近于直角的解理，呈网状或格子状分布。长波紫外光下呈黄绿色荧光，短波下惰性。

天河石产于各种伟晶岩中，主要产出国为巴西、美国、俄罗斯、马达加斯加、津巴布韦、坦桑尼亚、澳大利亚。我国新疆阿勒泰地区的伟晶岩中及云南等地也有产出。

3. 日光石

日光石（Sunstone，又名太阳石）具有日光效应，亦称砂金效应。化学成分$NaAlSi_3O_8$，主要为奥长石，或称钠奥长石，属斜长石系列中奥长石的一种。常见颜色为橙红色至红褐色、黄红色，颜色深浅由内含物决定（图9-105、图9-106）。内含物为大量火红色或褐红色的赤铁矿和针铁矿，呈长条片状、团块状和不规则状分布，这些内含物在阳光的照射下，反射能力强，随着宝石的转动，能反射出金黄色至褐色调的光，称为砂金效应。一般呈半透明状。折射率1.53～1.54，双折射率为0.007。相对密度2.62～2.67，常见2.64，

最好的日光石产于挪威，另一个重要的产地是俄罗斯的贝加尔湖（Lake Baikal）地区。此外在加拿大、印度南部、美国的缅因州、新墨西哥州、纽约州等也产有日光石。

图9-105　日光石（一）

图9-106　日光石（二）

4. 拉长石

图9-107 拉长石

拉长石（Labradorite）属斜长石亚种，由钙长石（$CaAl_2Si_2O_8$）50%~70%和钠长石（$NaAlSi_3O_8$）50%~30%组成。颜色多变化，从无色到黄色、浅灰至深灰色（图9-107）。常含有特征的多组定向排列的片状、拉长状磁铁矿和针状针铁矿内含物（图9-108）。透明、半透明到不透明，折射率1.56~1.57，双折射率0.009。相对密度2.69~2.72，通常为2.70。

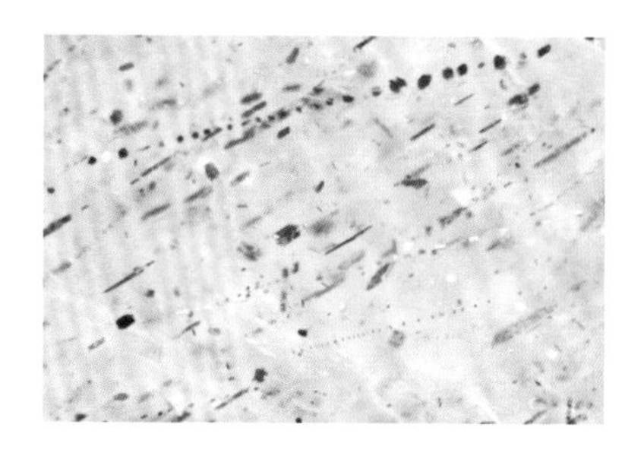
图9-108 拉长石中的固相包裹体

拉长石中最重要的宝石品种为晕彩拉长石，其特征是当把宝石转动到一定角度时，可见整颗宝石发亮，产生灰蓝色、灰绿色、灰黄色、红色或橙色的晕彩，即晕彩效应。最常见的是灰白色的拉长石显示蓝色和绿色晕彩（图9-109）。芬兰产的一种拉长具有鲜艳的多种颜色的晕彩效应，称为"光谱石（Spectrolite）"。晕彩产生的原因是拉长石聚片双晶薄层之间的光相互干涉，或由于拉长石内部包含的细微片状赤铁矿包体及一些针状包裹体，使拉长石内部的光产生干涉形成的。有的拉长石因内部含有大量的黑色针状包裹体，可呈暗黑色，产生蓝色晕彩，定向切磨可产生猫眼效应，又被称为黑色月光石。

图9-109 拉长石晕彩

5. 长石

没有特殊光学效应的长石，内部洁净透明度好的切磨成刻面型，常见颜色有浅黄色至金黄色、红色等（图9-110~图9-112），黄色刻面宝石最大可达两千多克拉，主要产于马达加斯加的伟晶岩中。有些长石还可具有猫眼效应（图9-113）。

拉长石主要产于加拿大、美国和芬兰，加拿大的拉布拉多（Labrador）以富产宝石级拉长石大晶体而闻名，拉长石的英文名（Labradorite）亦由此而来。

图9-110 浅黄色长石（一）

图9-111 浅黄色长石（二）

图9-112 浅黄色长石（三）

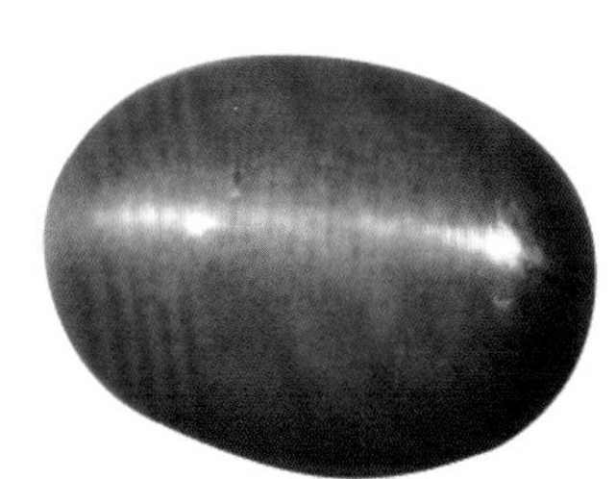
图9-113 长石猫眼

不同类型长石族宝石的相对密度、折射率和双折射率，见表9-11。

表 9-11　不同类型长石宝石的相对密度、折射率和双折射率表

宝石名称	相对密度	相对密度（常见值）	折射率（点测法）	双折射率	特殊光学效应
月光石	2.55～2.57	2.56	1.52～1.53	0.006	月光效应
正长石	2.55～2.57	2.56	1.52～1.53	0.006	
天河石	2.55～2.57	2.56	1.52～1.54	0.005～0.007	
日光石	2.62～2.67	2.64	1.53～1.54	0.007	日光效应
拉长石	2.69～2.72	2.70	1.56～1.57	0.009	晕彩效应

思　考　题

一、名词解释

猫眼石、变石、睡莲叶状包体、马尾丝状包体、刻面棱重影、西瓜碧玺、双色碧玺、帕拉伊巴碧玺、透星光

二、问答题

1. 金绿宝石的品种有哪些？简述它们的鉴定特征。
2. 无色透明的水晶、托帕石和钻石如何鉴别？
3. 如何鉴别尖晶石与合成尖晶石？
4. 什么叫自色宝石？以橄榄石为例说明自色宝石的主要特征是什么？
5. 简述石榴石族宝石中不同品种的典型光谱、内含物特征及鉴别特征。
6. 锆石有哪几种类型？分别列出它们的主要鉴别特征。
7. 常见托帕石的品种有哪些？简述托帕石的主要鉴别特征。
8. 碧玺的品种有哪些？碧玺的独特性质有哪些？
9. 长石族宝石有哪些品种？简述它们的鉴定特征。

三、选择题

1. 长石族宝石大多数晶系为三斜晶系，唯有月光石属。（　　）

（A）斜方晶系　（B）三斜晶系　（C）单斜晶系　（D）四方晶系

2. 长石族宝石中日光石的“砂金石”效应，常由内含物反射光所造成，这些内含物为。（　　）

（A）云母片　（B）铂晶片

（C）赤铁矿或针铁矿　（D）黄铁矿

3. 水晶因为内含物特征可形成晕彩，也称彩虹水晶，它们是由下列哪种内含物所造成？（　　）

（A）微细裂隙对光的反射　（B）微细裂隙对光的干涉

（C）针状包裹体对光的反射　（D）空管状包裹体对光的反射

4. 紫晶的干涉图为。（　　）

（A）“牛眼”干涉图　（B）黑十字干涉图

（C）单臂干涉图　（D）双臂干涉图

5. 芙蓉石结晶习性常为（　　）。

（A）六方柱状体+菱面体　　（B）镶嵌状巨晶集合体

（C）六方柱状体十六方双锥　　（D）三方柱状+三方双锥体

6. 橄榄石具有典型的黄绿色，其颜色由成分中的（　　）。

（A）主要元素Fe致色　　（B）杂质元素Fe致色

（C）杂质元素Mn致色　　（D）主要元素Mn致色

7. 石榴石是一个大家族，有数个品种用于珠宝，其中价值最高的石榴石品种为（　　）。

（A）锰铝榴石　　（B）钒铬钙铝榴石

（C）翠榴石　　（D）镁铝榴石

8. 下列哪种石榴石常具有星光效应?（　　）

（A）铁铝榴石　　（B）锰铝榴石　　（C）钙铝榴石　　（D）钙铁榴石

9. 锆石属高色散宝石，色散值在天然宝石中与钻石最为接近，钻石色散为0.044，锆石色散为（　　）。

（A）0.039　　（B）0.040　　（C）0.043　　（D）0.038

10. 橄榄石晶形为柱状晶体，因脆性大，完好晶形少见，它的晶系为（　　）。

（A）四方晶系　　（B）六方晶系　　（C）斜方晶系　　（D）单斜晶系

11. 与碧玺折射率相近的宝石有（　　）。

（A）红柱石　　（B）绿柱石　　（C）赛黄晶

（D）磷灰石　　（E）橄榄石

12. 下列宝石中哪种宝石没有猫眼效应的变种?（　　）

（A）长石族宝石　　（B）石榴石族　　（C）石英族　　（D）辉石族

13. 下列哪几种宝石有铬的吸收光谱?（　　）

（A）变石、铬透辉石　　（B）橄榄石、翠绿锂辉石

（C）祖母绿、翡翠　　（D）红宝石、红尖晶石

第十章
稀少单晶宝石

第一节 堇青石

堇青石（Iolite）的英文名称，源自希腊语，意为紫罗兰色。用作宝石的堇青石主要为蓝色和紫罗兰色（图10-1～图10-3），由于堇青石的蓝色似蓝宝石的颜色，因而有“水蓝宝石”的美称。

图10-1 堇青石（一）

图10-2 堇青石（二）

图10-3 堇青石（三）

一、堇青石的基本性质

1. 化学成分

堇青石为镁铁铝的硅酸盐，化学式为$(Mg,Fe)_2Al_4Si_5O_{18}$。成分中Mg和Fe可作完全类质同象替代，随铁含量的增加，其相对密度和折射率也随之增大。自然界中，绝大多数堇青石富镁，宝石级的堇青石中仅含有少量的铁。

2. 结晶特征

斜方晶系。常呈短柱状晶体，有时可见假六方的晶体或呈不规则粒状产出。

3. 力学性质

堇青石解理不发育，有{010}的一组中等解理，断口呈贝壳状或不平坦状，摩氏硬度为7～7.5，相对密度为2.60～2.66，随铁含量的增加而增大。

4. 光学性质

颜色以蓝色、紫蓝色为主，也可有无色、微黄白色、灰色、绿色和褐色。玻璃光泽，透明至半透明。折射率为1.542～1.551，双折射率为0.008～0.012，色散值为0.017。二轴晶负光性，具有很强的肉眼可见的三色性，呈黄紫色、黄色、蓝色。紫外光照射下无荧光，吸收谱线随方向的不同而有所变化，不具典型意义。

5. 内含物特征

常见有赤铁矿或针铁矿、磷灰石、石墨固相包裹体及气液包裹体等。其中斯里兰卡产的一种堇青石包裹体主要为赤铁矿和针铁矿，颜色为红色，绝大多数呈板状和针状，并呈定向排列，当包裹体大量出现时可使堇青石呈现红色，这种堇青石又被称为“血滴（Bloodshot）堇青石”。

二、堇青石的鉴定特征

堇青石具有肉眼就可观察到的强三色性，呈黄紫色、黄色、蓝色。折射率为1.542~1.551，相对密度较低，在2.65的重液中，堇青石呈悬浮状。

三、堇青石的产地

堇青石是片岩、片麻岩和接触变质岩中的常见矿物，常与矽线石、尖晶石共生，堇青石也见于花岗岩和伟晶岩中。砂矿是宝石级堇青石的主要来源，优质的宝石级堇青石主要产于缅甸、马达加斯加、坦桑尼亚、斯里兰卡和印度等地。

第二节　坦桑石

坦桑石（Tanzanite，又名丹泉石）的矿物学名称为黝帘石（Zoisite），是一种蓝色至紫色的透明晶体，因1967年首先发现于坦桑尼亚而得名。其优质的坦桑石具有很高的宝石价值。

一、坦桑石的基本性质

1. 化学成分

坦桑石为钙铝的硅酸盐，化学式为$Ca_2Al_3[SiO_4][Si_2O_7]O(OH)$，可含有V、Cr、Mn等微量元素。

2. 结晶特征

斜方晶系。晶体形态常为柱状，柱面上常有纵纹。

3. 力学性质

解理不发育，呈贝壳状到不平坦状断口。摩氏硬度6~7，相对密度3.33~3.37。

4. 光学性质

常见带褐色调的绿蓝色、蓝色、紫色，还有黄色、绿色、褐色和灰色等（图10-4~图10-6）。经热处理后，可去掉褐绿至灰黄色，而呈蓝色、蓝紫色。玻璃光泽，透明，折射率为1.686～1.703，双折射率为0.009～0.010，色散值为0.021。二轴晶正光性，紫外光照射下无荧光。蓝紫色坦桑石三色性很明显，表现为蓝色、紫红色、绿黄色，加热处理后为蓝色、紫色；褐色的坦桑石为绿色、紫色、浅蓝色，黄绿色的坦桑石为暗蓝色、黄绿色、紫色。

图10-4　坦桑石（一）

图10-5　坦桑石（二）

图10-6　坦桑石钻石戒指

5. 内含物特征

可见少量气液包体，阳起石、石墨和十字石等固相包裹体。

二、坦桑石的鉴定特征及产地

坦桑石以蓝色为最佳，折射率为1.691～1.700，双折射率为0.009～0.010，色散值为0.021，具有明显的多色性为鉴别特征。天然蓝色坦桑石具三色性，经热处理得到的蓝色、蓝紫色坦桑石仅有二色性。

坦桑石是区域变质作用的产物，主要产于相对富钙的变质岩中。宝石级的坦桑石仅产于坦桑尼亚。

第三节　透辉石

透辉石（Diopside）在自然界属于一种常见的矿物。美国纽约自然历史博物馆馆藏一颗产自美国纽约州的绿色透辉石，重38.0ct。美国华盛顿史密斯博物馆收藏有产自印度的黑色星光透辉石（重133.0ct）和黑色透辉石猫眼（重24.1ct），以及意大利产的黄色透辉石（重6.8ct）和缅甸产的黄色透辉石（重4.6ct）。

一、透辉石的基本性质

1. 化学成分

透辉石为钙镁硅酸盐$CaMg[SiO_3]_2$，属于辉石族，可含有微量的Cr、Fe、V、Mn等元素。其成分中Mg与Fe可呈完全类质同象替代，随着铁的含量增加，颜色由浅至深。富含Cr的透辉石称为铬透辉石（图10-7）。

图10-7　铬透辉石

钙镁硅酸盐$CaMg[SiO_3]_2$——钙铁硅酸盐$CaFe[SiO_3]_2$

透辉石　　　　　　　　　钙铁辉石

2. 结晶特征

单斜晶系，晶体发育完好时呈柱状、粗短柱状，也有晶体碎块、水蚀卵石。

3. 力学性质

两组完全解理近90°相交，摩氏硬度5.5～6.5，相对密度3.26～3.32（3.30），星光透辉石为3.35。

图10-8 铬透辉石猫眼

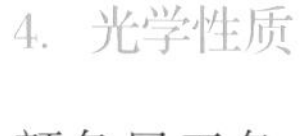

4. 光学性质

颜色呈无色、灰色、淡绿、深绿、灰褐色和黑色。玻璃光泽，透明至不透明。折射率为1.675～1.701，点测为1.68左右，折射率值随Fe含量增加而增大。双折射率为0.024～0.030。色散值为0.013。二轴晶正光性。三色性弱到中等，铬透辉石具有明显的黄色、浅绿色、深绿色。通常在长波、短波紫外光照射下，不发荧光。绿色铬透辉石在长波紫外线照射下，呈绿色，短波紫外线照射下无荧光，颜色由铬（Cr）所致，显示铬的吸收谱，红区690nm有一双线，670nm、655nm和635nm可有吸收线。其他类型的透辉石，不具有典型的吸收光谱。

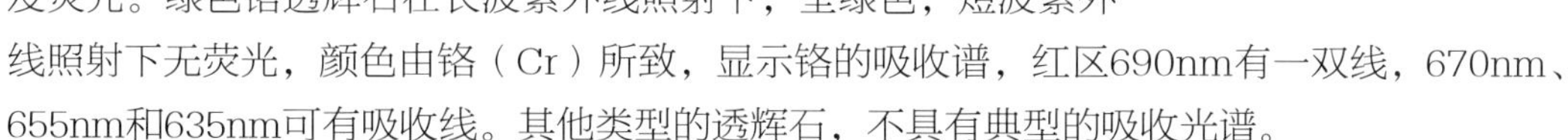

图10-9 星光透辉石

特殊光学效应：透辉石可具有猫眼效应和星光效应。铬透辉石猫眼（图10-8），呈深绿色。星光透辉石（图10-9），呈黑色，为四射不正交星光，由定向拉长状磁铁矿包裹体所造成，具有磁性。

5. 内含物特征

可见气液包体及矿物包裹体。若含有大量定向排列的管状、片状包体时，可形成猫眼和四射星光。

二、透辉石的鉴定特征

颜色呈绿色、黄褐色、黑色。折射率为1.675～1.701，双折射率为0.025，透明品种放大观察可见双影像。具有明显的三色性，颜色越深越明显。铬透辉石显示典型铬的吸收谱。星光透辉石可见黑色的拉长状磁铁矿晶体包裹体，或呈不透明的黑色。

三、透辉石的产地

缅甸产黄色、淡绿色和具猫眼效应的透辉石，马达加斯加产的透辉石呈现黑绿色，加拿大安大略省产绿色和褐红色透辉石，美国纽约州、俄罗斯和奥地利产绿色透辉石。铬透辉石主要来自芬兰。印度出产有星光透辉石和猫眼透辉石。

第四节 锂辉石

锂辉石（Spodumene）的英文名源自希腊语。锂辉石是提炼锂及其化合物的主要矿物。而紫锂辉石（Kunzite）是为纪念美国著名矿物学家乔治·弗雷德里克·孔兹（George

Frederick Kunz）而得名。翠绿锂辉石（Hiddenite）是为纪念美国地质学家威廉·厄尔·希登（William Earl Hidden）而命名的。美国华盛顿史密斯国家自然历史博物馆收藏有多个锂辉石的晶体，其中一个紫锂辉石晶体重达880ct。

一、锂辉石的基本性质

1. 化学成分

锂辉石为锂铝的硅酸盐，属于辉石族，化学式为$LiAl[Si_2O_6]$，含少量的致色离子Cr、Mn和Fe，含Mn形成粉红色至紫红色，称紫锂辉石（图10–10～图10–13）；含Cr形成翠绿色，称翠绿锂辉石（图10–14、图10–15）；含Fe呈黄色（有深有浅）、浅蓝绿色等（图10–16～图10–18）；锂辉石可呈现出星光效应和猫眼效应。

图10–10 紫锂辉石晶体

图10–11 紫锂辉石戒面（一）

图10–12 紫锂辉石戒面（二）

图10–13 紫锂辉石戒面（三）

图10–14 翠绿锂辉石晶体

图10–15 翠绿锂辉石

图10–16 黄色锂辉石晶体

图10–17 黄色锂辉石

图10–18 蓝色锂辉石

2. 结晶特征

单斜晶系。晶体常呈短柱状，柱面常具纵纹，横截面呈正方形。扁平柱状晶体常有熔蚀现象，并有明显的三角形表面印痕。

3. 力学性质

两组完全解理近90°相交，由于解理发育，使得锂辉石的加工极其困难，断口呈不平坦状，摩氏硬度6.5～7，相对密度3.18。

4. 光学性质

颜色呈浅粉红至蓝紫红色、绿色、黄色、蓝色和无色。具玻璃光泽，透明。折射率为1.660～1.676，双折射率为0.014～0.016，色散值为0.017。二轴晶正光性，颜色深者多色性较明显，粉红色至蓝紫红色紫锂辉石的三色性，呈紫色、淡紫色、近无色。翠绿锂辉石的三色性，呈深绿色、蓝绿色、淡黄绿色。

长波紫外光照射下，粉红色至蓝紫红色紫锂辉石，呈中等到强的粉红至橙色荧光；短波紫外光照射下，荧光相对较弱，呈粉红色至橙色。X射线照射下，发橙色荧光，同时也发磷光。长波紫外光照射下，黄绿色锂辉石发橙色荧光。

铁（Fe）致色的黄绿色锂辉石有438nm、433nm吸收线。翠绿锂辉石在690nm、686nm、669nm和646nm处有铬的吸收谱线，620nm附近有一宽吸收带。

5. 内含物特征

锂辉石内部常见气液包体、管状包体，也可见固相包体。

二、锂辉石的优化处理

无色或近于无色的锂辉石经辐照可转变为粉色，紫色锂辉石经辐照后可变为暗绿色、翠绿色，加热、见光或放置时间长了会褪色。辐照产生的橙色、黄色、黄绿色锂辉石，颜色稳定。

三、锂辉石的产地

锂辉石产于伟晶岩中，是富锂花岗伟晶岩中的特征矿物，常与碧玺、绿柱石、石英伴生，与其他含锂矿物共生，晶体比较大。主要产地有巴西米纳斯吉拉斯州、美国北卡罗纳州和加利福尼亚州、马达加斯加。其中巴西是黄色、黄绿色锂辉石和紫锂辉石的主要产地。我国新疆阿勒泰地区的花岗伟晶岩中也产出有锂辉石。

第五节　红柱石、矽线石和蓝晶石

一、红柱石、矽线石和蓝晶石的基本性质

红柱石（Andalusite）、矽线石（Sillimanite）和蓝晶石（Kyanite）是成分相同的同质多象变体。

红柱石的英文名称来自矿物发现地西班牙名城安达卢西亚（Andalusia）。某些红柱石在生长过程中，能俘获部分碳质和黏土物质成定向排列，在它的横截面上呈黑色的十字形、X形，这样的红柱石被称为空晶石（Chiastolite）。这种神奇的特征，在古人心目中带有极其神秘的色彩和宗教意义，把它作为圣洁的宝物，认为神圣的十字形标记可以把身旁的鬼魂驱走。

1. 化学成分

红柱石、矽线石和蓝晶石为铝的硅酸盐，化学式为$Al_2[SiO_4]O$。其中Al^{3+}常被Fe^{3+}、Mn^{2+}替代。

矽线石的成分中含微量的Fe、Ti、Ca、Mg等元素。蓝晶石的成分中可含有微量的Cr、Fe、Ti、Ca、Mg等元素。

2. 结晶特征

（1）红柱石　斜方晶系。通常为柱状晶体，晶体的横断面几乎呈正方形，集合体呈粒状或放射状，放射状集合体形似菊花，又称菊花石（图10–19）。

图10–19　红柱石呈菊花状集合体

（2）矽线石　斜方晶系，晶体呈柱状或纤维状，断面呈近正方形的菱形或长方形，柱面上具有条纹，通常为纤维状或放射状集合体。

（3）蓝晶石　三斜晶系，常呈扁平柱状、板状或刀片状晶体（图10–20）。

图10–20　蓝晶石的柱状晶体

3. 力学性质

（1）红柱石　两组解理，断口呈不平坦状。摩氏硬度7～7.5，相对密度3.13～3.21。

（2）矽线石　一组完全解理，断口参差状，摩氏硬度6～7.5，相对密度3.20～3.26。

（3）蓝晶石　一组解理完全，一组解理中等到完全，断口易破碎。摩氏硬度在各个方向上有显著不同，平行晶体生长方向的摩氏硬度为4～5，而垂直于晶体生长方向的摩氏硬度为6～7。因此，蓝晶石又被称之为二硬石。相对密度为3.68。

4. 光学性质

（1）红柱石　具玻璃光泽，透明、半透明至不透明。颜色通常为黄色、褐色、深绿色、褐红色和白色（图10–21～图10–24）。二轴晶负光性，三色性极强，甚至肉眼可见，黄绿色红柱石，呈黄色、绿色、红色；褐红色的红柱石，呈褐黄色、褐橙色、褐红色。折射率为1.629～1.648，双折射率为0.007～0.013，色散值为0.016。在长波紫外光照射下，不发荧光，而在短波紫外光照射下，可以发出绿至黄绿色的荧光。褐色的红柱石在455nm处可见吸收线，绿色的红柱石则在552.5nm处有吸收线，通常在蓝区和紫区有强的吸收。

图10-21　褐红色红柱石

（2）矽线石　具玻璃光泽，通常呈放射状和纤维状集合体，具丝绢光泽，加工成弧面型可呈现猫眼效应（图10-25、图10-26），半透明至微透明。常见颜色为白色至灰色、褐色、绿色，偶尔见紫蓝色至灰蓝色。白色至灰白色者多色性不明显，蓝色矽线石有较强的三色性，呈无色、浅黄色、蓝色；蓝绿色矽线石强三色性，呈绿色、深绿色、蓝色。二轴晶正光性。折射率为1.659～1.680，双折射率为0.015～0.021，点测折射率为1.66，可低至1.64。紫外光照射下，蓝色矽线石可有弱红色荧光，其他颜色的矽线石表现为紫外荧光惰性。

图10-22　褐色红柱石

（3）蓝晶石　玻璃光泽至珍珠光泽，丝绢光泽，透明至半透明至微透明。颜色一般呈蓝色，少数无色、蓝绿色（图10-27、图10-28）；常见色带及纹理，颜色不均匀。具有强三色性，呈无色、浅蓝（紫蓝）色、深蓝色。

图10-23　黄色红柱石

图10-24　绿色红柱石

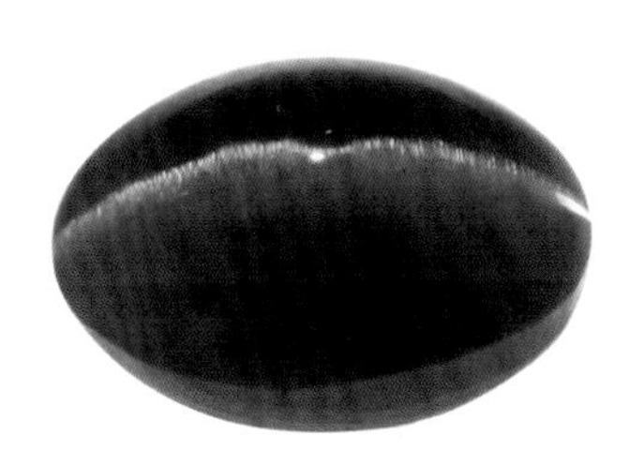

图10-25　矽线石猫眼（一）

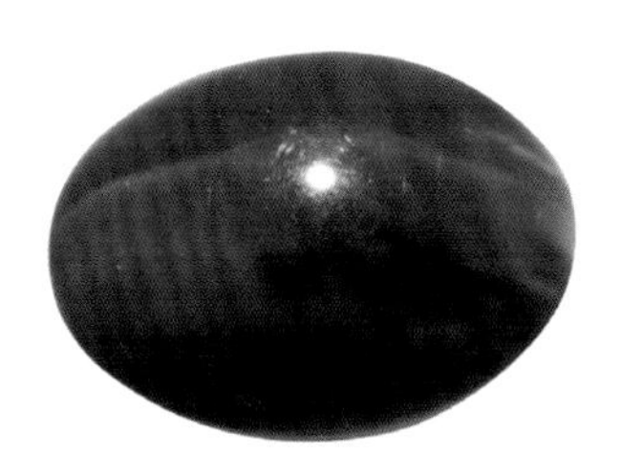

图10-26　矽线石猫眼（二）

图10-27　刻面型蓝晶石

图10-28　蓝晶石圆珠

5. 内含物特征

红柱石中通常含有针状的金红石、磷灰石、白云母等固相包裹体，气-液包裹体以及色带、解理、双晶纹等生长结构。有些红柱石在生长过程中还可以捕获细小炭质和黏土物质的颗粒，并在红柱石内部呈定向排列，在其横断面上形成黑十字，纵断面上呈与晶体延长方向一致的黑色条纹，称空晶石（图10-29、图10-30）。

图10-29　空晶石

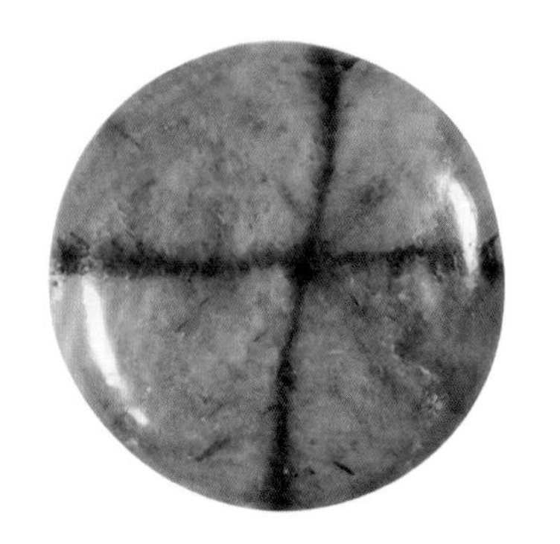

图10-30　空晶石珠

砂线石中可见金红石、尖晶石、黑云母等包裹体。矽线石猫眼可见一组平行排列的纤维状包裹体，斯里兰卡的矽线石猫眼由纤维状紫苏辉石及部分针状金红石的排列所造成。矽线石也可呈纤维状集合体，经加工琢磨后呈现猫眼效应。

蓝晶石中可见固相矿物包裹体、色带、解理纹等，纤维状集合体可具猫眼效应。

二、红柱石、矽线石和蓝晶石的鉴定特征

红柱石以褐色、褐红色，强三色性，折射率1.629～1.648与碧玺、托帕石相区别。

矽线石的纤维状包体通常是明显的鉴定特征，结合折射率、相对密度与葡萄石、水晶相区分。矽线石猫眼常见，通常为灰绿、褐色、灰白，半透明至不透明，罕见透明，放大观察可见纤维状结构或纤维状包体，眼线扩散，不灵活。点测折射率1.66。

蓝晶石呈蓝色，颜色分布不均匀，强三色性，呈无色、浅蓝（紫蓝）色、深蓝色，折射率为1.716～1.731与其他蓝色宝石相区别。

三、红柱石、矽线石和蓝晶石的产地

红柱石主要以砂矿形式产出，其主要产地为巴西、斯里兰卡、马达加斯加和美国。

我国河南西峡、辽宁凤城等地也有产出，此外北京西山产有放射状红柱石，其形似菊花，又名菊花石。

矽线石常见于冲积砂矿、残积层和坡积层中。宝石级矽线石产于缅甸、斯里兰卡、印度、巴西、意大利和美国，其中缅甸和斯里兰卡的砾石层中较多。美国爱达荷州产纤维块状矽线石。

蓝晶石产于缅甸、巴西、肯尼亚和阿尔卑斯山。此外，印度、澳大利亚、肯尼亚和美国也产出蓝晶石。

第六节　方柱石

方柱石（Scapolite）英文名称源自于希腊语，意为矿物的柱状习性。自1913年缅甸发现了宝石级方柱石后，宝石级方柱石在世界各地不断地被发现。

一、方柱石的基本性质

1. 化学成分

方柱石为钠钙铝的硅酸盐，化学式为$(Na,Ca)_4[Al(Al,Si)Si_2O_8]_3(Cl,F,OH,CO_3,SO_4)$，方柱石族矿物是以钠柱石和钙柱石为端源的类质同象系列的中间矿物，随着钙含量的增加，其折射率、双折射率和相对密度均会有所增加。颜色也会随成分的不同，而发生变化。

图10-31 浅紫色方柱石晶体

图10-32 紫色方柱石晶体

2. 结晶特征

四方晶系，柱状晶形，呈四方柱和四方双锥的聚形。沿Z轴延长，常带有丝状或纤维状外观，晶面常有纵纹（图10-31～图10-33）。

图10-33 黄色方柱石晶体

3. 力学性质

具一组中等的柱面解理，一组不完全解理，断口呈贝壳状。摩氏硬度为6～6.5，相对密度为2.60～2.74，随钙含量增加而增大。

4. 光学性质

方柱石具玻璃光泽，透明至半透明，颜色主要有紫色、粉红色，也有无色、黄色、橙色、绿色、蓝色、紫红色等（图10-34～图10-37）。海蓝色者也称为“海蓝柱石”。折射率为1.550～1.564（0.015，-0.014），双折射率为0.004～0.037，一轴晶负光性，色散值为0.017。粉红色、紫红色和紫色的方柱石，具中等至强的二色性，呈蓝色、蓝紫红色；黄色的方柱石，具弱至中等的二色性，呈不同色调的黄色。方柱石的紫外荧光与产地和颜色有关，无色和黄色者可有粉红色至橙色的紫外荧光。

图10-34 紫色方柱石（一）

图10-36 黄色方柱石

图10-35 紫色方柱石（二）

图10-37 无色方柱石

5. 内含物特征

常见平行Z轴的管状、针状包裹体、固相包裹体、气–液包裹体、负晶等。有些方柱石含有平行排列的细管状包裹体，定向加工成弧面型琢型，可以呈现猫眼效应（图10–38、图10–39）。

图10–38 方柱石猫眼（一）

图10–39 方柱石猫眼（二）

二、方柱石的鉴定特征

紫色方柱石与紫晶很相似，但紫色方柱石的折射率较低，为1.536～1.541，并具有一组中等解理，一组不完全解理，而紫晶无解理。与绿柱石类宝石是根据折射率和观察宝石的解理特征相区别。

三、方柱石的产地

方柱石大多产于变质岩中，最好的晶体大多产于岩浆岩与石灰岩的接触变质带。与石榴石、透辉石、磷灰石等共生。主要产地有缅甸、马达加斯加、巴西、坦桑尼亚、莫桑比克和中国。猫眼品种主要产于缅甸和中国。

第七节 磷灰石

磷灰石（Apatite）具有受热后发出磷光的特性，古代民间称之为“灵光”或“灵火”，传说人们佩戴它便可以使自己的心与神灵相通，因而广受人们的喜爱。优质的磷灰石可作为中档宝石。

一、磷灰石的基本性质

1. 化学成分

磷灰石是钙的磷酸盐，化学式为$Ca_5[PO_4]_3(F,OH,Cl)$，其中Ca^{2+}常被Sr^{2+}、Mn^{2+}替代，还常含有微量的Ce、U、Th等稀土元素，使之产生磷光现象。

2. 结晶特征

磷灰石属六方晶系，晶体常呈六方柱状、厚板状等（图10–40～图10–42）。

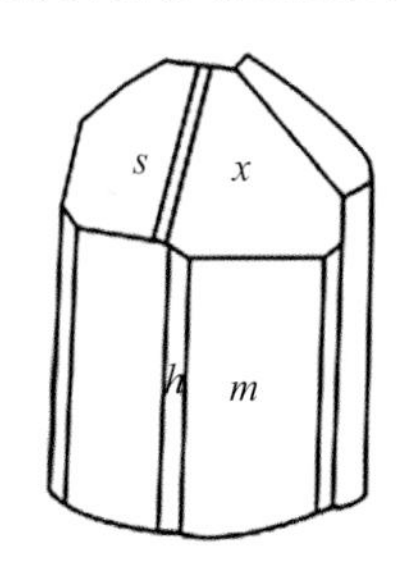

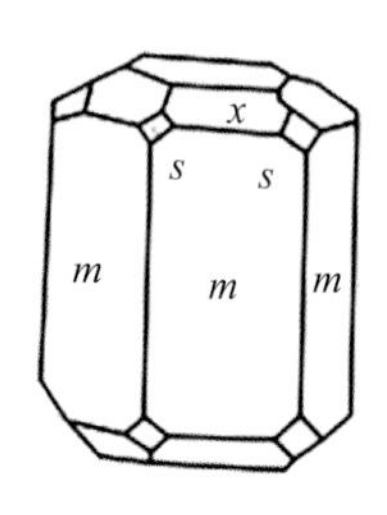

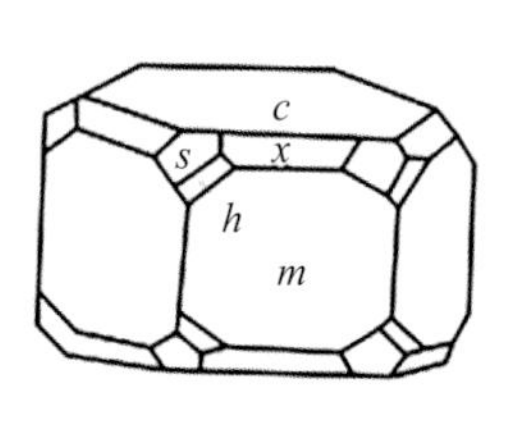

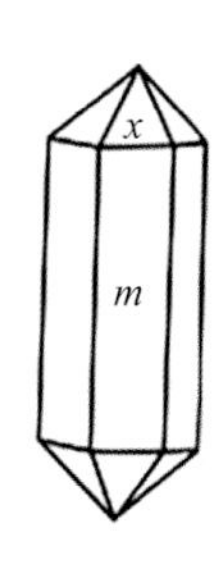

图10–40 磷灰石的晶体形态

3. 力学性质

磷灰石解理不发育，呈不平坦或贝壳状断口，性脆。摩氏硬度5，相对密度3.13～3.23，宝石级磷灰石通常为3.18，相对密度值的变化与类质同象替代有关。此外，由于大量矿物包裹体的存在，也可使相对密度发生变化，坦桑尼亚的磷灰石猫眼，相对密度值达3.35。

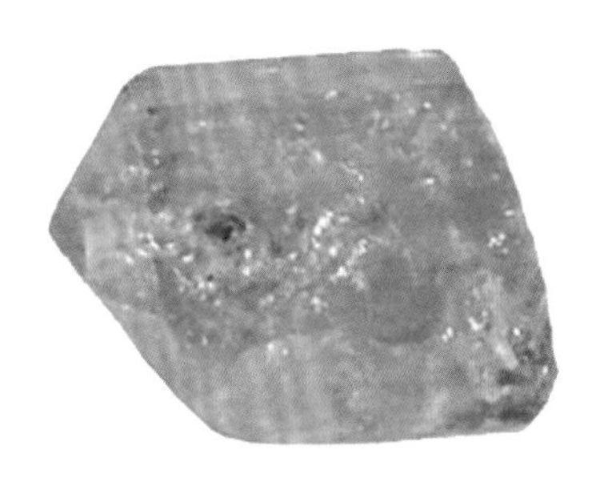

图10-41　黄色磷灰石晶体

4. 光学性质

玻璃光泽，断口具油脂光泽。通常为透明，包体多或具猫眼效应者为半透明至微透明。常见颜色为蓝绿色、浅绿色、绿色、蓝色、黄至浅黄色、紫至紫红色、粉红色、褐色、无色等（图10-43～图10-46），其颜色多样性与所含的稀土元素的种类及含量密切相关。其折射率为1.63～1.64，双折射率为0.002～0.006，折射仪上易出现假均质体现象，磷灰石为一轴晶负光性。多色性颜色与体色有关，蓝色的磷灰石二色性强，呈蓝色、黄色或无色；其他颜色的磷灰石多色性弱至极弱。磷灰石的紫外荧光的颜色，因体色不同而不同，有的品种加热后可出现磷光。

图10-42　蓝色磷灰石晶体

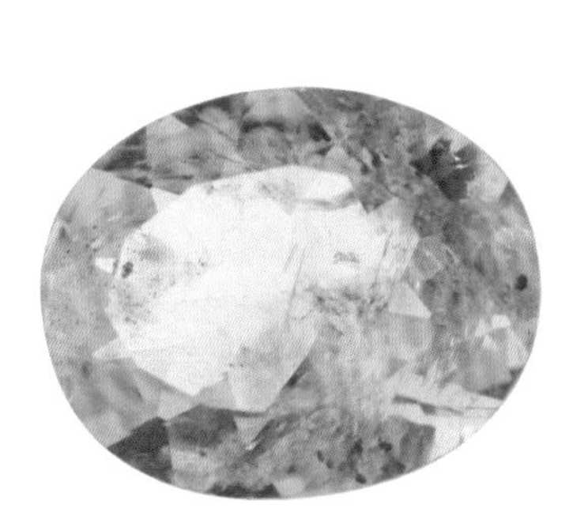

图10-43　绿色磷灰石

图10-44　浅绿色磷灰石

图10-45　蓝色磷灰石

图10-46　蓝绿色磷灰石

图10-47　磷灰石猫眼（一）

图10-48　磷灰石猫眼（二）

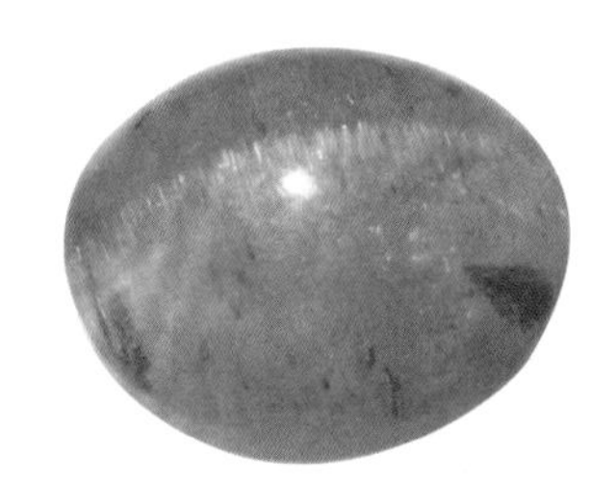

图10-49　磷灰石猫眼（三）

（1）黄色磷灰石　长波、短波紫外光照射下呈紫粉红色荧光，长波下的荧光较短波强。

（2）蓝色磷灰石　长波、短波紫外光照射下发蓝色至浅蓝色荧光。

（3）紫色磷灰石　长波紫外光照射下发绿黄色荧光；短波紫外光照射下，发淡紫红色荧光。

（4）绿色磷灰石　长波、短波紫外光照射下发带绿色色调的深黄色荧光，长波下的荧光强于短波。

无色及具猫眼效应的磷灰石有特征的580nm吸收双线；蓝色和绿色磷灰石显示稀土元素的混合吸收谱，主要为512nm、491nm、464nm处的吸收带。

5. 内含物特征

磷灰石中常见的内含物类型有固相矿物包裹体、气液包体、负晶管状包体以及生长结构等。常见矿物包裹体有方解石、赤铁矿、电气石等。磷灰石内常具有纤维状、管状包体或密集定向的裂隙，经加工成弧面型，可产生猫眼效应（图10-47～图10-49）。其中，墨西哥产的黄绿色磷灰石中常见有深绿色电气石的针状包裹体。巴西产的深蓝色磷灰石中常有圆形的气泡群，这种气泡群被认为是岩浆的残余物。美国缅因州产的紫色磷灰石常见纤维状的生长管道。坦桑尼亚的黄绿色磷灰石常见有密集定向裂隙，这种裂隙也可导致猫眼效应。

二、磷灰石的鉴定特征

磷灰石最大特点是硬度较低，宝石刻面棱线磨损较重，根据折射率1.63～1.64，双折射率值低（0.002～0.006）和相对密度3.13～3.23，以及特征的吸收光谱与相似宝石区别。

三、磷灰石的产地

磷灰石是典型的多成因矿物，用做宝石的磷灰石产地较多，不同的国家产出的磷灰石均有各自的特点（表10-1）。

表10-1　不同品种的磷灰石主要产地表

品种	产地
蓝色磷灰石	缅甸、斯里兰卡、马达加斯加、巴西
蓝绿色磷灰石	俄罗斯西伯利亚、加拿大、挪威、缅甸、斯里兰卡
绿色磷灰石	印度、加拿大、莫桑比克、马达加斯加、西班牙、缅甸
黄色磷灰石	西班牙、墨西哥、加拿大、巴西、中国
紫色磷灰石	美国、德国

续表

品种	产地
褐色磷灰石	缅甸、斯里兰卡
无色磷灰石	缅甸、意大利、德国、中国
蓝色磷灰石猫眼	斯里兰卡、缅甸
绿色磷灰石猫眼	巴西
黄色磷灰石猫眼	斯里兰卡、坦桑尼亚、中国

我国在内蒙古、河北、河南、甘肃、新疆、云南、江西、福建等地发现磷灰石，其中有的磷灰石结晶完好，晶体较大，有黄色、无色和磷灰石猫眼。新疆的宝石级磷灰石主要产于可可托海花岗伟晶岩中。

第八节　榍石

榍石（Sphene）英文名称来自希腊语，寓意矿物呈楔形。

一、榍石的基本性质

1. 化学成分

榍石是钙钛的硅酸盐，化学式为$CaTi[SiO_4]O$，常含钇和铈$(Y,Ce)_2O_3$，含量达12%称钇榍石，MnO含量达3%称红榍石。

2. 结晶特征

单斜晶系，单晶体呈扁平的楔形（信封状），横断面为菱形，底面特别发育时，呈板状（图10–50、图10–51）。

图10–50　榍石晶体（一）

图10–51　榍石晶体（二）

图10-52　黄色榍石

图10-53　黄绿色榍石

图10-54　榍石的强火彩（一）

图10-55　榍石的强火彩（二）

3. 力学性质

榍石具两组中等解理，贝壳状断口。摩氏硬度5～5.5，相对密度3.52（±0.02）。

4. 光学性质

榍石呈金刚光泽、油脂或玻璃光泽，透明至半透明。颜色多为蜜黄色、黄绿色、绿色、褐色、橙色、无色，偶尔可见红色（图10-52、图10-53），深褐色宝石经热处理可变成橙色或红褐色。折射率为1.900～2.034（±0.020），双折射率为0.100～0.135，肉眼可见双影现象，刻面棱双影线距离较宽。榍石为二轴晶正光性，具有中至强的三色性，颜色随体色而变，黄色至褐色榍石，呈浅黄色、褐橙色、褐黄色。色散值高，达0.051。切磨优良的宝石，具有明显的火彩（图10-54、图10-55）。发光性：长波紫外光照射下，发明亮的蓝白色荧光，短波下荧光较弱。榍石可呈现稀土元素的吸收谱线。

5. 内含物特征

可见固相矿物包裹体、气-液两相包裹体、指纹状包裹体等。

二、榍石的鉴定特征

榍石具有强光泽，因折射率高1.89～2.02，表面的反光能力强。折射仪检测，表现为负读数。榍石的色散值高，切磨后的宝石具有明显的火彩。此外，榍石的双折射率很高，肉眼观察可见刻面棱的双影现象，且双影线距离较宽。榍石还具有特征的稀土元素吸收光谱，依据上述特征，可将榍石与其他相似宝石区分。

三、榍石的产地

世界范围内，宝石级的榍石，主要产于瑞士、法国、加拿大、墨西哥等。

第九节　萤石

萤石（Fluorite），又称为“氟石”，是一种钙的氟化物，因在紫外线、阴极射线照射下，发出荧光而得名。人类对萤石资源的开发与利用已有悠久的历史，在古罗马时代，人们就用萤石来雕刻杯、碗、瓶等装饰品。在我国7000年前的浙江余姚河姆渡人就已开始选用萤石做装饰品了。

萤石在自然界中产出广泛，色泽鲜明的萤石可以作为宝玉石材料，虽然萤石颜色丰富多彩，但是其解理发育、硬度小，所以很少用于磨制戒面。主要用来制作珠粒、球体、雕刻和装饰材料。颜色鲜艳、晶形好的萤石晶体或萤石晶簇可作为矿物晶体观赏石。具有明显磷光效应的萤石，常被人们作为“夜明珠”收藏。

图10-56　绿色萤石晶体

一、萤石的基本性质

1. 化学成分

萤石为钙的氟化物，化学式为CaF_2，通常含杂质较多，Ca常被Y和Ce等稀土元素替代，此外还含有少量的Fe_2O_3、Al_2O_3、SiO_2、沥青物质Cl（主要是黄色萤石）、He、U、CO_2等。

图10-57　紫色萤石晶体

2. 结晶特征

萤石为等轴晶系。单晶呈立方体、八面体、菱形十二面体及聚形，立方体晶面上常出现与棱平行的网格状条纹，集合体为粒状、晶簇状、条带状、块状等，穿插双晶较常见（图10-56、图10-57）。

3. 力学性质

萤石有四组八面体完全解理，解理面常出现三角形的解理纹。摩氏硬度为4，相对密度为3.18（0.07，-0.18）。

4. 光学性质

萤石具玻璃光泽至亚玻璃光泽，透明至半透明。颜色种类多样，常见的颜色有浅绿色至深绿色、蓝色、绿蓝色、紫色、棕色、黄色、深红色、玫瑰红色、粉红色、灰色、褐色、无色等（图10-58～图10-60）。颜色条带发育，且常有多种颜色共存于一个晶体或一块萤石之上，构成多姿多彩的图案；折射率为1.434（±0.001）。

图10-58　绿色萤石（一）

发光性：在阴极射线下或紫外光照射下，萤石可有紫或紫红色荧光，随不同颜色品种而异，一般具很强的荧光。某些萤石有热发光性，即在受热的情况下(如在酒精灯上加热，或经热水浸泡，或在阳光下曝晒等方式加热)均可发出磷光。紫色萤石具有摩擦发光的特性，有些萤石具有变色效应。

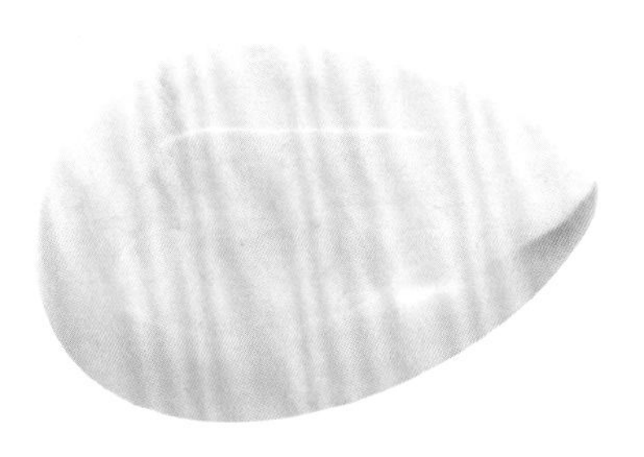

图10-59　绿色萤石（二）

图10-60　不同颜色萤石珠串成的手链

5. 内含物特征

萤石可含有固相、两相、三相的包裹体，常见色带。

二、萤石的品种

珠宝界常按萤石的工艺用途、颜色特征和发光性来划分萤石的品种。

1. 按工艺用途划分

将萤石分为宝石级和玉石级两种。

（1）宝石级　单晶颗粒大、透明、颜色鲜艳、均匀或呈独特的花纹，其中以祖母绿色、葡萄紫色、紫罗兰色为最佳。因硬度低，解理发育，很少用于首饰，而多用于观赏和收藏。

（2）玉石级　为粒状或纤维状集合体，半透明，单一颜色或不同颜色相间呈条带状分布，多用于雕刻或制成工艺摆件。用于制作玉器的萤石，主要利用其颜色和透明度，尤以颜色最重要。因萤石解理发育，所制玉器以保持最好的颜色为主，不追求纤巧。

2. 按常见颜色划分

（1）绿色萤石　呈蓝绿色、绿色、浅绿色。较常见的为晶簇状。古时称“软水绿晶”。

（2）紫色萤石　呈深紫色、紫色，常呈条带状分布。古时称“软水紫晶”。

（3）蓝色萤石　呈灰蓝色、绿蓝色、浅蓝色，往往表面色深，中心色浅。

（4）黄色萤石　呈橘黄色至黄色，颜色常呈条带状分布。

（5）无色萤石　无色透明至半透明，以单晶或晶簇状出现。

3. 发光的萤石品种——萤石“夜明珠”

“夜明珠”又称为“隋珠”、“明月珠”、“夜光璧”，千百年来一直被国人视为珍宝。但“夜明珠”的材料众说不一，多数专家认为，“夜明珠”是具有磷光现象的矿物和岩石。目前已发现萤石、钻石、方解石、白钨矿、磷灰石、锂辉石等20余种矿物在外来能量的激发下能发出可见磷光。近年来，在我国市场上出现了大量的萤石“夜明珠”。萤石“夜明珠”的颜色一般为墨绿色、深绿色、浅绿色、紫色等，透明至半透明。萤石的发光性和发光的颜色、强度主要与矿物成分中含有稀土元素的种类和数量有关，由于矿物在结晶的过程中稀土元素进入晶格或晶体结构中存在缺陷均可形成发光中心。发光的颜色和明暗与宝石颜色的深浅有关，也与宝石或球体的大小成正消长关系。通常绿色萤石的磷光，比紫色的萤石更强。

三、萤石的鉴定特征

萤石颜色丰富，常有颜色的生长条带，为均质体，折射率1.434，相对密度中等（3.18），四组解理发育，破口处可见阶梯状。紫外光照射下，发荧光。由于硬度低，表面耐磨性差导致光泽较弱。

四、萤石的产地

萤石是自然界常见矿物，主要产于热液矿床中。无色透明的萤石晶体产于花岗伟晶岩或萤石脉的晶洞中。

宝石级萤石在世界各地分布广泛，美国伊利诺伊州产有优质萤石；纳米比亚产绿色萤石；加拿大安大略产无色透明萤石晶体；奥地利、瑞士、德国、意大利、波兰、捷克、斯洛伐克、英国、西班牙、俄罗斯、加拿大、哥伦比亚、墨西哥、南非等地都产有萤石。

我国萤石资源丰富，是世界上萤石矿产最多的国家之一，占世界萤石储量的35%。各个省区几乎都找到了萤石资源，优质的萤石主要分布于湖南、浙江、内蒙古、安徽、江西、福建、河南、湖北、广西、四川、贵州、青海、新疆等地。

思 考 题

一、名词解释

空晶石、紫锂辉石、铬透辉石、磷灰石、磷灰石猫眼、方柱石、方柱石猫眼、榍石、萤石夜明珠

二、问答题

1. 堇青石和坦桑石都是紫蓝色宝石，如何鉴别它们？
2. 辉石族宝石有哪些？他们有哪些共性和个性？
3. 什么是同质多象？以红柱石、矽线石和蓝晶石为例，写出它们的化学成分，分别简述它们的鉴定特征。
4. 与紫色方柱石最相似的宝石是哪种宝石？写出两者的鉴别特征。
5. 列出4种具有猫眼效应的稀少单晶宝石的鉴定特征。
6. 一组蓝色刻面宝石：堇青石、蓝锥矿、坦桑石、蓝宝石如何鉴别？

三、选择题

1. 紫锂辉石具有以下哪些宝石学性质？(　　)

(A) 相对密度3.18　(B) 蓝白荧光
(C) 折射率1.66~1.76　(D) 强多色性

2. 坦桑石多色性表现为(　　)。

(A) 蓝色–紫红色–黄绿色　(B) 紫红色–蓝紫色–绿色
(C) 浅黄色–蓝色–紫红色　(D) 蓝绿–紫红–蓝紫

3. 堇青石的多色性颜色是(　　)。

(A) 黄色–紫色–蓝色　(B) 蓝色–蓝绿色–黄色
(C) 紫色–红色–蓝色　(D) 黄色–橙黄色–蓝色

4. 红柱石的多色性颜色是(　　)。

(A) 黄色–褐色–原色　(B) 黄色–褐色–绿色
(C) 黄色–蓝绿色–绿色　(D) 褐黄绿色–褐橙色–褐红色

5. 矽线石猫眼的折射率是(　　)。

(A) 1.55左右　(B) 1.7左右
(C) 1.67左右　(D) 1.64左右

6. 紫锂辉石具有以下哪些宝石学性质？(　　)

(A)相对密度3.18　　(B)蓝白荧光

(C)折射率1.66～1.76　　(D)强多色性

7. 一粒蓝色具有六射星光效应的戒面，其折射率为1.72左右，最可能是下列哪种宝石？(　　)

(A)星光蓝宝石　　(B)星光透辉石

(C)星光尖晶石　　(D)星光石榴石

第十一章 翡翠

“翡翠”（Jadeite）一词，源自中国古代一种长有漂亮羽毛的鸟的名称，雄鸟羽毛红艳称为“翡鸟”，雌鸟羽毛翠绿称为“翠鸟”。汉代许慎的《说文》中曾有这样的描述：“翡，赤羽雀也；翠，青羽雀也。”当这种漂亮的玉石传入中国后，人们就用“翡翠”一词描述这种色彩艳丽的玉石，翡翠一词也由鸟名，演变成了玉石的名称，翡翠玉石中红者称为“翡玉”，绿者称为“翠玉”。

我国尚未发现有翡翠产地，翡翠主要来自缅甸。自明末清初，缅甸大量开采翡翠并传入中国，清乾隆之后，翡翠在中国开始了大规模的使用。数任皇帝、后妃均特别钟爱翡翠，例如慈禧太后的两个翡翠西瓜，绿皮红瓤，白子黑丝，当时估价500万两白银。清代皇室及官员以翡翠收藏丰俭来衡量财势，翡翠被称为“皇家玉”、“帝王玉”，其地位凌驾于各种宝石之上。缅甸产出的翡翠加上中国雕琢工艺使得翡翠扬名世界。

图11-1　翡翠玉雕

翡翠在中国人心目中有着特殊的地位，翡翠鲜艳的绿色是一种极具生命力的颜色，翡翠品种纷繁多样、价值差异巨大，都使得人们感觉翡翠变幻莫测、奥秘无穷。在这300多年中，中国人对翡翠形成了浓厚的情结，无论是灵秀精美的首饰，还是大气磅礴的玉雕山子，无不融入了华夏文化的精髓。人们赋予翡翠神奇的文化内涵，喜爱翡翠，除了具有美丽的色彩、润泽的质地外，还有“佩之益人生灵，纯避邪气”的观念。翡翠与祖母绿一起为五月生辰石，象征着幸福、幸运、长久。

翡翠素有“玉石之冠”的美誉，用其制作的首饰、工艺品等，广受消费者的喜爱，优质的翡翠具有很高的投资价值、鉴赏价值和收藏价值（图11-1～图11-6）。

图11-2　翡翠玉雕白菜

图11-3　翡翠镶嵌戒指

图11-4　翡翠雕件

图11-5　翡翠手镯（一）

图11-6　翡翠手镯（二）

第一节　翡翠的基本性质

一、翡翠的矿物组成

翡翠是以细小的硬玉矿物为主的多种矿物组成的集合体。

1. 主要矿物

辉石族的硬玉矿物是组成翡翠的主体，其次还有绿辉石和钠铬辉石。

（1）硬玉　$NaAl[Si_2O_6]$，单斜晶系常呈粒状、纤维状、毡状晶形，可有少量的类质同象替代（Cr、Ni、Mn、Mg、Fe替代Al）。化学成分纯净时为无色，成分中含有杂质元素时才能形成各种颜色。Cr^{3+}替代了Al^{3+}，会产生绿色；Cr^{3+}替代量变化幅度较大，从万分之几到百分之几，直至形成钠铬辉石。

（2）绿辉石　$(Na,Ca)(Al,Mg,Fe)[Si_2O_6]$，单斜晶系，纤维状或粒状晶形，蓝绿色，是翡翠中一种重要的共生矿物，在有些情况下会成为主要组成矿物，其含量可高达百分之百，如油青种翡翠。

（3）钠铬辉石　$NaCr[Si_2O_6]$，与硬玉构成完全类质同象系列，单斜晶系，常呈短柱状、纤维状晶形，浓绿色至深墨绿色，是一种翡翠变种的主要矿物成分，称为干青种。

2. 次要矿物

组成翡翠的次要矿物有：钠长石、角闪石、透闪石、透辉石、霓石、霓辉石、沸石，以及铬铁矿、磁铁矿、赤铁矿、褐铁矿、高岭石和绿泥石等。其中钠长石$NaAl[Al,Si]_3O_8$三斜晶系，中粗粒状形态，呈团块状或不均匀地分布于翡翠中。如果钠长石的含量过高，超过40%，则称为钠长石玉，不是翡翠。

翡翠的矿物组成和化学成分，决定了翡翠最基本的性质。翡翠的真假优劣、颜色等与其矿物种类、含量和化学成分有关，翡翠的种质多样，某些物理性质（如RI、SG等）都在一定范围内变化，其原因也是由于矿物组成的种类和含量不同所决定的，同时也受其结构、构造变化的影响。翡翠的矿物组成，还影响翡翠的加工效果和工艺性能。自然界几乎没有完全相同的两颗翡翠，其原因就是它们的矿物组成（包括矿物的种类、大小、形状等），不可能完全相同所致。

二、翡翠的基本性质

1. 翡翠的力学性质

翡翠是由许多纤维状微晶矿物致密地交织在一起，形成毯状结构，具有很强的韧性。摩氏硬度为6.5～7，并且坚韧、耐磨。相对密度为3.30～3.36，常为3.33。

硬玉具有平行柱面的两组完全解理，由于解理面对光线的反射，形成闪亮的“苍蝇翅膀”，俗称为翠性。翠性受硬玉的形态和粒度的影响，柱状晶体比粒状晶体、粗粒比细粒更易见到。

2. 翡翠的颜色

翡翠的颜色多种多样，可分为绿色、红色、黄色、白色、紫色、灰色、黑色等，其中以绿色最富于变化，在众多的颜色中以绿色为最佳。

（1）翠绿色和蓝绿色　翡翠的绿色有多种色调，如翠绿色、暗绿色、不透明的翠绿色等（图11–7～图11–9）。翠绿色的成因主要是由于铬离子（Cr^{3+}）替代了硬玉成分中的铝离子（Al^{3+}）所致。如果Cr^{3+}含量过低，则呈浅绿色，反之如果Cr^{3+}的含量过高颜色偏深，而且会导致透明度降低。例如：铬钠辉石的铬含量很高，也称为含Cr高的硬玉变种，为不透明的艳绿色翡翠，通常称为“干青种”。

图11–7　翠绿色翡翠手镯

图11–8　绿色翡翠挂件

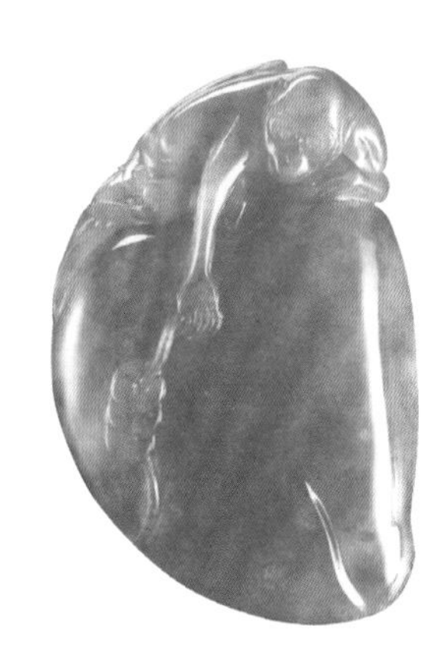

图11–9　浅绿色翡翠挂件

当硬玉成分中的Al^{3+}被Fe^{3+}替代时，翡翠呈灰绿色。当硬玉成分中的Al^{3+}同时被Cr^{3+}和Fe^{3+}替代时，则翡翠的颜色介于上述两者之间。由于翡翠中除了硬玉矿物外，还有其他种类的矿物存在。例如绿辉石、霓石等，这些矿物组成存在时，就会影响翡翠的颜色，使之偏灰蓝绿，在传统上称为“偏蓝”（图11-10，图11-11）。

由于翡翠绿色的色调非常复杂，商业上用来描述绿色色调的术语如下。

① 帝王绿　绿色浓郁纯正，色泽鲜艳，分布均匀，质地细腻，稀少珍贵，是行业内公认的翡翠最好的绿色，是翡翠颜色中的最佳色，价值最高，价格昂贵。帝王绿翡翠手镯的价格是最高的，因能做成手镯的翡翠更为稀少，更为珍贵，体积越大的价格越高（图11-12，图11-13）。

图11-10　偏蓝色翡翠

图11-11　偏蓝色翡翠挂件

图11-12　帝王绿翡翠吊坠

图11-13　帝王绿翡翠手镯

② 艳绿　绿色纯正，色浓而艳，色偏深时，称为老艳绿。

③ 黄阳绿　鲜艳的绿色中略带黄色色调。

④ 葱心绿　似葱心娇嫩的绿色，略带黄色色调。

⑤ 金丝绿　绿色如丝线状，浓而且鲜艳。

⑥ 阳俏绿　绿色鲜艳而明快，如一汪绿水，色正但较浅。

⑦ 鹦哥毛绿　颜色似鹦哥绿色的毛，色艳但绿中带有黄色色调。

⑧ 菠菜绿　颜色似菠菜的绿色，绿色暗而不鲜艳。

⑨ 豆青绿　色如豆青色，为带黄色调的绿色。有“十绿九豆”之说，是翡翠中最常见的一种绿色。

⑩ 瓜皮绿　如瓜皮的青绿、墨绿色，常称为偏蓝的绿色，色调不够明快。

⑪ 油青绿　颜色不鲜艳，发暗。凡黑、灰、浅或色不正的油青绿，价值都不高。

⑫ 翡翠原料中的绿色变化甚大，依其表现形状和分布特点，可以分为：

⑬ 带子绿　绿色呈条带状，延伸发展大都沿一个方向平行或断续排列分布。

⑭ 斑块绿（又称疙瘩绿）　绿色呈团块状或斑点状分布，后者又称点子绿；若底色白净，鲜艳的绿色呈星点状分布，又称梅花绿。这种绿色的分布，一般均具有较大的突然性变化的特点。

⑮ 丝纹绿　绿色沿一定方向延伸，状如丝絮，但其展布有限。若丝纹间相互连结呈片状，又称丝片绿。

⑯ 底子绿　没有明显的丝絮而表现为一种较为均匀浅淡的绿色。

（2）黄褐色　黄褐色通常是翡翠矿物颗粒间隙中的褐铁矿造成的次生色，褐铁矿是翡翠在地表风化过程中形成的次生矿物（图11-14，图11-15）。

（3）红色　红色、褐红色的翡翠称为翡玉（图11-16，图11-17），是由于次生的氧化物矿物，如针铁矿、赤铁矿等所造成的。翡翠的红色很少呈鲜红色。

图11-14　黄褐色翡翠吊坠

图11-15　黄褐色翡翠挂件

图11-16　红色翡翠挂件（一）

图11-17　红色翡翠挂件（二）

（4）紫色　亦称紫罗兰色或春色，按其深浅变化可细分为：浅紫色、粉紫色、紫色、蓝紫色（图11-18～图11-21）。一般认为Mn替代硬玉中的Al^{3+}离子，形成紫色.

（5）黑色　黑色翡翠又称墨翠（图11-22，图11-23）。墨翠实际上并非黑色，而是由于成分中含有过量的Cr和Fe所引起的，常常由绿辉石或角闪石或者次生的氧化物所致。呈很深的墨绿色，强光照射下可见绿色。

（6）无色、白色　白色翡翠组成的成分单一，通常由较纯的硬玉矿物组成（图11-24，图11-25）。

（7）杂色　特指翡翠中含有两种或两种以上颜色（图11-26，图11-27）。有特定的俗称如春带彩、福禄寿等。春带彩特指有紫色和绿色的翡翠，有春花怒放之意。福禄寿特指三种颜色同时出现在一块翡翠上，象征吉祥如意，代表福禄寿三喜。

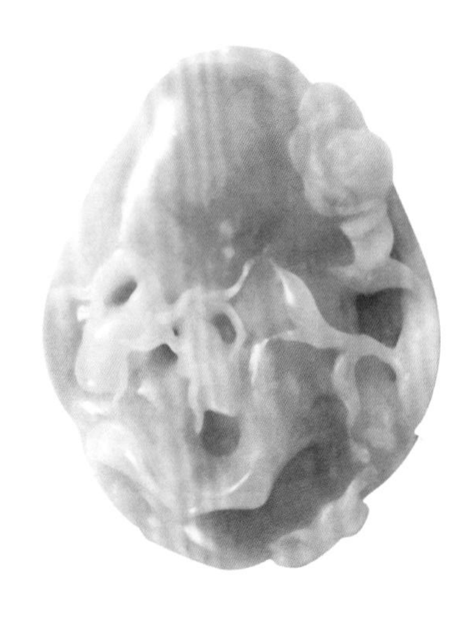

图11-18　浅紫色翡翠

图11-19　粉紫色翡翠

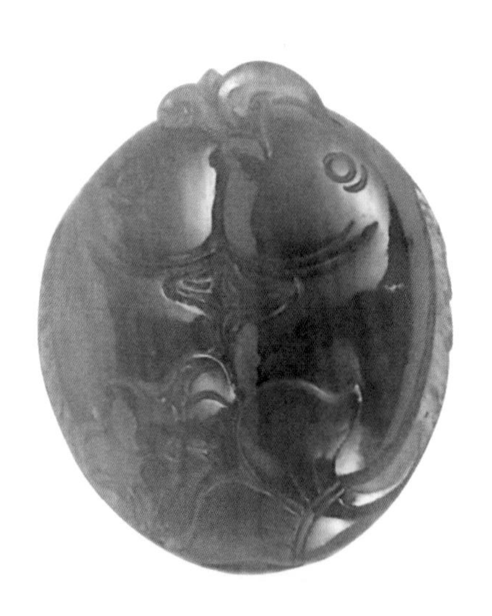

图11-20　紫色翡翠

图11-21　蓝紫色翡翠

图11-22　黑色翡翠（一）

图11-23　黑色翡翠（二）

图11-24　无色翡翠龙牌

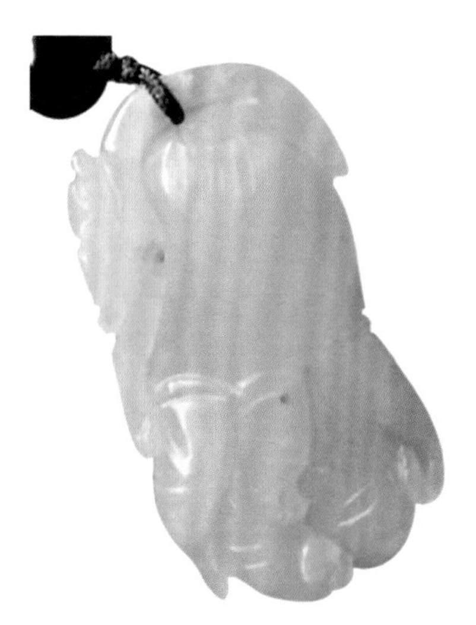

图11-25　白色翡翠挂件

图11-26　春带彩翡翠

图11-27　福禄寿三色翡翠

根据翡翠颜色和色调的亮度、饱和度和透明度，可将其颜色大致分为十类，见表11-1。

表 11-1 常见翡翠颜色类型表

颜色类型	观察特征
玻璃绿	鲜艳的翠绿色，色调均匀，透明度好者属珍品
黄杨绿	娇艳的翠绿色，色泽如初春黄杨树的嫩叶，具有嫩黄色调，透明度好者为上品
菠菜绿	色暗绿，如菠菜叶，色调不鲜明
豆青绿	绿中泛青或青中有绿，此品种较常见
灰绿色	绿色，色不纯正，带明显灰色调，质量差
藕粉色	藕粉色，具淡紫色调
紫罗兰色	紫罗兰色，具紫色或粉紫色调，为颇受欢迎的一种品种
翡色	红色、褐红色，色艳纯正，透明度好者为佳品，且红色越鲜艳越珍贵
白色	无色或白色，为最常见的品种
黑色	褐黑色、暗黑色、墨绿色、黑色等

3. 翡翠的光泽和透明度

（1）翡翠的光泽　翡翠具玻璃至油脂光泽，光泽在某种程度上取决于组成翡翠矿物的颗粒大小、排列方式和表面抛光程度。

（2）翡翠的透明度　俗称“水”或“水头”，用水长、水短来描述翡翠的透明程度，并依此把透明度划分成透明、亚透明、次透明、半透明、亚半透明、次半透明和不透明等。质优的翡翠透明度高，一般的翡翠呈半透明至微透明，质差的翡翠透明度低（图11-28～图11-31）。透明度与组成翡翠矿物的颗粒大小、排列方式等有关。翡翠组成成分越单一，矿物颗粒越细，结构越紧密，则透明度高，光泽强。组成成分越复杂，颗粒越粗，结构越松

图11-28　透明的翡翠

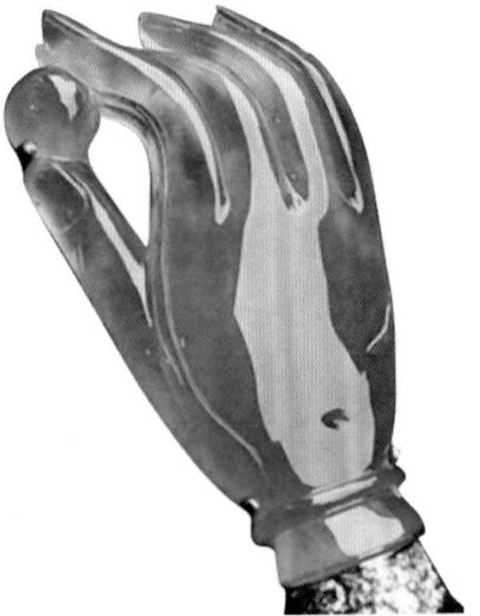
图11-29　半透明的翡翠

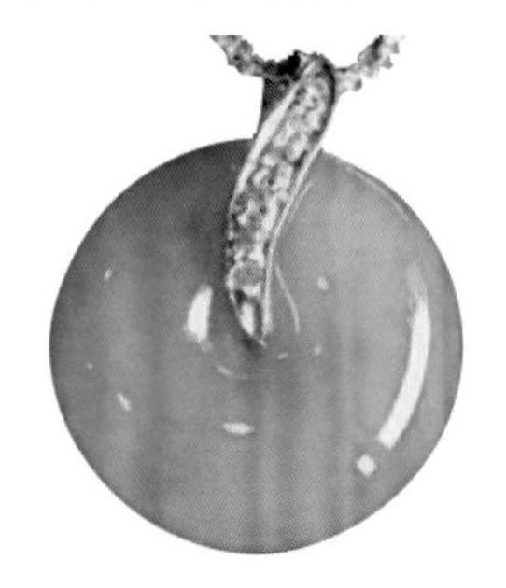
图11-30　微透明的翡翠

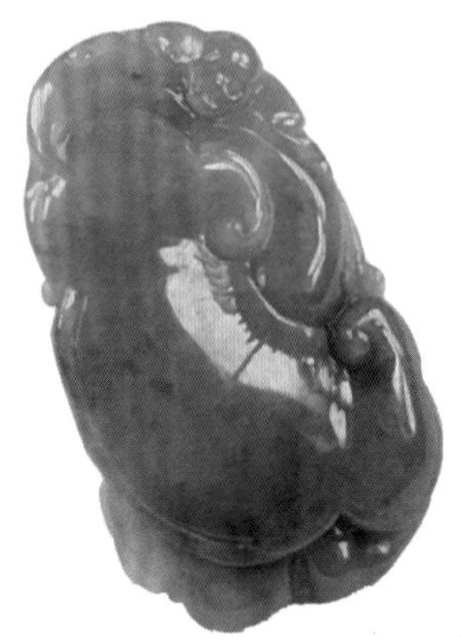
图11-31　不透明的翡翠

散，则透明度低，光泽差。另外翡翠中含有过量的Fe、Cr等微量元素时，翡翠的颜色加深，则透明度变差，甚至不透明。翡翠透明度的差异，对翡翠的外观有直接的影响。透明度较好的翡翠，具有温润柔和的美感，透明度差的翡翠，则显得呆板缺少生气。

4. 翡翠的折射率、吸收光谱及发光性

（1）折射率　翡翠的折射率为1.66～1.68，点测法检测常为1.66，结晶特征为非均质集合体。

（2）吸收光谱　437nm是其特征吸收线，为铁的吸收。绿色翡翠是铬致色的特征吸收，630nm、660nm、690nm的吸收带，绿色越浓艳，铬的吸收谱线越清晰，如果绿色很浅，则630nm就不易观察到。而染色的绿色翡翠在660nm处都有一条非常明显的宽带，无630nm、690nm吸收带。

（3）发光性　天然翡翠绝大多数无紫外荧光，少数绿色翡翠有弱的绿色、白色或黄色荧光。少数白色翡翠，可呈现弱的蓝色荧光。早期充填处理翡翠，可有弱至中等的黄绿色、蓝绿色荧光；后期充填处理翡翠，无荧光或呈现弱的蓝绿色或黄绿色荧光。染色的红色翡翠可有橙红色荧光。注油翡翠有橙黄色荧光。

5. 结构、质地（地子，底子）

（1）翡翠的结构　指组成翡翠的矿物颗粒大小、形态及相互关系，有纤维交织结构、柱粒状交织结构（图11-32），形成毯状结构，具有很强的坚韧（固）性。在肉眼、放大镜或宝石显微镜下观察，可以发现翡翠的组成矿物，呈纤维柱状或柱粒状交织排列。翡翠的“交织结构”在鉴定中具有重要意义，这一结构特征明显有别于其他玉石。

图11-32　翡翠的交织结构

（2）翡翠的质地（又称地子或底子）　指翡翠中矿物结晶颗粒的大小及其相互关系，也就是组成翡翠中矿物的结构与构造。通常所说的“质地细腻”即指组成翡翠的矿物颗粒细小，结构紧密；而“质地粗糙”即指组成翡翠的矿物颗粒粗大，结构松散。

一般情况下翡翠表面可见到小斑晶和斑晶周围的纤维状、絮状细小晶体，呈斑晶交织结构，这种肉眼或放大镜下能见到的小斑晶的片状闪光，是组成翡翠的硬玉矿物的解理面反光，称为“翠性”（图11-33）。翠性受硬玉的形态和粒度的影响，柱状晶体比粒状晶体、粗粒比细粒更易见到。翠性是翡翠所特有的特点，也常是翡翠与其他易于翡翠混淆的绿色玉石和翡翠赝品的区别标志。

图11-33　翡翠的翠性

在翡翠中还常见由纤维晶体密集堆集在一起的透明度略差的白色斑块，称为“石花”。翡翠的质地可以划分为以下类型，见表11-2。

表 11-2　常见翡翠质地类型表

质地类型	观察特征
玻璃地	完全透明或半透明，玻璃光泽，致密、细腻、坚韧、无杂质或其他包裹物
冰　地	半透明至微透明，玻璃光泽，清澈如冰，致密、细腻
藕粉地	半透明似熟藕粉一样的颜色，常常会带有一些粉红色或紫色
豆青地	不透明，一种淡黄绿色的地子，通常晶体颗粒较粗，质地也较粗
瓷　地	不透明，白色，如瓷器般的地子，质地较差
油　地	半透明至透明，颜色带灰蓝的绿色，质地虽细，但颜色发闷，是较差的地子

三、翡翠原石的特征

根据翡翠的产状可分为山玉（新山料）和籽玉（老山料）。

（1）山玉　从原岩上采集下来的新玉，这种玉料没有皮壳，形态为致密块状。

（2）籽玉　翡翠原石表面具有一层风化作用形成的皮壳，多产于河床、残坡积等处，经自然的搬运、磨圆、沉积而成，呈砾石状。由于皮壳的存在，以致无法观察到翡翠内部的特征，对翡翠原石的鉴定主要是通过观察皮壳表面出现的各种现象，推断其内部质量的优劣。籽玉的皮壳，可以分为粗皮、沙皮和细皮。

翡翠的籽料都有皮壳，皮的颜色多呈褐色、黄色、黑色、灰色等。一般特级翡翠多有皮。皮壳的颜色是由风化作用形成的铁的氢氧化物渗透到翡翠表面的细小微裂隙中，再与翡翠内部杂质元素相互作用的结果。

根据皮壳的颜色、致密程度、光洁程度，大致可估计出翡翠内部的色彩、水头的优劣、质地的好坏及裂、绺的多少。一般有以下规律。

（1）如皮致密、坚实、细润，通常指示着其内部透明度好，杂质少。

（2）如皮面表现为不明显的绿苔，常指示其内有翠绿；皮面凹凸不平粗糙者，常指示内部裂、绺较多，质地松软等。

（3）如皮上颜色变化很大，且有炭质黑色斑块条带者，应注意内有高翠的可能，因为炭质物对Cr元素有吸附沉积作用（要注意后期形成的炭质对颜色的形成无影响）。

（4）一般外表颜色浅淡无明显变化者，其内部均不会出现高翠。

（5）一块白沙皮，上水后用手感受如细沙脱落者，一般水头足；黑皮或灰黑皮，一般内部含氧化铁较多，质地不干净且水头差；褐色皮（似黄鳝皮色），一般种很老，若皮细嫩不可见苔藓及黑色条带者，都显示内部水头好，且有高翠。

四、翡翠的常见品种及特征

在翡翠行业发展的历史上，为了区分出翡翠的优劣，为了表示出这种翡翠与其他翡翠的不同，往往把特定的翡翠定为一个品种。品种名称常用成因类型、颜色特征、透明度特征、结构特征、价值和产出地名等来命名，实质上是特定的品质要素的组合，所以翡翠的品种成为质量的近义词。有些品种的划分，反映了一类翡翠的共性和品质，而在行业中得以传播和应用。

所以翡翠的种，表示翡翠玉质的优劣，是评价翡翠的一个重要标志。有“外行看色，内行看种”之说。按商业习惯翡翠的品种划分为以下类型。

1. 老坑玻璃种

老坑玻璃种绿色纯正、鲜阳、分布均匀，玉质细腻，透明度好，水分充足，会使翡翠的颜色质感更加好看、耐看，行家称为“起莹”，鲜阳夺目，是翡翠中最高档的品种（图11–34）。

图11–34 老坑玻璃种翡翠

2. 老坑种

老坑种绿色浓度高，色泽分布较均匀、鲜阳，一般质地较细，不一定很透明，由于颜色及颗粒粗细的程度不同，其质量和价格也存在差异（图11–35）。老坑玉是相对于新山玉（坑）而言的，采玉人认为河床或其他次生矿床中采集到的玉石，较原生矿脉中产出的玉石更成熟、更老，故称为“老坑”。

图11–35 老坑种翡翠

3. 新种（新山玉）

新种（新山玉）用来指结构粗、松、透明度差的各种颜色的翡翠，通常采自原生矿脉。

4. 玻璃种

玻璃种指的是一种无色透明的翡翠，纯净得像玻璃一样透明，内部若有细微杂质都暴露无遗，质地非常细腻，结晶颗粒致密，是翡翠中的极品。玻璃种有一个很直观的特点就是肉眼直观带有荧光，也就是行家所说的“起荧”（图11–36，图11–37）。

图11–36 玻璃种翡翠（一）

5. 冰种

冰种可见内部纤维交织结构，微晶部分肉眼不可分辨，质地细腻，透明度好，棉质与结构清晰分明，透明度比起玻璃种来要稍微差一些，杂质（绵）稍多（图11–38，图11–39）。冰种翡翠中质量最好、透明度最高的行内常被称为高冰种，意思就是指冰种中最好的一种，但又未能达到玻璃种的程度。

图11–37 玻璃种翡翠（二）

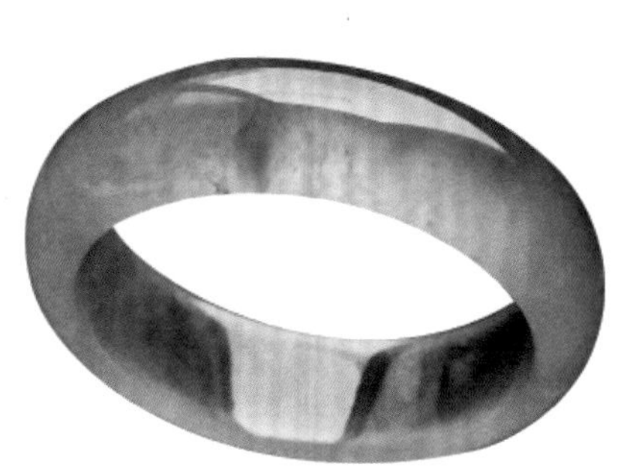

图11–38 冰种翡翠手镯

图11–39 冰种翡翠

6. 糯种

糯种是市场上最常见的品种，晶体颗粒比豆种细，内部结构朦胧不可分辨，絮状物在翡翠的内部（图11–40，图11–41）。若透明度好一些，晶体颗粒更细小，则称为冰糯种（图11–42，图11–43）。糯种、冰糯种和冰种之间没有严格的界限，仅仅是凭肉眼和个人的主观判断来区分的。

7. 豆种

豆种是翡翠中最常见的一个品种，有“十有九豆”之说，这类翡翠质地较粗，肉眼可见粒状结构，玉件的表面也粗糙，其光泽、透明度往往不佳，业界称为“水干”为中至低档品种。如果有绿色，称为豆青种（图11–44）。

图11–40　糯种翡翠挂件

图11–41　糯种翡翠手镯

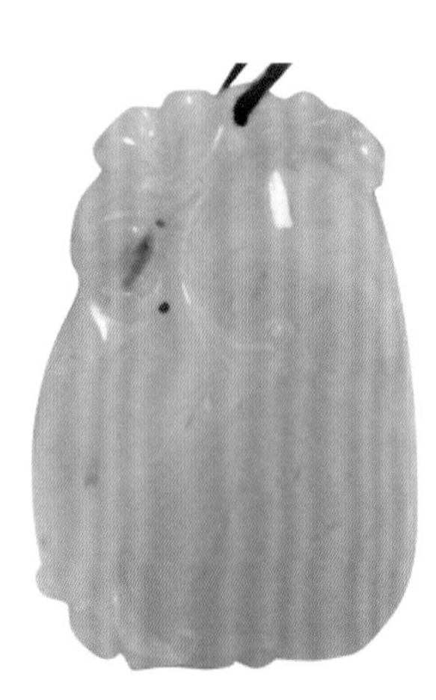

图11–42　冰糯种翡翠挂件

图11–43　冰糯种翡翠手镯

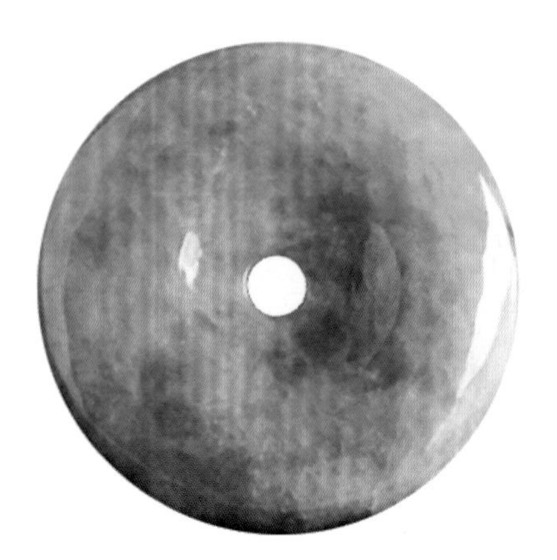

图11–44　豆青种翡翠

8. 芙蓉种

芙蓉种颜色为中至浅绿色，绿色较纯正，颜色虽然不够浓艳，但相对纯正。种水一般都较好，以细糯种、糯冰种、冰种较多，质地细腻，晶体的颗粒较细，肉眼观察下不易见到翡翠晶体的颗粒感。透明度介于半透明到亚半透明之间，整体显得较为通透、清澈（图11–45）。如其中有深绿色的脉则称为芙蓉起青根。如果其中分布有不规则较深的绿色时，又可称为花青芙蓉种。颜色深者，价格高一些；颜色浅者，价格低一些。

9. 花青种

花青种绿色较浓艳，可疏可密，可深可浅，呈不均匀状分布，其底色可能为淡绿色或其他颜色，质地可粗可细，半透明至不透明（图11–46，图11–47）。

10. 白底青种

白底青种是常见的翡翠品种之一。其特征是鲜艳的绿色，呈团块状分布于白色地子中，质地较细，透明度差，底色白、绿色艳（图11–48，图11–49）。

图11–45　芙蓉种翡翠

图11–46　花青种翡翠挂件（一）

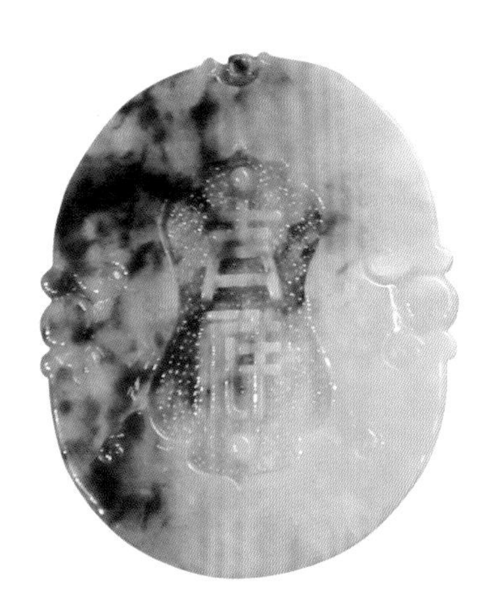

图11–47　花青种翡翠挂件（二）

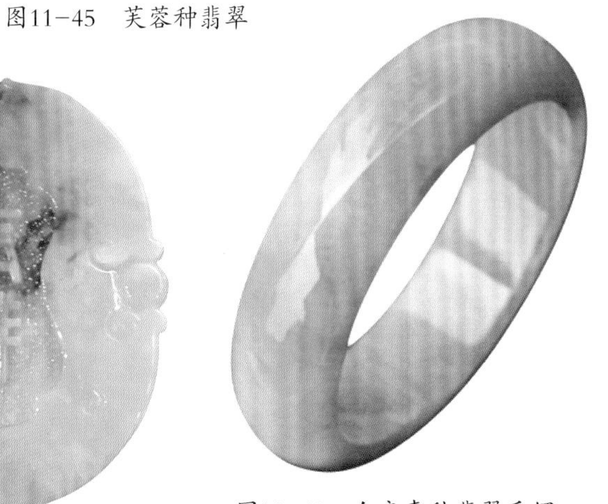

图11–48　白底青种翡翠手镯

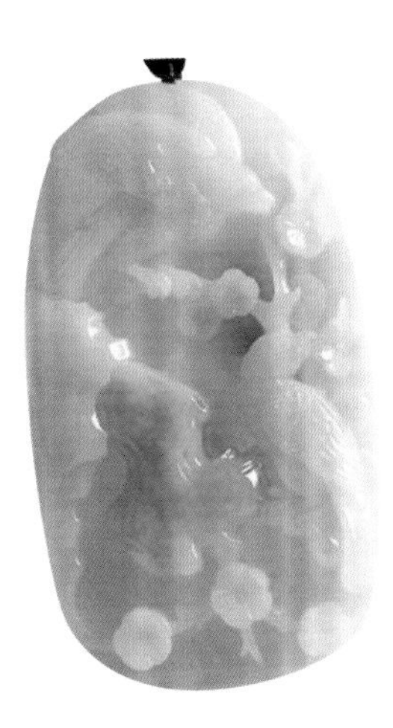

图11–49　白底青种翡翠挂件

11. 干青种

干青种是一种几乎满绿的翡翠，其矿物成分主要为钠铬辉石，摩氏硬度为5，相对密度为3.50，折射率为1.75。含Cr量较高，因此绿色浓度大，颜色比较深，有的绿色分布比较均匀，有的则深浅不均，往往有些黑点，颗粒较粗，几乎不透明，很干（图11–50，图11–51），只有切成薄片才见颜色呈现较鲜艳的绿色。

图11–50　干青种翡翠挂件（一）

图11–51　干青种翡翠挂件（二）

12. 金丝种

金丝种翡翠的颜色呈丝状分布大致互相平行，可清楚看到绿色是沿一定方向间断出现，绿色的条带可粗可细、半透明至不透明。金丝种翡翠的价值，主要依据绿色条带的色泽和绿色条带在翡翠中所占的比例，以及质地粗细而定（图11–52，图11–53）。

图11–52　金丝种翡翠（一）

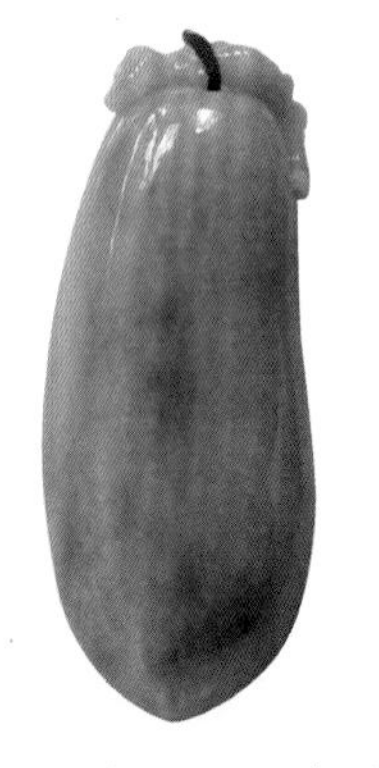

图11–53　金丝种翡翠（二）

图11–54　油青种翡翠挂件

图11–55　油青种翡翠手镯

13. 油青种

油青种颜色为带有灰色、蓝色或黄色调的绿色，颜色沉闷而不明快，较暗，有深有浅，一般多为暗绿至深绿，颜色分布均匀，但透明度较好，一般为半透明，油脂光泽，质地细腻，往往看不见颗粒之间的界线，为中低档翡翠玉种（图11–54，图11–55）。

14. 紫罗兰种

紫罗兰种是一种紫色的翡翠，其色调略有不同，一般可分为粉紫色、茄紫色、蓝紫色。粉紫色质地较细，透明度较高的难得，优质紫色翡翠，价格昂贵（图11–56，图11–57）。

15. 福禄寿种

福禄寿种是一块翡翠上同时有绿色、红色和紫色时，这块翡翠被认为是十分吉祥的象征，代表福禄寿三喜（图11–58）。

16. 飘蓝花

飘蓝花是亚透明至半透明（如冰种）的无色翡翠中，分布彩带状的灰蓝色、灰绿色色带的翡翠（图11–59，图11–60）。

图11–56 紫罗兰种翡翠

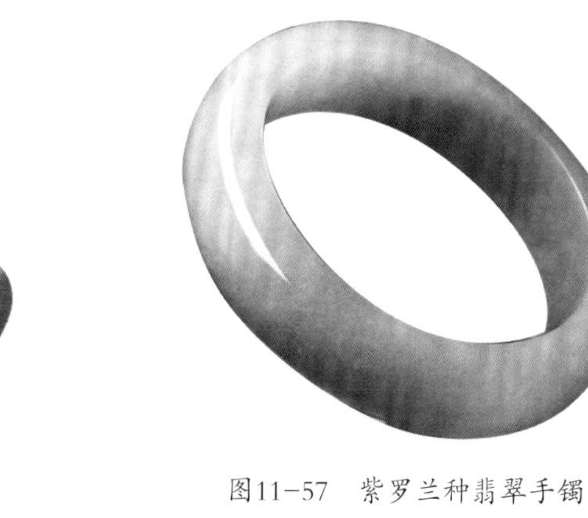

图11–57 紫罗兰种翡翠手镯

图11–58 福禄寿种翡翠手镯

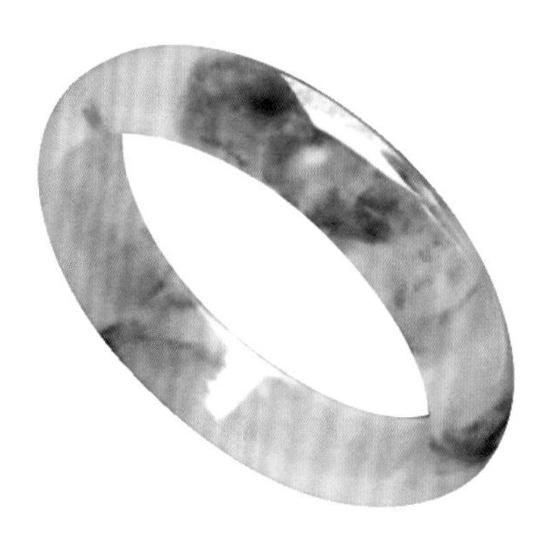

图11–59 冰种飘蓝花翡翠手镯

图11–60 冰种飘蓝花翡翠挂件

图11-61　铁龙生种翡翠挂件

图11-62　铁龙生种翡翠吊坠

17. 铁龙生种

铁龙生种颜色一般鲜艳浓绿，深浅有些变化，多数颗粒较粗，透光性差，含黑点少，往往会有白花，质地比较细，属于较高级别的铁龙生种。但质地粗、水头差，则多用来做薄叶片、薄蝴蝶等，效果较好（图11-61，图11-62）。铁龙生翡翠其矿物成分硬玉含量大于80%，只是其中一部分硬玉由于铬和铁的置换，而成了钠铬辉石。

综上所述，翡翠的颜色、颗粒大小、透明度等的变化十分复杂，且具有以下特点。

（1）颜色变化多端　翡翠的颜色种类多，分布形态多样，色泽变化大，呈现出多姿多彩的特点。

（2）质地变幻无穷　翡翠是多晶质集合体，矿物晶体颗粒大小、晶形、结合方式多样、复杂，翡翠的质地呈现出变幻无穷的特点。

（3）可遇而不可求　由于翡翠的颜色变化多端，质地变幻无穷。因此，在自然界很难找到两块完全相同的翡翠，呈现出可遇而不可求的特点。

（4）按质论价　由于翡翠的颜色、质地的不同，将导致翡翠的价值产生很大的差异。因此，翡翠与单晶质宝石存在着很大的不同，不能仅以重量作为主要的定价依据，而是应根据质量的不同，分门别类，呈现出按质论价的特点。

（5）经久耐用　翡翠具有较高的硬度，且韧性好，抗破碎能力强。只要在使用过程中，加以适当的保护，翡翠的美不会因时间的推移而发生变化。因此，翡翠制品呈现出经久耐用的特点。

第二节　翡翠的鉴定特征

一、翡翠的鉴定特征

本书所涉及的翡翠鉴定，仅指翡翠成品的鉴定，而不包括翡翠原石的鉴定。翡翠成品通常可根据结构、颜色、光泽、透明度和其他物性特点加以鉴定。

1. 肉眼鉴定

翡翠的肉眼鉴定十分重要，是鉴定翡翠的基础。主要观察以下特征。

（1）翠性和结构　翠性是硬玉的解理面在翡翠的表面表现出的点状、线状及片状闪光。观察时稍微转动翡翠，借助反光在翡翠表面寻找到的星点状、线状、片状闪光就是“翠性”。线状、片状闪光多出现在柱粒状纤维交织结构的翡翠中，较易观察（图11-63，图11-64）。颗粒较粗的抛光良好的翡翠表面，在10倍放大下观察可见微弱的凸凹不平的现象，称为橘皮效应（图11–65）。这是由于交织分布的硬玉颗粒其方向不同硬度差异所造成的，是翡翠内部结构的外在反映。颗粒越细“翠性”越不明显。此外，在翡翠中还可见到白色团块状的“石花”和“石脑”。

图11–63　柱粒状纤维交织结构

（2）颜色　翡翠的颜色丰富多彩，是其他玉石所不具备的，看颜色不仅要看色彩与色调，也要注意观察颜色的组合和分布（色根）。

（3）光泽　翡翠具有较高的折射率和较高的硬度，其光泽强于其他相似玉石，为带油脂光泽的玻璃光泽，透明、水头好的翡翠清润透澈，为其他玉石所没有。

（4）滑感　翡翠结构致密，硬度较高，抛光后表面很光滑，其戒面和澳洲玉的戒面相比，翡翠戒面手感非常光滑，而澳洲玉则较涩黏。

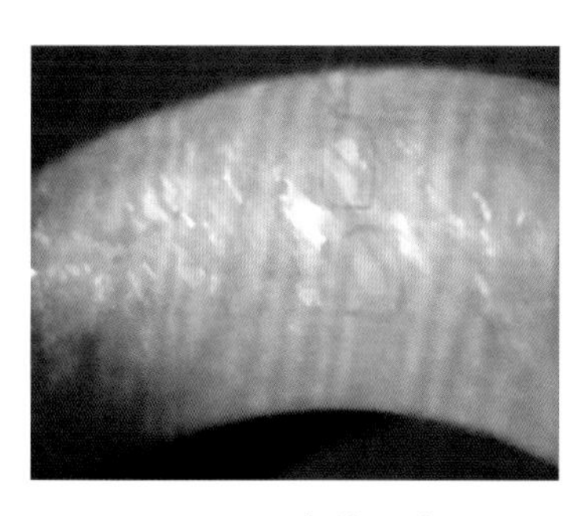

图11–64　翡翠的翠性

（5）凉感　将翡翠光滑表面贴于脸上或唇边有凉爽的感觉。

（6）掂重　翡翠的相对密度为3.33，大于多数绿色玉石。用手掂量，翡翠较重，有打手的感觉，而石英质玉石等则较轻。

2. 仪器鉴定

鉴定翡翠常用的仪器有：折射仪、显微镜、紫外荧光灯、分光镜、密度天平、查尔斯滤色镜、红外光谱仪、X射线荧光光谱仪等。鉴定通常从以下几个方面进行。

（1）确定是否为翡翠　测定翡翠的折射率1.66（点测）和相对密度3.33～3.36，在3.32重液中悬浮或缓慢上浮或下沉，观察吸收光谱（437nm吸收线具有诊断意义）等。

放大观察：翡翠具有粒状纤维交织结构，柱状镶嵌结构、柱状变晶结构等。质地细腻时，抛磨后表面光滑，具有微凹剥落。质地较粗时，可见解理面闪光即“翠性”。

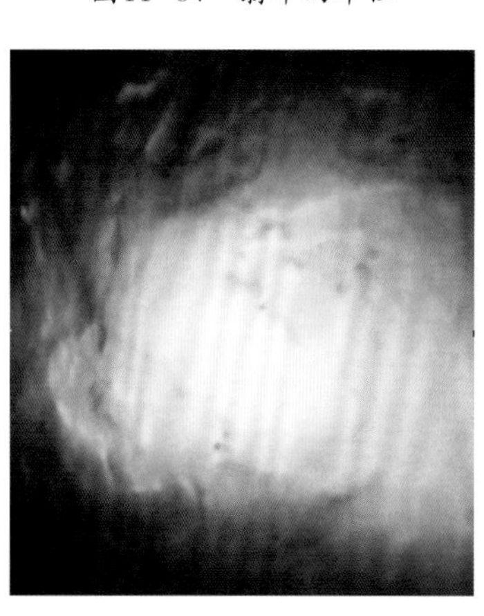

图11–65　翡翠表面的橘皮效应

白色、浅绿色及浅紫色翡翠在长波紫外光照射下发出暗淡的浅黄至黄色荧光。在短波紫外光照射下，无荧光。绿色及其他颜色的翡翠，无荧光。

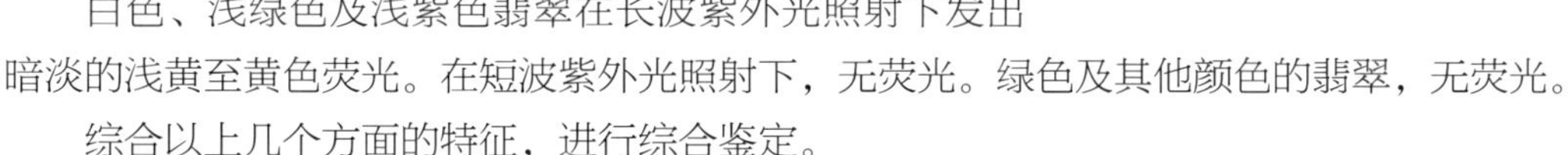

综合以上几个方面的特征，进行综合鉴定。

（2）确定翡翠的颜色　翡翠的颜色是翡翠的价值所在，有些看上去很美的绿色、红色或紫色，有可能是人工染色而成。此时需借助显微镜观察颜色的形状及颜色的分布特征，并结合分光镜观察及查尔斯滤色镜下的观察，以确定颜色是天然成因还是人工原因。

（3）确定翡翠是否经过优化处理　翡翠的人工处理方法很多，其中主要的有染色处理、浸油、浸蜡处理、漂白处理、充填处理。这几种处理可单独进行也可同时进行。

鉴定人工（优化）处理的翡翠主要通过显微镜观察和红外光谱仪测试，红外吸收光谱可以快速区分翡翠是否经过充填处理。此外，还可以用X射线荧光光谱分析法测定其染料，充填物或清洗剂中的Cl等。

二、翡翠与相似玉石的鉴别

与翡翠相似的天然玉石主要为一些绿色的玉石。常见的有10余种，主要有软玉、岫玉、石英质玉石、水钙铝榴石、钠长石玉石及其他玉石等，详见表11-3。

表 11-3　翡翠与相似天然玉石的鉴别特征表

名称	颜色	外观特征	折射率	硬度	相对密度	其他
翡翠	绿、白、蓝、紫、褐、黄等	纤维、粒状纤维交织结构，可见翠性，颜色多样不均，光泽强，镜下见表面呈涟漪状，韧性大	1.66	6.5～7	3.33	滤色镜下绿色
钠长石玉	白、灰白、无色、灰绿、灰绿白	纤维状、粒状结构、油脂–玻璃光泽，半透明–透明	1.52～1.54	5.5～6	2.56～2.63	放大检查可见白色斑点（棉、白脑）和蓝绿色斑块
软玉（和田玉）	白、绿、黄、墨绿	细小纤维交织结构，韧性大，质地细腻，油脂光泽	1.62	6～6.5	3.00	滤色镜下绿色
岫玉（蛇纹石玉）	白、绿、黄绿、黄	细纤维状–叶片状交织结构，韧性大，质地细腻，蜡状光泽	1.55	2.5～5.5	2.60	滤色镜下灰绿色
独山玉	白色、绿色、褐色等，颜色杂而不均	粒状结构，颜色不均，呈现杂色，绿色发暗，玻璃至蜡状光泽	1.56～1.70	6～6.5	2.7～3.09	产于河南南阳独山
澳洲玉（绿玉髓）	绿、浅绿色	半透明–微透明，玻璃–蜡状光泽，贝壳状断口	1.53～1.54	6.5～7	2.63～2.64	
染色绿玉髓	绿色、蓝绿色	半透明–不透明，不见染料的浓集，玻璃–蜡状光泽，贝壳状断口	1.53～1.54	6.5～7	2.55～2.60	滤色镜下呈现红色
染色石英岩	绿色、紫色、褐色、黄色	细粒~粗粒粒状结构，玻璃–蜡状光泽，可见贝壳状、粒状断口平坦反光面	1.54	7	2.65	滤色镜下呈现红色染料浓集于裂缝中，或细小颗粒悬浮于石英岩中
东陵玉（石）	灰绿、蓝绿、褐红	等粒状结构，可见铬云母或绿泥石晶片及绿泥石晶体，颜色均匀，玻璃–蜡状光泽	1.54	7	2.66	滤色镜下呈现红色
密玉	黄绿	细粒状结构，颜色均匀，蜡状光泽，	1.54		2.60	
水钙铝榴石（德兰士瓦玉）	白底上有绿斑点	粒状结构，透明度差，绿色呈现斑点状，玻璃–蜡状光泽	1.74	7～7.5	3.61	滤色镜下呈现红色。产于南非德兰士瓦、中国贵州、青海等地
染色大理岩	绿色	半透明–不透明，见颜色条带，无光泽，粒状断口，抛光性不良，具划痕，蜡状光泽	1.486～1.658	3	2.70±	滤色镜下呈现红色
脱玻化玻璃	绿色至黄绿色	半透明–亚半透明，有气泡，漩涡状结构，玻璃光泽，锯齿状断口	1.54	5.5	2.65	荧光颜色多变，常见白垩色
加州玉（符山石集合体）	绿、黄绿	颜色均匀，具放射状纤维结构	1.72	6.5～7	3.25～3.50	产于美国加利福尼亚州
亚马逊玉(天河石组成)	淡绿至天蓝色	颜色均匀，具细晶结构	1.53～1.55	6～6.5	2.54～2.57	产于南美、新疆哈密

第三节　翡翠的优化处理及其鉴别特征

翡翠的优化处理方法分为两类，优化的方法有浸蜡和热处理，这种优化过的翡翠与未经处理的天然翡翠一样，可以视为“A货”翡翠。处理的方法主要有漂白、充填、染色等，漂白、充填处理的翡翠俗称“B货”翡翠，而染色处理的翡翠则俗称“C货”翡翠。

一、翡翠A货、B货和C货的含义

1. A货

除机械加工外，无其他任何化学处理，颜色、结构均为天然，没有任何外来物质加入的翡翠。

2. B货

翡翠的颜色是天然的，而表面结构不同程度地受到酸溶蚀破坏，并有外来物质加入充填的翡翠。

3. C货与B+C货

人工染色处理的翡翠，称为C货。而经过人工酸洗漂白，再加染色的翡翠，则称之为B+C货。

二、热处理

翡翠热处理的目的，是为了促进氧化作用的发生，使黄色、棕色、褐色的翡翠，经热处理转变成鲜艳的红色。热处理获得的红色与天然红色翡翠，具有同样的耐久性。因此，翡翠的热处理属于优化范畴。

三、浸蜡

翡翠浸蜡的目的，是为了掩盖翡翠的裂纹，增加透明度。这种处理方法只是暂时掩盖了较为明显的裂纹，增加了光的折射和反射能力，同时使透明度有所提高。如果遇到高温会使蜡质溢出，耐久性差。

浸蜡处理是翡翠加工中的常见工序，轻微的浸蜡处理不影响翡翠的光泽和结构，属于优化范畴。过度浸蜡的翡翠，缓慢地在酒精灯上加热，可见有蜡滴析出。在紫外光照射灯下，可见到蓝白色荧光。红外吸收光谱有机物峰明显，具有2854cm^{-1}、2920cm^{-1}特征谱。

四、漂白充填处理翡翠（B货）的鉴别

漂白充填处理翡翠是20世纪80年代末至90年代初开始出现的，是对质地疏松、透明度差，基底泛黄、泛灰、泛褐等色调的带有绿色或紫色的翡翠成品或小块原石，用强酸浸泡以清除褐黄色、灰色或黑色等杂色，保留绿色、紫色，再用胶填充翡翠中的孔隙。经过处理后的翡翠，洗去了杂质，改善了透明度，增加了颜色的鲜艳度，却使翡翠的结构受到一定的破坏，充填的胶经过一段时间后会发生老化现象，翡翠的光泽、颜色、“水头”等均会发生变

化，影响翡翠的耐久性。经过漂白充填处理的翡翠，统称B货，其鉴定特征如下。

1. 颜色

虽然B货翡翠的颜色是天然的，但经过强酸溶液的浸泡，基底变白了，绿色也变得发黄，看起来很不自然，绿色给人以漂浮之感，原本丝状、带状的颜色，被渐渐扩展开来，原来颜色的定向性也会受到破坏。

2. 光泽

由于翡翠充填了胶等有机聚合物，影响到翡翠的光泽，常表现为玻璃光泽与树脂光泽、蜡状光泽的结合。

3. 放大检查

放大检查是鉴定B货翡翠的有效方法之一，分为表面观察和内部观察。

在反射光下，观察翡翠的表面特征，通常具有以下特点。

（1）酸蚀凹坑和酸蚀网纹（俗称龟裂纹） 表面凹凸不平，伴随有交叉的绺裂凹沟，这是确定无疑的B货。B货翡翠由于受强烈酸蚀，颗粒之间的间隙扩大，并充填了硬度较低的树脂胶，在切磨抛光之后，表面易产生酸蚀凹坑和酸蚀网纹（图11-66），结构变得松散。B货翡翠的凹坑处不见硬玉晶体及解理，翠性不明显，在绺裂的缝隙边缘圆滑，缝隙已被溶蚀和充填。而A货翡翠在凹坑处可见颗粒状晶体，解理面闪光，可见明显的翠性，绺裂缝隙边缘较尖锐。酸蚀网纹和酸蚀凹坑的清晰程度与翡翠受酸洗的强度有关，也与细磨抛光的好坏有关。A货的橘皮效应与B货的酸蚀网纹，存在着明显的差异，见图11-67。

图11-66 翡翠B货的酸蚀网纹、酸蚀凹坑

（2）局部存在密集的细小裂纹 表面抛光较好，但局部可见细小裂纹相对集中。这是因为翡翠经漂白加充填处理后，又经过后期的研磨抛光，使得表面较光滑。局部细小裂纹，则是被溶蚀破坏的翡翠颗粒间的极细小缝隙，未被充填的表现。

（3）裂隙中存在残留的气泡 翡翠表面极为光滑，细小的裂纹很少，但在表面出现很多类似翠性反光的亮点，亮点往往是在较粗大颗粒的表面或内部，沿解理方向有许多亮点，而不是解理整体的片状闪光。这是由于在充填处理时，未能把缝隙里面的空气全部抽空，而残留下来的气泡。

（4）树枝状裂隙 如果翡翠有小的裂隙，经酸洗充胶后，裂隙内会充填较多的胶，在反射光下可见呈油脂状的下凹弧面，而且边界常呈裂碎状或树枝状。当裂隙较大时，还可见到裂隙充填有透明状的树脂胶。许多绺裂组成的纵横交错的“沟渠”称树枝状裂隙（图11-68）。

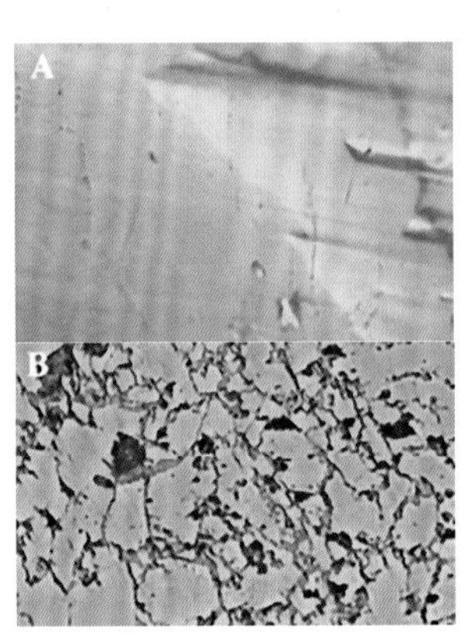

图11-67 A货的橘皮效应（A）与B货的酸蚀网纹（B）对比图

在透射光下观察内部结构特征，B货翡翠经过酸洗去掉杂质使其底色干净，但浅绿和藕粉底仍会存在。仔细观察翡翠的白

色部分，如是B货则特别白，没有褐黄或褐灰色的成分，而A货翡翠则常有灰黄色调。B货翡翠结构松散、颗粒边缘界限模糊、颗粒破碎、解理不连贯。

4. 紫外荧光特征

早期制作的B货绝大多数有荧光，在长波紫外光照射下，呈现中至强的黄绿色或蓝白色荧光；在短波紫外光照射下，呈现弱的黄绿色或蓝绿色荧光。但后期制作的B货通常在长波和短波紫外光下均无荧光。如果翡翠在长波紫外光照射下，蓝白色荧光特强，则表明是B货。

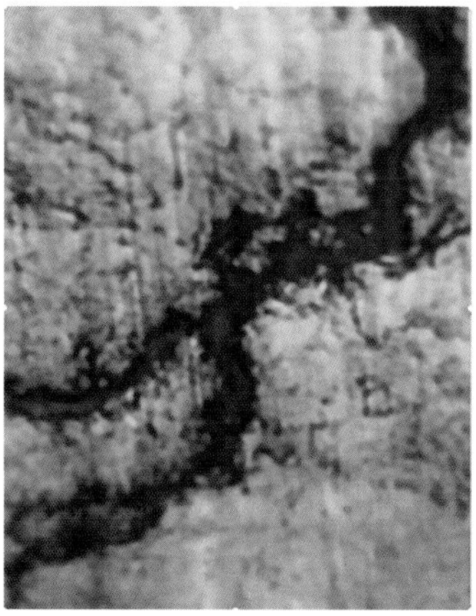

图11-68　翡翠B货的树枝状裂隙

5. 红外光谱特征

红外光谱分析是测定有无充填物的有效方法，目前所用的充填物是有固结作用的有机聚合物，特点是成分中含有碳氢的羟基，而且不同的充填处理的翡翠结构不同，呈现不同的吸收谱带。含有树脂胶的B货翡翠，可检测出胶的红外吸收峰，其最强、最明显的吸收峰在2800~3200cm^{-1}范围内。但有时不够明显（当胶的数量多时才明显）的另一系列的吸收峰在2200~2700cm^{-1}波数范围内，翡翠A货、B货、C货的红外光谱如图11-69所示。

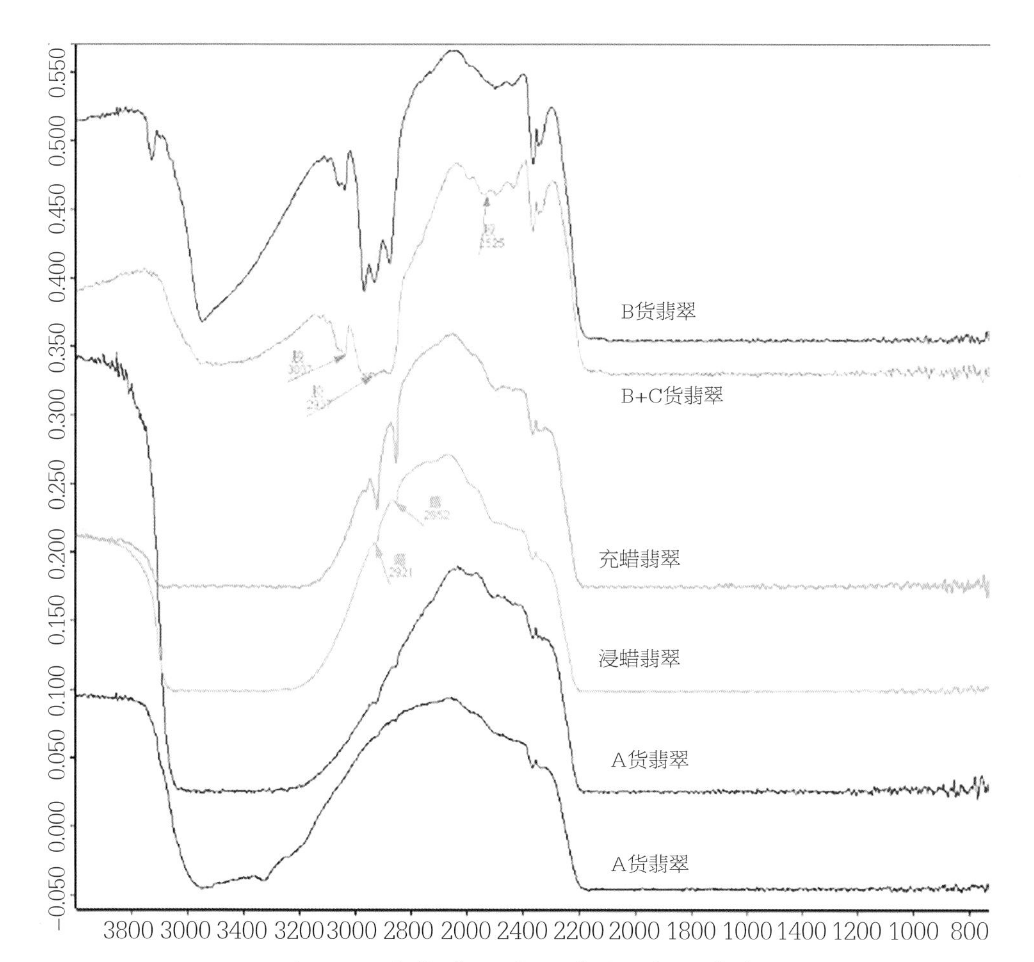

图11-69　翡翠A货、B货和C货的红外吸收光谱

五、染色处理翡翠（C货）的鉴别

图11-70　C货翡翠

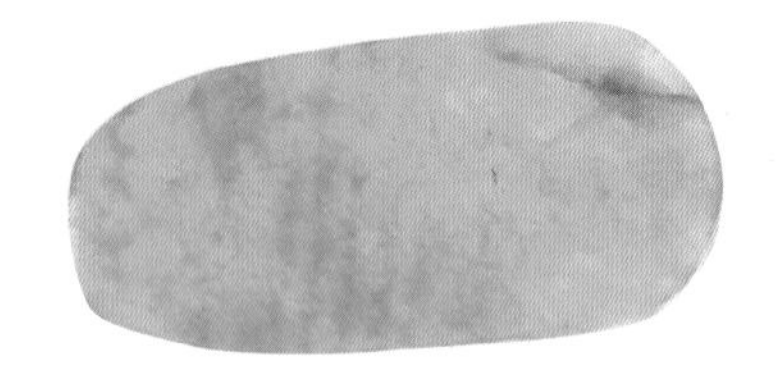
图11-71　染色翡翠

图11-72　染料在颗粒间隙分布

染色处理翡翠的历史较长，将无色或浅色的翡翠放在染料溶液中加热，在白色地子上染上绿色、紫罗兰色，或在天然淡绿色上适当加些绿色，以冒充天然绿色翡翠。

炝色是先将翡翠加热，使翡翠颗粒之间产生微裂隙，然后迅速放入有色的染料或颜料溶液中。其特点是颜色沿裂隙分布更加明显。

染色或炝色翡翠需要充胶处理或上蜡，起到掩盖裂隙及固结的作用，提高透明度，称为C货（图11-70）。有些漂白后的翡翠直接充填有色胶结物，也可起到同样的作用，称为B+C货。

C货和B+C货翡翠的鉴定特征如下。

1. 放大检查

利用放大镜或显微镜观察颜色的分布，由于染料沿颗粒或裂隙进入翡翠，所以看到的颜色呈丝网状分布，在较大的绺裂中可见染料的沉淀或聚集（图11-71，图11-72）。炝色翡翠可以看到炸裂纹。

2. 吸收光谱特征

天然绿色翡翠中690nm、660nm、630nm吸收线近于等距分布，强度由高到低逐渐变弱。而人工染色的绿色翡翠无690nm、630nm吸收线，仅在650nm处出现一条宽带。

3. 查尔斯滤色镜

多数染色翡翠在查尔斯滤色镜下观察，呈现棕红色或浅棕红色。但有些染色翡翠由于所用的染料不同，在滤色镜下观察，不显示红色调。

4. 红外光谱

经染料染色的翡翠红外光谱中出现有有机物存在的吸收峰，见图11-69。

5. 其他方法

有些染色翡翠，在紫外光照射下，会发黄绿色或橙红色（染红色翡翠）荧光。若将染色翡翠，浸泡在盐酸中，会将染上去的颜色溶解。

六、覆膜处理翡翠的鉴别

覆膜处理翡翠的颜色相对较均匀，折射率偏低，点测法约为1.56（薄膜的折射率），放大观察可见翡翠表面的光泽较弱，多为树脂光泽。表面无颗粒感，局部可见气泡，在边缘部位，局部可见薄膜脱落现象。用针触之感觉较软，手感较涩。

思考题

一、名词解释

籽料、山料、翡翠的水头、翡翠的种、翡翠的质地、翠性、A货翡翠、B货翡翠、C货翡翠

二、选择题

1. 绿色翡翠价值高，绿色的形成主要是微量元素的离子替代成分中的离子而呈色，它们是：

（A）Fe^{3+}替代Al^{3+}　（B）Cr^{3+}替代Na^{+}　（C）Fe^{3+}替代Na^{+}　（D）Cr^{3+}替代Al^{3+}

2. 翡翠在反射光照射下，形成闪亮的“苍蝇翅膀”，这一特征与翡翠哪种物理性质有关？

（A）解理　（B）晶面　（C）双晶面　（D）裂隙

3. 按颜色成因分类，红色翡翠的红色为：

（A）原生色　（B）染色　（C）次生色　（D）焗色

4. 高档翡翠大多数主要产自于：

（A）原生料中　（B）籽料中　（C）无皮山料中　（D）山料中

5. 翡翠颜色丰富多彩，行业中常把这些颜色分为两大类型，它们是：

（A）次生色和原生色　（B）绿色和红色

（C）绿色和底色　（D）绿色和紫色

6. 老坑玻璃种是翡翠中最高档品种，其中“老坑”表示：

（A）次生矿床　（B）原生矿　（C）脉状矿　（D）残坡积矿

7. 漂白充胶处理翡翠大多数相对密度值较低，在下列重液中的表现形式为：

（A）二碘甲烷中下沉　（B）二碘甲烷中上浮

（C）二碘甲烷中悬浮　（D）三溴甲烷中悬浮

8. 漂白充胶处理翡翠，放大观察无法与天然翡翠相区别时，最有效的办法是：

（A）红外光谱测试　（B）紫外荧光测试

（C）折射率测试　（D）相对密度值测试

9. 染色翡翠放大观察，可见裂隙或颗粒间隙中有绿色染料沉积物，有些染色翡翠查尔斯滤色镜下：

（A）变黄色　（B）变橙红至紫红　（C）变蓝色　（D）变灰绿

10. 世界上商业翡翠的重要产地为：

（A）缅甸　（B）哈萨克斯坦　（C）日本新潟　（D）美国加州

三、问答题

1. 阐述翡翠的物理性质及鉴定特征。
2. 简述翡翠优化处理方法。每种处理方法的目的是什么？如何鉴别？
3. 如何鉴别翡翠的A货、B货和C货？
4. 阐述翡翠品种分类。列出10个翡翠的商业品种，并写出它们的特征。高档翡翠主要出自哪类品种？

第十二章 其他常见玉石

第一节 软玉（和田玉）

软玉（Nephrite）是人类历史上最早开发利用的主要天然玉石资源。我国是世界上最早开采和利用软玉的国家，具有悠久的历史和光辉灿烂的文化。根据考古发掘和历史文献记载，新疆的软玉资源自原始社会经奴隶社会、封建社会至今，获得大量的开发利用。新疆的昆仑山产出的软玉被称为和田玉。我国在新石器时代就已开始利用软玉，在上海青浦区崧泽、福泉山新石器时代良渚文化遗址中，出土有用软玉制作的礼祭器；商周时代，软玉被用来制作各种重要的玉器；到清代达到了顶峰，年用玉量可达几十吨，并琢成了如“秋山行旅图”、“会昌九老图”和“大禹治水图”等划时代的大型玉雕艺术珍品，其玉雕艺术素有“东方艺术”的美称，我国有“玉石王国”之称，而所使用的玉石主要是软玉。外国人心目中的“中国玉”或“玉”也主要指的是软玉。

一、软玉的基本性质

1. 矿物组成

软玉属角闪石质玉石，主要矿物成分为透闪石，$\{Ca_2Mg_5[Si_4O_{11}]_2(OH)_2\}$和阳起石，$\{Ca_2Fe_5[Si_4O_{11}]_2(OH)_2\}$，以及少量透辉石、滑石、蛇纹石、绿泥石、黝帘石、钙铝榴石、铬尖晶石等矿物。

图12-1　软玉的纤维交织结构（偏光显微镜下）

2. 结构特征

软玉的主要组成矿物为透闪石和阳起石，都属单斜晶系。这两种矿物的常见晶形为长柱状和纤维状，软玉本身则是这些极细小的纤维状矿物的集合体。软玉的矿物颗粒细小，呈显微隐晶质结构，结构致密均匀，质地细腻、润泽。典型结构为纤维交织结构（图12-1，图12-2），由于细小纤维的相互交织使颗粒之间的结合非常紧密，使得玉石具有极好的韧性，不易碎裂，特别是经风化、搬运作用形成的软玉砾石，尤为突出。

图12-2　软玉的纤维交织结构（偏光镜显微镜下）

3. 力学性质

摩氏硬度为6～6.5，相对密度为2.90～3.10。由于软玉具有极好的韧性，不易压碎，断口为细粒状。

4. 光学性质

（1）颜色　软玉的颜色有白色、灰白色、黄色、黄绿色、灰绿色、深绿色、墨绿色、黑色等。主要组成矿物为白色透闪石时软玉呈白色，随着Fe对透闪石分子中Mg的类质同象替代，软玉可呈深浅不同的灰绿色，Fe含量越高，绿色越深。当透闪石中含大量细微石墨时成为墨玉。主要由阳起石组成的软玉几乎呈墨绿色至黑色。

（2）光泽及透明度　软玉呈油脂光泽、蜡状光泽或玻璃光泽，半透明至不透明，绝大多数为微透明，极少数为半透明。

（3）折射率和光性　软玉的折射率为1.600～1.641，点测法通常为1.60～1.61。软玉是多矿物集合体。

（4）发光性　紫外光照射下，软玉不发荧光。

二、软玉的分类

1. 根据成因及产状划分

（1）籽玉　由原生软玉矿藏或含软玉的岩体经风化崩落，流水搬运至河流中，在适宜之处沉积而成（冲积砂矿）。籽料呈浑圆状、卵石状，大小悬殊，小块多，大块少，磨圆度好，表面光滑，外表一般包有厚薄不一、颜色不同的皮壳，这种类型的软玉，质地好，油性足，色泽洁净，常为优质的玉料。著名的羊脂白玉就是籽玉的一种。俗称“籽料”、“子料”。

（2）山玉（又名山料、碴子玉）　产于山上的原生软玉矿床中的玉石，开采下来的玉石呈棱角状、不规则块状，棱角分明，表面无皮壳，块度大小不同，质地良莠混杂不齐。

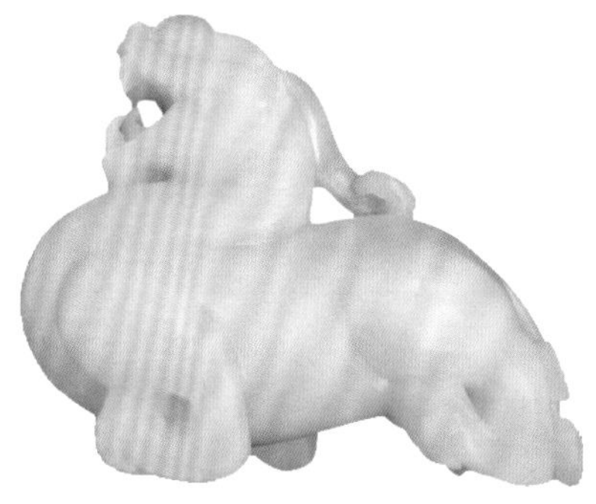

图12-3　白玉摆件

（3）山流水玉　指原生矿石经风化崩落，并经冰川和洪水搬运，但搬运距离不远的玉石。特点是块度较大，棱角稍有磨圆，表面比山玉光滑，但无籽玉那样的卵石状和磨圆度。

（4）戈壁玉　主要产于沙漠戈壁滩中，是原生矿石经风化崩落并长期暴露于地表，并与风沙长期作用而成。戈壁玉的润泽度和质地明显比山料好。

2. 根据颜色及花纹划分

（1）白玉　指白色到灰白色或青白色的软玉（图12-3，图12-4）。其中以羊脂白色（状如凝脂）者为极品，其色似羊脂，质地细腻、润泽，自然界产出十分稀

图12-4　白玉手镯

少，售价也最高。再根据白色的变化情况，还可分为梨花白、雪花白、象牙白、鱼肚白、糙米白、鸡骨白等品种。

（2）青玉　呈淡青绿色到深青色（或略带灰绿色）的软玉（图12-5~图12-7）。青玉为软玉的常见品种。

（3）青白玉　颜色介于白玉与青玉之间，仍以白色为基调，略带灰青色或灰绿色（图12-8）。质量等级介于白玉与青玉之间。

（4）碧玉　呈绿、鲜绿、深绿、墨绿或暗绿色的软玉（图12-9，图12-10）。其中以深绿色最佳，一般品种常带灰色调或带有墨色斑点。

图12-5　青玉玉雕

图12-6　青玉玉佩

图12-7　青玉挂件

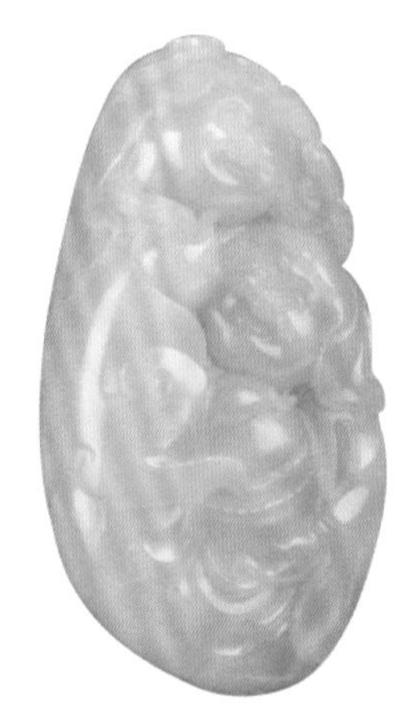

图12-8　青白玉

图12-9　碧玉玉雕

图12-10　碧玉挂件

（5）黄玉　由淡黄到绿黄色的软玉，呈黄色、蜜蜡黄色、栗黄色、秋葵黄色、鸡蛋黄色、米黄色、黄杨黄色等（图12-11，图12-12）。其中以蜜蜡黄色和栗黄色者为最佳。黄玉颜色的色调一般较浅，且深浅不一，由氧化铁渗透浸染而成。目前，出产最多的是青黄玉，产于辽宁的岫岩县，为蛇纹石软玉，软玉成分有的高达75%以上，因此，玉质感很强，硬度、光泽也佳，为较好的玉雕材料。东北产的青黄玉，又称东北青玉。

（6）墨玉　呈黑色、深灰色的软玉。往往与青玉相伴，其光泽比其他玉石暗淡。即使在一块以黑色为主的玉石上，也会间杂有青色，甚至白色（图12-13，图12-14）。因含鳞片状石墨所致，黑色分布可为点状、片状，深浅不一，以纯黑色为佳品。墨玉有时和白玉相混，黑白对比强烈，可作“俏色”作品。如果石墨呈点状散布于白玉中，难以利用则成为“脏色”。

（7）糖玉　呈红糖红色、褐红色、褐黄色的软玉，为褐铁矿沿透闪石颗粒边界浸染所致（图12-15，图12-16）。多在白玉和青玉中居从属地位，有时可作为“俏色”加以利用。如果糖色占到整件样品80%以上时，可直接称之为糖玉。如果糖色占到整件样品30%～80%时，可称之为糖白玉。

图12-11　黄玉佩（一）

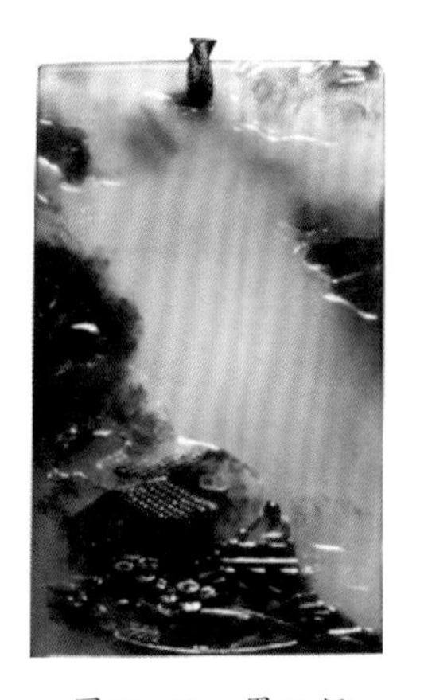

图12-13　墨玉佩

图12-14　墨玉挂件

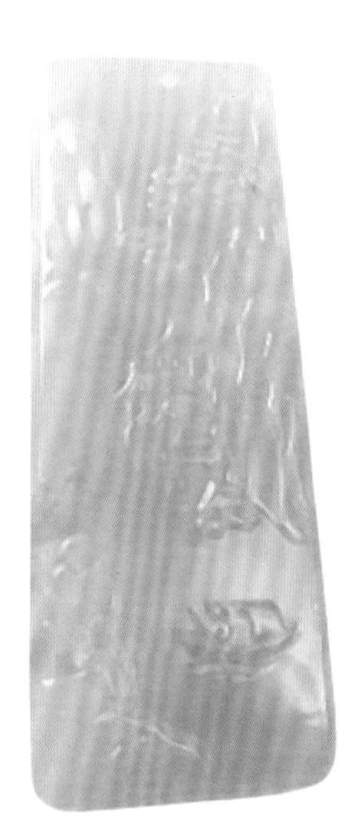

图12-12　黄玉佩（二）

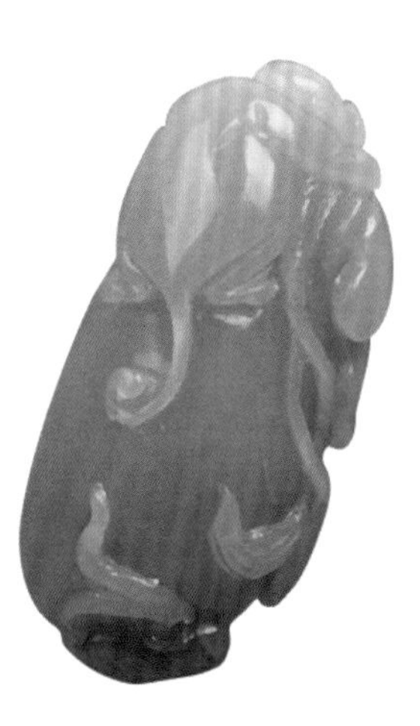

图12-15　糖玉佩

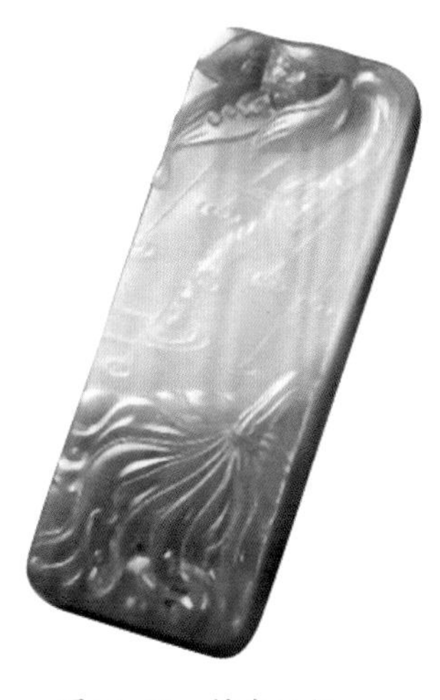

图12-16　糖白玉佩

（8）花玉　指在一块玉石上具有多种颜色，且分布得当，构成具有一定形态“花纹”图案的玉石，如“虎皮玉”、“花斑玉”、“巧色玉”等（图12–17，图2–18）。

图12–17　花玉玉雕摆件（一）

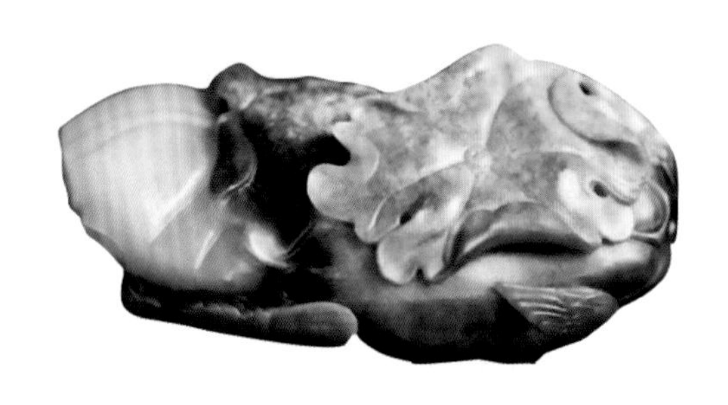

图12–18　花玉玉雕摆件（二）

在鉴定实践中，由于软玉颜色的复杂性，观察和描述会带有一些主观因素，仅用上述名称显得有一定的局限性。关于软玉更为详细的分类和命名方法，见表12–1。

表 12–1　软玉（和田玉）分类、命名方法细则表

软玉（和田玉）	白玉	白玉–羊脂白玉：表示优质白玉，其颜色呈脂白色或比较白，可稍泛淡青色、乳黄色等，质地细腻滋润，油脂性好，可有少量石花等杂质（一般10%以下），糖色少于30% 白　玉：各种以白色为主的软玉，常微带灰绿、淡青、褐黄、肉红或紫灰等色调，质地细腻或在细以上，糖色小于30% 糖白玉：糖玉与白玉的过渡品种，其中糖色部分占30% ～85% 糖白玉–羊脂白玉：糖白玉和羊脂白玉之间的过渡品种，其中糖色部分占30% ～85%
	青白玉	青白玉：灰绿色、青灰色、黄绿色等浅–中等色调品种，介于白玉和青玉之间 糖青白玉：带有很多糖色的青白玉，糖玉与青白玉之间的过渡品种，其中糖色部分占30% ～85%
	青玉	青　玉：灰绿色、青灰色等中等–深色品种，偶尔带有灰蓝色调，与青白玉只有颜色深浅的差别。应注意深灰绿色青玉与碧玉的区别 糖青玉：带有很多糖色的青玉，糖玉与青玉之间的过渡品种，其中糖色部分占30% ～85% 翠青玉：青绿色–浅翠绿色品种，偶见于某些产地，也可以直接以青玉命名 烟青玉：烟灰色、灰紫色品种，偶见于某些产地，也可以直接以青玉命名，颜色深的品种应注意与墨玉的区别
	黄玉	黄　玉：浅–中等不同的黄色调品种，经常为绿黄色、米黄色、常带有灰、绿等色调，在具体鉴别中应注意与浅褐黄色糖玉的区别
	墨玉	墨　玉：灰黑–黑色软玉，致色因素是因为含有一定量的石墨包体，在鉴别中应注意与绿黑色碧玉的区别。由于含石墨量多少不同，黑色深浅分布不均，其过渡品种命名方法与前述相同
	糖玉	糖　玉：由于原生或次生作用形成的，受氧化铁、锰质浸染呈红褐色、黄褐色、黑褐色等色调的软玉，当糖色部分>85%时可以称为糖玉。但如果可以观察到原来的玉种也可以按原玉种名定名
	碧玉	碧　玉：青绿、暗绿、墨绿色、绿黑色的软玉。分为两种，其一种产于酸性侵入岩体的接触带，较纯净细腻；另一种产于超基性岩体的接触带，杂质多，常含有黑色矿物包体。碧玉即使接近黑色，其薄片在强光下仍是深绿色。某些碧玉与青玉不易区分，一般颜色偏深绿色的定为碧玉，偏青灰色的定为青玉

三、软玉的鉴定特征

软玉的主要鉴别特征：具有纤维状交织结构，质地细腻而滋润，颜色均匀而柔和，具油脂光泽，折射率约为1.62，相对密度为2.9～3.10，常为2.95。

碧玉的主要鉴别特征：碧玉为软玉中的绿色品种，由于成分中Fe的含量多少不同，颜色有深有浅，绿色均匀柔和，常含有黑色磁铁矿小颗粒，油脂光泽，折射率1.62，相对密度2.9～3.10。

与软玉相似的宝玉石主要有翡翠、独山玉、岫玉、葡萄石、水钙铝榴石、石英岩玉、白云大理石和玛瑙等，其区别见表12-2。

表 12-2 软玉与相似宝玉石鉴别表

宝玉石名称	主要矿物	颜色	硬度	相对密度	折射率	外观特征
软玉	透闪石 阳起石	白、黄、绿、青、黑	6.0～6.5	2.90～3.10	1.62	颜色均匀，质地细腻，温润坚密
翡翠	硬玉等辉石族矿物	绿、红、紫、白	6.5～7.0	3.25～3.40	1.66	颜色杂，光泽强，翠性
独山玉	斜长石，黝帘石等	白、绿、黄、褐、黑	5.5～6.5	2.73～3.18	1.56～1.70	色杂，粒状结构
岫玉	蛇纹石	黄、绿、白	2.5～5.5	2.44～2.80	1.55	颜色均匀，质地细腻，常见絮状棉绺
葡萄石	葡萄石	灰绿	6.0～6.5	2.80～2.95	1.63	色匀，具放射状和粒状结构
玛瑙	石英	白、红、灰	6.5	2.65	1.54	结构细腻，颜色均匀
石英岩玉	石英	白、绿、黄	6.5	2.65	1.54	颜色不均，粒状结构
水钙铝榴石	水钙铝榴石	浅黄、绿	6.5～7.0	3.47	1.72	颜色均一粒状结构，较多的黑色斑点或斑块
大理岩玉（阿富汗玉）	方解石	白、绿	3.0～3.5	2.70	1.50	粒状结构

四、软玉的产地

世界上的软玉出产国，主要为中国、加拿大、新西兰、澳大利亚、美国和俄罗斯等。

中国出产的软玉主要分布在新疆，其次是青海、四川和台湾等地。新疆出产的软玉分布于昆仑山和天山等地。昆仑山是中国软玉的主要产地，产出的软玉称“和田玉”，矿物成分是以透闪石为主的白玉类，有原生矿和砂矿两类。天山的软玉产于玛纳斯县，又称“玛纳斯玉”，矿物成分是以阳起石为主的碧玉类。青海的软玉发现于柴达木盆地西北缘，产于阿尔金山超基性岩带中，主要产碧玉，少量为青玉，主要由透闪石矿物组成。祁连县的软玉由透闪石和方解石组成，呈白色。四川的软玉发现于汶川，称“龙溪玉”、“岷玉”和“马灯玉”等。所产软玉呈淡绿色、油绿色，质地致密细腻。台湾的软玉又称“台湾翠”，分布于花莲县，软玉主要由透闪石组成，呈绿色至黄绿色。

加拿大产的软玉主要为绿色的碧玉。

新西兰软玉大部分为暗绿色，鲜艳绿色的软玉是优质玉，又称为“毛利玉”。

澳大利亚的软玉储量占世界储量的90%，有世界上最大的优质矿床，软玉呈绿色、暗绿色至黑色。

美国产的软玉呈浅橄榄绿色、浅蓝绿色和暗绿色。

俄罗斯产的软玉有菠菜绿色，也有白色，白色者与新疆产的白玉非常相似。

此外，世界上软玉的产出国还有巴西、波兰、意大利和法国。

第二节 欧泊

欧泊（Opal），由英文Opal音译而来。“opal”一词源于梵文“upala”意为珍贵宝石，矿物学名称为贵蛋白石。公元前200～100年，人们就开始把欧泊用作宝石。在古罗马时代，欧泊不仅为人熟知，而且价值极高。古罗马的博物学家普林尼，曾对欧泊作过如下精彩的描述：“欧泊，具有红宝石般的火焰，紫水晶般的亮紫色，祖母绿般的绿海，五彩缤纷，浑然一体，美不胜收。欧泊色彩之美不亚于画家的调色板和硫黄燃烧之火焰。”几百年来，人们一直爱慕和收藏它，尤其是在欧洲，深受推崇，英国的文学巨匠莎士比亚把欧泊称为“宝石皇后”，拿破仑的妻子约瑟芬皇后有一枚变彩非常漂亮的欧泊宝石。一些巨大的欧泊像钻石一样，具有独特的名称，美国内华州发现的重2665ct的罗布林格（Reobling）欧泊，现收藏于美国华盛顿史密森国家自然历史博物馆。还有许多著名欧泊，收藏于世界各地的博物馆或由收藏家所珍藏。优质欧泊可将各种色彩集于一身，那绚丽夺目的变幻色彩，如同彩虹般给人以无穷的遐想。因此，人们把欧泊作为十月份的生辰石，称之为希望之石。

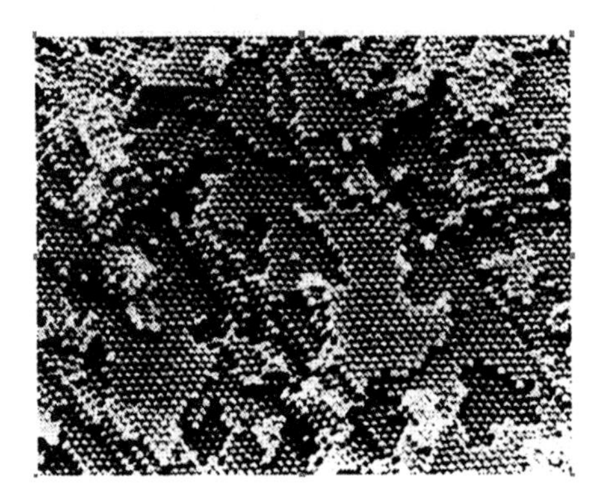

图12-19 欧泊中SiO_2小球的最紧密堆积（据Darragh, Gaskin和Sanders，引自潘兆橹等，1993）

一、欧泊的基本性质

1. 矿物组成

欧泊的组成矿物为贵蛋白石，另有少量石英、黄铁矿等杂质矿物。化学成分为$SiO_2 \cdot nH_2O$，SiO_2的含量为80%～90%，H_2O的含量最高可超过10%。

2. 结构特征

欧泊为非晶质体，无结晶外形，外观通常呈致密块状、钟乳状和结核状。根据扫描电子显微镜和X射线研究发现，欧泊内部具有一种由SiO_2胶体小球粒呈六方最紧密堆积的有序结构（图12-19），该有序结构对可见光的衍射可以造成欧泊的变彩现象（图12-20）。同时欧泊内部还存在大量的水分子。

图12-20 欧泊的变彩现象

3. 力学性质

无解理，具贝壳状断口。摩氏硬度为5～6，相对密度为1.99～2.23，通常火欧泊2.00，其他欧泊2.15。

4. 光学性质

（1）颜色 欧泊的体色有黑色、白色、橙色、蓝色、绿色等多种颜色。

（2）光泽及透明度　玻璃光泽至树脂光泽或亚玻璃光泽，半透明至不透明，透明者罕见。

（3）折射率　欧泊的折射率为1.37～1.50，火欧泊的折射率为1.40，可低达1.37。其他欧泊的折射率通常为1.43。

（4）光性特征　欧泊为非晶质体，火欧泊常见异常消光。

（5）发光性　一般欧泊具有强的紫外荧光，但火欧泊较弱或无荧光。黑色或白色体色的欧泊可具有中等强弱的白色、浅蓝色、浅绿色和黄色荧光，并可有磷光，有时磷光持续时间较长。火欧泊可有中等强度的绿褐色荧光，可有磷光。

5. 内外部显微特征

欧泊内有时可有二相和三相的气液包裹体，可含有石英、萤石、石墨、黄铁矿等矿物包裹体。墨西哥欧泊中含有针状的角闪石。变彩形成的色斑呈不规则片状，具二维的特征，边界平坦且较模糊，并具有丝绢光泽。

6. 特殊光学效应

欧泊具典型的变彩效应，在光源下转动欧泊可以看到五颜六色的色斑。根据色彩的种类及其多少的不同，可将变彩分为五彩、三彩和单彩。“五彩”指的是同一块欧泊在转动其方位时，常出现红、橙、黄、绿、蓝、紫等丰富的色彩，其中以红色变彩最为珍贵。“三彩”指的是同一块欧泊在转动其方位时，常出现蓝、绿和黄等色彩。“单彩”指的是同一块欧泊在转动其方位时，只出现唯一的或主要的一种色彩。

二、欧泊的品种

根据欧泊的体色、透明度和其他特征，可将欧泊划分为：黑欧泊、白欧泊、水欧泊、火欧泊、绿欧泊、欧泊猫眼。

1. 黑欧泊

黑欧泊（Black opal），指体色为黑色或深蓝色、深灰色、深绿色和深褐色的欧泊（图12-21，图12-22）。由于有暗色的背景，使变彩显得更加醒目，以黑色为最好，因为黑色体色与变彩的对比度最明显。黑欧泊美丽、稀少、价格较昂贵，是欧泊中的佳品。黑欧泊一般呈半透明至亚半透明。

图12-21　黑欧泊（一）

2. 白欧泊

白欧泊（White opal），指体色为白色、浅灰色、浅黄色、浅蓝灰色的欧泊（图12-23）。由于背景色为浅色调，变彩往往不如黑欧泊醒目，一般呈半透明至亚半透明，是欧泊中的常见品种。

图12-22　黑欧泊（二）

3. 水欧泊

水欧泊（Water opal），指体色为浅色，透明或近于透明的欧泊，带淡色调并具有变彩（图12–24）。

图12–23　白欧泊

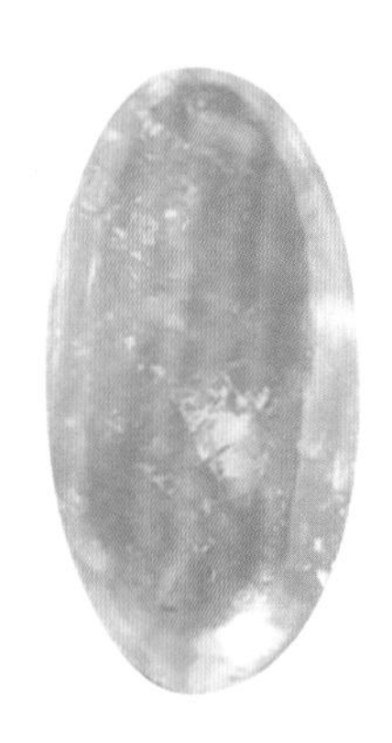

图12–24　水欧泊

4. 火欧泊

火欧泊（Fire opal），指体色为橙黄色、橙色、橙红色和红色，具有变彩或没有变彩的透明至半透明的欧泊（图12–25 ~ 图12–27）。具有变彩的墨西哥火欧泊相当的漂亮（图12–28）。无变彩的透明火欧泊则切磨成刻面型宝石。火欧泊体色的深浅与微量的Fe^{3+}有关。

图12–25　火欧泊（一）

图12–27　火欧泊（三）

图12–26　火欧泊（二）

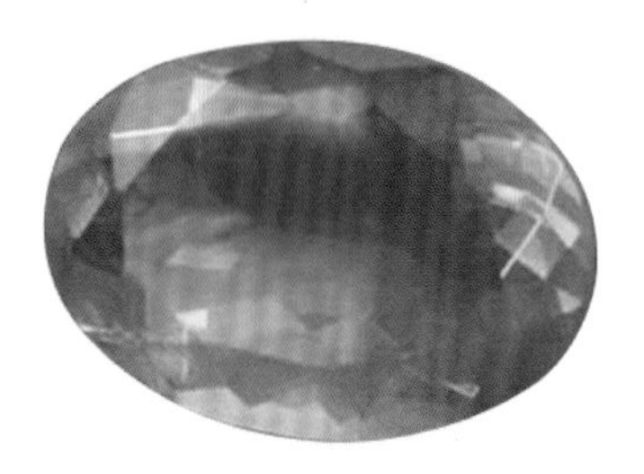

图12–28　具有绿色、紫色变彩的火欧泊

5. 绿欧泊

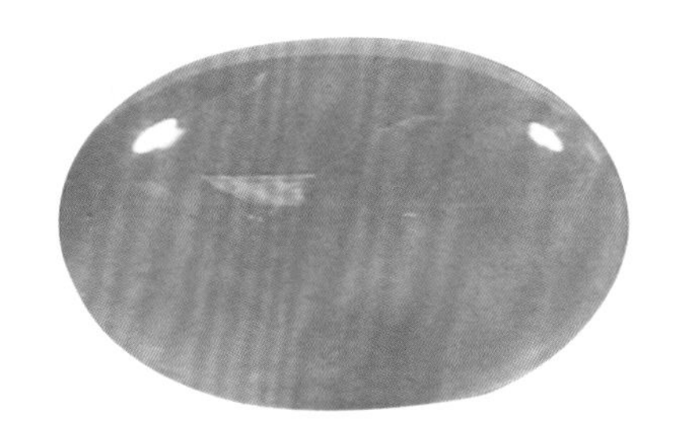

图12-29 绿欧泊

绿欧泊（Green opal），是一种带绿蓝色体色，半透明的没有变彩的欧泊，颜色从淡绿色至暗绿色和绿黄色，蓝绿色调是由于含少量的铜所引起的。这种欧泊有时与玉髓混合生长在一起，又称为玉髓蛋白石（图12-29）。

6. 欧泊猫眼

欧泊猫眼（Opal cat's-eye）有两种类型，一种类型带有猫眼光带的变彩欧泊猫眼（图12-30，图12-31），光带来自黑色或暗色欧泊上条带状分布的彩片，它们形成了定向反射的闪光条带；另一种类型外观与金绿宝石猫眼非常相似，猫眼效应由于含有定向排列的针状包裹体（推测是针铁矿）所致，体色为绿黄色至褐黄色、半透明（图12-32），折射率为1.44～1.45，相对密度为2.08～2.11，质地好，但相当稀少。

图12-30 欧泊猫眼（一）

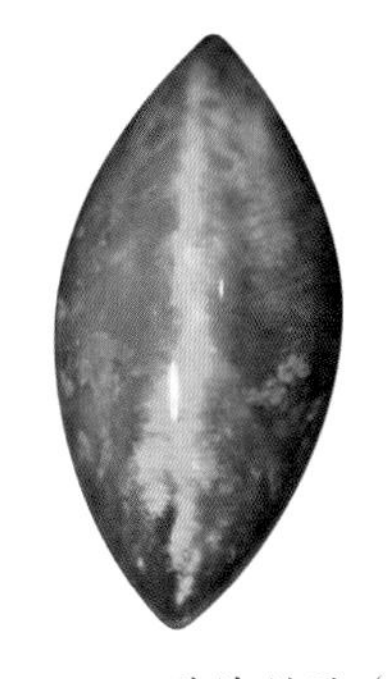

图12-31 欧泊猫眼（二）

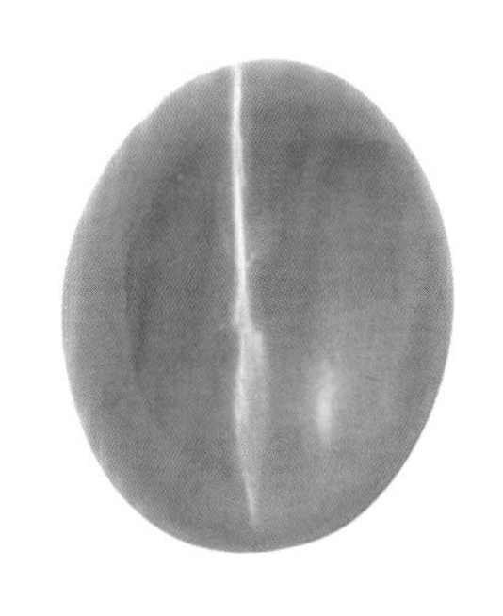

图12-32 欧泊猫眼（三）

三、合成欧泊与天然欧泊的鉴别

合成欧泊是1974年首次由吉尔森公司投入市场的，其外观和物理性质与天然欧泊非常相似，颜色艳丽、具有多色变彩（图12-33），与天然欧泊两者的鉴别主要依据以下几个方面。

图12-33 合成欧泊

（1）合成欧泊的色斑特点是主要的鉴别特征，最典型的特征是柱状排列的镶嵌状色斑和清晰的色斑界限，蜂窝状构造，具有三维形态，正对着合成欧泊的柱体看过去，柱体界限分明，边缘呈锯齿状，被紧密排列的交叉线所分割，从而产生一种镶嵌状的感觉，这种现象称为“蜥蜴皮结构”或“蜂窝状构造”（图12-34）。而天

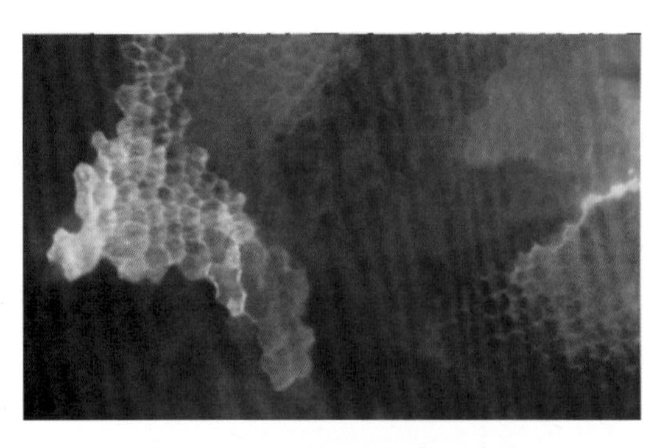

图12-34　合成欧泊的色斑特征

图12-35　天然欧泊的色斑特征

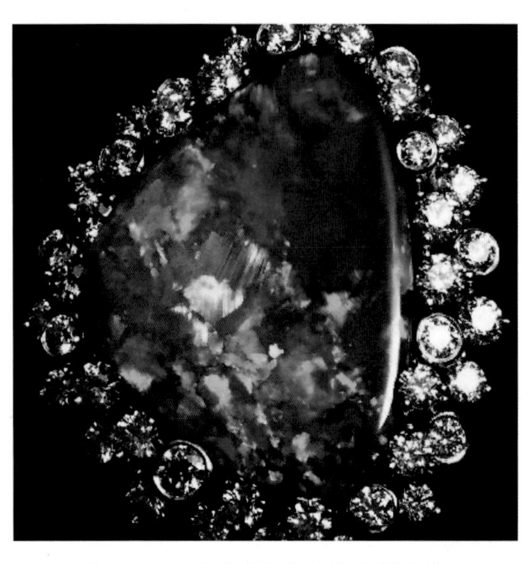

图12-36　天然欧泊色斑的丝绢光泽

然欧泊的色斑是二维的，色斑具有丝绢光泽（图12-35，图12-36）。此外，合成火欧泊中还可见到苔藓状多棱的包裹体。

（2）紫外光照射下的特征，可作为区分天然和合成欧泊的一种辅助手段。大多数天然的欧泊在长波紫外光照射下，可发强的淡白色荧光，并有持续的磷光。而合成白色欧泊几乎没有磷光，且荧光很弱，合成欧泊在长波紫外光照射下，比天然欧泊更透明。

（3）合成欧泊的相对密度比天然欧泊的低，合成黑色和白色欧泊的相对密度为2.06，天然欧泊相对密度为2.15。

（4）在红外光谱的鉴定中合成欧泊与天然欧泊水分子振动谱有着较明显的差异，为鉴定提供了确切的依据。

四、欧泊的优化处理品及其鉴别

1. 拼合欧泊

有时欧泊石片太薄，不能用作宝石，那么可以用黏合剂把欧泊和玉髓片或一些小的欧泊片粘接在一起，有的在这种拼合欧泊顶部加一个石英或玻璃顶帽来增强欧泊的坚固性。

拼合欧泊在强顶光照射下放大观察，可以在接缝中找到球形或扁平形状的气泡，如为三层拼合，从侧面看，其顶部不显变彩，折射率高于欧泊，如未镶嵌可看到接合痕迹。

2. 染色欧泊

多用糖液将劣质白欧泊染黑，制成色彩对比强烈的黑欧泊。其欧泊石原料一般体色发白，变彩较浅，孔隙较多。染色时，首先把欧泊石加热，然后浸泡在糖汁或者含糖很高的橙汁、葡萄汁里。当干燥后，再把它浸泡在浓硫酸溶液中使糖分炭化而成黑色。糖液为白欧泊的变彩提供了黑色背景，其中的彩片显得鲜艳可爱。

染色欧泊的黑色往往沉淀在彩片或球粒的空隙中，用放大镜和顶光源观察宝石则有黑色尘埃斑点，变彩好像含在镶嵌的图案中。在外观上，宝石的颜色有雨点般的深浅斑痕。由于染色的渗透深度有限，如果把染色的黑欧泊切开，就能露出白欧泊的本来面貌。由于切磨过程中，会使染上去的黑色脱掉。因此，染色欧泊是先切磨后染色，在鉴定中可以寻找磨光面着色的痕迹，予以辨认。

3. 注塑处理

在天然欧泊里注入塑料，使其呈现暗色的背影，注塑欧泊相对密度较低，约为1.90，可见黑色集中的小块，比天然欧泊透明度高。在红外光谱仪检测中，注塑欧泊将显示有机质引起的吸收峰。

4. 注油处理

用汽油和上蜡的方法来掩饰欧泊的裂隙，这种材料可能显蜡状光泽，当用热针检查时有油或蜡珠渗出。

五、欧泊与仿制品及易混宝石的鉴别

1. 塑料

（1）欧泊的塑料仿制品在外表上与真品很相似，但仔细观察色斑可发现它缺少天然欧泊的典型结构，并可能存在气泡，在正交偏光下可见异常消光，有时在气泡周围还可出现应变痕迹。

（2）折射率　塑料仿制品的折射率较高，一般在1.48～1.53，而天然欧泊为1.45。

（3）相对密度　塑料仿制品的相对密度为1.20，比欧泊的相对密度2.15低。

（4）小心地用针探查，针尖将会扎入塑料仿制品中，塑料的摩氏硬度为2.5，而欧泊的摩氏硬度为5～6。

2. 玻璃

（1）比较能迷惑人的玻璃仿制品称为斯洛克姆石，在斯洛克姆石的无色透明或彩色玻璃主体内包含着一些长条状或片状的彩片，这些彩片有可能是不同颜色的玻璃薄片，也可能是不同颜色的金属片。

在整体外观上斯洛克姆石与天然欧泊十分相似，但在显微镜下仔细观察可以发现，这些彩片具有固定不变的界限，边缘相对整齐，它们缺少天然欧泊的结构特征。而更像一片片皱起的有色金属片，并可见到气泡。

（2）玻璃折射率为1.49～1.52，而欧泊为1.45。

（3）玻璃相对密度为2.40～2.50，而欧泊为2.15。

3. 拉长石和火玛瑙

具有变彩的拉长石可能与欧泊混淆，但它的结构和包体都是特有的，拉长石解理发育，板条状或针状的黑色金属包体也常见。火玛瑙外表极像欧泊，但玛瑙的折射率为1.53左右，相对密度为2.6左右，都比欧泊大。

六、欧泊的产地

澳大利亚是世界上欧泊的主要产地，其蕴藏丰富，质量优良，世界上90%的欧泊产于澳大利亚，其中南澳大利亚州的库伯拜迪（Coober Pedy）有欧泊之都的美誉。而新南威尔士州的闪电岭（Lightning Ridge），以产黑欧泊而享誉世界。墨西哥的格雷罗（Guerrero）州以产火欧泊而闻名，巴西的皮奥伊州也是重要的欧泊产地。近些年在埃塞俄比亚、东非、索马里、厄立特里亚和肯尼亚的部分地区也出产了白欧泊和晶质欧泊。但是，非洲出产的欧泊含水量高容易脱水而失去变彩。此外美国内华达州、洪都拉斯、马达加斯加、新西兰、委内瑞拉等地也有欧泊产出。

第三节　绿松石

绿松石（Turquoise），又名松石、土耳其玉。以形状似松球，颜色似松绿而得名（图12–37，图12–38）。绿松石具有独特的蔚蓝色，色泽淡雅绚丽，是深受古今中外人们喜爱的传统玉石，作为佩戴和使用已有5000年以上的历史，绿松石被视作“蓝天和大海的精灵”。在河南仰韶文化的遗址中，就出土有绿松石制成的饰物，距今已6000多年；在商、周、春秋战国、汉、晋等时代的墓葬中，均出土有绿松石制成的饰物和圆珠，说明在漫长的历史长河中，它一直深受中国人的喜爱，并被列为中国“四大名玉”之一。我国湖北绿松石在世界上享有盛名，古有“荆州石”之称。我国的绿松石制品畅销世界各地，深受各国人民的喜爱。绿松石还是土耳其的国石。被用作12月生辰石，是吉祥、幸福、成功和必胜的象征。

图12–37　绿松石原石

图12–38　绿松石雕件

一、绿松石的基本性质

1. 矿物组成

主要组成矿物是绿松石，一种含水的铜铝磷酸盐，化学式为$CuAl_6[PO_4]_4(OH)_8 \cdot 5H_2O$，含少量的铁代替成分中的部分铝。此外绿松石中还含有少量的埃洛石、高岭石、石英、云母、褐铁矿等，含高岭石、石英、褐铁矿等的比例将直接影响绿松石的质量。

2. 结构特征

绿松石为三斜晶系。晶体极少见，通常见到的绿松石多为隐晶质集合体，呈致密块状、结核状、豆状、葡萄状等，电子显微镜下放大3000～5000倍，才能见到1～5μm微米的针状、细鳞片状晶体集合体。绿松石结构细腻柔软，质地致密光洁似瓷，劣质者则多孔粗糙。

图12-39　绿松石原石

绿松石的原石产状大致可分为结核状、浸染状和细脉状三种（图12-39）。成品绿松石在结构、构造上常有一些典型特征。

（1）绿松石在绿色、蓝色的基底上常可见一些细小的、不规则的白色纹理和斑块，它们是由高岭石、石英等白色矿物聚集而成。

（2）绿松石中常有褐色、黑褐色的纹理和色斑，通常称之为铁线，它是由褐铁矿和炭质等杂质聚集而成。

（3）个别样品中可以见到微小蓝色的圆形斑点，这是由沉积作用而成。

3. 力学性质

绿松石多为块状集合体，无解理。摩氏硬度为5～6，结构疏松时则硬度低。硬度与质量有一定的关系，高质量的绿松石硬度较高，相对密度在2.8～2.9之间，而灰白色、灰黄色绿松石的硬度较低，最低为2.9左右，相对密度为2.40~2.90。不同产地的绿松石，其相对密度有所变化。我国湖北郧县出产的绿松石相对密度为2.696～2.698，伊朗出产的绿松石相对密度为2.75～2.85，美国出产的绿松石相对密度为2.6～2.7。

4. 光学性质

（1）颜色　绿松石的颜色可分为蓝色、绿色、杂色三大类。蓝色包括蔚蓝色和蓝色，色泽鲜艳（图12-40）。绿色包括深蓝绿色、灰蓝绿色、绿色、浅绿色和黄绿色，深蓝绿色的绿松石十分美丽。杂色包括黄色、土黄色、月白色、灰白色。

图12-40　蓝色绿松石

蔚蓝色、蓝色和深蓝绿色为上品，绿色较为纯净的也可做首饰，而浅蓝绿色只有大块才能使用，可用作雕刻用石，杂色绿松石则需人工优化后才能使用。

绿松石是一种自色矿物，Cu^{2+}的存在决定了其蓝色的基色。而铁的存在将影响其色调的变化。随着Fe^{3+}含量的增加，绿松石则由蔚蓝色变为绿色、黄绿色。绿松石中水含量一般在15%~20%之间。

随着风化程度的加强，所含水的脱出与铜的流失一样，将导致绿松石结构完善程度的降低，随着Cu^{2+}和水的逐渐流失，绿松石的颜色将由蔚蓝色变成灰绿色以至灰白色。

（2）光泽和透明度　蜡状光泽，抛光很好的平面可呈亚玻璃光泽。一些浅灰白色的绿松石可具土状光泽。绿松石不透明。

（3）折射率　绿松石集合体的折射率在1.61～1.65之间，常为1.62。在绿松石的检测中应避免绿松石与折射油长久接触，以防止绿松石被测部分变色。

（4）发光性　在长波紫外光照射下，绿松石一般无荧光或荧光很弱，呈现一种黄绿色弱荧光。而在短波紫外光照射下，绿松石则无荧光。

（5）吸收光谱　在强的反射光下，在蓝区420nm处有一条不清晰的吸收带，432nm处有一条可见的吸收带，有时于460nm处有一条模糊的吸收带。

5. 其他性质

（1）绿松石是一种非耐热的玉石，在高温下绿松石会失水、爆裂，变成一些褐色的碎块。

（2）在盐酸中绿松石可溶解，但速度很慢。

（3）绿松石孔隙发育，在鉴定过程中，绿松石不宜与有色的溶液接触，以防有色溶液将其污染。

二、绿松石的品种

图12-41　瓷松（一）

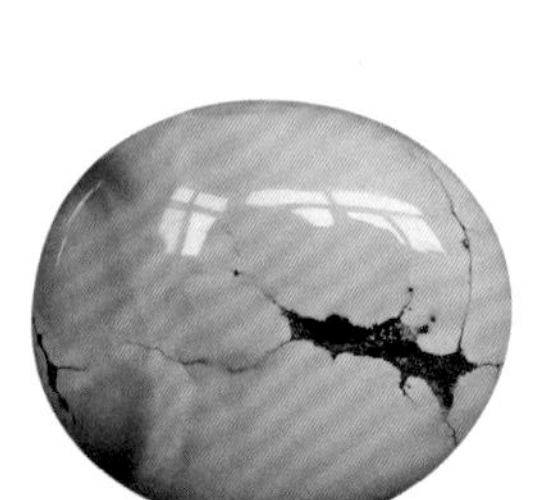

图12-42　瓷松（二）

绿松石的品种主要依据它的颜色、结构构造和质地划分。

（1）晶体绿松石　一种极为罕见的透明绿松石晶体，粒度很小，琢磨的成品宝石不足1ct，已知仅产于美国弗吉尼亚州。

（2）瓷松　一种致密的绿松石集合体，质地细腻，颜色为鲜艳均匀的天蓝色，硬度大（5~6），抛光后光泽似瓷器，故俗称“瓷松”，是一种高质量的绿松石。这种绿松石是用于加工首饰和玉器的主要材料（图12-41，图12-42）。

（3）绿色松石　蓝绿到豆绿色，结构致密，质感好，光泽强，硬度大，是一种中等质量的绿松石（图12-43）。

（4）铁线绿松石　氧化铁线呈网脉状或浸染状分布在绿松石中，如质硬的绿松石内有铁线分布能构成美丽的图案（图12-44）。铁线纤细，黏结牢固，与松石形成一体，铁线分布具有自然花纹的效果，很美观，尤其深受美国人喜爱。

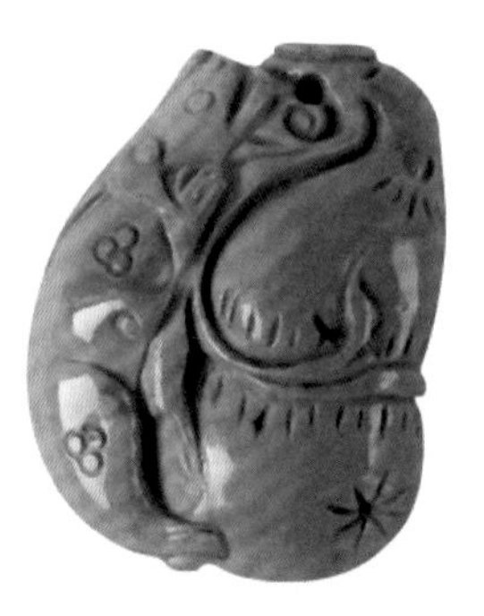

图12-43　绿色松石

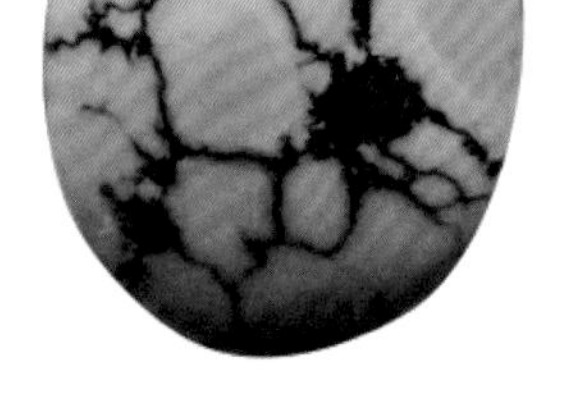

图12-44　铁线松石

图12-45　泡松

（5）泡松（面松） 为一种月白色、浅蓝白色、浅灰蓝色、浅蓝绿色绿松石，质地疏松，颜色浅淡，光泽差，硬度低（4），手感轻，是一种低档绿松石（图12–45）。这类绿松石常通过人工处理来提高质量。

三、绿松石与相似玉石及仿制品的鉴别

绿松石是相对较易鉴别的玉石品种，因它具有独特的颜色和矿物组合，具有其他玉石所没有的蔚蓝色，不透明。绿松石经常含有铁线，是由褐铁矿和炭质等杂质聚集而成的褐色、黑色的纹理或色斑。在蓝色、绿色的基底上还常见一些细小的、不规则的白色纹理和斑块，它们是由高岭石、石英、方解石等白色矿物聚集而成。质地细腻，瓷状、蜡状光泽，不透明，折射率约1.62，相对密度2.6～2.9，除天蓝色外，还有绿蓝色、豆绿色、浅蓝色或淡蓝色。有经验者可根据颜色、矿物组合、质地、蜡状光泽、不透明等特征肉眼可鉴别。与相似玉石及仿制品的鉴别，见表12–3。

表 12–3　绿松石与相似玉石及仿制品的鉴别表

名称	折射率	相对密度	其他特征
绿松石	1.62	2.60～2.90	有褐色铁线、斑点或白色细脉、斑点
合成绿松石	1.60	2.70	成分单一，无铁线，50倍镜下观察有球粒结构
注塑绿松石	1.45～1.56	2.00～2.48	是目前最现代化、最成功的方法，注无色或染蓝塑料，弥补孔洞以提高绿松石的稳定性，改变颜色，显示中等蓝色调，硬度3～4，热针触及3s，有异味。红外吸收谱线：1450cm^{-1}、1500cm^{-1}和1725cm^{-1}有强吸收带
染色绿松石	1.62	2.60～2.90	颜色不自然，呈深蓝绿色或深绿色，且过于均匀颜色深度很浅，1mm左右，在表面的剥落处和样品背后的坑凹处，有可能露出浅色的核，用氨水可以漂白
注油浸蜡绿松石			用热针测试，油、蜡珠析出，长时间放置后会褪色，尤其是经太阳暴晒或受热后褪色更快，目前过蜡已被珠宝界认可，成为绿松石加工中必不可少的也是最后一道工序
压制绿松石			外观似瓷器，典型的粒状结构，放大检查可以看到清晰的颗粒界线及基质中的深蓝色染料颗粒
硅孔雀石	1.50	2.00～2.4	绿色的感觉比绿松石艳，硬度3.5
蓝绿色玻璃	1.48～1.52	2.56	有气泡、旋涡纹
染色玉髓	1.54	2.65	微透明，查尔斯滤色镜下观察呈浅红色
染色菱镁矿	1.51～1.70	3.00～3.12	查尔斯滤色镜下观察呈浅褐色

四、绿松石的优化处理及其鉴别

市场上的绿松石成品，常通过各种方法进行优化和处理，如注油、浸蜡、染色和注塑等，以改变颜色和外观，这些品种的绿松石价格一般比天然的绿松石低。与天然绿松石的鉴别，见表12–3。

五、绿松石的产地

世界上出产绿松石的国家主要有伊朗、埃及、美国、澳大利亚和中国。其他产地还有智

利、乌兹别克、墨西哥、巴西等。

（1）伊朗　所产绿松石的颜色呈中等蓝色，绿松石质量最好。数百年来，在欧洲和西亚所用的绿松石大部分来自该矿山，这里一直是世界优质绿松石的主要产地。绿松石资源也曾是伊朗的主要矿业资源。

（2）埃及　早在远古时代就已开采，这点在埃及出土的实物中，可以得到印证。现今著名的瓦迪马哈绿松石矿床仍有开采价值，所产绿松石呈浅蓝色。

（3）美国　美国西南部的科罗拉多州、内华达州、亚利桑那州和新墨西哥州分布着世界上最大的优质绿松石矿床。尤其是亚利桑那州，出产的绿松石颜色以深蔚蓝色为主，常有褐铁矿呈网脉状分布于绿松石中（铁线松石）。

（4）澳大利亚　在一些大的矿床中发现致密而优美的蔚蓝色绿松石，颜色均匀，质硬，呈结核状产出。

（5）中国　绿松石主要产于湖北、陕西和青海等地，其中以湖北郧县、竹山县、郧西县出产的绿松石最为著名。湖北郧县云盖寺绿松石矿开采历史悠久，矿上古老的矿洞距今已有上千年的历史。绿松石产于黑色片岩之中，产出的绿松石色好、质硬，年产量达几吨至十几吨。陕西的绿松石分布于白河、安康、平利等地，以白河月儿潭的绿松石矿床最为有名。相传这里自唐宋以来即为天蓝色、翠绿色绿松石的产地，采矿遗迹分布在数十平方公里的范围内。

第四节　青金石

青金石（Lapis lazuli）是一种古老而神圣的玉石，并受到历代统治者的青睐，其原因就是它那纯正而深沉的蓝色。尤其是含金黄色黄铁矿的深蓝色青金石，似星光灿烂的夜空，倍受人们的喜爱。我国古代，因青金石色相如天，备受器重，常随葬于皇帝的陵墓中，象征“达升天之路”。清代《清会典图考》记载：“皇帝朝珠杂饰，唯天坛用青金石，地坛用黄玉，日坛用珊瑚，月坛用白玉。”借玉石之色来象征天、地、日、月。青金石不但用作工艺饰品材料，还是天然蓝色颜料的主要原料（图12-46，图12-47）。

图12-46　青金石雕件

图12-47　青金石鼻烟壶

一、青金石的基本性质

1. 矿物组成

青金石的主要矿物组成是青金石，化学式：$(Na,Ca)_8[AlSiO_4]_6(SO_4,Cl,S)_2$。另外还有少量方解石、黄铁矿、方钠石、透辉石、云母、角闪石等。

2. 结构特征

青金石为等轴晶系，晶形为菱形十二面体。青金石为一种粒状矿物集合体，其中含有黄色黄铁矿斑点、细脉和白色方解石团块、细脉。

3. 力学性质

青金石集合体无解理，具有粒状、不平坦状断口，性脆。摩氏硬度5～6。相对密度2.5～2.9，一般为2.75，黄铁矿的含量越多，相对密度越大。

4. 光学性质

（1）颜色　中等至深蓝色和带紫色调的蓝色，粗粒材料可呈蓝白斑杂色。

（2）光泽及透明度　抛光面呈玻璃光泽到树脂光泽，不透明。

（3）折射率　青金石的折射率约为1.50，有时因含方解石，可达1.67。

（4）发光性　在短波紫外光照射下，可发弱至中等的绿色至黄绿色或白色荧光。青金石中的方解石在长波紫外光照射下，发呈斑点状或条纹状的褐红色或粉红色荧光。

5. 其他特征

查尔斯滤色镜下观察，呈赭红色。青金石中的方解石，遇酸剧烈反应，起泡，故不可将它放入电镀槽、超声波清洗器和珠宝清洗液中。

图12-48　优质青金石

二、青金石的品种

根据青金石所含矿物成分、色泽、质地等，可将青金石玉石分成以下四个品种。

（1）优质青金石　青金石矿物含量大于99%，极少黄铁矿，即“青金不带金”，其他杂质极少，质地纯净，呈浓艳、均匀的深蓝色，是优质上品（图12-48）。

（2）青金石　其中青金石矿物含量为90%～95%或更多一些，含稀疏星点状黄铁矿，即所谓“有青必带金”和少量其他杂质，但无白斑。质地较纯，颜色为均匀的深蓝、天蓝、藏蓝色，是青金石中的上品（图12-49）。

图12-49　青金石

（3）金克浪　青金石中含有大量的黄铁矿和方解石微小晶体，抛光后似金龟子的外壳一样金光闪闪，由于大量黄铁矿的存在，其相对密度可达4以上（图12-50）。

（4）催生石　指不含黄铁矿而混杂较多方解石的青金石品种，其中以方解石为主的称“雪花催生石”，淡蓝色的称“智利催生石”。为青金石中之下品。

青金岩颜色稳重，非常适用雕琢古色古香的庄重工艺品，例如佛像、龙、狮、怪兽、仿青铜器等。

图12-50　金克浪

三、青金石与相似玉石及其仿制品的鉴别

青金石的仿冒品较多，主要有方钠石（蓝纹石，商业上称加

拿大青金石）、蓝铜矿、染色碧玉（瑞士青金石）、熔结合成尖晶石、合成青金石、染色大理岩、玻璃等。不过它们的组成以及物理特征存在着明显的差异，只要仔细观察，结合常规仪器测试，就可以将它们区分开来。青金石与相似玉石及其仿制品的鉴别，见表12–4。

表 12–4　青金石与相似玉石及其仿制品的鉴别特征表

名称	包裹体	折射率	相对密度	滤色镜	孔隙度	透明度	其他特征
青金石	黄铁矿	1.50	2.5–2.9	红褐色	低	微透明	内部常见黄色黄铁矿
“合成”青金石	有时含黄铁矿	1.50	<2.45	无明显颜色	高	不透明	黄铁矿包裹体分布均匀、边界平直
方钠石	白色黏土矿物	1.48	<2.35	红褐色	低	微透明	粗晶质、可见初始解理，内部常见白色方解石
合成尖晶石	有时有黄铁矿	1.72	3.52	鲜红	低	微透明	可见钴谱
蓝线石石英岩	灰色金属矿物	1.53	2.6	无明显颜色	低	半透明	层状结构
染色碧玉	无	1.53	2.6	无明显颜色	低	微透明	贝壳状断口，颜色分布不均匀

四、青金石的优化处理及鉴别

1. 上蜡

某些青金石上蜡可以改善外观，在放大镜下观察可发现有些地方有蜡层剥离的现象。用加热的钢针小心靠近上过蜡的青金石，但不能接触其表面，可发现有蜡珠析出。

2. 染色

劣质青金石的颜色可用蓝色染剂来改善，仔细观察可发现颜色沿缝隙富集，在样品不引人注意的部位用蘸有丙酮的棉签小心地擦拭，应能擦下一些染剂而使棉签变蓝。如果发现有蜡，应先清除蜡层，然后再进行以上测试。

3. 黏合

某些劣质青金石被粉碎后用塑料黏结，当用热针触探样品不显眼的部位时，会有塑料的气味发出。放大检查时可以发现样品具明显的碎块状构造。

五、青金石的产地

阿富汗巴达赫尚（Badakshan）省的萨雷散格是世界上优质青金石的主要产地，出产的青金石颜色纯正，为略带紫的蓝色，少有黄铁矿和方解石脉。俄罗斯贝加尔地区的青金石以不同色调的蓝色出现，常含有黄铁矿。智利安第斯山脉出产的青金石一般含有较多的白色的方解石。其他产地有缅甸，美国加州等。

第五节　岫玉

岫玉（Serpentine，又名蛇纹石玉）是中国古老的传统玉种之一，在新石器时代，我国先民们已开始使用岫玉了，如红山文化发掘的玉器中，许多是用岫玉制成的。汉代的金缕玉衣大部分也是由岫玉片制成。唐诗中“葡萄美酒夜光杯”中的夜光杯是用产于酒泉的岫玉制成的。岫玉是中国四大名玉之一，也是我国目前玉雕工艺品中使用最广的玉种之一，可制成各种工艺品（图12–51，图12–52）。

图12–51　岫玉雕件（一）

图12–52　岫玉雕件（二）

一、岫玉的基本性质

1. 矿物组成

岫玉的主要组成矿物是蛇纹石，它是一种含水的镁硅酸盐矿物，化学式为：$Mg_3[Si_2O_5](OH)_4$，Mg可以被Fe、Ni所代替，有时含少量的Ca和Cr等。除蛇纹石外，可含有少量白云石、菱镁矿、绿泥石、透闪石、滑石、透辉石、铬铁矿等伴生矿物。

伴生矿物的含量变化很大，对岫玉的质量有着明显的影响，个别情况下伴生矿物的含量可超过半数而上升为主要组成矿物。

2. 结构特征

蛇纹石属单斜晶系，常见晶形为细叶片状或纤维状的微晶，岫玉是这些微晶矿物的集合体。岫玉外观上呈均匀的致密块状构造，由于其组成的矿物都十分细小，肉眼观察时很难分辨其颗粒，只有在原料的断口处可见一些片状、纤维状的定向生长特征。在高倍显微镜下，可见岫玉内细小的粒状、纤维状蛇纹石矿物呈致密的块状集合体，略具定向排列。

3. 力学性质

蛇纹石无解理，断口呈平坦状。摩氏硬度为4.5～5.5，成分不同而有所变化。相对密度为2.44～2.82。

4. 光学性质

（1）颜色　蛇纹石矿物为无色至浅黄色、黄绿色至绿色。岫玉的颜色除受蛇纹石本身的颜色影响外，还受矿物共生组合的影响。常见的岫玉主要有深绿色、绿色、黄绿色、灰绿色、灰黄色、白色及多种颜色聚集的杂色（图12–53～图12–56）。

图12-53　杂色岫玉（一）

图12-54　杂色岫玉（二）

图12-55　绿色透明岫玉

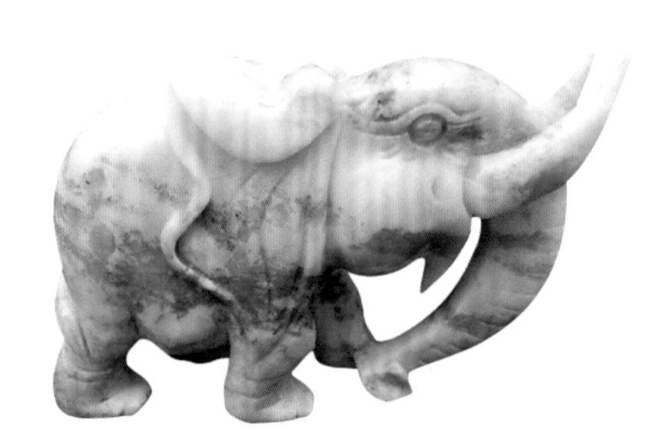
图12-56　杂色岫玉（三）

（2）光泽及透明度　蜡状光泽，透明者呈玻璃光泽，半透明、微透明至不透明。

（3）光性　岫玉为非均质矿物的集合体，在正交偏光下表现为不消光。

（4）折射率　点测法折射率为1.56～1.57。

（5）发光性　在紫外光照射下，岫玉通常表现为荧光惰性。有时在长波紫外光照射下，可有微弱的绿色荧光。

5. 其他特征

放大观察可见到蛇纹石黄绿色基底中存在着少量黑色铬铁矿、灰白色透明的矿物、灰绿色绿泥石鳞片聚集成的丝状、细带状杂质以及由颜色的不均匀而引起的白绵、褐色条带或团块。

二、岫玉的品种

岫玉的品种是根据产地划分的。世界上出产岫玉的国家主要有美国、墨西哥、朝鲜、新西兰、阿富汗、俄罗斯和中国等地。由于岫玉的产地很多，不同产地的岫玉其矿物组合略有差异，表现在颜色等特征上也不太相同，因而有不同的名称。

（1）鲍文玉　主要产于美国、新西兰和阿富汗。颜色呈绿色、苹果绿色和绿白色，半透明–微透明的蛇纹石玉。

（2）威廉斯玉　主要产于美国的宾夕法尼亚州。颜色呈浓绿色、半透明的蛇纹石玉。

（3）加利福尼亚猫眼石　主要产于美国加利福尼亚州的蛇纹石猫眼石。

（4）雷科石　主要产于墨西哥的雷科。颜色呈绿色，具纹带状构造的蛇纹石玉。

（5）高丽玉　主要产于朝鲜。颜色呈黄绿色、透明度高、质地细腻的蛇纹石玉。

（6）新西兰绿石　主要产于新西兰。颜色呈浓绿色的蛇纹石玉。

（7）岫玉　主要产于中国辽宁省岫岩满族自治县的蛇纹石玉。

（8）酒泉玉　产于中国甘肃省祁连山地区的酒泉，为一种含有黑色斑点或不规则黑色团块的暗绿色蛇纹石玉。

（9）陆川玉　产于中国广西陆川县，主要有两个品种，一种为带浅白色花纹的翠绿色至深绿色，微透明至半透明的较纯蛇纹石玉；另一种为青白色至白色，具丝绢光泽、微透明的透闪石蛇纹石玉。

（10）信宜玉（俗称“南方玉”）　产于中国广东省信宜市，为一种含有美丽的花纹、质地细腻、暗绿色至浅绿色块状蛇纹石玉。

（11）花莲玉　产于中国台湾花莲县，其内常含有铬铁矿、铬尖晶石、磁铁矿、石榴石、绿泥石等矿物包裹体，而呈黑点或黑色条纹。呈半透明，具油脂光泽的草绿色至暗绿色蛇纹石玉。

由于蛇纹石玉种类繁多，在传统习惯上，蛇纹石玉常以产地命名，出现了许多名称，常引起混乱。因此，在珠宝玉石国家标准中规定宝石级蛇纹石，统一以“岫玉”或“蛇纹石玉”命名，产地不介入玉石名称。

三、岫玉与相似玉石的鉴别

岫玉可能与翡翠、软玉和焓色绿玉髓相混淆。

翡翠和软玉的折射率和相对密度都比岫玉高，据此可与岫玉相区别。焓色绿玉髓有较高的硬度（6.5～7），贝壳状断口；折射率1.53～1.54，相对密度2.65～2.70等性质，可与岫玉相区别。

图12–57　染色岫玉手镯

四、岫玉的优化处理及其鉴别

岫玉的优化处理方法，主要有染色、蜡充填。

1. 染色

染色岫玉是通过热处理，产生裂隙，然后浸泡于染料中。常见染成红色的岫玉，似鸡血石一样，经染色而成的岫玉的颜色全部集中在裂隙中，放大检查很容易发现染料的存在（图12–57，图12–58）。

图12–58　染色岫玉雕件

2. 蜡充填

这种方法主要是将蜡充填于裂隙或缺口中，以改变岫玉的外观，充填的地方具有明显的蜡状光泽，用热针试验可以发现裂隙处有蜡珠析出，同时可以闻到蜡的气味。

第六节　独山玉

独山玉（Dushan Jade，又名南阳玉）是我国特有的玉石品种，因产在河南省南阳市郊的独山而得名。独山玉的使用历史极为久远，南阳黄山出土的一件用独山玉制成的玉铲，经研究确定是距今6000多年的新石器时代的遗物。此后，在商朝遗址和墓葬中，也发现过不少独山玉的玉器，商代殷墟妇好墓中出土的大量玉器中，有一部分也是用独山玉制成的。说明在3000多年前，独山玉的使用已较为普遍。在今独山东南的山脚下，留有汉代“玉街寺”的遗址，是汉代制作和销售独山玉器的地方。在独山上，由于独山玉矿的古代挖掘和现代开采，山腹之中矿洞纵横蜿蜒长达千余米。独山玉色彩艳丽、质地细腻、致密坚硬，与新疆和田玉、湖北郧县绿松石和辽宁的岫玉一起，被称为中国四大名玉之一，伴随着中国玉文化的发展，产品以其丰富的色彩，优良的品质，精美的设计和造型，深受海内外人士的青睐（图12–59）。

图12–59　独山玉雕

一、独山玉的基本性质

1. 矿物组成

独山玉是一种黝帘石化斜长岩，其组成矿物复杂，主要矿物是斜长石（20%～90%）和黝帘石（5%～70%），其次为翠绿色铬云母（5%～15%）、浅绿色透辉石（1%～5%）、黄绿色角闪石、黑云母，还有少量榍石、金红石、绿帘石、阳起石、白色沸石、葡萄石、绿色电气石、褐铁矿、绢云母等。

2. 结构特征

独山玉具细粒（粒度＜0.05mm）状结构，其中斜长石、黝帘石、绿帘石、黑云母、铬云母和透辉石等矿物紧密镶嵌，成致密块状集合体。

3. 力学性质

独山玉的摩氏硬度为6～6.5，相对密度为2.73～3.18，一般2.90。

4. 光学性质

（1）颜色　独山玉颜色丰富，有30余种色调，主色有：白色、绿色、紫色、黄色、粉红色等几种颜色。呈现的颜色，取决于玉石的矿物组成。

（2）光泽及透明度　玻璃光泽至油脂光泽；微透明至半透明。

（3）折射率　独山玉的折射率大小受玉石组成矿物影响，点测法的折射率值变化于1.56～1.70之间。

（4）发光性　在紫外光照射下，独山玉通常表现为荧光惰性，少数品种可有微弱的蓝白色、褐黄色、褐红色荧光。

二、独山玉的品种

根据独山玉的颜色不同，可将独山玉划分为以下品种。

（1）白独玉　呈乳白色，主要由斜长石、黝帘石，少量绿帘石、透辉石和绢云母等矿物组成。

（2）绿独玉　呈翠绿色、绿色和蓝绿色，主要由斜长石和铬云母等矿物组成（图12-60，图12-61）。

（3）紫独玉　呈浅紫色、紫色和亮棕色，主要由斜长石、黝帘石和黑云母等矿物组成。

（4）黄独玉　呈黄绿色或橄榄绿色，主要由斜长石、黝帘石，少量绿帘石、榍石和金红石等矿物组成。

（5）红独玉　呈粉红色或芙蓉色，玉石为强黝帘石化斜长岩，其矿物成分主要为黝帘石和斜长石。

（6）青独玉　呈青色或深蓝色，玉石为辉石斜长岩。

（7）墨独玉　呈黑色、墨绿色，玉石为黝帘石化斜长岩。

（8）杂色独玉（图12-62）　呈白色、绿色、黄色、紫色相间的条纹、条带。玉石为黑云母铬云母化斜长岩或绿帘石化黝帘石化斜长岩，是独山玉中最常见的品种，这种复杂的颜色组合及分布特征对独山玉的鉴定具有重要的指导意义。

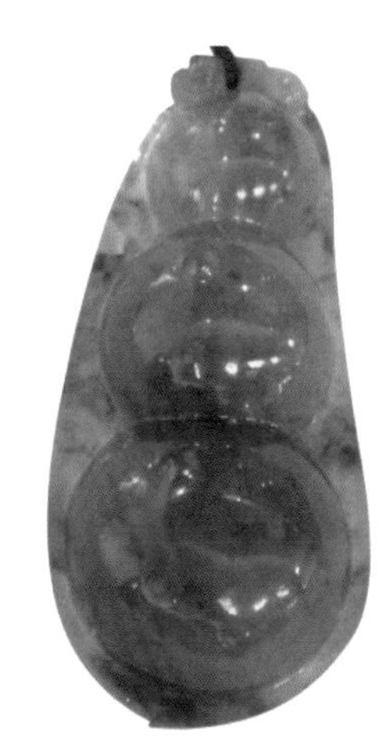

图12-61　绿独山玉挂件

图12-60　绿独山玉手镯

图12-62　杂色独山玉原石

三、独山玉与相似玉石的鉴别

独山玉的鉴别较为容易，许多珠宝业内人士一眼就能将它区分开来，独山玉特有的杂色和明显的粒状结构是其鉴别的主要依据之一。鉴别时应注意独山玉与翡翠、软玉、石英质玉、岫玉和碳酸岩玉的区别。

1. 独山玉与翡翠的鉴别

优质独山玉质地细腻，外观似翡翠，但两者结构明显不同，翡翠为纤维变晶交织结构，独山玉为粒状变晶结构。另外，两者颜色特征和颜色分布特点也有明显的差异，翡翠的颜色比独山玉颜色艳丽，独山玉的绿色中带有明显的蓝、灰色调，整体颜色不明快。翡翠绿色为带状、线状分布，由绿色的纤维状硬玉矿物集合体所致。而独山玉的绿色多呈团块状分布，由粒状的绿色绿帘石矿物集合体形成。翡翠的相对密度为3.34，比独山玉的2.9高。

2. 独山玉与软玉的鉴别

软玉有时也可能与独山玉相混，但仔细观察可以发现两者的光泽有差异。软玉为油脂光泽，而独山玉为玻璃光泽。独山玉质地细腻程度比软玉差，颜色比软玉杂乱。

3. 独山玉与石英岩玉的鉴别

独山玉与石英岩玉比较，折射率和相对密度均高于石英岩玉。绿色的石英岩玉颜色均匀，透明度高，而独山玉颜色杂，透明度较低。

4. 独山玉与岫玉、碳酸岩玉的鉴别

与岫玉及碳酸岩玉相比，独山玉的硬度、相对密度，折射率都高。碳酸岩玉多为白色和绿色，遇酸起泡，岫玉以黄绿色为主。

四、独山玉的产地

历史上，能用来做玉雕的独山玉仅产于河南省南阳市独山。此外，新疆准噶尔地区和四川雅安地区也有类似的玉石发现，西准噶尔地区为蚀变斜长岩，呈绿色、蓝色、绿白色及白色，当地也称之为独山玉。雅安的玉石为黝帘石化的斜长岩，在灰白色的基地上分布有翠绿色的斑点。

第七节　石英质玉石

人类使用石英质玉石的历史极为悠久，早在50万年前的北京猿人文化遗址中，就发现有用玉髓制作的石器。

一、石英质玉石的基本性质

1. 矿物组成

石英质玉石的主要矿物成分为石英细小颗粒组成的集合体，化学成分主要是SiO_2，含微

量元素Ca、Mg、Fe、Mn、Ni，矿物成分中常含有少量云母、绿泥石、黏土矿物、褐铁矿等杂质，而形成各种颜色。

2. 结构特征

石英质玉石主要组成矿物石英为三方晶系，呈显微隐晶质至多晶质集合体，外表形态多为团块状、皮壳状和钟乳状。

3. 力学性质

石英质玉石的摩氏硬度6.5～7，性脆。相对密度2.60～2.65，由于结晶程度和所含杂质的影响，相对密度会有一定的变化。

4. 光学性质

（1）颜色　成分纯净时为无色，当含有不同的杂质元素Fe、Ni等，或混入不同的有色矿物时，可呈现不同的颜色。

（2）光泽及透明度　玻璃光泽，断口呈油脂光泽。微透明至半透明。

（3）折射率　石英质玉石的折射率为1.53～1.54，个别可测到1.55。

二、石英质玉石的品种

根据矿物结晶颗粒的大小程度、结构、构造等特征，可将石英质玉石划分为五大类别和若干品种，见表12-5。

表 12-5　石英质玉石分类

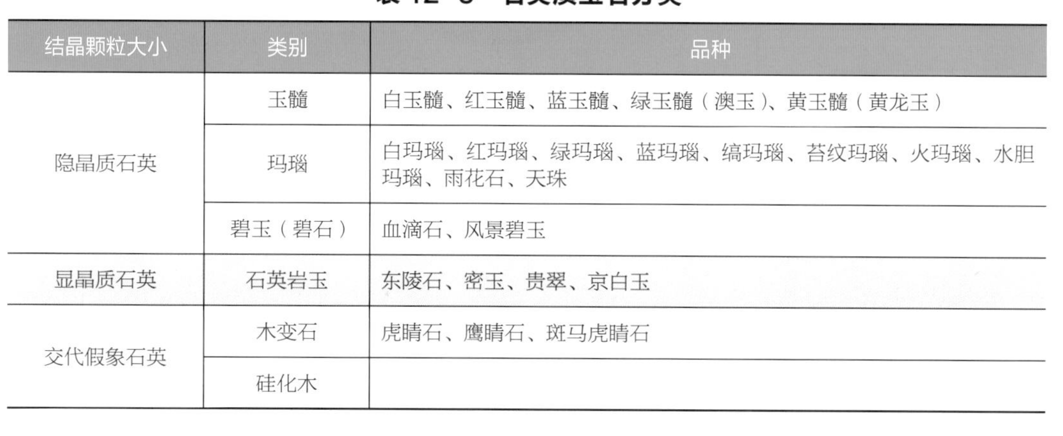

结晶颗粒大小	类别	品种
隐晶质石英	玉髓	白玉髓、红玉髓、蓝玉髓、绿玉髓（澳玉）、黄玉髓（黄龙玉）
	玛瑙	白玛瑙、红玛瑙、绿玛瑙、蓝玛瑙、缟玛瑙、苔纹玛瑙、火玛瑙、水胆玛瑙、雨花石、天珠
	碧玉（碧石）	血滴石、风景碧玉
显晶质石英	石英岩玉	东陵石、密玉、贵翠、京白玉
交代假象石英	木变石	虎睛石、鹰睛石、斑马虎睛石
	硅化木	

（一）隐晶质石英质玉石

根据结构、构造特点，隐晶质石英质玉石可分为玉髓、玛瑙、碧玉三个品种。

1. 玉髓

玉髓（Chalcedony）是超显微隐晶质石英集合体，单体呈纤维状，杂乱或略定向排列，颗粒间的微孔隙内充填水分和气体，多呈块状产出。可含Fe、Al、Cr、Ni、Mn、V等微量元素或其他矿物的细小颗粒，根据颜色和所含杂质，又细分出下列品种。

（1）白玉髓（White Chalcedony） 灰白色至灰色，微透明至半透明，成分比较纯（图12-63）。

（2）红玉髓（Cornelian） 橙红色至褐红色，微透明至半透明，由微量Fe致色（图12-64）。

（3）绿玉髓（Chrysoprase） 不同色调的绿色，微透明至半透明，由Fe、Cr、Ni等杂质元素致色，也可由细小的绿泥石、阳起石等绿色矿物的均匀分布致色（图12-65）。

（4）蓝玉髓（Azurlite） 灰蓝色至蓝绿色，微透明至半透明，由所含蓝色矿物产生颜色（图12-66）。

（5）黄玉髓（黄龙玉） 黄色至褐黄色、红褐色，微透明至半透明，微量Fe致色（图12-67、图12-68）。

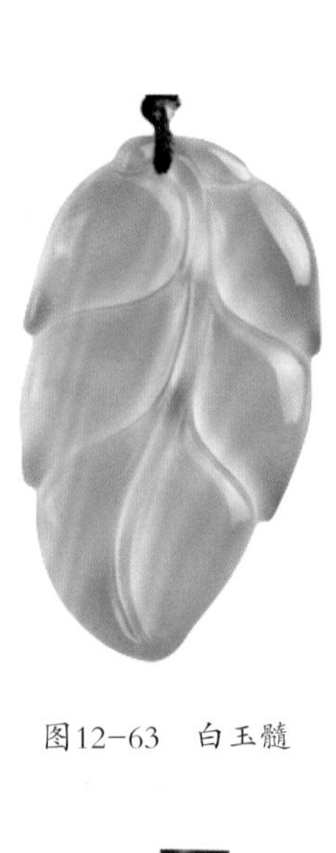

图12-63 白玉髓

图12-64 红玉髓

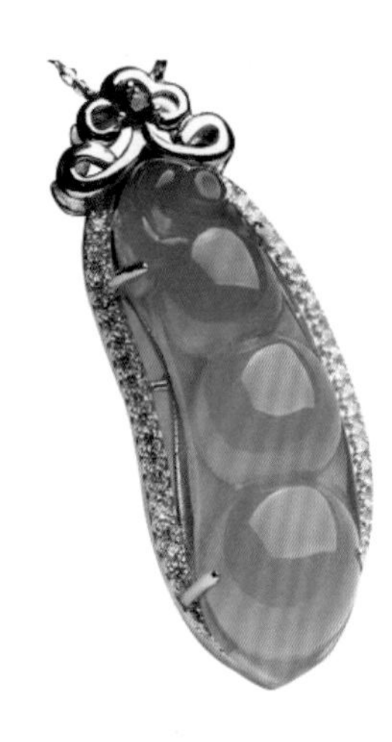

图12-65 绿玉髓

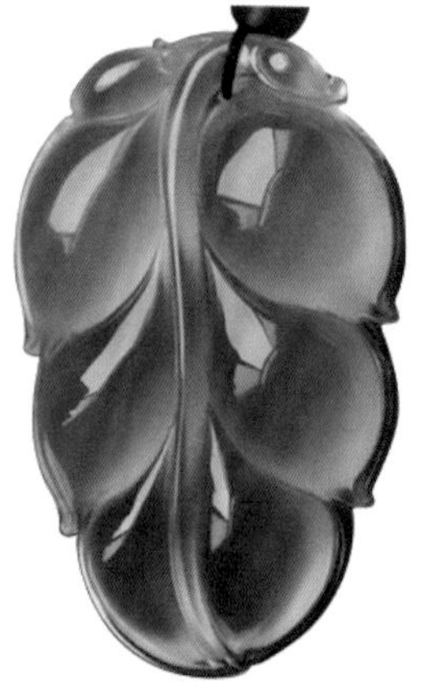

图12-66 蓝玉髓

图12-67 黄龙玉雕件

图12-68 黄龙玉

玉髓中质量较好的两个品种，分别是澳大利亚产的绿玉髓称澳洲玉和我国台湾产的蓝玉髓。

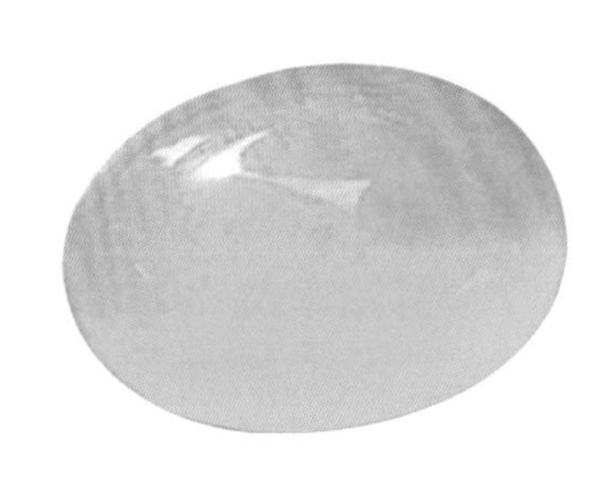

图12-69 澳洲玉

（1）澳洲玉（Australian jade） 一种含Ni的绿玉髓，绿色，常带黄色色调和灰色色调，颜色均匀，微透明至半透明，高品质者呈较鲜艳的苹果绿色（图12-69）。

（2）中国台湾产的蓝玉髓 一种含Cu的蓝玉髓，蓝色、蓝绿色，颜色均匀，无瑕疵，微透明-不透明。高质量的台湾蓝玉髓的颜色与高质量的蓝色绿松石的颜色相近（图12-70）。

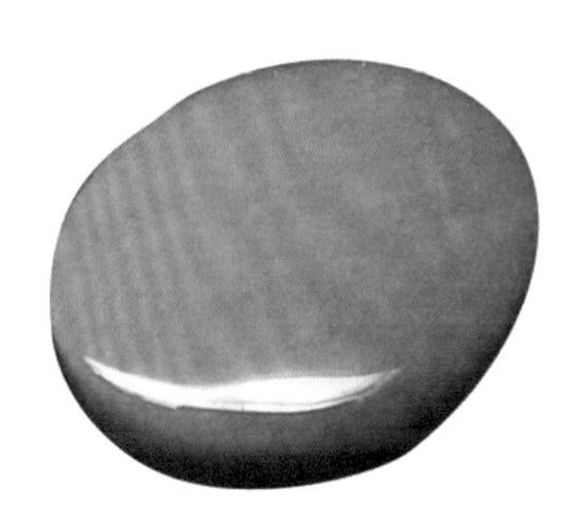

图12-70 蓝玉髓（中国台湾产）

2. 玛瑙

玛瑙（Agate）是具有条带状、环带状结构的玉髓。按照颜色、环带、杂质或包裹体等特点可细分出许多品种。

（1）按颜色分类 根据玛瑙的颜色，可将玛瑙分为白玛瑙、红玛瑙、绿玛瑙、黑玛瑙等品种。

① 白玛瑙 灰色至灰白色，纯白色很少见，环带状结构由颜色或透明度细微差异的条带组成。白玛瑙除大块、色较均匀者可用作雕刻品外，绝大部分需染色后才能使用（图12-71）。

② 红玛瑙 呈较浅的褐红色、橙红色，有不同深浅不同透明度的红色环带与白色环带相间分布，红色由细小的氧化铁引起（图12-72）。

南红是指玛瑙的一个贵重品种，很早以前已被人们开采利用，南红玛瑙颜色鲜艳，质地细腻，非常漂亮（图12-73、图12-74）。

图12-71 白玛瑙手镯

图12-73 南红玛瑙（一）

图12-72 红玛瑙碗

图12-74 南红玛瑙（二）

③ 绿玛瑙　天然产出的绿玛瑙很少有颜色特别鲜艳的，多呈一种淡淡的灰绿色，其颜色由所含细小绿泥石等矿物所致（图12–75）。

（2）按条带分类

缟玛瑙（Onyx）具有条带的玛瑙，有褐红、黑、灰、白相间条带（图12–76）。当缟玛瑙的条带变得十分细窄时，又称为缠丝玛瑙。较名贵的缠丝玛瑙，由缠丝状红、白相间的条带组成。

（3）按杂质分类

① 苔纹玛瑙（Moss agate）具有苔藓状、树枝状图形的含杂质玛瑙，一般绿色苔纹，由绿泥石的细小鳞片聚集而成；黑色枝状物由铁、锰的氧化物聚集而成。苔纹玛瑙在工艺上有较大的价值，绿色苔藓、黑色枝状物给工艺师以丰富的想象，并提供了施展技艺的场所，因此苔纹玛瑙成为玛瑙中的贵重品种（图12–77）。

② 火玛瑙　在玛瑙的微细层理之间含有薄层的液体或板状矿物等包裹体，在光的照射下可产生薄膜干涉效应，如果切工正确，显示五颜六色的晕彩（图12–78、图12–79）。

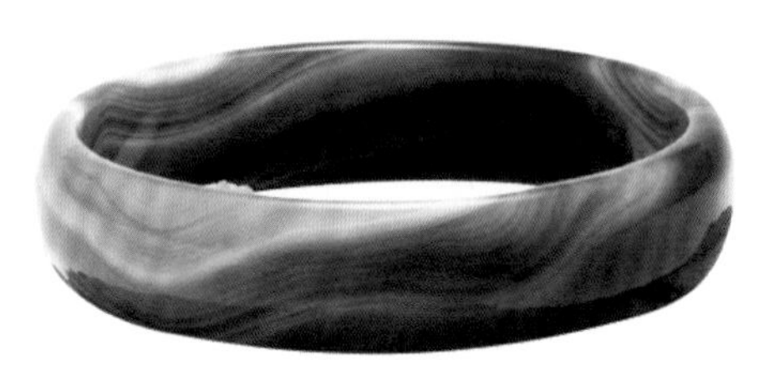

图12–75　绿玛瑙手镯

图12–76　缟玛瑙

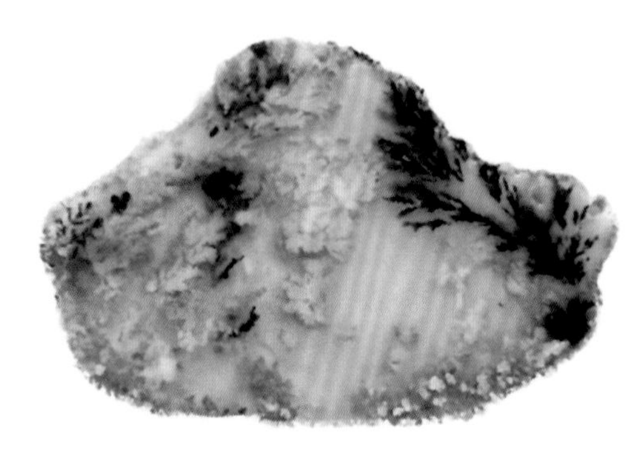

图12–77　苔纹玛瑙

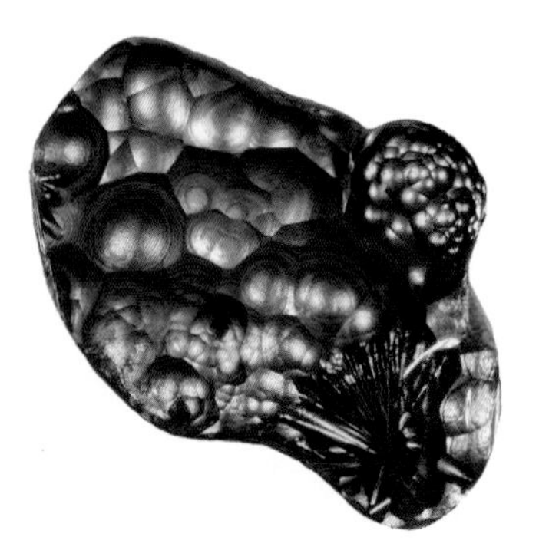

图12–79　火玛瑙（二）

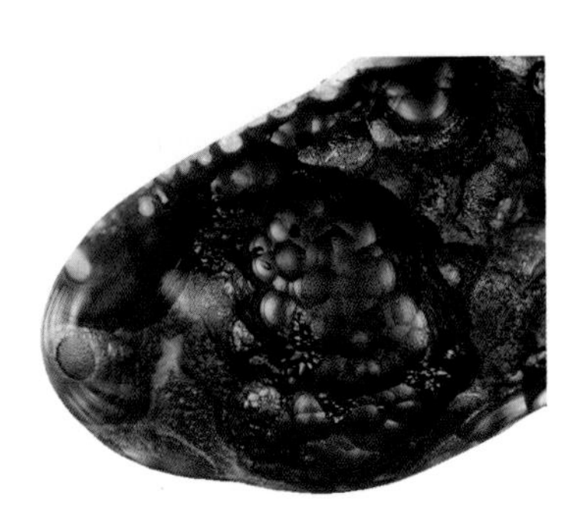

图12–78　火玛瑙（一）

③ 水胆玛瑙（Enhydros） 封闭的玛瑙晶洞中包裹有天然液体（一般是水），称为水胆玛瑙。当腔水被玛瑙四壁遮挡时，整个玛瑙在摇动时有响声，但并无工艺价值；当液体位于透明-半透明空腔中可见时，这种玛瑙才有较大的价值。

（4）其他商业品种

除上述品种外，产于南京地区的雨花石和西藏的天珠，其主要成分也是隐晶质的石英集合体。

雨花石是指产于南京雨花台砾石层中的玛瑙，有红色、黄色、蓝色、绿色、褐色、灰色、紫色、白色、黑色等多种色调，具有显著的纹带状特征，且花纹变化多样（图12-80、图12-81）。

天珠是藏传佛教的一种信物，其主要矿物成分为玉髓。市场常见的天珠，多数经过优化处理（图12-82）。另外也有树脂、玻璃等材料制作的仿制品。

3. 碧玉（碧石）

碧玉（Jasper）为一种含杂质较多的玉髓，其中氧化铁、黏土矿物等杂质含量可达20%以上，商业上俗称“碧玉”。不透明，颜色多呈暗红色、绿色或杂色。碧玉中较名贵的品种有风景碧玉和血滴石。

（1）风景碧玉（Scenic jasper）是一种彩色碧玉，不同颜色的条带、色块交相辉映，犹如一幅美丽的自然风景画而得名（图12-83）。

（2）血滴石（Bloodstone） 是一种暗绿色不透明至微透明的碧玉，其上散布着棕红色斑点，犹如滴滴鲜血而得名（图12-84）。血滴石最著名的产地是印度。

图12-80 雨花石（一）

图12-81 雨花石（二）

图12-82 天珠

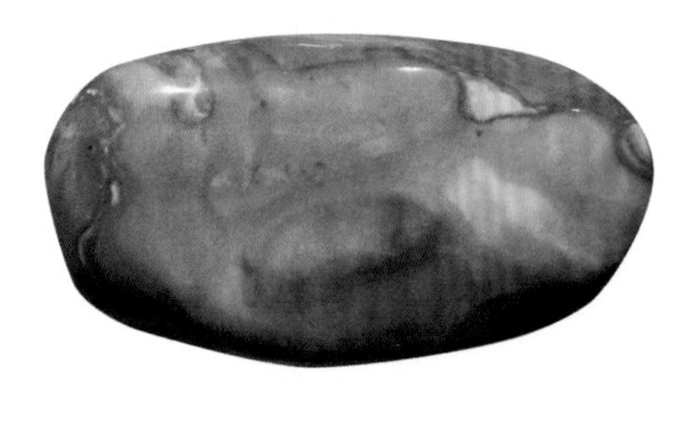

图12-83　风景碧玉

图12-84　血滴石

（二）显晶质石英质玉石

显晶质石英质玉石其实质是石英的单矿物岩石，其中石英为粒状，粒度一般为0.01～0.6mm，过于粗大的颗粒将失去玉石意义。集合体呈块状，微透明至半透明，纯净者无色，常因含有细小的有色矿物包裹体而呈色。常见品种如下。

1. 东陵石

东陵石（Aventurine quartz）是一种具砂金效应的石英岩，颜色因所包含杂质矿物的不同而不同。含铬云母者呈现绿色，称为绿色东陵石（图12-85）；含蓝线石者呈蓝色，称为蓝色东陵石；含锂云母者呈现粉红色，称红色东陵石。东陵石的石英颗粒相对较粗，其内所含的片状矿物相对较大，在光线照射下片状矿物可呈现一种闪闪发光的砂金效应。绿色东陵石放大镜下，可以观察到铬云母片大致定向排列，在滤色镜下呈褐红色。

图12-85　东陵石

2. 密玉

密玉（Mi jade）是一种含细小鳞片状绢云母的致密石英岩，因产于中国河南密县而得名。矿物成分主要为石英，次要成分为细小的绿色绢云母，还可有少量金红石、锆石、电气石等杂质矿物。颜色以浅绿色、灰绿色、豆绿色为主，也可有肉红色、黑色、白色等。红色者与所含微量金红石、电气石等矿物有关。黑色者与所含有机质、炭质、沥青及微量锰、铁的氧化物有关。

密玉与东陵石相比，较细腻，较致密，石英颗粒大小以0.1～0.25mm为主，没有明显的砂金效应。放大检查时，在较高的放大倍数观察下，可以看到细小的绿色绢云母均匀地呈网状分布。

3. 贵翠

贵翠（Guizhou jade）是一种含高岭石的细粒石英岩，主要产于贵州省晴隆县而得名。

石英粒径为0.05～0.15mm。颜色呈天蓝色、翠绿色、浅绿色、灰绿蓝色、灰黄色等，以天蓝色、翠绿色者为最佳。

4. 京白玉

产于北京的白色的石英质玉石。

（三）二氧化硅交代的玉石

1. 木变石

木变石亦称为硅化石棉，其原矿物为蓝色的钠闪石石棉，后期被二氧化硅所交代，但仍保留其纤维状晶形外观，呈纤维状结构。高倍显微镜下观察，纤维细如发丝，定向排列，交代的二氧化硅，呈极细小的石英颗粒。由于置换程度的不同，木变石的物理性质略有差异。SiO_2置换程度较高者，硬度接近于7，相对密度为2.64～2.71。颜色有黄褐色、褐色、蓝灰色、蓝绿色。蓝色是残余的钠闪石石棉的颜色，而黄褐色、褐色则是所含的褐铁矿所致。微透明至不透明，呈丝绢状光泽。根据颜色可将木变石分为虎睛石、鹰睛石、斑马虎睛石等品种。

图12-86　虎睛石手链

（1）虎睛石（Tiger's eye）　黄色、黄褐色的木变石，成品表面可具丝绢光泽。当组成虎睛石的纤维较细，排列较整齐时，弧面型宝石的表面可出现猫眼效应（图12-86）。

（2）鹰睛石（Hawk's eye）　蓝色、灰蓝色为主的木变石（图12-87）。

图12-87　鹰睛石鼻烟壶

（3）斑马虎睛石（Zebra tiger's eye）　黄褐色、蓝色呈斑块状间杂分布的木变石。

2. 硅化木

当SiO_2置换了数百万年前深埋于地下的树干，并保留了树干的结构，称为硅化木。化学成分以SiO_2为主，常含Fe、Ca等杂质。颜色为灰白色、土黄色、淡黄色、黄褐色、红褐色、黑色等，抛光后可具玻璃光泽，不透明。

三、石英质玉石的优化处理及其鉴别

石英质玉石的优化处理，主要采用热处理和染色两种方法。另外，还有水胆玛瑙的注水处理。

1. 热处理

对石英质玉石进行热处理的品种主要有玛瑙和虎睛石。

一种浅褐红色不均匀的玛瑙，直接在空气中加热，可以产生较均匀、较鲜艳的红色。其原因是玛瑙中所含的水里有微量的褐铁矿，在高温氧化条件下褐铁矿中的Fe^{2+}转为Fe^{3+}，且水分被消除，从而使玛瑙变成较鲜艳的红色。

虎睛石的热处理原理与玛瑙相同，黄褐色的虎睛石在氧化条件下，加热处理可转变为褐红色，称为狐眼石。

虎睛石在还原条件下加热处理，可转变成灰黄色、灰白色，用于仿金绿宝石猫眼。

2. 染色处理

目前，市场上的绝大部分玛瑙制品是经过染色处理的，其中又可分为有机染料直接浸泡致色和无机染料渗入、反应沉淀致色。

经染色处理的玛瑙，表面呈极其鲜艳的红色、绿色、蓝色等。

石英岩的染色是将石英岩先加热，淬火后再染色的。主要染成绿色，用于仿翡翠。市场上俗称“马来西亚玉（简称马玉或马来玉）”。

3. 水胆玛瑙的注水处理

当水胆玛瑙有较多裂隙时，或在加工过程中产生裂缝时，水胆水便会缓慢溢出，直至水胆水干涸，整个水胆玛瑙失去其工艺价值。

处理的办法是将水胆玛瑙浸于水中，利用毛细作用，使水回填，或采用注入法使水回填，最后再用胶等将细小的缝隙堵住。

石英质玉石是一种数量大、价值不高的中低档玉石，它的优化处理具有悠久的历史，玛瑙的热处理和染色均已被人们接受，加之染色后的玛瑙有着极其鲜艳的颜色，很受人欢迎，这种颜色是未经处理玛瑙所无法比拟的。

四、石英质玉石的产地

石英质玉石的产地很多，几乎世界各地都有产出。我国已有二十多个省市产出玉髓（玛瑙）矿。

第八节　孔雀石

孔雀石（Malachite）由于颜色酷似孔雀羽毛而得名，中国古代称为“石绿”、“绿青”、“铜绿”等，我国古代先民对孔雀石的认识和利用有着悠久的历史。在湖北黄陂盘龙城商代中期遗址中就发现有孔雀石、木炭、红烧土等，在河南安阳殷墟商代晚期遗址出土了一块重达18.8kg的孔雀石，当时先民们主要把孔雀石用作冶炼金属铜的矿石。春秋战国时期，孔雀石则常被用作工艺品，如在云南楚雄万家坝春秋战国时期古墓中出土有用孔雀石和硅孔雀石制作的工艺品，在云南江川县李家坝战国末期古墓中，则出土了近万枚用孔雀石制作的孔雀石珠。

孔雀石除用作冶炼金属铜的矿石外，还把它用作装饰材料，颜色浓绿、鲜艳的孔雀石粉末可用来制作绘画用的高级颜料。

一、孔雀石的基本性质

1. 矿物组成

孔雀石玉石为一种单矿物岩，主要组成矿物为孔雀石，化学式为$Cu_2CO_3(OH)_2$，是一种碳酸盐玉石。

2. 结构特征

孔雀石为单斜晶系，单晶体呈细长柱状、针状，十分稀少。常呈纤维状集合体，具纹层状、放射状、同心环带状的块状、钟乳状、皮壳状、结核状、葡萄状、肾状等（图12–88）。

图12–88　孔雀石

3. 力学性质

集合体呈参差状断口，摩氏硬度3.5～4，相对密度3.25～4.20（通常为3.95）。

4. 光学性质

（1）颜色　呈绿色，微蓝绿色、浅绿色、艳绿色、孔雀绿色、深绿色和墨绿色，不同颜色的条纹状、环带状。

（2）光泽及透明度　呈玻璃光泽至丝绢光泽，不透明。

（3）折射率　折射率为1.66～1.91。

（4）发光性　在紫外光照射下，呈荧光惰性。

5. 其他性质

集合体呈典型的纹层状、放射状、同心环状构造（图12–89、图12–90），遇盐酸起泡，且易溶解。

图12–89　具同心环状构造的孔雀石印章石

二、孔雀石的品种

孔雀石按其形态、结构、特殊光学效应及用途，可划分为以下类型。

1. 晶体孔雀石

具有一定晶形的透明至半透明的孔雀石，非常稀有。单晶个体很小，刻面宝石仅重0.5ct，最大也不超过2ct。

图12–90　孔雀石的同心环带状构造

2. 块状孔雀石

具块状、葡萄状、同心层状、放射状和带状等多种形态的致密块体，块体大小不等。大者可达上百吨，多用于玉雕和各种首饰玉料（图12–91）。

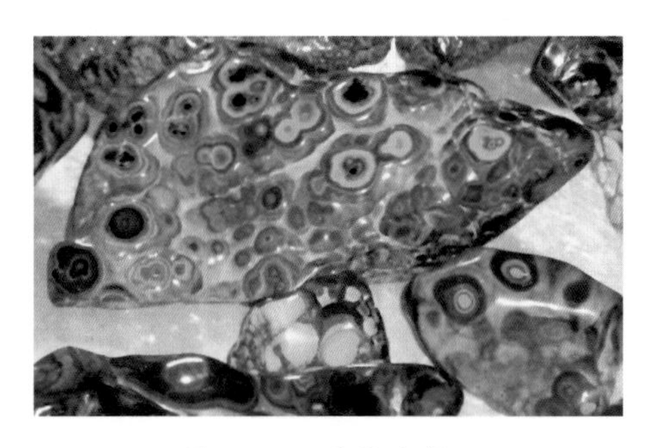

图12–91　块状孔雀石

3. 青孔雀石

孔雀石和蓝铜矿紧密结合构成致密块状，使绿色与深蓝色相映，是名贵的玉雕材料。

4. 孔雀石猫眼

具有平行排列的纤维状构造的孔雀石，琢磨成弧面型宝石，可呈现猫眼效应。

5. 天然艺术孔雀石

指由大自然“雕塑”而成的，形态奇特的孔雀石（图12–92），可直接用作盆景石和观赏石。

图12–92　天然造型孔雀石

三、孔雀石的鉴定特征

1. 原石鉴定

孔雀石原石以其特有的孔雀绿色，同心环带构造，遇盐酸起泡等特征，即可识别。

2. 成品鉴定

孔雀石具有特征的孔雀绿色、美丽的花纹（条带），致密的结构和闪烁的光泽等特点，较易识别。

四、孔雀石的产地

世界上出产孔雀石的国家主要有：赞比亚、俄罗斯、纳米比亚、马达加斯加、刚果民主共和国、法国、德国、意大利、智利、美国、澳大利亚、津巴布韦等，其中非洲的马达加斯加和南美洲的智利更是将美丽的孔雀石作为“国石”。

我国也是世界上孔雀石的主要产地之一，其资源主要分布在广东的阳春和湖北的大冶，其次为云南的易门、东川和安徽的铜陵等。

第九节　蔷薇辉石

蔷薇辉石（Rhodonite，又称玫瑰石、桃花石），颜色为蔷薇红色，较稳定而单一。我国的蔷薇辉石在20世纪60年代在北京昌平地区发现，被称为“京粉翠”。蔷薇辉石透明单晶极为罕见，大部分为矿物集合体，是一种较好的玉雕材料。

一、蔷薇辉石的基本性质

1. 矿物组成

蔷薇辉石是一种硅酸盐矿物。用做宝石者主要由蔷薇辉石、石英及脉状、点状的黑色氧化锰组成。蔷薇辉石的化学成分：$MnSiO_3$，其中常含Ca、Fe、Mg、Zn。由于这些元素的类质同象替换，使其成分有所变化，粉红色是由成分中的锰致色而成。

2. 结构特征

蔷薇辉石属三斜晶系。单晶体较为少见，多为粒状、致密块状集合体。

3. 力学性质

蔷薇辉石具有两组完全解理，一组不完全解理，这三组解理交角近于90°。集合体通常不可见解理，断口不平坦状，摩氏硬度5.5～6.5。相对密度3.40～3.75，通常为3.50。

4. 光学性质

（1）颜色　蔷薇红色，表面常覆盖有因氧化作用而形成的黑色氧化锰薄膜，黑色氧化锰也可在蔷薇辉石中，呈不规则网脉状分布，有时杂有绿色或黄色色斑（图12–93）。

（2）光泽和透明度　具玻璃光泽，微透明或不透明，晶体为透明。

（3）折射率　蔷薇辉石晶体的折射率1.72～1.74，多晶集合体的折射率1.73（点测）。

图12–93　蔷薇辉石

二、蔷薇辉石与相似宝石的鉴别

蔷薇辉石与菱锰矿在外观上很相似，弧面型蔷薇辉石折射率为1.73左右（点测），菱锰矿1.60左右，单晶体菱锰矿折射率1.58～1.84，较大的双折射率为0.22，使其在折射仪上较为特殊，仅能见到一条可以上下移动的阴影边界。蔷薇辉石的蔷薇红色不如菱锰矿的粉红色鲜艳，蔷薇辉石含黑色的细脉构成不规则状或网脉状。菱锰矿含白色波纹状条带。蔷薇辉石遇酸不起泡，而菱锰矿遇酸起泡。

三、蔷薇辉石的产地

世界上优质蔷薇辉石透明晶体产自美国新泽西州的富兰克林。褐红色透明晶体产自澳大利亚新南威尔士。粉红色、玫瑰红色块状原石产自俄罗斯。此外，还有瑞典、日本、南非、澳大利亚和坦桑尼亚也产有蔷薇辉石。

中国的蔷薇辉石产于北京昌平，为玫瑰红色块状体。台湾也产有蔷薇辉石，称为玫瑰石。

第十节 碳酸盐类玉石

一、菱锰矿（红纹石）

菱锰矿（Rhodochrusite，又称红纹石），最重要的特点是粉红色中白色物质呈条带状分布。透明单晶宝石较少，绝大多数为块状集合体，由于硬度低，为一种雕刻材料，或做成圆珠穿成手链或项链。

1. 矿物组成

菱锰矿是方解石族的碳酸盐矿物，化学成分：$MnCO_3$，因Mn与Fe、Ca、Zn、Mg能形成完全类质同象系列，成分中的锰，致色形成粉红色。宝石级菱锰矿单晶体少见，通常以粒状或柱状的显晶质或隐晶质的集合体形式出现。

2. 结构特征

菱锰矿属三方晶系，完好晶体呈菱面体，晶面弯曲，较少见，作为观赏石（图12–94）。热液成因者大多呈致密块状体，为粒状或柱状的显晶质集合体。沉积成因多呈隐晶质集合体，为块状、鲕状、肾状集合体。

图12–94 菱锰矿晶体观赏石

3. 力学性质

菱面体三组解理完全，摩氏硬度4，相对密度3.5。

4. 光学性质

（1）颜色 常成红色或粉红色（图12–95）。集合体材料通常在粉红色的底色上有白色、灰色、褐色、黄色条带，也有深浅不同的粉红相间的条带（图12–96、图12–97）。透明晶体可成深红色（图12–98）。菱锰矿致色

图12–95 菱锰矿手链

图12–96 菱锰矿吊坠

图12-97 菱锰矿手链

图12-98 菱锰矿

离子为Mn^{2+}，是典型的自色宝石。随含Ca量的增加颜色变浅，当含有Fe时变为黄色或褐色，氧化后表面变成褐黑色。

（2）光泽和透明度　玻璃光泽；透明、半透明、不透明。

（3）折射率　菱锰矿的折射率为1.58～1.84，点测1.60左右。单晶体的双折射率0.22。集合体不可测。

（4）紫外荧光　长波紫外光照射下，呈荧光惰性。在短波紫外光照射下，呈中等至强红色荧光。

5. 其他性质

具典型的深浅不同的粉红相间的条带状、层纹状构造，遇酸起泡。

6. 菱锰矿的鉴定特征

主要鉴别特征为粉红色，常有白色物质呈波纹状分布，折射率在1.60左右，晶体的双折射率大0.22，折射仪上仅表现一条可以移动的阴影边界1.60～1.78，高值1.84则超出折射仪的测定范围。菱锰矿解理发育，与酸反应强烈，故不能放入电镀槽、超声波清洗液或珠宝清洗剂中清洗，加之硬度较低，表面易刮伤。

7. 菱锰矿的产地

世界上的产地有阿根廷、美国、澳大利亚、马达加斯加、墨西哥、南非等地。中国菱锰矿主要产自东北、北京、江西等地。

二、蓝田玉

蓝田玉是我国开发利用最早的玉种之一，迄今已有5000多年的历史。一般认为“蓝田”是指陕西省西安市古城蓝田，唐代及以前的许多古籍中都有蓝田产美玉的记载。但明万历年间，宋应星的《天工开物》中认为蓝田玉是昆仑山所产的一种玉石的名称。现今开采的蓝田玉矿床位于陕西省蓝田县玉川、红星一带。

图12-99　蓝田玉（一）

图12-100　蓝田玉（二）

1. 矿物组成

蓝田玉是一种蛇纹石化大理岩，主要矿物成分是方解石和蛇纹石，依据蛇纹石化的程度由低到高，方解石含量逐渐减少，局部可变为蛇纹石玉。此外，还含有少量的白云石、绿泥石、闪石、云母、滑石等矿物，色彩斑斓（图12-99、图12-100）。

2. 结构特征

具不等粒状变晶结构–纤维状变晶结构，粒状、纤维状集合体，块状构造，质地坚硬，纹理细密。

3. 力学性质

蓝田玉中所含的方解石可见三组完全解理。摩氏硬度3～4，相对密度2.6～2.9。

4. 光学性质

（1）颜色　常见白色、黄色、米黄色、黄绿色、苹果绿色等。

（2）光泽及透明度　蓝田玉具玻璃光泽、油脂光泽、蜡状光泽，微透明至半透明。

（3）折射率　蓝田玉的折射率为1.5～1.6。

5. 其他特征

遇盐酸起泡。与蓝田玉相似的玉石是岫玉，岫玉遇盐酸不起泡，据此可以区别于蓝田玉。

6. 产地

蓝田玉主要产于陕西省蓝田县。在中国分布较广，山东、吉林、辽宁、内蒙古、河北等地都有产出。

三、大理岩

大理岩（Marble，也称大理石），从中国古代起，就用这种石料制作宫殿中的石阶和护栏，称为“玉砌朱栏，华丽如玉”，所以又称为汉白玉。天安门前的华表、金水桥，故宫内的宫殿基座、石阶、护栏都是用汉白玉制作的。由于这种玉石耐久性差，常作为玉雕原料，或用来做其他玉石的仿制品。

1. 矿物组成

大理岩主要由碳酸盐矿物方解石的细粒集合体组成，另外还含有少量的白云石、菱镁矿、蛇纹石、绿泥石等矿物。方解石化学成分：$CaCO_3$，常含Mg、Fe和Mn。

方解石显晶质集合体称为“大理岩”，在建筑和装饰材料中被广泛使用，俗称“汉白玉”（图12-101），是建筑材料和玉雕最常用的原料之一。方解石的隐晶质集合体，质地细腻，透明度较高，呈半透明状，在市场上被称为“阿富汗玉”（图12-102、图12-103），白色的品种经常用来仿白玉。

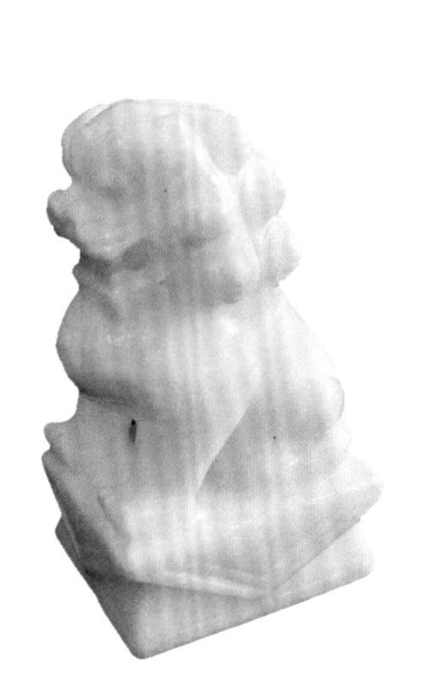
图12-101　汉白玉雕

图12-102　阿富汗玉牌

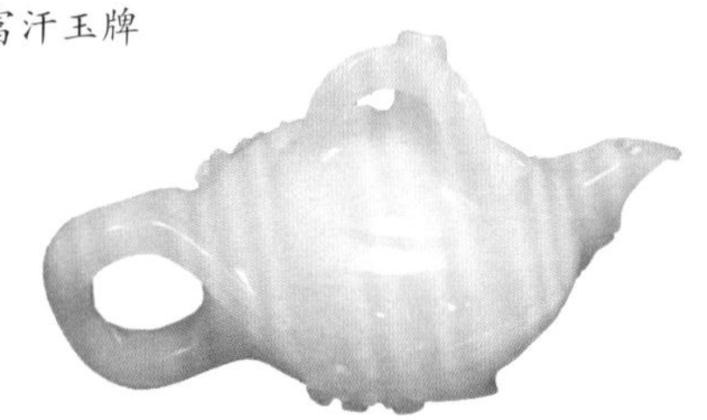
图12-103　阿富汗玉雕壶

2. 结构特征

方解石属三方晶系，常见晶形有菱面体、板状和柱状等。大理岩为方解石的细粒集合体，致密块状。

3. 力学性质

方解石具有三组菱面体完全解理。大理岩摩氏硬度为3，相对密度为2.70。

4. 光学性质

（1）颜色　大理岩通常呈白色、灰白色，因含不同的矿物而呈现黑色及各种不同颜色花纹。

（2）光泽及透明度　大理岩具玻璃光泽，透明–微透明。

（3）折射率和双折射率　大理岩的折射率为1.486～1.658，双折射率为0.172。

（4）发光性　多变。某些方解石具有紫外荧光。

5. 其他性质

大理岩遇盐酸起泡。

6. 产地

大理岩在自然界中产量大、产地多，是最常见的玉石品种之一，在世界各地几乎都有产出。我国云南大理所产的条带状大理岩闻名于世，其间的条带有黑色、绿色和不同的形状，构成了一幅幅形象逼真的山水画，成为上等装饰材料。北京房山产出的“汉白玉”颜色纯白，是故宫、颐和园、北海等皇家园林常用的建筑和装饰材料。

第十一节　稀少玉石

一、葡萄石

1. 矿物组成

葡萄石（Prehnite）是一种含水的钙铝硅酸盐矿物，化学式为：$Ca_2Al[AlSi_3O_{10}](OH)_2$，可含Fe、Mg、Mn、Na、K等元素。宝石材料多是葡萄石的晶质集合体。

2. 结构特征

斜方晶系。晶体呈柱状、板状，完好晶体少见。主要呈板、片状、放射状、束状、葡萄状、肾状或块状集合体。

3. 力学性质

葡萄石的解理发育，中等至完全解理，集合体不见，断口呈贝壳状。摩氏硬度6～6.5，

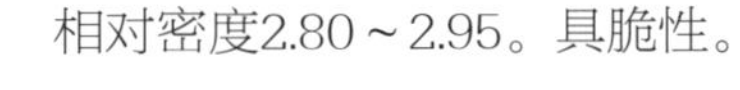
相对密度2.80～2.95。具脆性。

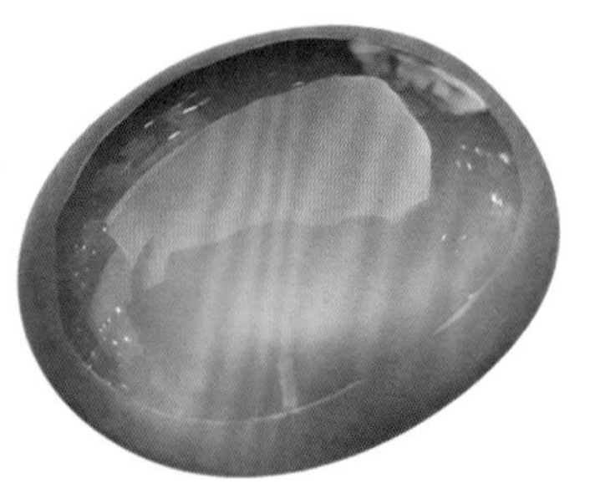

图12-104　绿色葡萄石

4. 光学性质

（1）颜色　大多呈黄绿色、草绿色、褐绿色，其次为浅黄色、肉红色、白色、无色等，铁锰的含量越多，颜色越深（图12-104、图12-105）。

（2）光泽及透明度　蜡状至玻璃光泽，透明-半透明。

（3）光性　常呈集合体出现，在正交偏光下不消光。

（4）折射率和双折射率　折射率为1.611～1.665，集合体点测为1.63。单晶体的双折射率为0.020～0.035。

图12-105　葡萄石手链

5. 其他特征

（1）放大观察　时常可见到纤维结构、放射状结构、纹带状结构。

（2）特殊光学效应　偶见猫眼效应。

6. 产地

主要产地有法国、瑞士、南非、美国的新泽西

州等地。

二、查罗石（紫龙晶）

1. 矿物组成

查罗石（Charoite，又称紫龙晶），主要组成矿物为紫硅碱钙石，其化学成分为：$K(Ca,Na)_2[Si_4O_{10}](OH,F)\cdot H_2O$，一般含量为50%～90%，此外还可含有霓石、霓辉石、长石、碳酸盐矿物、角闪石、铜的硫化物等多种矿物。

2. 结构特征

查罗石呈纤维状、束状结构的多晶质集合体，具有特征的显微结构，紫色的纤维状查罗石中常有灰白色的斑点、斑块（主要由长石、方解石等的碳酸盐矿物的晶体颗粒组成）分布，偶见金黄色斑点（黄铜矿、黄铁矿）及绿黑色、褐色斑点（霓石、辉石、角闪石等）。

3. 力学性质

摩氏硬度为5.5～6，相对密度为2.54～2.78，通常为2.68。

4. 光学性质

（1）颜色　浅紫色至紫色、紫蓝色或粉紫色带白色、灰绿带白色、绿黑色和橙色斑块，常呈旋涡状、块状、条纹状分布（图12-106～图12-108）。

图12-106　查罗石戒面

图12-107　查罗石手链

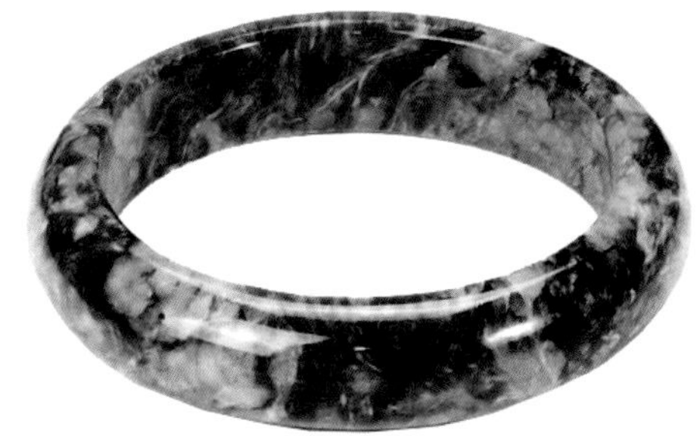

图12-108　查罗石手镯

图12-109 绿龙晶挂件

（2）光泽和透明度 玻璃至蜡状光泽（抛光面），局部有丝绢状光泽。半透明至不透明。

（3）折射率 查罗石的折射率为1.55～1.56。

（4）发光性 在长波紫外光照射下，无至弱斑块状红色荧光。在短波紫外光照射下，呈荧光惰性。

5. 其他特征

放大观察：含绿黑色霓石、普通辉石、绿灰色长石等40余种矿物。

6. 产地

图12-110 绿龙晶手链

1960年，发现于俄罗斯贝加尔查罗河畔。1973年作为宝石新品种进入市场，颜色美丽而成为极好的雕刻和装饰材料，如制作花瓶、挂件、弧面型的戒面等。与紫龙晶的产地、形态、结构都相似，但颜色为灰绿，有银白的纤维状结构者，称为绿龙晶（图12-109、图12-110），主要组成矿物是绿泥石，摩氏硬度为2～2.5。

三、苏纪石

1. 矿物组成

苏纪石（Sugilite）的矿物名称为硅铁锂钠石，是一种硅酸盐矿物，化学式为$(K, Na)(Na, Fe)_2(Li, Fe)Si_{12}O_{30}$，当成分中含Mn时呈紫色。宝石材料是硅铁锂钠石的粒状集合体。

2. 结构特征

六方晶系，单晶罕见，常为细粒致密块状集合体。

3. 力学性质

苏纪石无解理，不平坦状断口。摩氏硬度5.5～6.5，相对密度2.74～2.81。

4. 光学性质

（1）颜色 红紫色、蓝紫色、暗红色，少见粉红色、黄褐色（图12-111～图12-113）。

（2）光泽及透明度 苏纪石具玻璃光泽，由微透明至不透明。

图12-111 苏纪石手镯

（3）折射率 苏纪石的折射率为1.607～1.610，

点测通常为1.61，有时由于其内部的石英杂质会测到1.54。

（4）发光性　在长波紫外光照射下，呈中等浅粉红色。在短波紫外光照射下，呈强橙色荧光（浅色者）。

（5）吸收光谱　显示锰和铁的吸收特点，在550nm处有强吸收带，437nm、419nm和411nm有明显的吸收线。

5. 其他特征

深紫色体色是主要鉴定特征。

6. 产地

苏纪石矿物1976年最先在日本发现，1979年，在南非发现达到宝石级的苏纪石。

图12-112　苏纪石手链

图12-113　苏纪石戒面

四、异极矿

1. 矿物组成

异极矿（Hemimorphite）是一种锌的硅酸盐矿物，化学式为：$Zn_4[Si_2O_7](OH)_2 \cdot H_2O$，宝石材料是异极矿的细粒集合体。

2. 结构特征

斜方晶系。晶体呈板状，完好晶体少见。集合体为束状、肾状、皮壳状、放射状、钟乳状、纤维状、球状等（图12-114）。

图12-114　异极矿原石

3. 力学性质

异极矿单晶体两组解理完全，断口呈参差状、贝壳状。摩氏硬度为4.5～5，相对密度为3.4～3.5。

4. 光学性质

（1）颜色　通常无色或浅蓝色，也可呈白色、灰色、浅绿色、浅黄色、褐色、棕色等（图12-115）。

（2）光泽及透明度　异极矿具玻璃光泽，透明、半透明到不透明。

（3）折射率和双折射率　异极矿的折射率为1.614～1.636，单晶体的双折射率为0.022。

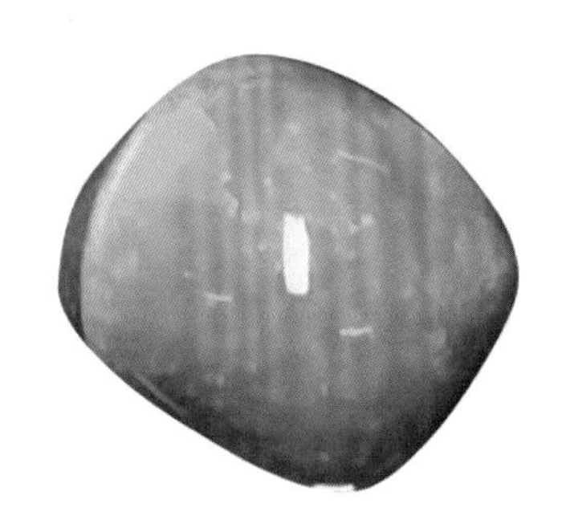

图12-115　异极矿

5. 产地

异极矿主要产于美国、墨西哥、德国、奥地利等。我国的云南、广西、贵州等省也有产出。

五、针钠钙石（拉利玛，海纹石）

1. 矿物组成

针钠钙石［Copper Pectolite，又称拉利玛（Larimar），海纹石］，是一种含铜的硅酸盐矿物，化学式为：$NaCa_2Si_3O_8(OH)$，宝石材料是针钠钙石的粒状集合体。

2. 结构特征

通常呈针状、纤维状、放射状、球粒状致密的块状集合体。

3. 力学性质

摩氏硬度为4.5～6，相对密度为2.7～2.8。

4. 光学性质

（1）颜色　各种深浅蓝色或蓝绿色，如海洋般的蓝色，以及蓝绿色夹白色的形态，如浪花朵朵盛开在大海上，有时带有红棕色杂质（图12–116、图12–117）。

（2）光泽及透明度　针钠钙石具油脂至玻璃光泽或丝绢光泽，微透明至不透明。

（3）折射率　针钠钙石的折射率为1.60～1.64。

（4）发光性　在长波紫外光照射下，呈中等白色荧光，在短波紫外光照射下，呈中等粉红色荧光。

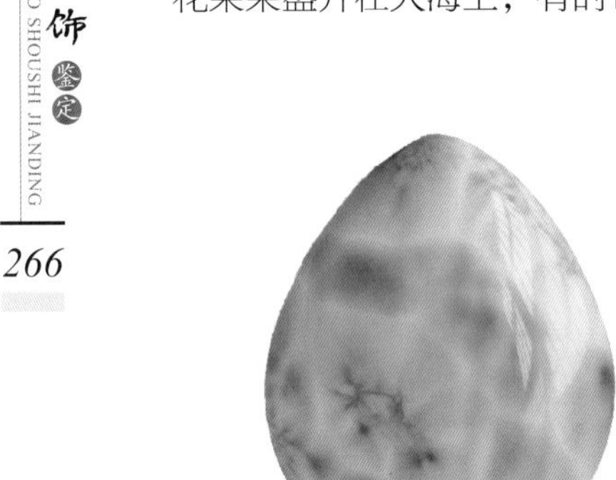

图12–116　针钠钙石戒面

5. 其他特征

可溶于盐酸。以特征的海洋般的蓝色及如波浪般的蓝白纹理，为主要鉴定特征。

6. 产地

针钠钙石主要产于多米尼加、美国、加拿大、苏格兰。

图12–117　针钠钙石

六、钠长石玉（水沫子）

钠长石玉（Albite jade），近年来在市场上出现的频率较高，一般会被制成手镯和雕件等出现在云南瑞丽、腾冲、昆明等地和内地一些大城市的珠宝市场上，它是翡翠的矿脉中伴生的矿物，往往分布在硬玉矿脉的外缘，钠长石含量占85%以上，这种玉在云南当地被称为“水沫子”，也被一些商家称为“水沫玉”，带有蓝绿色的色带、色斑者称为“水地飘蓝花”，外观很像水头好的冰种翡翠，特别是飘兰花的品种，酷似飘蓝花的蛋清地、冰种、玻璃种翡翠。因此，在市场上往往被不法商人用来冒充优质翡翠，高价出售。

1. 矿物组成

主要矿物成分为钠长石，化学成分：$NaAlSi_3O_8$，其次有少量硬玉、绿辉石、绿帘石、阳起石和绿泥石等。

2. 结构特征

钠长石属三斜晶系，单晶呈板状或板柱状。钠长石玉为纤维状、粒状集合体，块状构造。大多数含有粉末状、棒状、砂糖状的白色絮状石花，形似水中翻起的泡沫而称“水沫子”。

3. 力学性质

钠长石具两组完全解理。摩氏硬度6，相对密度2.60～2.63。

4. 光学性质

（1）颜色　总体为白色或灰白色，具有较少的白斑和蓝绿色斑，分布不均匀，色调偏蓝、偏暗（图12-118、图12-119）。

（2）光泽及透明度　钠长石玉具油脂光泽至玻璃光泽，半透明至透明，水头很好。

（3）折射率　钠长石玉的折射率为1.52～1.54。

图12-118　钠长石玉手镯（一）

5. 其他特征

放大观察：可见纤维或粒状结构，在透明或半透明的底色中常含白色斑点和蓝绿色斑块。白色斑点为辉石类矿物，透明度较差，蓝绿色斑块为闪石类矿物、绿泥石等。

钠长石玉与同种颜色、透明度的翡翠相似，但钠长石玉的折射率、相对密度、硬度均明显低于翡翠，光泽较翡翠弱。另外“水沫子”手镯敲击后声音沉闷，而翡翠通常声音清脆。

石英质玉石的硬度明显高于钠长石玉，以此区别。

图12-119　钠长石玉手镯（二）

6. 产地

宝石级钠长石玉多与翡翠矿床共生，以翡翠矿床的围岩产出。目前的主要产地是缅甸。

第十二节　天然玻璃

天然玻璃（Natural glass）是指在自然条件下形成的玻璃，一种是来源于地下岩浆，另一种是来自天上的陨石。市场上常见的天然玻璃为岩浆喷出型的黑曜岩和来自天上的玻陨石。

一、黑曜岩

1. 矿物组成

黑曜岩（Obsidian）是酸性火山熔岩快速冷凝的产物。它的主要化学成分为SiO_2，此外还含有Al_2O_3，FeO，Fe_3O_4，Na_2O和K_2O等。几乎全部由玻璃组成，通常会有少量石英、长石等矿物的斑晶、骸晶（图12-120、图12-121）。

图12-120　黑曜岩挂件

图12-121　黑曜岩手链

2. 结构特征

非晶质体集合体。雪花状黑曜岩，是在黑色基底上分布有一朵朵如雪花般白色的斑块而得名，是一种含斜长石的斑状黑曜岩，主要矿物为隐晶质及玻璃质，斑晶由白色斜长石组成。

3. 力学性质

常呈贝壳状断口，摩氏硬度为5，相对密度为2.33～2.46。

4. 光学性质

（1）颜色　黑色、褐色、灰色、黄色、绿褐色、红色等，颜色不均匀，常带有白色或其他杂色的斑块和条带。

（2）光泽及透明度　黑曜岩具玻璃光泽。黑色黑曜岩常不透明，其他颜色的黑曜岩透明度不同，色调浅者透明度较好，色调深者透明度较差。

（3）折射率　黑曜岩折射率介于1.48～1.52之间变化。

（4）光性　均质体，常见异常消光。在偏光镜下，黑曜岩表现为光性均质体，但又略显明暗变化，这主要是由于基质中的微晶造成的。无多色性，无紫外荧光。

5. 其他特征

黑曜岩为多种矿物和火山玻璃构成的集合体。其中，可含有许多石英、长石矿物微晶，其中微晶可有球状、棒状等形态。石英、长石斑晶还可具较完整的晶体形状，这也是黑曜岩的重要显微特征。

图12-122 玻陨石（一）

6. 产地

黑曜岩在地球上分布广泛。宝石级黑曜岩的主要产地有北美，如著名的美国黄石国家公园及科罗拉多州、内华达州、加利福尼亚州等地。此外，意大利、墨西哥、新西兰、冰岛、希腊等国也有宝石级黑曜岩产出。

二、玻陨石

玻陨石（Tektite）是陨石成因的天然玻璃。玻陨石又有很多名称，如莫尔道玻璃、雷公墨等。玻陨石被认为是石英质陨石在坠入大气层燃烧后快速冷凝形成的，其颜色通常是透明的绿色、绿棕色或者棕色（图12-122、图12-123）。玻陨石的原石表面，常常具有非常特征的高温熔蚀的结构，内部还常见圆形气泡及塑性流变构造等。玻陨石的相对密度为2.32～2.40，折射率为1.48～1.51。

图12-123 玻陨石（二）

玻陨石著名产地有捷克、利比亚、美国的得克萨斯、澳大利亚西部及东南地区，以及我国的海南等地。

思考题

一、名词解释

和田玉、戈壁玉、纤维交织结构、欧泊的变彩、火欧泊、晶质欧泊、五彩欧泊、铁线、瓷松、砂金效应、信宜玉、酒泉玉、花莲玉、紫龙晶、拉利玛、玻陨石、蓝田玉、水沫子、汉白玉、阿富汗玉

二、问答题

1. 如何鉴别天然欧泊与合成欧泊?
2. 石英质玉石如何分类？都有哪些品种？写出它们的鉴定特征。
3. 如何区分翡翠、软玉、独山玉、水钙铝榴石、葡萄石、符山石、岫玉、石英岩、绿玉髓和钠长石玉?
4. 如何区分软玉、石英岩、岫玉、玉髓、大理石和玻璃?
5. 列表写出红纹石、蔷薇辉石、紫龙晶、苏纪石的鉴别特征。
6. 何为水沫子？如何与翡翠区别?

7. 何为异极矿？有何鉴定特征？

8. 什么是拉利玛？鉴定特征有哪些？

9. 蓝田玉有何鉴定特征？如何区别蓝田玉和大理石？

10. 常见的天然玻璃有哪两个品种？分别写出名称和鉴定特征。

三、选择题

1. 软玉是宝石中韧性最大、质地最细腻的品种，原因是软玉具有：

（A）致密状结构　（B）粒状结构　（C）毡状结构　（D）镶嵌结构

2. 软玉是多晶质矿物集合体，主要矿物成分为：

（A）透辉石　（B）透闪石　（C）阳起石　（D）蛇纹石

3. 软玉以白色最佳，世界上大多数产地产出的软玉为绿色，绿色随着杂质元素的增加，颜色逐渐变深，杂质元素为：

（A）Mn　（B）Mg　（C）Cr　（D）Fe

4. 软玉变种具有特殊光学效应为：

（A）猫眼效应　（B）表星光效应　（C）透星光效应　（D）变彩效应

5. 软玉按成因产状分为三个品种，其中原生矿经过风化崩落，并经一定搬运距离的软玉称之为：

（A）山料玉　（B）山流水　（C）碴子玉　（D）籽玉

6. 以下哪几种SiO_2组成的玉石在查尔斯滤镜下变红？（　　）

（A）玛瑙、东陵石　（B）芙蓉石、铬玉髓

（C）绿东陵石、铬玉髓　（D）澳玉、密玉

7. 台湾产的蓝玉髓由何离子致色？（　　）

（A）Fe^{2+}　（B）Cu^{2+}　（C）Fe^{3+}　（D）Ni^{3+}

8. 一粒褐红色微透明弧面型宝石，点测得其折射率为1.66，最可能是（　　）。

（A）菱锰矿　（B）钙铝榴石　（C）蔷薇辉石　（D）翡翠

9. 翡翠和符山石玉的区别是（　　）。

（A）颜色不同　（B）相对密度不同　（C）折射率不同　（D）消光不同

四、填空题

1. 青金石的折射率为________，摩氏硬度为________，相对密度为________，并且取决于________的含量。放大检查主要特点是含黄色的________、白色的________矿物。

2. 绿松石在绿色、蓝色的基底上常见一些细小的不规则的白色纹理和斑块，它们是由________、和________等白色矿物聚集而成，在绿色、蓝色的基底上常见一些细小的不规则的黑色纹理和斑块，它们是由________和________等黑色矿物聚集而成，称为________。

3. 菱锰矿又名________，含有致色离子________，常呈________色或________色，具有________、________构造。

4. 具有纤维交织结构的玉石有________、________、________等。

5. 蔷薇辉石具有________结构，可见黑色脉状或点状________。

6. 独山玉是一种________岩，其组成矿物较多，主要矿物为________和________；具有________结构，折射率为________，相对密度为________，摩氏硬度为________。

7. 查罗石，又名________，主要产地是________，颜色呈________，可含灰色、黑色、白色或褐棕色色斑，折射率点测为________，内部常呈________结构。

8. 孔雀石集合体的典型特征为________、________，具可溶性，遇________起泡，并且易溶解。

9. 与孔雀石相比，硅孔雀石硬度小，为________；相对密度小，为________，折射率低，为________，点测法为________。

10. 绿松石的最好颜色为________，是一种________矿物，________离子的存在决定了其蓝色的基色，而________的存在将影响其色调的变化。

11. 澳大利亚产出一种绿玉髓在宝石学界常被称为________，其致色原因是含________，其颜色特征为________，颜色均匀，透明度为________。

第十三章
珍珠

珍珠（Pearl）具有天然美丽的色泽，不需琢磨加工就可用作漂亮的饰物，自从早期人类在捕获食物时发现珍珠之后，就受到人们的喜爱，珍珠可能是最早被人类用作宝石的天然物质。珍珠浑然天成，色彩柔和，珠光照人，因此它一直受到人类的珍爱，是纯真、完美、尊贵、财富和权威的象征。被誉为“宝石皇后”，与月光石一起作为六月生辰石，也是结婚30周年的纪念宝石，象征着富贵、健康和长寿。在宗教中珍珠也具有极高的声誉，并作为佛教“七宝”之一。

第一节　珍珠的基本性质

一、组成成分

珍珠的化学组成包括无机成分、有机成分、水和其他成分。其中无机成分主要是碳酸钙（文石和方解石）和少量的碳酸镁（菱镁矿），含量占90%～96%。有机成分是壳角蛋白和各种色素，占3.5%～7%。水为0.5%～3%。此外，还含有Cu、Fe、Zn、Mn、Mg、Cr、Sr、Pb、Na、K、Ti、V、A1、Ag、Co等10多种微量元素，微量元素的存在，对珍珠的颜色起着重要的作用。

二、结构特征

珍珠的主要矿物成分是文石，少数为方解石，以层、片状集合体的形式出现，珍珠层是在养殖或生长过程中珠母贝的分泌物在珠核或异物表面上，形成的壳角蛋白和碳酸钙的结晶体，一般天然珍珠和淡水无核养殖珍珠的珍珠层较厚，有核珍珠的珍珠层较薄。珍珠具有同心圆状结构（图13-1），珍珠层由最内层的珠核、次内层的无定形有机质层、次外层的方解石棱柱层和最外层的文石层组成（图13-2），晶粒间和每层间都由起黏结作用的壳角蛋白充填。

1. 有核珍珠的结构

（1）珍珠的最内层为珠核。

（2）次内层为无定形有机质层，也可混有无机物结晶颗粒，为珍珠囊的早期分泌产物。该层紧贴于珠核表面，其厚度变化较大。马氏珠母贝、大珠母贝所养殖珍珠的次内层稍厚一些。

（3）方解石结晶层（也称棱柱层），在珍珠及贝壳中大量存在，但厚度有差别。

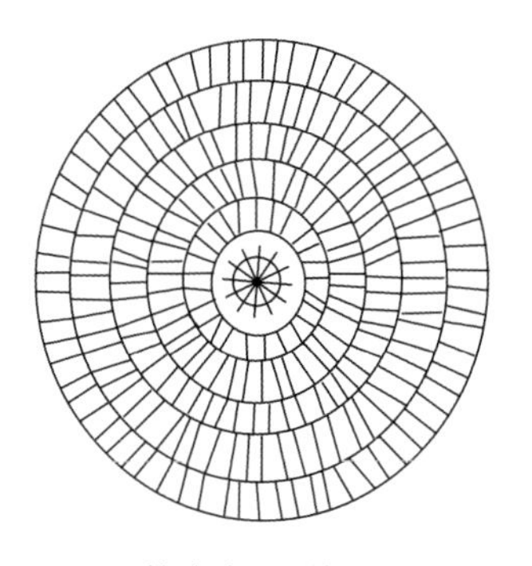

（a）天然珍珠，无核或有异物

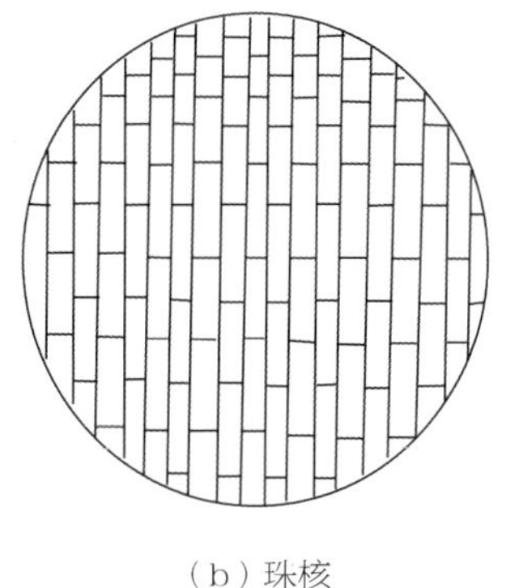

（b）珠核

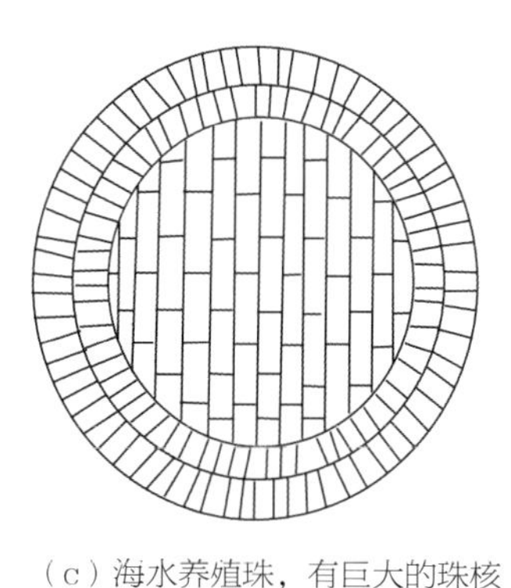

（c）海水养殖珠，有巨大的珠核

图13-1　珍珠的横截面结构示意图

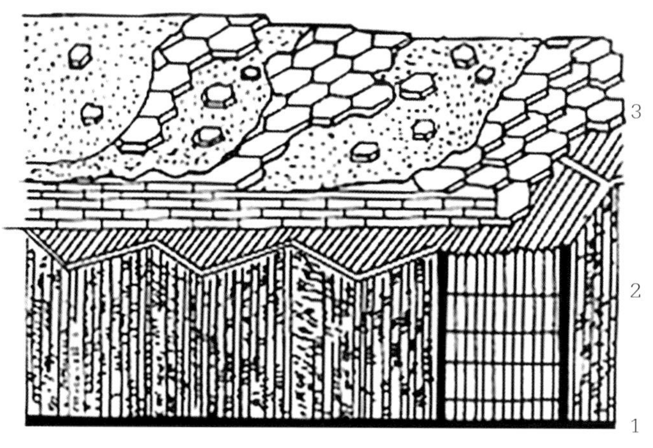

图13-2　珍珠层的结构示意图

1—无定形有机质层　2—方解石棱柱层　3—文石珍珠质层

（4）文石结晶层（又称珍珠质层），这是珍珠的主要成分，直接决定着珍珠质地的优劣，它是由许多文石晶质薄层与壳角蛋白的薄膜交替累积而成的，整个文石结晶层就是由几百甚至上千个文石薄层累积而成的，由壳角蛋白黏结相连。

珍珠还有一层近似透明的表层，其成分也以$CaCO_3$为主，但含量偏低，微量元素明显增加，有机成分也可能是增加的，无机成分的总量降低了。其厚度一般在100～200μm之间，但不稳定，有的缺失此层。该层是珍珠的外衣，其厚度、排列方式、微量元素种类直接影响珍珠的质量和颜色。有核养殖珍珠的结构，除了珠核比天然珍珠的珠核大外，其结构基本相同。

2. 无核珍珠的结构

淡水无核养殖珍珠几乎完全由珍珠层构成，它们的半径基本上就是整个珍珠的珍珠层厚度，优质淡水无核养殖珍珠，接近圆心部分碳酸钙的层状结晶呈同心圆状，通过壳角蛋白的“黏合”由珍珠层叠合而成。

3. 珍珠的表面特征

珍珠的表面形态是由碳酸钙晶体与壳角蛋白堆积而成，在理想状态下，这种堆积是紧

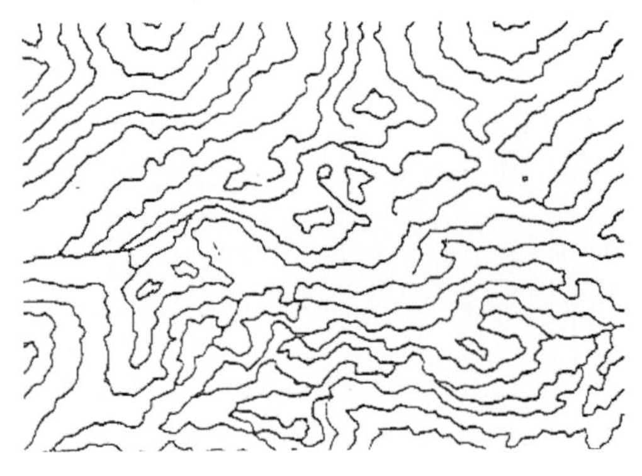

图13-3 珍珠的表面特征

密、完整的。因此，珍珠的表面是洁净光滑的，但由于环境、珠母贝和蚌类健康程度的差异，使珍珠出现许多沟纹和瘤刺、斑点等瑕疵。在显微镜下观察，可看到珍珠表面由各薄层堆积所留下的珍珠层的小型板状物，具有叠瓦状构造，形成各种形态的花纹，有平行线状、平行的圈层状、不规则条纹状、旋涡状、花边状，类似地形图上的等高线（图13-3），也有完全光滑无条纹的。

三、力学性质

珍珠的摩氏硬度为3～4.5。天然珍珠和养殖珍珠的相对密度略有差异，天然珍珠的相对密度为2.68～2.78；养殖珍珠的相对密度为2.72～2.78。

四、光学性质

1. 颜色

图13-4 各种不同颜色的珍珠

珍珠的颜色是珍珠的体色、伴色和晕彩综合作用的结果。珍珠的体色又称之为本体颜色，也称背景色，是珍珠对白光的选择性吸收产生的颜色，它取决于珍珠本身所含的各种色素和微量金属元素。珍珠的伴色，是指漂浮在珍珠表面的一种或几种颜色。珍珠的晕彩，是指在珍珠表面或表面下层形成的可漂移的彩虹色，是叠加在其体色之上的，是从珍珠表面反射的光中观察到的，由珍珠次表面的内部珠层对光的反射、干涉等综合作用形成的特有色彩。

根据珍珠的体色，可将珍珠颜色分为以下五个系列（图13-4）。

（1）白色系列　纯白色、奶白色、银白色、瓷白色等。

（2）红色系列　粉红色、浅玫瑰色、浅紫红色等。

（3）黄色系列　浅黄色、米黄色、金黄色、橙黄色等。

（4）黑色系列　黑色、蓝黑色、灰黑色、褐黑色、紫黑色、棕黑色、铁灰色等。

（5）其他　紫色、褐色、青色、蓝色、棕色、紫红色、绿黄色、浅蓝色、绿色、古铜色等。

珍珠可能出现的伴色，主要包括：白色、粉红色、玫瑰色、银白色或绿色等。

珍珠表面的晕彩，可分为：晕彩强、晕彩明显、有晕彩和无晕彩。

珍珠颜色的描述，是以珍珠的体色描述为主，珍珠的伴色、晕彩描述为辅。

2. 光泽和透明度

珍珠具有其特有的珍珠光泽。随珍珠层的厚薄及透明度的不同，珍珠光泽的强弱将发生变化。按光泽的强弱，珍珠光泽又可细分为强珍珠光泽、中等珍珠光泽和弱珍珠光泽三种类型。绝大多数珍珠的不透明的，少数珍珠呈半透明状。

3. 折射率

海水养殖珍珠的折射率为1.530～1.685（点测），淡水养殖珍珠的折射率为1.52～1.625。

4. 发光性

（1）紫外荧光　珍珠在长波、短波紫外光照射下，呈现无至强的浅蓝白色、浅黄色、绿色、粉红色荧光。黑色珍珠在长波紫外光照射下，呈现弱至中等的暗红色、橙红色荧光。

（2）X射线荧光　除澳大利亚产的银白色珍珠有弱荧光外，其他天然海水珍珠均无荧光。养殖珍珠具有由弱到强的黄色荧光。

第二节　珍珠的分类及鉴定特征

一、珍珠的分类

1. 根据珍珠的成因

根据珍珠的成因，可将珍珠划分为：天然珍珠和养殖珍珠。

（1）天然珍珠　在天然的贝类或河蚌类体内自然形成的珍珠。

（2）养殖珍珠　在软体动物内人工植入珠核养成的珍珠。

根据国家标准，养殖珍珠可以简称为珍珠，而天然珍珠则必须珍珠前面冠以“天然”二字，以示区别。

2. 根据珍珠的形成环境

根据珍珠的形成环境，可将珍珠划分为：海水珍珠和淡水珍珠。

3. 根据珍珠的内部结构

根据珍珠的内部结构，可将珍珠划分为：无核珍珠和有核珍珠。

（1）无核珍珠　由直达中心的同心环状珍珠层形成的珍珠。

（2）有核珍珠　由人工植入珠核形成的珍珠。

养殖珍珠既可以有核养殖，也可以无核养殖。

有核养殖珍珠：将一颗圆的珠核（蚌壳）置入软体动物的外套膜内，这个珠核可以覆盖上0.5～2mm厚的珍珠层，形成一个完整的圆球形珍珠。这类珍珠通常是海水养殖珍珠，称为海水珍珠（图13-5、图13-6）。

无核养殖珍珠：是用外套膜的微块替代珠核植入软体动物的外套膜中，珍珠从里到外全部由珍珠层构成，珍珠形状多呈不规则状和椭圆状，这类珍珠通常是淡水养殖珍珠，称为淡水珍珠（图13-7、图13-8）。

图13-5　海水珍珠（一）

图13-6　海水珍珠（二）

图13-7　淡水珍珠（一）

图13-8　淡水珍珠（二）

4. 根据珍珠是否附着贝壳

根据珍珠是否附着贝壳，可将珍珠划分为：游离珍珠和贝附珍珠。

（1）游离珍珠　在软体动物内由完整的珍珠囊生成并与贝壳完全分离的珍珠。

（2）贝附珍珠　在贝壳与外套这间植入珠核后，形成于贝壳内侧的突起。

5. 根据珍珠的大小

根据珍珠大小，可将珍珠划分为如下几种。

（1）大型珍珠　指珍珠珠粒的直径大于10mm。

（2）大珠　指珍珠珠粒的直径介于8～10mm。

（3）中珠　指珍珠珠粒的直径介于6～8mm。

（4）小珠　指珍珠珠粒的直径介于5～6mm。

（5）细厘珠　指珍珠珠粒的直径介于2～5mm。

（6）子珠　指珍珠珠粒的直径小于2mm。

6. 根据珍珠外表的形状

根据珍珠外表的形状（图13-9），可将珍珠划分为如下几种。

（1）精圆珠　珍珠外表的形状为圆球状的珍珠，这类珍珠的形状最好。

（2）椭圆珠　珍珠外表的形状为椭球状的珍珠。

（3）梨形珠　珍珠外表的形状为鸭梨形状的珍珠。

（4）馒头珠　珍珠外表的形状似馒头，呈下平上圆的珍珠。

（5）异形珠　所有不规则形状的珍珠，统称为异形珠。

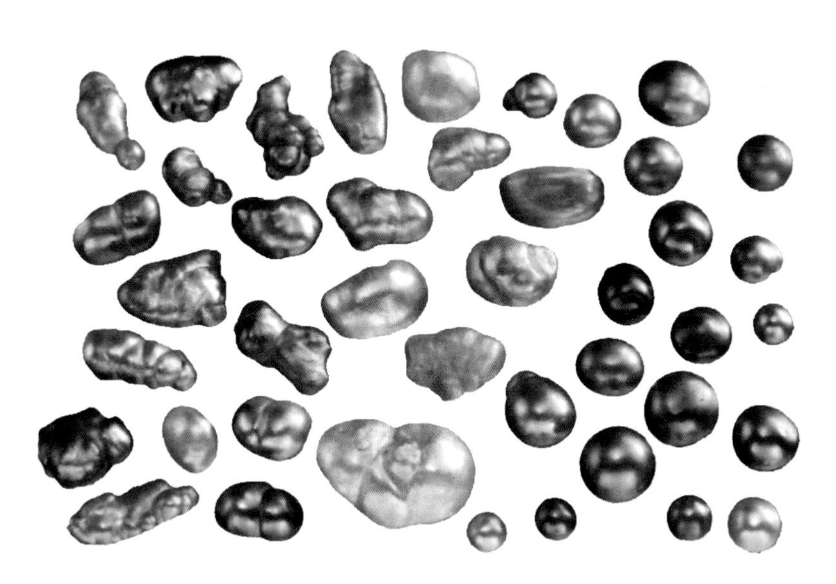

图13-9　各种不同形状的珍珠

7. 根据珍珠的产地

根据珍珠的产地，可将珍珠划分为如下几种。

（1）南洋珠　指产于菲律宾、印度尼西亚、泰国、缅甸、澳大利亚等海域，由大珠母贝所产的珍珠。

（2）波斯珠（东方珍珠）　指产于波斯湾地区，伊朗、阿曼、沙特阿拉伯一带海域的珍珠。

（3）大溪地珠　指产于南太平洋大溪地（Tahiti）岛屿一带，由黑蝶贝所产的珍珠。

（4）合浦珍珠　指产于中国南海（广东、广西、海南）沿海海域一带，由合浦珠母贝所产的珍珠。

（5）琵琶珠　指产于日本琵琶湖，由许氏帆蚌所产的淡水珍珠。

此外，还有一些在某些腹足类软体动物体内形成的没有珍珠角质的钙质凝结物，按照严格意义上来说，这些钙质凝结物并非是真正意义上的珍珠。但是，它们也常被用于制作首饰。如产于加勒比海的巨凤海螺（Strombus gigas，图13-10）体内形成的海螺珍珠（Conch pearl），这种海螺珍珠通常呈粉红色或白色（图13-11），具瓷质表面和独特的或火焰状构造（图13-12）。产于印度洋的大蛤（Tridacna gigas）体内，可以形成的蛤珍珠（Clam pearl）。

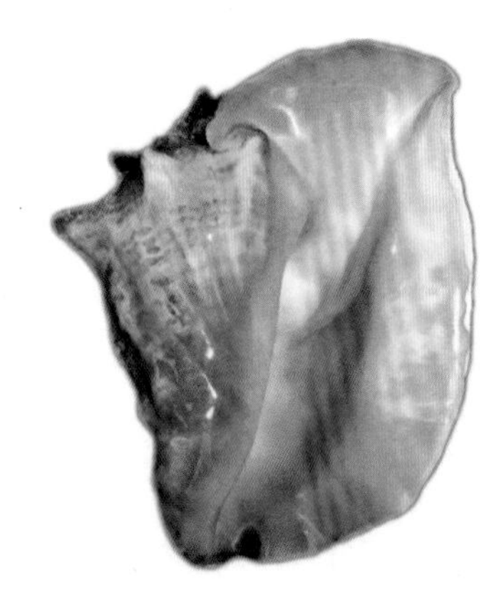

图13-10　巨凤海螺

图13-11　钻石海螺珍珠吊坠

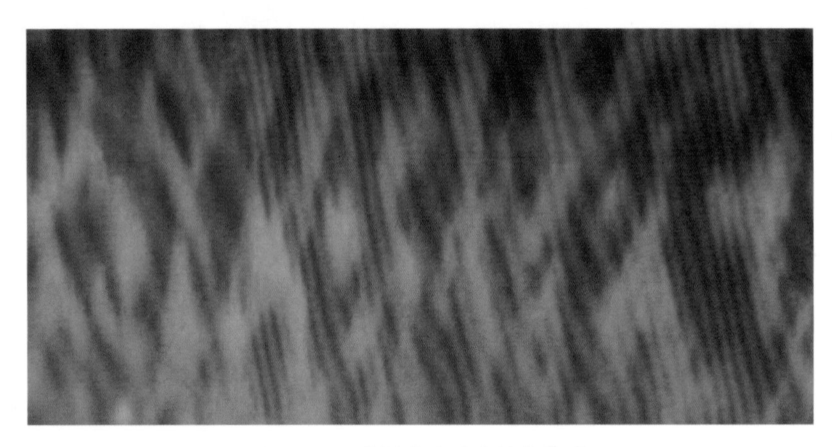

图13-12　海螺珍珠的火焰状构造

二、珍珠的鉴别

1. 天然珍珠与养殖珍珠的鉴别

天然珍珠日趋稀少，养殖珍珠则产量渐增，两者价值相差较大，鉴别天然珍珠和养殖珍珠的方法，见表13-1。

表 13-1　天然珍珠与养殖珍珠的鉴别表

鉴别方法	天然珍珠	养殖珍珠
肉眼鉴定	质地细腻，结构均一，珍珠层厚，多呈凝重的半透明状，光泽强，外形多不规则，直径较小	质地松散，表面常有凹坑，珍珠层薄，透明度较好，光泽不及天然珍珠好。形状多为圆形，粒径较大
相对密度差鉴别法	在相对密度为2.71的重液中有80%的漂浮	在同样重液中有90%下沉
强光源下放大观察	透明度好，有强烈晕彩与光环，表面有细小纹丝，表面光滑，珠层厚，看不到珠核及其中的条纹	可看到珠核及其中明暗相间的平行条纹，表面常有凹坑，质地松散，珠光不如天然珍珠强
偏光镜观察	几乎全透光，明暗差小	透明层较白，明暗差较大
珍珠内窥镜法	当光从针孔的一端射入时，在另一端的镜上看到光的闪烁	当光从针孔的一端射入时，在另一端的镜下看不到光（因光线沿着珠核折射）

续表

鉴别方法	天然珍珠	养殖珍珠
X射线衍射	劳埃图上出现六方图案的斑点，核小或无，珍珠层厚	出现四方图案的斑点，有珠核（大），珍珠层薄
X射线照相	照片底片色调均匀	照片底片上，外层的珍珠质在色调上暗于珠母核
X荧光法	在X射线下不发荧光（海珠）	在X射线下发荧光（蓝紫色）

2. 海水珍珠与淡水珍珠的鉴别

由于形成环境的不同，海水珍珠和淡水珍珠存在着一定的差异，其特征见表13-2。

表 13-2　海水珍珠和淡水珍珠的鉴别表

鉴别方法	海水珍珠	淡水珍珠
外观形态和表面特征	颜色、表面光滑度、圆度、光泽较好	常为椭圆、不规则形状，表面常见勒腰、褶皱纹
观察珠孔	有珠核，分层界限明显	多数无珠核，无分层线
微量元素	钠、钾、钡、锶的含量较高	锰、铁的含量较高

3. 黑珍珠、改色黑珍珠与染色黑珍珠的鉴别

在海水养殖珍珠中，黑珍珠是天然黑蝶贝的产物。由于黑珍珠产量稀少，价值昂贵，人们常把珍珠改成黑色后出售。一种方法是将其他色系的珍珠浸泡在硝酸银溶液中，取出后晒干，即染成不透明的灰黑或纯黑色。另一种方法是对那些颜色灰暗难漂白的珍珠，通过辐照处理变成较深的颜色或黑色以增加其价值，又称改色黑珍珠。其鉴别方法，见表13-3。

表 13-3　养殖黑珍珠与改色黑珍珠、染色黑珍珠的鉴别表

类型 鉴别方法	黑珍珠	辐照改色黑珍珠	染色黑珍珠
外观形态和表面特征	一般直径为4.5～9mm，略带虹彩闪光的深蓝黑或带青铜色调的黑色，非纯黑色。颜色不均匀，且光泽强，伴色具有多样性。用棉花球蘸上2%的稀硝酸溶液在黑珍珠表面轻轻擦洗时，棉球上不会留下黑色痕迹	直径一般小于8mm。淡水珍珠，颜色很深，纯黑或带蓝灰色调的黑色、墨绿色、古铜色、暗紫红色，色调浓，晕彩光谱色浓艳，颜色均匀，伴有金属光泽。海水有核珍珠的核明显为黑或褐黑，珠层总体为很浅的灰色。表面颜色分布均匀，也常显示干涉晕圈现象	直径一般小于8mm，带灰白、绿、蓝绿色调的黑色。颜色均匀，有瑕疵、裂纹的地方聚集的黑色较深，出现局部颜色分布不均匀的现象。珠粒间的串绳，有被染色过的痕迹。用棉花球蘸上2%的稀硝酸溶液在染色黑珍珠表面轻擦试时，棉球上会留下黑色痕迹；光泽较差
放大检查	表面光滑，在钻孔中所观察到的白色珠核和黑色珍珠质将形成强烈的对比	海水有核珍珠：有时孔洞部位透过透明的珠层，观察到龟裂的核或内珍珠层，核的颜色明显较深	表层有细微的褶皱、不自然的斑点。有核染色珍珠的珍珠质层及珠核都被染色，可见黑色内核，珠孔处层与层之间残留有黑色染料
紫外荧光	有些在长波紫外光照射下，呈粉红色、黑红色或暗红褐色荧光，但很弱，一般难以观察到	没有红色调的荧光	紫外光照射下惰性
刮取粉末	粉末为白色	粉末为黑色	粉末为黑色

4. 珍珠与仿制品的鉴别

当前，市场上珍珠的仿制品种主要有：塑料仿珍珠、充蜡玻璃仿珍珠、实心玻璃仿珍珠和贝壳仿珍珠。它们与珍珠的鉴别特征，见表13–4。

表 13–4 珍珠与珍珠仿制品的鉴别表

鉴别方法	珍珠	珍珠仿制品
手摸法	手摸爽手，凉感	手摸有滑腻感，温感
牙咬法	牙咬无滚滑感，而有沙感，用牙咬若用力响声清脆，表面无凹陷牙痕，无珠层局部脱落	牙咬有滚滑感，在牙上轻磨之，感觉光滑，用力咬，表面出现凹陷牙痕，甚至珠层局部脱落
直观法	表面有天然肌理纹，能看出光泽、颜色的微小差别，形状多为圆形、不规则形，即使一串匹配的珍珠项链，其大小也会存在一些差异，具有自然的五彩珍珠光泽	珍珠的钻孔处有小块凸片，形状多为珠形，圆度较好，表面微具凸点，缺乏特有的珍珠光泽所发出的虹彩光泽，颜色非常统一、单调、呆板
嗅闻法	轻度加热，无味，嘴巴呼气，珍珠呈气雾状	轻度加热，人造珍珠有异味、臭味，将之放近嘴边，呈现水气
放大观察法	表面有纹理，能见到碳酸钙结晶的生长状态，类似沙丘被风吹过后的波纹状	只能看到类似鸡蛋壳表面那样高低不平的很单调的状态
弹跳法	将珍珠从60cm高处掉在玻璃板上，反跳高度20～25cm	同样条件下，人造珍珠反跳15cm以下，而且连续弹跳比珍珠差
偏光镜观察	几乎全透光或半透明，有珠核（不透光部分），轮廓较圆	表层不是一个均匀的圆环形
荧光法	南珠一般会发出淡蓝色荧光	一般无荧光
其他方法	珍珠相对密度在2.73左右。且溶于盐酸	人造珍珠大多为玻璃珠、塑料珠等，与珍珠的相对密度有明显的差异。与酸无反应

（1）塑料仿珍珠　在乳白色塑料上涂上一层“珍珠精液”。初看很漂亮，细看色泽单调、呆板，大小均一。其鉴别特征是手感轻，有温感。钻孔处有凹陷，用针挑、扎，表层成片脱落，可见珠核。放大观察，表面呈均匀分布的粒状结构。紫外光照射下无荧光，不溶于盐酸。

（2）玻璃仿珍珠　有空心玻璃充蜡仿珍珠和实心玻璃仿珍珠。两者同是乳白色玻璃小球浸于“珍珠精液”中而成的，空心玻璃球内充满的是蜡质。其共同点是：手摸有温感，用针刻不动且表层成片脱落，珠核呈玻璃光泽，可找到旋涡纹和气泡，偏光镜下显均质性，不溶于盐酸，无荧光。空心玻璃充蜡仿珍珠质轻，相对密度为1.5，用针探入钻孔处有软感，实心玻璃仿珍珠相对密度为2.85～3.18。

据报道，目前国际珍珠市场上还有一种手感、光泽跟海水养殖珍珠很相似的仿珍珠。这种仿珍珠是将具有珍珠光泽的特殊的生物质涂料涂在一种小球上，再涂上一层保护膜。这种仿珍珠可以假乱真，主要由西班牙的马约里卡（Majorica）SA公司生产。因此，又称之为马约里卡珠。马约里卡珠与海水养殖珠的区别主要是：马约里卡珠的光泽很强，光滑面上具明显的彩虹色，用手摸有温感、滑感，用针在钻孔处挑、扎，表层有成片脱落的现象。显微镜下无珍珠的特征生长纹，只有凹凸不平的边缘。用牙齿尖轻擦马约里卡珠时，有滑感。在X射线相片上，马约里卡珍珠是不透明的。

（3）贝壳仿珍珠　用厚贝壳磨成圆球或其他形状，然后涂上一层“珍珠汁”制成的。这种仿珍珠与天然珍珠很相似，仿真效果好，它与珍珠的主要区别是放大观察时看不出珍珠表面所特有的生长纹，而只是类似鸡蛋壳表面那样的高低不平的糙面。

（4）覆膜珍珠　在珠核表面覆上一层染黑的聚合物膜做成的，也有覆盖其他颜色的膜，仿其他种类的珍珠。覆膜珍珠在聚合物薄层内可能存在气泡，易呈现不平整的表层形态，覆层的刮伤、凹坑等也是覆膜珍珠的检测特征。

第三节　珍珠的产地

目前，由于天然珍珠资源已渐趋枯竭，珍珠业以养殖珍珠为主。

一、海水养殖珍珠（海水珠）

世界上的海水养殖珍珠，主要分布于日本（三重、高知、爱媛、长崎、广岛、熊本、神户等地）、大溪地岛、南洋地区等国家和地区，其中日本的三重县为世界优质海水养殖珍珠的著名产地，养殖的珍珠，珠径可达9～10mm。

一个多世纪以来，大溪地一直是世界著名的黑珍珠产地，而且产量稳定增长，约占世界黑珍珠产量的90%，大溪地几乎成为黑珍珠的代名词。黑珍珠的另一个重要产地是夏威夷。

中国的海水养殖珍珠，主要分布于南海的北部湾及南海海域，也称为“南珠”。历史悠久的广西合浦珍珠，色泽艳丽，质地优良。其他的海水养殖珍珠产地，还有广西防城的白龙尾岛、钦州湾、龙门港、北海，海南省的陵水县、三亚，广东的湛江、深圳、惠阳、海康和汕头等地。

二、淡水养殖珍珠（淡水珠）

世界淡水养殖珍珠，主要分布于日本列岛中部琵琶湖和霞浦湖。

中国的淡水养殖珍珠，主要分布于江苏、浙江、上海、安徽、江西、湖北、湖南、四川等地。其中以江苏、浙江的淡水养殖珍珠产量最大，约占我国淡水珍珠总产量的80%。目前，中国淡水养殖珍珠的产量约占世界总产量的90%。

此外，澳大利亚、印度尼西亚、菲律宾、泰国、缅甸及其他国家和地区，也有发展程度不同的珍珠养殖业。

思　考　题

一、名词解释

有机宝石、珍珠光泽、淡水珍珠、海水珍珠、天然珍珠、养殖珍珠、有核养殖珍珠、无核养殖珍珠

二、问答题

1. 珍珠光泽的成因是什么？
2. 珍珠的鉴定特征。
3. 如何鉴别海水珍珠和淡水珍珠？
4. 如何鉴别黑珍珠、辐照改色黑珍珠和染色黑珍珠？
5. 如何鉴别珍珠和仿珍珠？

三、填空题

1. 珍珠中的碳酸钙主要以________出现，少数以________出现。

2. 大多数珍珠的颜色由________、________和________综合而成，并且按颜色可分成________、________、________、________和________五类。

3. 珍珠的主要成分由________、________、________三部分组成。

4. 珍珠常见的仿制品有________、________、________

5. 优质天然珍珠主要产于________，世界上的养殖珍珠主要产于________和________，黑珍珠的主要产地为________和________。

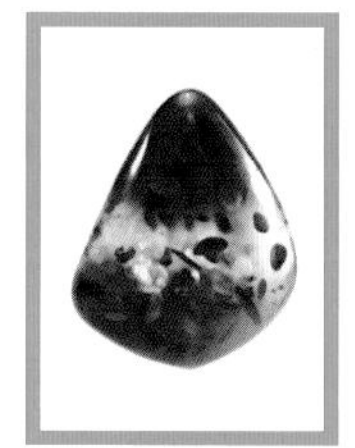

第十四章 其他有机质宝石

第一节 琥珀

琥珀（Amber）是几千万年甚至1亿多年前，松柏科植物的树脂深埋在地下，经地质作用而石化，树脂的成分、结构和特征，都发生了明显变化而形成的树脂化石。琥珀是一种棕黄色透明至半透明的有机物，可发出芬芳的香味，其中常含有小昆虫或植物碎片等包裹物，其形态栩栩如生（图14–1），常产于煤系地层中。在中国、希腊和埃及的许多古墓中，都曾出土有用琥珀制成的饰品。在中国古代，琥珀很早就开始作为达官贵族的玩物和经常佩戴的装饰品。新石器时代的遗址中出土了琥珀雕刻的装饰物，战国古墓中也有琥珀珠出土，汉代以后琥珀制品就更多了，到了清代琥珀作为官员帽上的顶珠。

图14–1　琥珀藏蜂

一、琥珀的基本性质

1. 组成成分

琥珀是由碳、氢、氧等元素组成的有机物质，化学式为$C_{10}H_{16}O$，含有少量的硫化氢。它是一种非晶质体，有各种不同的外形，常呈块状，颜色有浅黄色至蜜黄色、黄棕色至棕色，浅红棕色、淡红色、红褐色、绿褐色、深褐色、橙色，罕见有蓝色、浅绿色和浅紫色；

2. 结构特征

琥珀为非晶质体，电子显微镜下可见由微细的胶粒堆积而成。琥珀有各种不同的外形，结核状、瘤状、小滴状等。产在砾石层中的琥珀一般呈磨圆的外形，并可能有一层薄的不透明的外皮膜层。

3. 力学性质

琥珀的断口呈贝壳状。韧性差，受外力撞击易碎裂。摩氏硬度为2～3，用小刀易于刻划。琥珀是已知宝石中最轻的品种，相对密度为1.08（0.02，–0.08），在饱和的盐水中呈悬浮状。

4. 光学性质

（1）颜色　黄色至蜜黄色、黄棕色至棕色、浅红棕色、淡红褐色。

（2）光泽和透明度　未加工的原料为油脂光泽，有滑腻感，抛光后呈树脂光泽。透明至不透明。

（3）光性　在正交偏光下常呈不规则消光现象，局部因结晶而发亮。

（4）折射率　通常为1.54，最低到1.539，最高至1.545。

（5）发光性　在长波紫外光照射下，具浅白蓝色及浅黄色、浅绿色荧光。在短波紫外光照射下，荧光不明显。

5. 内含物特征

内含物较常见，而且许多用肉眼即可见到，按种类可以划分为昆虫包裹体、植物包裹体、气液包裹体、旋涡纹、杂质、裂纹等。

（1）昆虫包裹体　有甲虫、苍蝇、蚊子、蜘蛛、蜻蜓、马蜂、蚂蚁等多种动物，但昆虫个体完整者少见，多表现有挣脱迹象，易留下残肢断腿的碎片。

（2）植物包裹体　琥珀中保存有伞形松、种子、果实、树叶、草茎、树皮等植物碎片。

（3）气态包裹体（图14-2）　琥珀中常见圆形或椭圆形气泡，还可有气-液两相包裹体。

（4）旋涡纹　多分布于昆虫或外来植物碎片周围。

（5）裂纹　在琥珀中经常可见有裂纹，并被黑色与褐色物质充填，黑色物质为碳质，褐色物质由铁质所致，这些裂纹是由于风化、搬运迁移、石化过程中受压力作用所引起的。

（6）杂质　在琥珀的裂隙、空洞中经常有杂质充填，是在风化过程中充填或是树脂流动过程中包裹的泥土、砂砾、碎屑，这些物质大多受到过铁锰物质的浸染而呈褐色或黑褐色。

图14-2　琥珀中的气态包裹体

图14-3　血珀手链

6. 其他特性

（1）电性　琥珀是良好的绝缘体，用力与绒布摩擦能产生静电，可吸起细小碎纸片。

（2）导热性　琥珀的导热性差，接触有温感，加热至150℃变软，开始分解，250℃熔融，产生白色蒸汽，并发出一种松香味。

（3）溶解性　易溶于硫酸和热硝酸中，部分溶解于酒精、汽油、乙醚和松节油中。

（4）可切性　性脆，易崩缺。

二、琥珀的品种

根据琥珀的颜色不同，可将琥珀划分为以下品种。

（1）血珀　透明，色红如血者，为琥珀中的上品（图14-3）。

（2）金珀　透明，金黄色、黄色的琥珀，属名贵品种之一（图14-4）。

图14-4　金珀

图14-5　琥珀

（3）琥珀　透明，淡红色、褐黄色者（图14-5）。

（4）蜜蜡　半透明至不透明的琥珀，金黄色、棕黄色、蛋黄色等黄色最为常见。有蜡状的质感，有时呈现出玛瑙一样的花纹（图14-6，图14-7）。

（5）金绞蜜　是透明的金珀与半透明的蜜蜡互相绞缠在一起，形成的一种黄色的具绞缠状花纹的琥珀（图14-8）。

（6）香珀　具有香味的琥珀。

（7）虫珀　包含有昆虫、植物碎片的琥珀，其中以“琥珀藏蜂”、“琥珀藏蚊”、“琥珀藏蝇”等最为珍贵（图14-9）。

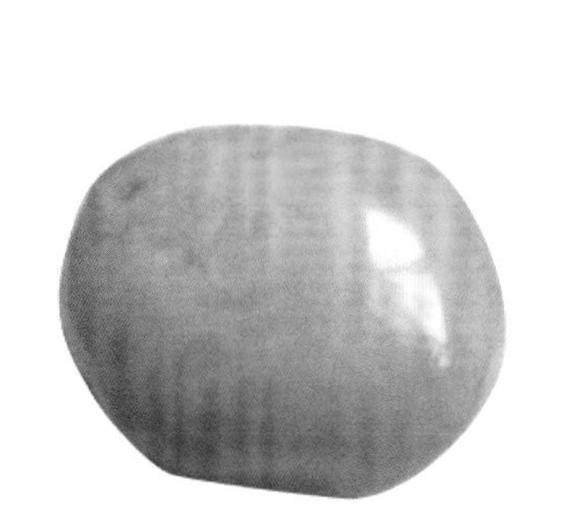

图14-6　蜜蜡

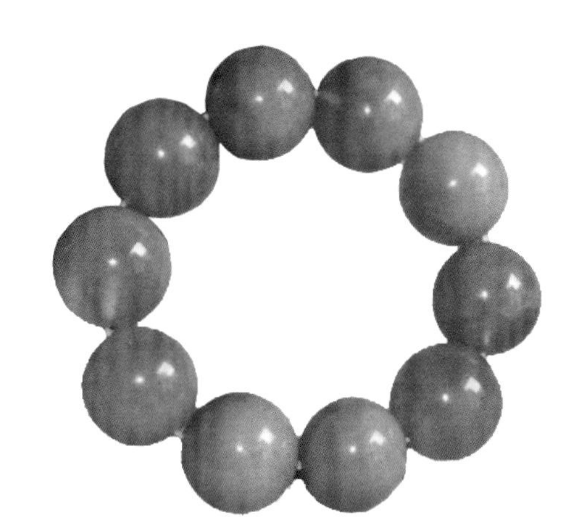

图14-7　蜜蜡手链

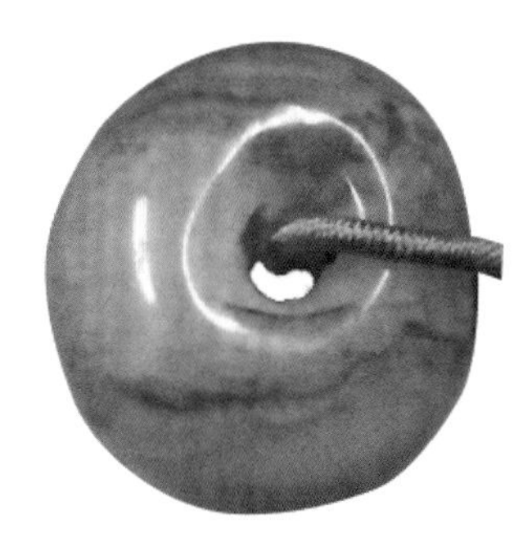

图14-8　金绞蜜

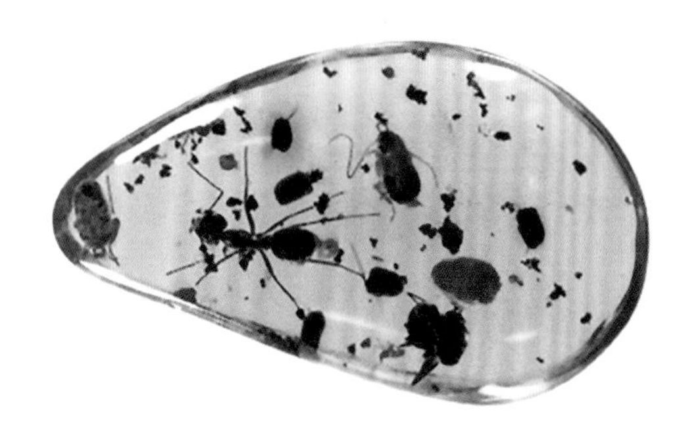

图14-9　虫珀

（8）蓝珀　透明，自然光下蓝色琥珀具有褐黄色调的体色，表面可见若隐若现的微蓝色调，一旦受到强光照射，表面就会呈现明显的蓝色。这种蓝色集中在表面，很均匀，强光照射中心周围呈纯蓝色，非常漂亮（图14–10）。在紫外光照射下，呈现明亮的蓝色荧光（图14–11）。

（9）石珀　石化程度较高，硬度比其他琥珀大，色黄而坚润的琥珀。

图14–10　蓝珀（自然光下）

图14–11　蓝珀（紫外光下）

三、琥珀的优化处理及鉴别

琥珀的优化处理方法，主要有以下几种。

1. 烤色

烤色琥珀是模仿天然琥珀的氧化过程，利用机器升温加热，加速氧化过程，从而使琥珀颜色变深。如金珀烤成血珀，蜜蜡从天然的浅黄色烤成市场上最受青睐的鸡油黄色。烤色的琥珀因为颜色均匀，在市场上也更受消费者的欢迎，烤色的琥珀在整个琥珀市场上的比例大概占到90%左右。这种优化方法没有改变琥珀的结构和物理性质，国家标准和商业上是认可的，鉴定证书上仍然写“琥珀”。

图14–12　花珀（一）

2. 热处理（又称澄清处理）

当琥珀含有大量细小气泡时，称云雾状琥珀，透明度低。为增加琥珀的透明度，将其放入植物油中加热，加热后的琥珀变得更加透明。在处理过程中会产生叶状裂纹，通常称为“太阳光芒”，这是由于小气泡因受热膨胀爆裂而成，即花珀（图14–12、图14–13）。天然琥珀也会因地热而发生爆裂，但因在自然界条件下受热不均匀，气泡不可能全爆裂，而处理过的琥珀气泡已全部爆裂，故不存在气泡包体。

图14–13　花珀（二）

3. 再造琥珀（压制琥珀，熔化琥珀，模压琥珀）

将琥珀碎屑在适当的温度、压力下烧结，形成较大块的琥珀，称为再造琥珀。再造琥珀的物理性质与琥珀相似。它们之间的区别，见表14-1。

表 14-1　天然琥珀与再造琥珀的鉴别特征表

性质	天然琥珀	再造琥珀
颜色	黄色、橙色、棕红色均有	多呈橙黄色或橙红色
断口	贝壳状、有垂直于贝壳纹的沟纹	贝壳状
结构	表面光滑	颗粒氧化圈层结构，表面呈凹凸不平的橘皮效应
相对密度	1.05～1.09	1.03～1.05
包裹体特征	昆虫和植物碎片、矿物杂质、圆形气泡较多	洁净透明，有较多的“太阳光芒”，气泡呈扁平拉长状定向排列并且较少
构造	具有如树木的年轮或放射状纹理	早期产品具流动构造，新式压制琥珀具糖浆状搅动构造
紫外荧光	浅白色、浅蓝色或浅黄色荧光	明亮的蓝白色荧光
偏光镜下	局部发亮	异常消光
可溶性	放在乙醚中无反应	放在乙醚中几分钟后变软
老化特征	因老化而发暗，呈微红色或微褐色	因老化而发白

4. 染色处理

琥珀在空气中暴露若干年后，会变成暗红色或红褐色。为模仿这种“老货”的外观，将琥珀染成红褐色。另外还可染成绿色或其他颜色，放大观察颜色只存在于裂隙中，表面有深浅不匀的斑块。

四、琥珀与其仿制品的鉴别

图14-14　柯巴树脂

与琥珀最相似是硬树脂，又称柯巴树脂（Copal，图14-14），是较年轻的石化树脂，有的只是部分石化，比琥珀含有较多的挥发组分。它与琥珀有相似的外观和物理化学性质，但常显示裂纹状、粉状表面。琥珀的其他仿制品还有塑料类、有机玻璃等。它们之间的鉴别，见表14-2。

表 14-2　琥珀及其仿制品的鉴别特征表

品种	折射率	相对密度	硬度	可切性	内含物	附注
琥珀	1.54	1.08	2.5	缺口	气泡、动植物碎片，具漩涡纹，“太阳光芒”	LWUV：蓝白色荧光，SWUV：荧光较弱 燃烧具芳香味
硬树脂	1.54	1.06	2	缺口	气泡、动植物碎片，“太阳光芒”	SWUV：明显强的白色荧光

续表

品种	折射率	相对密度	硬度	可切性	内含物	附注
酚醛树脂	1.61～1.66	1.25～1.30		可切	流动构造	紫外光下具褐色荧光
氨基塑料	1.55～1.62	1.50		易切	云雾状、流动构造	
聚苯乙烯	1.59	1.05		易切	云雾状、流动构造	易溶于甲苯
赛璐珞	1.49～1.52	1.35	2	易切	易燃	
有机玻璃	1.50	1.18	2	可切	气泡、动植物体	燃烧具芳香味

五、琥珀的产地

自然界的琥珀常产于煤系地层和滨海砂矿中，世界上出产琥珀的国家主要为波罗的海沿岸国家（包括拉脱维亚、爱沙尼亚、立陶宛、丹麦、波兰、德国、瑞典）、罗马尼亚、意大利西西里岛、缅甸、中国、多米尼加、加拿大、墨西哥、智利和阿根廷等。

波罗的海沿岸国家产出的琥珀呈黄色至带褐的黄色，透明至不透明。缅甸产出的琥珀，呈褐色，通常透明度较好，也产出金蓝珀。罗马尼亚产出的琥珀，呈浅褐黄色至褐色，或微褐红色至红色。意大利西西里岛产出的琥珀，呈红色至橙黄色，或黄绿色、蓝色等。墨西哥产出蓝绿色的蓝珀。多米尼加产出的琥珀呈天空蓝及蓝紫色，是极为珍贵的琥珀之一，它的形成不同于其他琥珀，是由豆角树的树脂形成的。

中国的琥珀主要产于辽宁抚顺的第三系煤层中，产出的琥珀呈黄色至金黄色，其中含有昆虫包裹物者极为珍贵。此外，在河南西峡和福建漳浦也产出有琥珀。

第二节　珊瑚

根据外国文献，在德国旧石器时代（距今约250万年～约1万年）的遗迹中，发现了最古老的珊瑚首饰品。在希腊、埃及、意大利等古文明国家的遗迹中，都发现有珊瑚制品。古罗马时代的书籍，也有记载潜水采集红珊瑚的资料。地中海的珊瑚商品在1000～2000年前传入中国和日本。珊瑚属佛教七宝之一，深受人们的喜爱。

珊瑚（Coral）是一种低等腔肠动物珊瑚虫分泌的钙质为主体的堆积物形成的骨骼，这种骨骼常呈树枝状产出。

一、珊瑚的基本性质

1. 组成成分

根据珊瑚的化学成分，珊瑚可分为两大类：钙质型珊瑚和角质型珊瑚。

钙质型珊瑚以碳酸钙为主，含少量碳酸镁、有机质和水，还含有Sr、Pb、Si、Mn等十几种微量元素。红珊瑚的主要矿物成分是碳酸钙的方解石微晶集合体，白珊瑚的主要矿物成分为碳酸钙的文石微晶集合体。

角质型珊瑚几乎全部由有机质组成，很少或不含碳酸钙，其他成分还有H、I、S、Br和Fe等。

2. 结构特征

珊瑚的外观形态奇特，多呈树枝状、星状、蜂窝状等。不同种类的珊瑚，结构存在差异（图14-15）。

（1）钙质型珊瑚　可见由颜色深浅、透明度不同显示出来的纵向颜色延伸的平行条带和横切面上的放射状条纹。

（2）角质型珊瑚　包括黑珊瑚（图14-16）和金珊瑚（图14-17）。两者在横切面上，都显示同心环状结构。金黄色珊瑚表面有独特的丘疹状外观，有许多小泡，有的表面光滑，在强的斜向光照射下，可显示晕彩（图14-18）。

3. 力学性质

珊瑚无解理。钙质型珊瑚断口呈参差状至裂片状。角质型珊瑚断口为贝壳状至参差状。钙质型珊瑚

图14-15　树枝状珊瑚

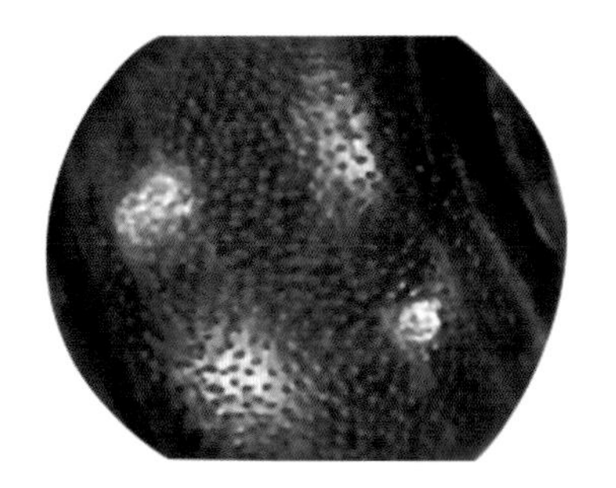

图14-17　具有丘疹状外观的金珊瑚

图14-16　黑珊瑚

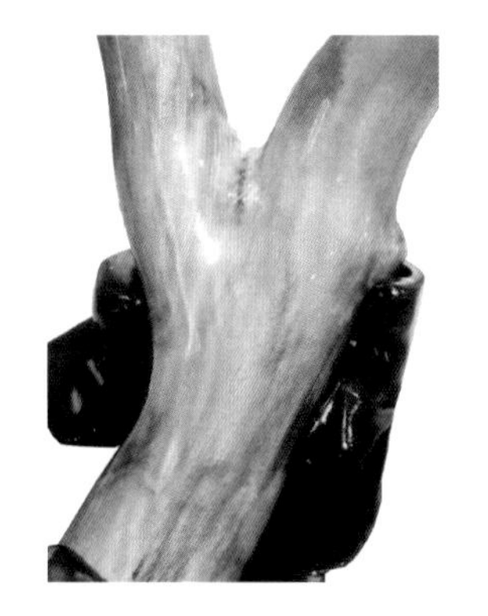

图14-18　金珊瑚表面的晕彩

图14-19　红珊瑚吊坠

图14-20　红珊瑚鼻烟壶

的摩氏硬度为3～4；角质型珊瑚的摩氏硬度为2.5～3。钙质型珊瑚的相对密度2.60～2.70，通常为2.65；角质型珊瑚的相对密度1.30～1.50，平均为1.35。

4. 光学性质

（1）颜色　钙质型珊瑚呈浅粉红色至深红色、桃红色（图14–19、图14–20）、白色为主，偶见蓝色和紫色；角质型珊瑚呈金黄色和黑色。

（2）光泽和透明度　蜡状光泽或树脂光泽，抛光面呈玻璃光泽，微透明至不透明。

（3）折射率　钙质型珊瑚的折射率为1.48～1.65；角质型珊瑚的折射率为1.56。

（4）发光性　在长波、短波紫外光照射下，钙质珊瑚无荧光或具微弱的白色荧光；黑珊瑚无荧光。

5. 内外部显微特征

在纵截面上珊瑚表现为颜色和透明度稍有平行的波状条纹，在横截面上呈放射状条纹和同心圆状结构（图14–21），表面有小孔。

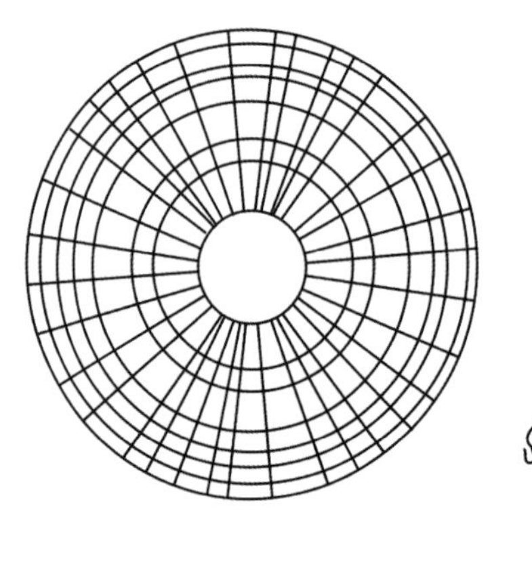

（a）横截面结构

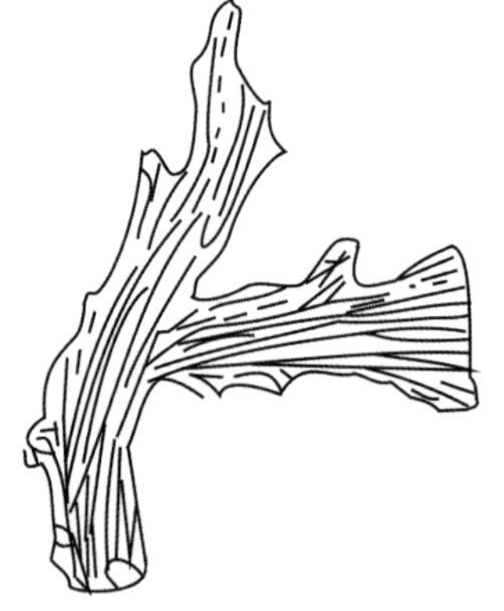

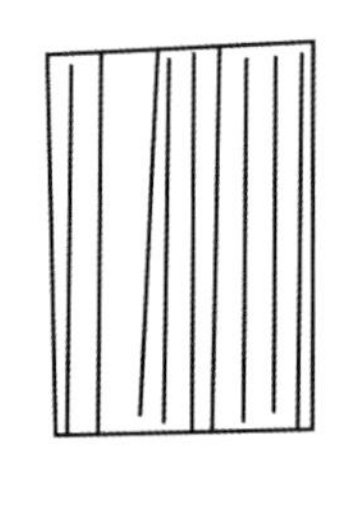

（b）纵截面结构

图14–21　钙质型珊瑚的结构

黑珊瑚显示环绕原生支管轴的同心构造，与树木年轮相似。

金珊瑚除同心构造外，还有独特的小丘疹状外观。

6. 其他特征

（1）可溶性　钙质型珊瑚遇稀盐酸反应，能释放出大量的CO_2气泡。角质型珊瑚遇酸不起泡。

（2）热效应　珊瑚在珠宝工匠用的喷灯或吹管的火焰中会变黑。角质型珊瑚加热后散发出蛋白质味。

二、珊瑚的品种

按照珊瑚的成分和颜色，可将珊瑚划分为两类五种。

1. 钙质型珊瑚

主要由碳酸钙组成，含有少量的有机质，包括三个品种。

（1）红珊瑚（贵珊瑚）　呈浅至暗色调的红色至橙红色，有时呈肉红色（图14-22、图14-23）。

（2）白珊瑚　呈白色、灰白色、乳白色、瓷白色的珊瑚（图14-24）。

（3）蓝珊瑚　蓝色、浅蓝色珊瑚（图14-25）。

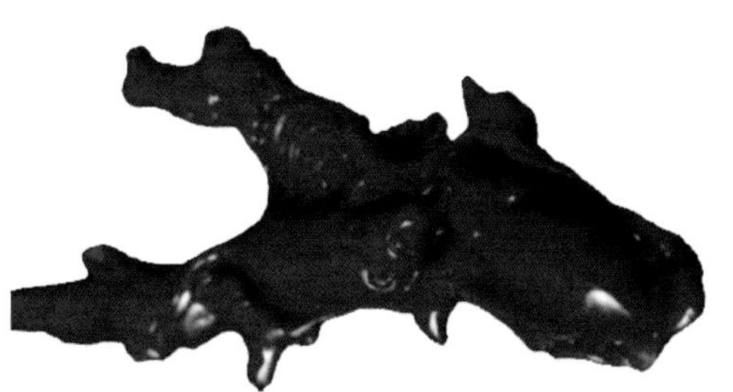

图14-22　红珊瑚枝

图14-23　红珊瑚雕件

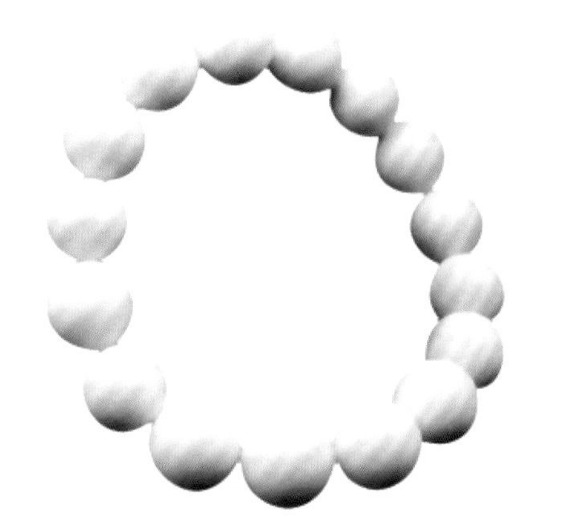

图14-24　白珊瑚手链

图14-25　蓝珊瑚手链

2. 角质型珊瑚

主要成分为有机质，包括两个品种。

（1）黑珊瑚　灰黑至黑色珊瑚。

（2）金珊瑚　金黄色、黄褐色珊瑚。外表有清晰的斑点和独特的丝绢光泽。

三、珊瑚与其仿制品的鉴别

珊瑚的仿制品主要有吉尔森珊瑚、红玻璃、红塑料、染色骨制品和染色大理岩。它们都不具有珊瑚的结构构造，具体鉴定特征，见表14-3。

表 14-3　红珊瑚及仿制品的鉴定特征表

名称	颜色	透明度	光泽	折射率	相对密度	硬度	断口	其他特征
红珊瑚	血红色、红色、粉红色、橙红色	不透明到半透明	油脂	1.48～1.65	2.65～2.75	4.2	平坦	具有平行条纹、同心圈层构造，颜色不均。有虫穴凹坑，遇酸起泡
“吉尔森”珊瑚	红色、颜色变化大	不透明	蜡状	1.48～1.65	2.44	3.5～4	平坦	颜色分布均匀，具微细粒结构，遇酸起泡
染色骨制品	红色	不透明	蜡状	1.54	1.70～1.95	2.3～2.7	参差状	颜色表里不一，摩擦部位色浅，片状特性，具骨髓等特征，不与酸反应
染色大理岩	红色	不透明	玻璃	1.48～1.65	2.65～2.75	3	不平坦	具粒状结构，遇酸起泡，并使溶液染上颜色
红色塑料	红色	透明到不透明	蜡状	1.49～1.67	1.4	＜3	平坦	用热针接触散发出辛辣味，铸模痕迹明显，常有气泡包裹体，不与酸反应
红色玻璃	红色	透明到不透明	玻璃	1.635	3.69	5.5	贝壳状	常有气泡包裹体，不与酸反应
染色珊瑚	红色	不透明	蜡状	1.48	2.65～2.75	4.2	平坦	用蘸有丙酮的棉签擦拭可使棉签着色，遇盐酸起泡
贝珍珠	淡红色、粉红色	不透明	蜡状	1.486～1.658	2.85	3.5	参差状	“火焰状”结构，遇酸起泡

四、珊瑚的优化处理及其鉴别

1. 漂白

珊瑚制成细坯后，通常要用双氧水漂白去除其浑浊的颜色，如未经过漂白处理即呈浊黄色。一般深色珊瑚经漂白后可得到浅色珊瑚，如黑色珊瑚可漂白成金黄色，而暗红色珊瑚可漂白成粉红色。

2. 染色珊瑚

染色珊瑚是将白色珊瑚浸泡在红色或其他颜色的有机染料中，染成相应的颜色。最简单的鉴别方法，用蘸有丙酮的棉签擦拭，若棉签被染色，即可确定为染色珊瑚。另外染色珊瑚的颜色单调而且表里不一，染料集中在小裂隙及孔洞中，颜色呈现出表面色深，内部色浅的特征，着色不均（图14-26、图14-27）。染色珊瑚佩戴后，容易褪色或失去光泽。

图14-26 染色珊瑚（一）

3. 充填处理

用环氧树脂等物质充填多孔的劣质珊瑚，经充填处理的珊瑚，其密度低于正常珊瑚。在热针试验中，充填珊瑚可有树脂等物质析出。

4. 覆膜处理

对质地疏松或颜色较差的珊瑚进行覆膜处理，常见的材料是黑珊瑚。覆膜黑珊瑚光泽较强，丘疹状突起较平缓，用丙酮擦拭有掉色的现象。

图14-27 染色珊瑚（二）

五、珊瑚的产地

由于珊瑚虫的生长对环境的要求较高，一般生长在清晰、温暖的海水中。因此，世界上的珊瑚主要分布在北纬30°以南，南纬25°以北的海域中。其中白色珊瑚主要分布于南中国海、澎湖海域、琉球海域、菲律宾海域、日本海域，水深约100～200m的海水中，其中以南中国海的产量最大。高度约30cm，基部直径4～5cm，重0.5～1kg。

红色珊瑚主要分布于地中海沿岸的阿尔及利亚、突尼斯，以及西班牙沿海海域、夏威夷西北部中途岛附近海域，我国台湾省沿海海域及日本海域、马来西亚沿海海域等，水深约100～300m的海水中，群体形态呈扇形树枝状，高度一般可达40cm，基部直径约4～5cm，重约0.3～1kg。

蓝珊瑚主要分布于非洲西海岸。

第三节 煤玉

煤玉（Jet，又称煤精），是一种光泽强、黝黑发亮、质密体轻、坚韧耐磨的黑色有机岩石，很早就被人们用作工艺品和装饰品。在古罗马时代，煤玉曾是流行的“黑宝石”之一。在19世纪英国维多利亚时代，常被用作纪念死者的宝石材料。中国距今6800～7200年的辽宁沈阳新乐新石器时代文化遗址中，就出土有用煤玉制成的饰品。煤玉是中国传统的雕刻工艺原料之一，其质地细密坚韧，适宜雕刻各种工艺品，品种繁多，如文房四宝、烟具、配饰等，都是具有独特风格的工艺美术品（图14-28、图14-29）。

图14-28　煤玉摆件

图14-29　煤玉项链和吊坠

一、煤玉的基本性质

1. 组成成分

煤玉主要化学成分为有机质C、H、O、N、S和少量无机矿物质，如石英、长石、黏土矿物、黄铁矿等。

2. 结构特征

常见集合体为致密块状。

3. 力学性质

煤玉呈平坦或贝壳状断口。性脆，用刀切之会产生缺口和碎末，粉末为褐色。摩氏硬度为2～4。相对密度为1.30～1.34。

4. 光学性质

（1）颜色　黑色、褐黑色。条痕为褐色。

（2）光泽和透明度　具明亮的树脂光泽，抛光后可呈玻璃光泽，不透明。

（3）折射率　点测值为1.66±0.02。

5. 其他性质

（1）电学性质　用力摩擦可带电。

（2）热效应　煤玉具可燃性，呈煤烟状火焰。用热针尖接触时发出燃烧煤炭的气味。加热到100～200℃时质地变软，并可弯曲。

（3）可溶性　酸可使其表面发暗。

二、煤玉与相似宝玉石的鉴别

与煤玉相类似的宝石材料有染色黑玉髓、黑色电气石、黑色石榴石、黑曜岩、玻璃辉石和黑珊瑚。所有天然宝石，除黑珊瑚外，硬度、相对密度均高于煤玉，手感较凉，热针试验无燃烧煤炭的气味。因此，不难鉴别。黑珊瑚原料呈树枝状，横切面具同心圆状生长结构，热针检验可嗅到烧焦的毛发味，足以与煤玉相区别。煤玉与相似宝石的鉴定特征，见表14-4。

表 14-4 煤玉与相似宝石的鉴定特征表

品种	折射率	相对密度	硬度	可切性	手感	光泽	热针	其它
煤玉	1.66	1.30～1.40	2.5～4	性脆，可切	温	沥青、树脂	煤烟味	粉末褐色，不污手
黑玉髓	1.53	2.60	6.5～7	脆	凉	玻璃	无反应	贝壳状断口
黑色石榴石	1.875	3.83	7	脆	凉	玻璃	无反应	贝壳状断口
黑曜岩	1.49	2.40	5～5.5		凉	玻璃	无反应	贝壳状断口
黑珊瑚	1.56	1.3～1.5	3		温	蜡状、树脂	烧焦毛发味	树枝状生长年轮

三、煤玉的产地

世界上优质的煤玉主要产于英国约克郡惠特比地区。此外，法国、西班牙、美国、德国、加拿大、意大利、俄罗斯等地也有产出。

中国的煤玉主要产于辽宁抚顺，其次为鄂尔多斯盆地、山西大同、山东兖州和枣庄等地的煤系地层中。

第四节 龟甲

龟甲（Tortoise shell）是生活于印度洋、太平洋、加勒比海中的小海龟——玳瑁龟的背甲，所以又称玳瑁，具有美丽的纹饰，良好的韧性和可加工性能，很早就被用作装饰材料，制作手镯、戒指、手链、发饰等装饰品。玳瑁龟一般长60～80cm，体大者可达100cm，体重50kg左右，背甲共有13块，作覆瓦状排列，重约3kg（图14-30、图14-31）。由于过度捕捞的缘故，现在玳瑁龟已成为珍稀的海洋动物。现今大部分龟甲产自西印度群岛、中南美洲、加勒比海，特别是印度尼西亚、新几内亚。

图14-30 玳瑁龟（一）

图14-31 玳瑁龟（二）

一、龟甲的基本性质

1. 组成成分

龟甲全部由角质和骨质等有机质组成，主要成分为复杂的蛋白质。

2. 力学性质

龟甲的断口呈不平坦且暗淡。摩氏硬度2.5，韧度很好。相对密度1.29。

3. 光学性质

（1）颜色　底色为黄褐色，其上可有暗褐色、黑色或绿色斑点。

（2）光泽和透明度　蜡状至油脂光泽，微透明至半透明。

（3）折射率　折射率为1.55。

（4）发光性　紫外光照射下，较透明的黄色基底部分可发蓝白色荧光，黑色、褐黑色斑块无荧光。

图14-32　玳瑁手镯

4. 显微特征

龟甲中常具有美丽不规则的斑点，多呈褐色、黄色、黄褐色相混杂。在显微镜下观察，可见其色斑由许多微小的红色圆形色素小点构成，是鉴定龟甲的主要特征（图14-32）。色点越密集，则颜色越深。

5. 其他性质

（1）龟甲燃烧时会发出头发烧焦的气味，受高温颜色会变暗，在沸水中变软。

（2）龟甲具可切性，易于加工和雕刻。

（3）龟甲易受硝酸浸蚀，但不与盐酸发生反应。

二、龟甲与其仿制品的鉴别

龟甲的鉴别主要依据是其特征的色斑结构。此外，折射率、相对密度和热针测试有一定的辅助作用。龟甲的仿制品主要为塑料和拼合龟甲。

1. 塑料

染色塑料是龟甲最常用的仿制品，它们可以从以下几方面区别。

（1）显微特征　龟甲上的色斑是由许多球状颗粒组成的，这种结构在塑料仿制品中是见不到的。塑料中所见到的颜色呈现为条带状，色带间有明显的界限，塑料具有铸模的痕迹，有气泡包体和旋涡纹。

（2）发光性　在长波紫外光照射下，黄色基底部分与龟甲的基底一样发蓝白色荧光，但黑色、褐黑色斑块发紫红色荧光。

（3）折射率　龟甲折射率为1.55；而塑料仿制品为1.50～1.55。

（4）相对密度　龟甲1.29；塑料仿制品为1.49。

（5）热针检查　龟甲发出类似头发烧焦的气味；而塑料仿制品发出辛辣味。

（6）与酸反应　龟甲会被硝酸浸蚀；塑料仿制品不与酸反应。

2. 压制龟甲

压制龟甲是由龟甲碎片或粉末在一定温度压力下黏合而成的，因而缺少流畅的斑纹，且其颜色因加热会变得较深，玳瑁的腹甲为橙黄色，没有斑纹。拼合龟甲的折射率、相对密度及色斑都与龟甲相似，放大检查可见接合缝处的气泡。

第五节　贝壳

贝壳（Shell）是指许多在江河湖海中生活的贝类、蚌类、海螺类等软体动物所具有的钙质硬壳。人类对贝壳的应用由来已久，可追溯到石器时代，北京周口店山顶洞人就有用打孔的贝壳制成装饰品。贝壳在远古时代，还曾经作为钱币使用。浮雕贝壳制品在维多利亚时代，曾广受欢迎，至今仍受欧洲人的喜欢。现在贝壳被用来制作项链、手链、弧面宝石、纽扣、珠子、发饰、贝雕、盒子和家具的镶嵌品等，应用十分广泛。

鲍鱼壳内层有艳丽的珍珠质层（图14-33），常常拼合制作成胸针和吊坠，鲍鱼主要来自澳大利亚、新西兰、美国及太平洋的一些水域。

图14-33　鲍鱼贝壳

鹦鹉螺贝壳内侧也有很细腻的珍珠层，尤其是其内部椭圆形弧面状隔板，常常被取下来，与贝壳制作成拼合宝石。

各种海螺及贝壳都是很好的浮雕材料。还有一种石化了的菊石外壳，发现于加拿大白垩纪地层中。其抛光表面由叠层的文石片晶组成，使之显示以红、绿色为主的晕彩。这些具晕彩的菊石（图14-34），市场上以彩斑菊石的商品名出售。

图14-34　彩斑菊石

一、贝壳的基本性质

1. 组成成分

贝壳的化学成分与珍珠类似，主要为碳酸钙及少量有机质。无机成分：$CaCO_3$约占90％，主要是文石，少量为方解石，以及少量的水（<1％）；有机成分：碳氢化合物，约占10％。此外，还含有多种微量元素，如Si、Al、Mg、Si、K、Fe、Rb、Cu、P等。

2. 结构特征

贝壳具典型的层状结构，表面叠复层结构、“火焰状”结构等。主要由三层组成，其最外侧为介壳质组成的表壳层（壳皮），中间由方解石棱柱体组成，并含有介壳质黏结的晶质层（壳层），第三层主要由叠覆的文石片状晶体组成并由介壳质黏结，称为珍珠质层（底层）。晕彩是光从珍珠质层内部反射出来时发生干涉效应的结果。鲍鱼贝壳的珍珠层间常含有很厚的褐色介壳质层。

3. 力学性质

摩氏硬度为2.5～4，相对密度为2.73～2.82。

4. 光学性质

颜色主要为白色、黄色、橙色、褐色、玫瑰色多见。具油脂至珍珠光泽。鲍鱼贝壳的变彩以蓝、绿、黄色为主，十分艳丽。微透明至不透明。

5. 其他性质

遇酸起泡。

二、贝壳的鉴别

贝壳具有典型的层状结构，低硬度，在不显眼的地方滴上一滴稀盐酸有起泡反应。

第六节 象牙

象牙（Ivory）具有温润柔和、洁净纯白、圆滑细腻的质地和美感，使它成为统治阶级和帝王将相所喜爱的高贵饰物，历代高官显贵都将象牙制品视作奇珍异宝，是地位、身份的象征。自古以来，象牙就被用来制作精美的装饰品和工艺品。

为了保护濒临灭绝的大象，维护地球的生态系统，大象被国际上列为一级保护动物。1991年，国际动物保护组织颁布严格的法律条文，在世界范围内严禁象牙贸易，现今象牙贸易是一种违法行为，现在市场上也很少有象牙制品出售。

一、象牙的基本性质

1. 组成成分

象牙属有机宝石，主要成分包含有机成分和无机成分两大部分。有机成分约占35%，主要为胶质蛋白和多种氨基酸。无机成分约占65%，主要是磷酸钙和铁、锰、锌、铝等微量元素。微量元素和氨基酸都是人体所必需的物质，因此，象牙还具有药用价值和保健功能。

2. 结构特征

象牙的外形呈微弯曲牛角状，其中几乎一半长度是中空的。横截面为浑圆形，从象牙的中心到外表具分层结构，分界线清晰（图14–35），同时横截面上具有特征的呈十字交叉状纹理，纹理线以大于115°或小于65°角相交组成菱形图案，因与旋转引擎相似，亦称旋转引擎纹理，又称勒兹纹（Retzius，图14–36），是象牙特有的构造特征。象牙纵截面具近于平行的波状纹（图14–37）。

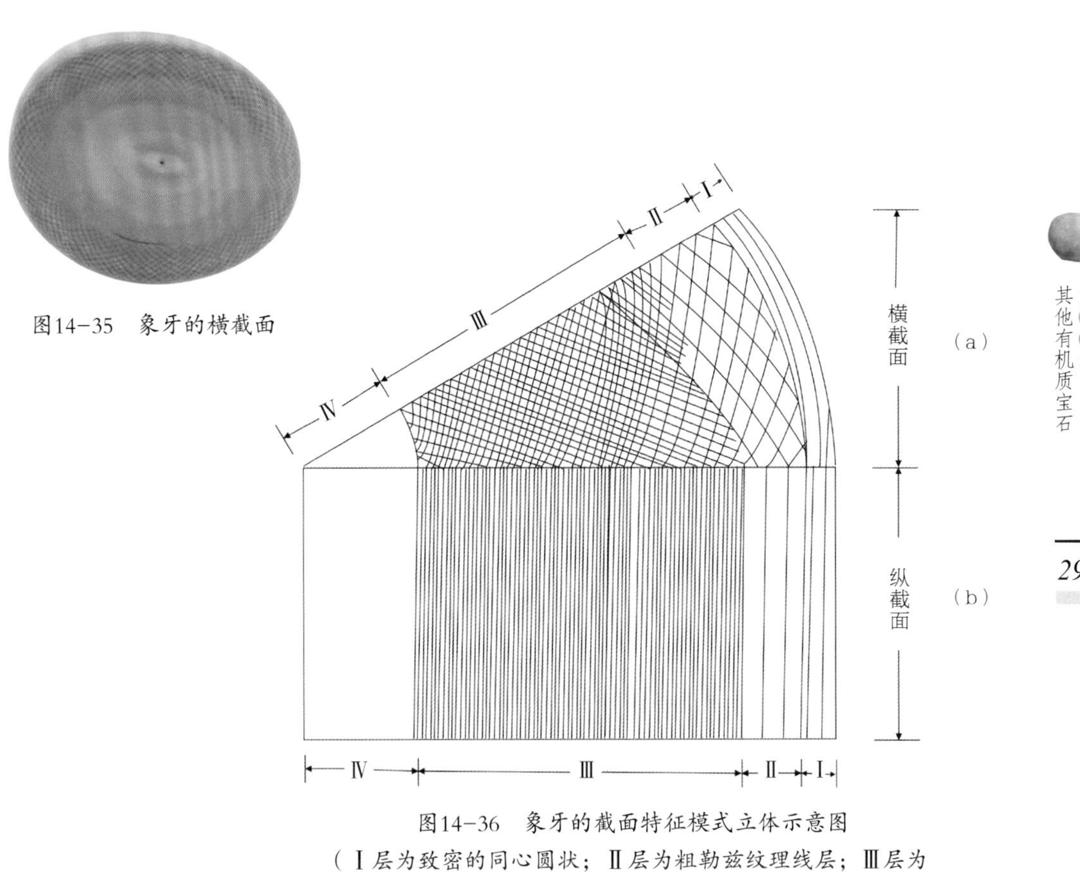

图14–35　象牙的横截面

图14–36　象牙的截面特征模式立体示意图
（Ⅰ层为致密的同心圆状；Ⅱ层为粗勒兹纹理线层；Ⅲ层为细勒兹纹理线层；Ⅳ层为致密状或空穴层。）

图14–37　象牙的纵截面

3. 力学性质

象牙的断口呈裂片状、参差状。摩氏硬度2～3，可被铜针刻画，润滑而具有极好的韧性，可雕刻为各种工艺品。相对密度1.70～2.00，通常1.85。

4. 光学性质

（1）颜色　象牙新鲜时呈白色、奶白色、瓷白色、淡黄白色、浅褐黄色等，史前象牙常呈蓝色，偶尔呈绿色。

（2）光泽和透明度　具有美丽柔和的油脂光泽或蜡状光泽，微透明到半透明。

（3）折射率　1.535～1.540，点测1.54。

5. 其他性质

象牙短时间浸泡于酸中不会褪色，但可以被软化，长时间用酸浸泡，象牙可能被分解。象牙遇热会引起收缩。

6. 产地

象牙主要产于非洲的象牙海岸、坦桑尼亚、塞内加尔、埃塞俄比亚、加蓬，其次是亚洲的泰国、缅甸斯里兰卡和中国。

二、象牙的真假鉴别

根据象牙的结构特征、折射率、相对密度等与其他仿制品区别。

现今市场上常见用其他牙类、骨类、塑料及胶制品等来仿象牙的情况，其主要鉴别特征如下。

1. 与其他牙类制品的鉴别

（1）河马牙　呈纯白色，中间完全实心，结构比象牙细腻，横截面圆形、方形或三角形，具有密集排列的、略呈波纹状的细同心线纹理。纵截面上有较短的波纹，有厚的珐琅质外层。折射率较象牙稍高1.545，相对密度1.80～1.958。

（2）海象牙　横截面呈明显的两层结构，并有中心管状空洞，空洞内由粗的泡状、瘤状物组成，外部较细腻。纵截面为平缓的波状起伏，无珐琅质外层。折射率1.55～1.57，相对密度1.90～2.00，摩氏硬度2.5～2.75。

（3）抹香鲸牙　横截面具有明显内外两层同心环状结构纹理，可见规则的年轮状环线，内部为淡黄色、淡褐色，外部较白。纵切面具有随牙齿形状弯曲的平行线，内层的平行线呈“V”字形态。折射率1.56，相对密度1.95，摩氏硬度2.63，都略高于象牙。

（4）独角鲸牙　横截面具中空和略带棱角的同心环，纵截面可见粗糙的近于平行且逐渐收敛的波状条带。折射率1.56，相对密度1.90～2.00，摩氏硬度2.5。

（5）公野猪牙　截面为三角形，并且部分是中空的。纵截面具有平缓而短的波状纹理，粗壮而弯曲的獠牙，质地粗糙，有厚的珐琅质表层。折射率1.56，相对密度1.95。

2. 与仿制品的鉴别

（1）骨制品　骨制品是由各种动物的骨骼经雕刻而成，致密的骨质品与象牙制品在外观上很相似，其折射率（1.54）和相对密度（2.0）也与象牙相近。但其结构与象牙完全不同，骨制品中含有许多圆管，中间由骨质细胞充填，形成细小的孔道或小圆点，在横截面上有由细管造成的圆形或椭圆形图案，纵截面上则表现为线条状。骨制品的摩氏硬度2.75，高于象牙，骨制品没有象牙光滑和油润，这是骨制品的特点。

（2）塑料　赛璐珞是最常见的象牙仿制材料。为了模仿象牙纵截面的条纹而把塑料压成薄片，但这种条纹比象牙的规则很多，纵截面无“旋转引擎纹”。赛璐珞的折射率为1.50左右，有时还可以达到1.52，比象牙的折射率略低，相对密度与象牙的相近，赛璐珞的韧性好，具有可切性，摩氏硬度为2，比象牙的低。

（3）植物象牙　植物象牙实际上是热带森林中生长的低矮棕榈树的种子，似鸡蛋大小，颜色为蛋白色或白色，表面粗糙，质地致密坚硬，其颜色、质地、光泽与象牙相近，但成分为植物纤维，纵截面有鱼雷状植物细胞，横截面有细小的同心环构造。

思　考　题

一、名词解释

琥珀、再造琥珀、压制琥珀、花珀、蓝珀、太阳光芒、蜜蜡、珊瑚的结构特征、钙质珊瑚、角质型珊瑚、彩斑菊石、勒兹纹、旋转引擎纹

二、问答题

1. 琥珀的鉴定特征有哪些？
2. 珊瑚如何分类？
3、如何鉴别琥珀与再造琥珀？
4. 如何鉴别琥珀与仿制品？
5. 黑珊瑚有何鉴定特征？
6. 金珊瑚有何鉴定特征？
7. 如何鉴别红珊瑚及其仿制品？
8. 如何区别红珊瑚和染色珊瑚？
9. 如何区别下列黑色宝石？煤玉、黑玉髓、黑色石榴石、黑曜岩、黑珊瑚？
10. 什么是龟甲？有何鉴定特征？
11. 什么是玳瑁？如何鉴定玳瑁？
12. 鲍鱼贝壳有何特点？
13. 图示象牙的结构特征。

三、选择题

1. 一枚颜色均匀的蜜黄色宝石，内部洁净，正交偏光下异常消光，点测折射率为1.54，在饱和盐水中漂浮，长波紫外线下具浅白蓝色及淡黄、浅绿色荧光，乙醚涂擦无反应，最可能是（　　）。

（A）硬树脂　　（B）松香

（C）琥珀　　（D）再造琥珀

2. 区分琥珀与硬树脂的有效方法是（　　）。

（A）静电测试　　（B）热针测试

（C）测试硬度　　（D）测度密度

3. 钙质珊瑚中颜色珍贵的为（　　）

（A）白色　（B）黑色　（C）红色　（D）黄色

4. 珊瑚具有哪些下列所述的特征?（　　）

（A）角质的材料　（B）放射状的纹理

（C）具放射状纹理的同心圆构造　（D）同心圆构造

（E）纵纹构造　（F）粒状的色斑

5. 红珊瑚属于国家（　　）

（A）一级保护动物　（B）二级保护动物

（C）三级保护动物　（D）未保护动物

6. 象牙的引擎纹的特征是（　　）。

（A）两组垂直的纹　（B）两组斜交的纹理

（C）带同心圆的两组纹理　（D）多组斜交的纹理

7. 象牙的主要成分为（　　）。

（A）胶质蛋白　（B）碳酸钙　（C）磷酸钙　（D）弹性蛋白

8. 象牙在世界贸易中（　　）。

（A）可以自由贸易　（B）不可以自由贸易

（C）办理许可证后可以自由交易　（D）走私交易

9. 玳瑁在正交偏光下表现为（　　）。

（A）全暗　（B）全亮　（C）四明四暗　（D）异常消光

10. 玳瑁属于国家（　　）

（A）一级保护动物　（B）二级保护动物

（C）三级保护动物　（D）未保护动物

第十五章 仿宝石

仿宝石是指人工制造的一些与宝石在外观上很相似的材料，用来制作成宝石首饰，这些材料通常是非晶质体，主要包括玻璃、塑料和陶瓷等。

第一节　玻璃

人类最先使用的玻璃是天然的火山玻璃。早在五、六千年前，埃及人首先发明了烧制玻璃，后来传遍欧洲大陆。中国的玻璃要比埃及晚，它萌芽于商代，最迟在西周时期已开始烧制。玻璃一直是最常用的仿制宝石的材料，如今的玻璃品种千变万化，常用来仿制无机宝石，与其被仿的宝石有着相似的颜色、透明度及某些特殊的光学效应，具有相当大的迷惑性。玻璃仿宝石的制作是将熔融的玻璃倒入相应的模具，通过对模具施压以获得所需的形状，铸模过程中，由于收缩不均匀，会在玻璃制品表面留下收缩凹坑，模具的结合部位也会留下铸模痕迹。

一、玻璃的基本性质

1. 化学成分

玻璃的化学成分为SiO_2，成分纯净的玻璃是无色透明的，通常添加金属氧化物作为致色剂来获得各种不同颜色的玻璃。常用的致色元素及形成的玻璃颜色为Mn（紫色）、Co（蓝色）、Se（橙红色）、Fe（黄色和绿色）、Cu（红色、绿色和蓝色）、Au（红色）、Cr（绿色）及U（黄绿色）。此外，玻璃最终的颜色还取决于制造时的氧化还原条件，制造后的淬火等。

2. 结晶特征

非晶质，使用压模技术来获得所需要的宝石形状。

3. 力学性质

玻璃无解理，断口呈贝壳状。摩氏硬度5，相对密度2.20～6.30，通常2.56。

4. 光学性质

（1）颜色　由于添加的致色剂不同，玻璃可以呈现各种不同的颜色。

（2）光泽和透明度　具有典型的玻璃光泽，铅含量较高者具有亚金刚光泽。透明、半透明至不透明。

图15-1　仿翡翠的脱玻化玻璃

（3）折射率　玻璃的折射率为1.47～1.70，最高可达1.95，折射率高于1.70的玻璃通常硬度较低。

（4）光性　玻璃为光性均质体，无多色性。但由于应力作用，有些玻璃在正交偏光镜下，会表现出异常消光现象，呈蛇皮状交叉或非交叉消光带，仿翡翠的脱玻化玻璃会产生部分重结晶，在正交偏光镜下显示全亮（图15-1）。

（5）发光性　长波、短波紫外光照射下，有些玻璃发荧光，有些不发荧光，与不同的致色元素有关。

（6）吸收光谱　不同的致色元素有不同的吸收光谱。由钴致色的蓝色玻璃显示钴的吸收光谱，具有635nm、580nm、540nm三条吸收带，其中中间的吸收带较窄。以稀土元素致色的彩色玻璃显示稀土元素的吸收光谱，由一系列清晰的吸收线组成，两条吸收带分别于黄、绿区。由硒致色的红色硒玻璃，则显示红区以下全吸收的特征。

（7）特殊光学效应　玻璃可具有多种特殊光学效应，如猫眼效应、星光效应、砂金效应、变色效应、变彩效应和晕彩效应等。玻璃的色散值较低，但含铅的玻璃有较高的色散值，切磨成圆多面型琢型，可见明显的火彩。

5. 内含物特征

玻璃制品的表面，具有圆滑的刻面棱线和凹陷的刻面。典型的玻璃仿宝石含有气泡，气泡大多呈球形，但也可呈椭圆形、拉长形，甚至管状，在切磨好的宝石表面，可能会见到气泡留下的半球形凹坑，也可能有流动线构造或不规则的交错色带。这是制造玻璃的黏稠液体，在冷却后保留下来的特征之一。

6. 导热性

玻璃导热率低，放在手上时，通常有温热的感觉。而天然或合成的晶质材料，由于具有更好的热传导性，通常感觉很凉。

二、常见玻璃仿宝石品种及其鉴别

1. 玻璃仿透明宝石

玻璃仿透明宝石，最常见的是仿绿柱石（祖母绿和海蓝宝石）、石英（水晶、黄晶、紫晶）和托帕石。玻璃仿制品的折射率和相对密度，在绿柱石和托帕石两种宝石的范围之内。某些祖母绿的玻璃仿制品内部，可能含有成群的气泡，类似于天然祖母绿的气液两相“指纹状”包体和合成祖母绿中的助熔剂包体，但玻璃是均质体，而绿柱石、托帕石和水晶都是非均质体，据此可以鉴别。

2. 玻璃仿半透明、不透明宝石

半透明玻璃，常用于仿玉髓（或玛瑙）的各个品种及欧泊、珍珠、月光石等半透明宝石。如浮雕玻璃仿制品常用于仿玛瑙浮雕，即以一种颜色的玻璃为衬底，以另一种颜色的玻

璃做出浮雕图案。

不透明玻璃用于仿绿松石、青金石、象牙、珊瑚、贝壳等不透明宝石。

脱玻化玻璃用于仿软玉和翡翠，可被制成各种颜色，并具有不同程度的脱玻化，这种玻璃仿制品在显微镜下观察，可见到一种类似于树枝状的结构（图15–2）。

图15–2 脱玻化玻璃的树枝状雏晶

3. 玻璃仿具特殊光学效应的宝石

（1）“变彩”玻璃（斯洛卡姆石，Slocum Stone） 用于模仿欧泊，将金属箔片加入到熔融玻璃之中，或将珍珠贝壳的碎屑掺入到玻璃中，用于仿制欧泊（图15–3）。这种玻璃仿制品有各种体色，包括白色、绿色、黑色、近无色和橙色。其中橙色是用于模仿“火”欧泊。在反射光下观察，颜色斑块近似于金属箔片，在透射光下观察却像玻璃纸。这种材料的折射率为1.50～1.52，相对密度通常为2.41～2.50，缺少欧泊的结构，色块呆板，同其他玻璃一样，这种玻璃仿制品也含有气泡和流动构造。

（2）玻璃仿砂金石 商业名称中的“金星石”或“砂金石”是一种含有大量金属铜片的无色玻璃，碎片状的铜屑，呈小的三角形和六边形晶体，在显微镜下即可鉴定。褐色的金属铜片，使材料整体呈现橙褐色，并产生闪烁的砂金效应。这种玻璃仿制品相似于天然的具砂金效应的日光石（图15–4）。这种方法也可以制作出含有金属铜片的蓝色玻璃，用来仿含有黄铁矿的青金石（图15–5）。

图15–3 斯洛卡姆石

图15–4 玻璃仿砂金石

图15–5 玻璃仿青金石

图15-6　玻璃仿猫眼石

（3）玻璃仿猫眼石　用加热方法将成束的细玻璃纤维材料熔结在一起形成“马赛克”结构，这些玻璃纤维以四边形或六边形排列方式堆积，这种方法制成的彩色玻璃仿制品，可以模仿具猫眼效应的各种天然宝石（图15-6）。注意观察垂直猫眼线方向的“马赛克”结构，可以鉴别出来。

（4）玻璃仿星光宝石　星光宝石仿制品是采用压模技术将玻璃制成椭圆形，同时在表面制成6条凸起的星光线，然后用一种深蓝色釉料涂于宝石的表面，形成的星线看上去好像在宝石的表面及表面之下，很像天然星光宝石。但当转动这种宝石时，星线不会移动，这种星光效应即使在很弱的光线条件下也很明显。

（5）玻璃仿变石　一种是添加了稀土元素的玻璃，商业上称为Alexandrium（变色玻璃），在白炽光下呈现粉红色，而在日光下呈紫罗兰色。另外一种商业上叫Tourma-like（类电气石），在白炽光下呈浅粉红色，而在日光下呈黄绿色。这两种玻璃的其他宝石学性质，同其他玻璃仿制品的基本相同。

（6）玻璃仿珍珠　300年以前人们就采用空心玻璃珠在其内表面衬上由鱼鳞制成的彩虹物质，然后将其内部以蜡填充，制成了较复杂的珍珠仿制品。目前，最好的仿珍珠的玻璃仿制品是在白色半透明玻璃的表面涂上几层鸟嘌呤制成的。

玻璃仿珍珠，天然会有滑感，天然珍珠则有砂感。放大观察可见玻璃仿制品的表面光滑，在涂层上可见缺口，尤其是在钻孔附近。在涂层内可见到气泡，断口呈现玻璃光泽。

4. 其他特殊的玻璃仿制品

采用祖母绿的化学成分配方$Be_3A_{12}Si_6O_{18}$+Cr，将这些材料熔融并冷却后可得到祖母绿的玻璃仿制品，称为绿柱石玻璃。这种玻璃仿制品，比结晶的祖母绿硬度低且光泽较弱。

第二节　塑料

塑料是一种有机化合物，也是一种合成树脂，可以通过加热或铸模制成宝石仿制品，主要用于仿相对密度较低的有机宝石，如仿欧泊、仿珍珠、仿琥珀、仿象牙等。

一、塑料的基本性质

1. 化学成分

塑料的化学成分，主要是碳、氢组成的有机物。

2. 结晶特征

塑料为非晶质体。

3. 力学性质

塑料无解理，断口通常呈贝壳状至不平坦状。摩氏硬度1～3，易于刻划、磨损，形成麻点。相对密度1.05～1.55，常见1.18左右，少数大于1.55。

4. 光学性质

（1）颜色　塑料具有各种不同的颜色。

（2）光泽和透明度　树脂光泽至亚玻璃光泽，保存较长时间的塑料则显示暗淡的蜡状光泽。呈透明、半透明至不透明状。

（3）折射率　塑料的折射率为1.460～1.700，大多数情况下折射率介于1.55～1.66之间。

（4）光性　塑料为光性均质体，透明的塑料在正交偏光镜下，常显示强烈的异常双折射，多表现为蛇皮状条带，也常见应力产生的干涉色。

（5）发光性　在紫外光照射下，具强的黄白色荧光。

常显示流动线构造及各种形状的气泡，当气泡达到宝石的表面时，会形成半球形空洞。塑料所模仿的天然有机宝石，如珊瑚、象牙、龟甲等具有独特的结构，塑料仿制品缺少这些宝石的结构特征。

5. 其他特征

（1）导热性　皮肤接触塑料仿制品时有明显温热感。

（2）热针反应　当用热针接触塑料仿制品时，绝大多数会熔化或烧焦，还伴有辛辣难闻的气味。

（3）外观特征　塑料常采用铸模工艺制造仿制品，因此塑料仿制品常显示出铸模仿制品所特有的特征，如铸模痕迹、凹陷刻面、圆滑的刻面棱线等。

二、常见塑料仿宝石品种及其鉴别

1. 塑料仿琥珀

琥珀的塑料仿制品，具有与琥珀极为相似的外观，甚至可能含有似天然形成的包裹体，如小昆虫及其他有机物质，但没有与琥珀相同的折射率和相对密度，仿琥珀的塑料折射率为1.59，而琥珀为1.54。琥珀在饱和盐水（SG1.13）中呈漂浮状，聚苯乙烯也会浮起，而塑料仿制品（聚苯乙烯除外）在饱和盐水中将下沉。热针检测也是区别琥珀与塑料仿制品的有效手段之一。琥珀在热针检测时有树脂的芳香味，而塑料则为辛辣味或其他气味，但要注意热针检测是破坏性的，应谨慎用之。此外，琥珀中的昆虫往往栩栩如生，而塑料中的“昆虫”则显得呆板。

2. 塑料仿象牙、龟甲及骨质材料

象牙的塑料仿制品，不具有象牙特有的旋转引擎纹理。

塑料仿制龟甲主要用做眼镜框和梳子，仿龟甲的塑料，色斑多呈条带状，且有明显界线，与龟甲由色素点堆积的色斑及其过渡的边界不同。

塑料不显示骨质材料特征的细管结构。

塑料仿制品往往不具有所仿有机宝石的折射率、相对密度。它们的热针反应也完全不同，象牙、龟甲及骨质材料在热针测试中都发出烧头发的焦味，不同于塑料的辛辣味或其他怪味。

3. 塑料仿珍珠

用半透明的塑料或贝壳磨制成圆珠，在这些圆珠上涂珍珠精、鱼鳞精或鸟嘌呤涂层，能获得珍珠状光泽，制成塑料仿珍珠。

塑料仿制的珍珠常用作时装首饰。多年来，用塑料仿制圆形海水珍珠和形状奇特的淡水珍珠，一直颇为流行。

鉴别时用牙齿咬塑料制作的珍珠仿制品有滑感，放大检查表面很光滑，有时在深层表面和钻孔附近可见缺口，也可能在表面发现由于塑料从模具中流出所造成的略微隆起线。

塑料制成的贝壳浮雕仿制品，常由亚半透明的橙色塑料为底和白色塑料为图案制作而成。

塑料也用于模仿具特殊光学效应的宝石。例如用透明的无色塑料加入金属铜，以此来仿制相当便宜的砂金玻璃仿制品。

4. 塑料仿欧泊

"塑料欧泊"是模仿天然欧泊的内部结构生产出的仿制品，其外观酷似欧泊，极具迷惑性。它是通过灌注一种塑料，将聚苯乙烯球体黏结而形成的。用于灌注的塑料的折射率不同于聚苯乙烯，而与合成欧泊有十分相似的变彩结构。但其相对密度明显偏低（1.20～1.9），折射率比欧泊略高（1.48～1.53），摩氏硬度仅2.5，针可刺入。

5. 塑料仿珊瑚、贝壳

塑料仿制品缺少珊瑚特有的放射状或同心环状结构以及贝壳的层状结构，且塑料的相对密度明显低于珊瑚和贝壳。塑料可切削成片，切下的碎片不与盐酸发生起泡反应，而珊瑚、贝壳可刮下粉末，粉末与盐酸有起泡反应。

第三节　陶瓷

一、陶瓷的基本性质

陶瓷仿宝石制品是利用陶瓷工艺技术，将研细的无机材料粉末加入低熔点的黏结剂，将粉末粘在一起经加热或焙烧成烧结物，并通过热压而获得所需的细晶固体材料。

1. 化学成分

陶瓷为无机材料。

2. 物理性质

陶瓷仿宝石制品通常不透明，触摸有温感，放大观察时，可见均匀的粉末状颗粒分布，通常光泽很暗淡，有时在制品表面施釉，以增强其光泽。

二、常见陶瓷仿宝石品种及其鉴别

吉尔森公司在20世纪70年代用制陶工艺生产出了一系列陶瓷仿宝石制品，主要模仿不透明的宝石，如绿松石、青金石、珊瑚、欧泊等。

1. 陶瓷仿绿松石

陶瓷仿绿松石采用三水铝石[γ–Al(OH)$_3$]材料，加绿色着色剂烧结而成。其特点是颜色呆板，结构比天然绿松石致密，折射率和相对密度通常也比天然绿松石大。

吉尔森人造绿松石的成分中含有很多方解石，结构上比天然绿松石略微多孔，颜色较稳定。在20～40倍放大镜下观察，可见在较白色的基底上有较深蓝色的规则颗粒。相对密度为2.74，折射率1.60。

2. 陶瓷仿青金石

陶瓷仿青金石又称“着色青金”，是采用多晶尖晶石材料烧制而成的一种含有星点状黄色微粒的含钴不透明产品。其特点是相对密度3.64（青金石2.75）、折射率1.728（青金石1.50～1.67）、玻璃光泽（青金石蜡状或油脂光泽）。

吉尔森生产的青金石是由佛青（一种染料）、锌的氢氧化物及黄铁矿组成，也有不含黄铁矿的品种，一般比天然青金石多孔，不透明，相对密度2.46（青金石2.75），折射率1.50，摩氏硬度4.5（青金石5.5），查尔斯滤色镜下不显红褐色。

3. 陶瓷仿珊瑚

陶瓷仿珊瑚是在碳酸钙（$CaCO_3$）粉末中，加入一些天然珊瑚中所没有的添加剂烧制而成。其结构细腻，颗粒均匀分布，无天然珊瑚的似管道状特征构造，且不具呈波纹状平行的纤维结构和珊瑚虫孔。

吉尔森人造珊瑚主要由方解石组成，可带有各种浓度的红色，可显角砾状结构，其条痕为红棕色（珊瑚为白色），相对密度2.44（珊瑚为2.6～2.7），折射率1.55（珊瑚为1.49～1.65）。有些仿珊瑚是硫酸钡的粉末，由塑料黏结而成，其折射率为1.58，相对密度2.33。

4. 陶瓷仿欧泊

陶瓷仿欧泊是日本于20世纪80年代后期生产的一种化学黏结陶瓷。其变彩逼真、稳定性好、韧性大、变彩效应持久，但具镶嵌状结构，且硬度、密度均较天然欧泊大。

5. 人工发光宝石仿“夜明珠”

人工发光宝石是在$SrCO_3$、Al_2O_3和H_3BO_3等原材料中，加入Eu_2O_3、Nd_2O_3和Dy_2O_3等为激活剂，将两者粉碎并充分混合后放入坩埚中进行烧结而形成的发光材料。若改变发光材料中的某些成分及其配比，可以生成不同颜色的发光材料，进一步加工生产出各种不同颜色的发光宝石，生产出宝石戒面、雕刻品、夜明珠和健身球等产品。

市场上出现的利用稀土元素作为激活剂合成的“庆隆夜光宝石”，发光性能好，这种发光宝石质地坚硬，颜色艳丽多样，化学性质稳定，耐酸、耐碱性强，相对密度3.54，摩氏硬度6.5，折射率1.65，可以加工成各种饰物，在夜晚或暗处可以长时间发光，且可根据成分不同，发出不同颜色的光。

目前，市场上用来仿绿松石和青金石的，大多数是用其他材料的粉末如骨质粉末加染料压制而成，这种材料也被误称为“压制”或“吉尔森造”的仿制品。市场上也有少量绿松石的仿制品是将劣质绿松石或其类似成分的粉末与色素原料，经过树脂或塑料在一定温度和压力下黏结而成，这种材料称为胶结绿松石（Bonded turquoise）。其相对密度较低（2.45），可显示绿松石的吸收光谱，具有注胶材料的鉴定特征。

三、陶瓷仿制品的鉴别特征

典型的陶瓷一般为不透明或微透明，几乎都是铸模成型，且表面上釉，很少切磨。表面可有铸模痕，呈玻璃光泽。其折射率无法测定，没有鉴定意义。放大观察，可见均匀致密的微细颗粒结构，断口光泽暗淡。陶瓷的相对密度相当稳定，为2.3。有时可见到气泡。

思 考 题

一、名词解释

斯洛卡姆石、金星石、陶瓷

二、问答题

1. 什么叫仿制宝石?人工的宝石仿制材料有哪些?
2. 玻璃仿哪些透明宝石？如何鉴别玻璃与所仿宝石？举例说明。
3. 玻璃仿不透明宝石有哪些？如何鉴别玻璃与所仿宝石？举例说明。
4. 星彩玻璃是如何形成的?其主要鉴定特征有哪些?
5. 翡翠和玛瑙的玻璃仿制品的主要鉴别特征是什么?
6. 象牙与其塑料仿制品的鉴别特征有哪些?
7. 陶瓷通常用来仿哪些玉石品种？如何鉴别陶瓷与所仿的玉石？举例说明。
8. 如何鉴别珍珠与玻璃仿珍珠?
9. 如何鉴别珍珠与塑料仿珍珠?
10. 如何鉴别琥珀与塑料仿琥珀?
11. 如何鉴别龟甲与塑料仿龟甲?
12. 如何鉴别砂金玻璃和日光石？如何鉴别砂金玻璃和青金石?
13. 总结青金石和陶瓷仿青金石的鉴别特征。

三、选择题

1. 区别玻璃球与水晶球最简便准确的方法是（　　）。

   （A）估计相对密度　　（B）比较透明度

   （C）比较光亮度　　（D）透视球下面的字

2. 玻璃仿制品的收缩痕具有哪些特征?（　　）

   （A）起伏的表面　　（B）内凹的平面

   （C）圆滑的面棱　　（D）拉长的气泡

3. 区分绿色稀土玻璃与橄榄石时，判断性的特征有（　　）。

   （A）颜色　（B）多色性　（C）荧光　（D）吸收光谱

4. 下列哪种是人工玻璃?（　　）

   （A）玄武质玻璃　（B）黑曜岩　（C）燧石玻璃　（D）莫尔道玻璃

5. 高铅玻璃随着氧化铅含量的增加，玻璃的（　　）增加。

   （A）透明度　（B）相对密度　（C）折射率　（D）色散

第十六章 首饰质量检验

第一节 概述

一、对首饰质量的不同理解

不同的人对首饰质量的含义可能有不同的理解，但大多数人认为，首饰质量就是按照一致、可追溯的标准生产和销售首饰，这些标准涵盖材料、工艺和产品，是可执行的，典型例子就是ISO9000质量保证体系标准。此定义的首饰产品质量不一定是高质量，但是它很稳定，具有可追溯性，因此质量也是有保证的。

1. 从消费者的角度看首饰的质量

当消费者购买贵金属首饰时，如何了解首饰的质量、耐磨性、能否正常使用、首饰产品的优劣等，固然价格的高低和销售商的信誉可以作为一种参考，但多数情况下也仅仅只能是一个参考而已。

（1）成色　消费者最关心的贵金属首饰质量问题，就是首饰的成色和镶嵌宝石的真假，大部分首饰品都打上了成色字印。关于首饰的成色和宝石的真假，可以利用科学的方法进行测试，得出可靠的结论。

（2）颜色　除了成色外，消费者最关心的首饰质量问题就是颜色，K金首饰的颜色有黄色、粉红色、白色或绿色，对于黄色K金，高成色比低成色更显橙黄色，但丰富的橙黄色可能是表面电镀纯金的反射作用，白金也许看起来很白，但它同样可能是电镀铑的结果，很薄的电镀层迟早会磨掉。因此，颜色可以作为一个指导，但是不能仅从外观方面来下定论。

更重要的方面是颜色的一致性，如果买一条金坠链，链子的颜色是否与吊坠吻合，或者过一段时间，又买了耳环和胸针，它们的颜色是否也一致，同一件首饰上面的所有组件颜色是否一致，焊接处是否因为焊料的颜色与基体金属颜色不一致而变色清晰可见。我们知道，人的眼睛对颜色的细小差别也是非常敏感的，消费者要求颜色一致是否合理。作为制造商，如何保持每批产品的颜色都一致，是否采用量化的方法进行检查，我们也许会问，颜色与质量有关系吗？当然是有关系的，颜色和颜色一致性是首饰质量的重要方面。

（3）表面粗糙度　一件优质首饰，应做到各个配件配合良好，焊接牢固，去除了粗糙的棱边。首饰件上面应该没有瑕疵，包括夹杂物、孔洞、凹坑、裂纹等，整件首饰要抛光亮洁，包括一些隐藏的部位。一件便宜的低档首饰，抛光会比较差，棱边可能不顺，钻石的切面可能不一样，宝石镶嵌可能不好等，但如何用量化的词语来评价首饰质量呢？工业上通常用表面粗糙度来定量衡量工件的表面光滑程度，它是指加工表面具有的较小间距和微小峰谷

的不平度。同样，焊接缝也可以量化，如焊接区的面积、光顺状况等。

（4）产品完整性　首饰的质量与首饰合金及焊料有关，对消费者来说，一个不太明显的方面是合金化对密度的影响，银的相对密度是10.5，锌的相对密度是7.14。显然，用锌代替银时，将显著降低合金的密度，对一件具有固定体积的首饰而言，就意味着合金的重量减轻了，相同成色的合金可以用更少的金。对白金来说，用镍代替钯具有相同的效果，镍的相对密度是8.9，钯的相对密度是12.02，可以节省添加钯的成本，不过镍白金更硬，强度更高，它的耐磨损和抗划擦性能更好，抗碰凹性也更好，弹性性能也很好。

（5）使用功能　首饰主要是按照其外观质量和成色销售的，消费者佩戴时首饰的使用功能则往往没有作为一个销售因素，因为这是暂时看不见的。首饰的使用功能包括很多方面，使用失效可能是由内在设计缺陷引起的，重量轻的首饰可能很容易遇到设计差的问题。当我们谈论设计缺陷时，当然是从工程的角度来谈，而不是从艺术的角度。失效也会由制造质量差引起，或者由设计和制造两方面引起。

2. 从首饰生产企业的角度看首饰的质量

无论是在传统的打金铺还是在现代首饰企业中，首饰的质量可以从艺术设计和完整制造两方面来定义。完整制造的标准取决于从工人的操作技能到对现代技术的理解和控制等各个方面，后者包括设备、制造过程和规格。落后的设备并不一定就不能制造出质量好的产品，而最现代的设备并不一定就保证能生产出优质产品，只有对运用的材料、生产工艺有充分的理解和控制，才有可能生产出无缺陷的产品。

企业的产品质量水平以客户的要求及给出的价格为出发点，但也会受到其生产设备、工人的操作水平及成本基础的制约，如果边际利润率低，又没有一定的批量，工厂就会充分考虑成本，从而对质量产生影响，例如表面光洁度，表面抛光质量的好与坏，其生产成本是有差别的。

（1）企业的成本　从首饰生产企业的角度看，劣质产品会对企业的生产成本和商业机会产生有害影响。生产过程中出现的任何废品，特别是到了后工序出现废品会浪费大量的前工序已付出的劳动和成本，并影响到产品的交货期。由于给客户供货时，价格是一个支配因素，质量问题引起的成本上扬会对客户的边际利润和交货期产生不利影响，影响其竞争力，甚至更糟糕的是消费者将有缺陷的货退给客户，这会打击客户对企业的信心，最终客户会流失掉。

（2）客户的需求　如果首饰企业能顺利将外观没有缺陷的产品销售出去，那么它将有经济动力来生产这种产品。但是客户是否对首饰企业提出了更多的质量要求呢？实际上不是这样。通常客户的要求有这样的顺序：价格，设计，交货期，成色。产品完整性、颜色和光洁度的任何标准常常是主观定义的，不是客观的，最多是用很通行的要求来定义产品完整性、颜色、光洁度及每批货中认为能够接受的次品数等。可以看出，首饰的使用功能并没有在这些要求中体现出来，因为这是消费者购买首饰时看不到的参数，从客户的角度来看，这不是卖点。

（3）制造中的质量保证　在许多传统的首饰店和首饰企业，通过质量控制措施来保证产品的质量。也就是说，在生产完成后进行产品质量检查，可能的话在每个主要生产工序也进行质量控制。一些先进的企业采用不同的质量保证方法，它按照ISO 9000质保体系的要求来执行，这种方法的基础是严格规定生产过程和材料。因此，可以保证最终产品满足特定的质量要求。这个方法可以简单地概括成两句话：说你做的事，做你说的事。这种方法的基础是书面的技术说明和工序，包括原材料、组件、设备、消耗材料、工艺、最终产品等。对每个要求，无论是成色、合金成分、性能、稳定、尺寸、操作时间等，都要给出一个允许的公差范围，在公差范围内，则工件满足最终产品的质量要求，从而保证了质量。

（4）自我约束质量计划　如前所述，有些国家实施强制性的印记制度，由第三方分析实验室进行分析，但也有许多国家没有执行这样的制度，而是由首饰厂给客户关于质量的信心，特别是成色。世界黄金协会鼓励建立工厂主导的自我约束质量体系，在欧洲称为Emagold，前缀Ema是欧洲制造者协会的缩写。Emagold的概念传到美国后，建立了一个等值的组织Amagold，其中Ama是指美国制造者协会。Emagold的质量标志是太阳，有资信的企业可以在其产品上打上这个标志及成色印记、生产企业标志。要注意它仅用于成色在50%以上的金，如12K、14K、18K、22K等，另外，成色要达到零公差或正公差才是满足要求。

二、首饰质量的主要特性

首饰作为一种特殊的产品，其质量要求大致可以归结为保值增值、装饰美化、佩戴使用、象征纪念、保健实用等方面的特性。

1. 保值增值特性

珠宝首饰的这个特性在很多消费者心里形成了固有观念，在他们看来，珠宝首饰与其他消费品不同，它不会随着时间的流逝而“老化”——原来是黄金的，十年后仍是黄金；原来是天然宝石的，十年后还是宝石。而且资源是不可再生的，随着时间的推移，珠宝不仅具有原来的大部分价值，而且还会增值。就算款式过时了，可取下宝石重新镶嵌，损失的仅仅是一些手工费和磨损费。因此，保值增值是贵重材料制作的珠宝首饰的一个重要特性，包括宝玉石和贵金属两个方面。

宝玉石及由此加工而成的珠宝首饰是人类文明的象征和文化精粹。对于宝玉石及镶嵌首饰，消费者很关注宝玉石的质量，包括其真假、价值，但限于自身的专业知识欠缺，不知如何鉴别检验，往往对其质量心存疑虑，生怕受骗上当。目前，市场上也确实广泛存在以次充好、以假当真、标识不规范、定价随意等问题，需要专业的鉴定检验机构来检验。对贵金属首饰来说，贵金属的含量（即成色）一直是消费者关注的重点。不同国家和地区都已制定的贵金属首饰成色方面的法律规定，要求某种成色的首饰必须保证相应的最低含量标准。

需要指出的是，随着时代的发展，新观念和新事物不断涌现，人们越来越在意自身的装扮是否跟得上时尚潮流，珠宝首饰传统的保值增值观念逐渐淡化，而更多地关注其装饰美化特性。时下流行的时尚饰品没有保值功能，就算是天然宝石首饰，重量轻、有瑕疵的材料也几乎不具有保值功能。

2. 装饰美化特性

随着人们生活水平的提高，首饰从主流上讲是以装饰为主，它与传统昂贵的珠宝首饰不同，更强调首饰自身的装饰性和时尚性。因此，装饰美化特性是首饰产品的重要质量特性之一。概略来说，首饰的装饰美化特性主要从外形款式和外观质量方面进行评价。

首饰的外形款式很大程度上反映了设计质量，决定了首饰产品对装饰美化功能的响应状况，也在一定程度上影响了首饰的制作工艺性。

首饰的外观质量包括颜色、光洁度、光亮度等。颜色是首饰装饰性的重要元素，表现方式多种多样，如彩色宝石、彩色金属或材料表面彩色化处理。人的眼睛对颜色的细小差别也是非常敏感的，对颜色的判断具有主观性，不同的人对同一件产品的颜色描述可以迥然不同，需要借助客观的检验方法来准确描述。首饰的光洁度和光亮度很大程度上影响了其档次，一件优质的首饰，没有夹杂物、孔洞、凹坑、裂纹等表面瑕疵，抛光亮洁。一件廉价的低档首饰，经常会出现抛光质量差、棱边不顺等问题。

3. 佩戴使用特性

产品的使用性能是指产品在一定条件下，实现预定目的或者规定用途的能力。任何产品都具有其特定的使用目的或者用途。首饰的使用性能体现在佩戴使用特性上，它包括很多方面，例如佩戴的难易、扣接是否顺畅、耐磨损的时间、耳拍和链扣弹簧的失效时间、耳针的弯曲、首饰品局部的断裂、由于镶工差引起的宝石丢失、由于焊接不好引起的断链等等。这些方面的特性可以归结为可靠性、可维修性等指标。可靠性是指首饰满足佩戴功能的程度和能力，可用平均寿命、失效率等参量进行评定。可维修性是指首饰在出现佩戴问题以后，能迅速维修恢复其功能的能力。

首饰销售时主要注重材料或外形款式，佩戴使用特性则往往是人们较容易忽视的质量要素。

4. 象征纪念特性

首饰的象征意义由来已久，例如，在阶级社会里，珠宝首饰文化被扭曲，名贵黄金珠宝首饰成为统治阶级的权力象征物，官位高低、身份富贫的标记物、社会地位阶级的指示物。时至今日，这种象征意义还在某种程度上存在，但更多的是具有表现个性的作用：通过选购和佩戴的首饰，能反映出一个人的气质和风度；判断出一个人的兴趣、爱好、文化素质、职业、年龄和经济状况等。而各种首饰材料被赋予了更广的象征意义，如金银首饰象征富贵、典雅；钻石首饰象征坚定、纯洁；紫水晶首饰象征健康、长寿等。

首饰在某些活动中具有纪念意义，人们的活动是多方面的，纪念活动也是多种多样的，传统意义上的订婚戒指、结婚戒指就主要体现了象征纪念特性，校庆、厂庆、同学会、单位、某事某人的纪念等等，都可做成首饰来表示纪念。

5. 安全实用特性

作为佩戴在人体上的装饰物，特别是直接长期接触人体的首饰，必须安全可靠，不产生毒副作用，也要保证生产过程的安全性，不对生产工人的健康产生危害。在此基础上，首饰具有某些保健功效也为人们所关注。

实用特性是指首饰在满足基本的装饰特性外，还具有某些实用功能，例如戒指U盘可以记忆、保存重要的照片、音乐等；戒指表将指上的戒指与腕上的手表合二为一，既起到美化手指与简化腕上过多装饰的双重效果，又兼具钟表的功能；领带夹、皮带扣、袖扣等都是具有实用特性的装饰品。

必须指出，不同的历史时期、不同的地区和文化，对首饰质量的理解会有所区别。因此，对产品质量的要求往往随时间而变化，与科学技术的不断进步有着密切的关系。在经济水平和科学文化较落后的时代，消费者视首饰为奢侈品，关注更多的是首饰的保值功能，材料本身的价值，如首饰是不是真的贵金属和宝石，成色是怎样的，成为评价首饰质量的主要因素，例如有些地区的首饰定价是按照重量来计，就是这种观念的体现。随着经济的不断发展，首饰的装饰美化特性、佩戴使用特性等要求越来越突出，消费者也比过去更多地关注首饰的外观质量、工艺质量、使用功能等。

三、首饰质量检验的意义

改革开放以来，我国经济发展迅速，人民生活质量不断提高，对珠宝首饰的需求旺盛，珠宝首饰市场呈现一派欣欣向荣的景象。然而，在取得快速进步的同时，近年来通过质量技术监督部门、消费者协会、新闻媒体等途径揭露的珠宝首饰质量问题五花八门，一批有名的品牌企业也名列其中。这些问题主要集中在毒害人体、以假乱真、以次充好、偷工减料、标识混淆或缺失、工艺质量差等方面。不断曝出的“质量门”事件，既影响了消费者对珠宝首饰行业和企业的信心，也给企业带来了不可估量的损失。

目前在首饰加工环节还存在法律监管漏洞，首先是加工的门槛较低，只要申请到营业执照，就能进行加工。而在一些城乡接合部，这样的加工点甚至连营业执照都不需要具备。其次是珠宝首饰的加工缺乏一个法律规范。目前许多品牌珠宝公司都将大部分加工任务外发，如果品牌对于工厂的加工环节做不到全程监控，就可能导致“首饰质量门”事件。因此，首饰生产经营过程中必须加强质量检验，加强相关的法律法规建设。首饰质量检验是指根据首饰产品标准或检验规程进行观察，适时进行测量或试验，并将所得到的质量特性值（测定值）与规定要求相比较，判定出首饰产品合格与不合格的一种技术性检查活动。

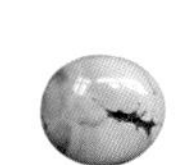

首饰质量检验的意义，主要在于以下方面：第一，有利于首饰生产企业控制成本，如频繁地出现废品或返修，则将大大地提高企业的生产成本；第二，有利于经销商对首饰的价值进行评估，以便正确合理地计算出首饰的工艺价值，实施明码标价；第三，有利于保护消费者的利益。

珠宝首饰产品在市场营销活动过程中，经常引起消费者投诉的问题主要有产品的真假、成色、重量外，还包括对首饰的工艺质量和使用性能方面提出的投诉。首饰质量检验的内容，主要包括首饰成色检验、宝石的真假鉴定、首饰制作工艺质量检验等。首饰质量的检验与首饰制作过程中的工艺技术水平、管理方法、成本控制、制作过程中解决工艺技术问题的能力有关，需由经过专门训练的首饰质量控制技术人员进行。

四、首饰质量检验的方向

近年来，随着首饰市场国际化程度越来越高，市场竞争日趋激烈，首饰的制造中心已转移到东太平洋地区，为吸引更多的市场，提高边际利润，质量越来越成为产品差异化的焦点。消费者对首饰质量的要求也越来越高，人们期望首饰的昂贵印象符合现实。消费者权益保护日趋完善，更加强调产品的精确描述，也出现了国家法律与国际法则接轨的趋势。例如，人们期望首饰的成色标准和印记更一致，成色采用正公差，这将促进不同国家间对成色标准和印记的相互了解。

在这样的情况下，消费者需要更高质量的产品，而非仅仅满足成色要求，一些先进的珠宝商已经认识到这个问题，并采取了措施。在这方面，如果首饰生产企业要维持其控制力，赢得商机，就需要和珠宝商加强合作。同样，这种趋势会对首饰行业的结构产生影响。作为改善质量的第一步，首饰企业需接受国内国际的首饰质量标准，包括以下方面。

1. 成色标准

在全世界范围自由贸易的时代，由于不同国家的地方成色标准及公差有区别，将限制金饰国际市场的增长。

2. 颜色标准

颜色是可以测量的，可量化的指标，金饰区别于铂金、银饰，就是因为它有多种颜色，但是在一定成色范围内，尚没有形成金饰颜色的国内或国际标准。必须将所有可接受成色的标准颜色的基本范围确定下来，这不是说首饰只可以按这些标准颜色生产，而是大多数首饰要接近这些标准颜色，采用CIELAB颜色坐标系可以描述所有成色的颜色，它将减少工厂、合金与配件供应商、珠宝商之间的许多关于颜色不一致问题的争执。

3. 合金标准

对于每种颜色，制造商都可以采用多种合金成分获得相近的颜色，但会有一系列的性能，原因如下。

① 改善机械性能、物理化学性能以适应各自的制造工艺。例如：改变冲压时的形变能力、铸造流动性、通过晶粒细化防止橘皮效应。

② 获得好的表面光洁度。

③ 通过廉价的合金降低成本和密度。例如提高锌含量。

④ 蒸发或氧化导致铸造时基体金属成分的损耗，采用成分波动的废料导致合金成分的波动。

⑤ 需要避免健康和安全问题，特别是避免Ni和Cd的危害，合金最终可能具有较差的性能。例如抗变色性能差、弹性性能差、延伸性能和强度低、制造时出现缺陷的概率大。因此，制定标准合金成分，提供全部的性能指标，符合颜色标准和制造工艺的要求，满足所有国际成色要求，其中也包括金焊料，就显得尤为重要。

这样，消费者在购买首饰时，就知道这件首饰符合合金和颜色标准，满足起码的使用性能要求以及健康和安全要求。

4. 产品制造和完整性标准

一件质量合格的产品，必须要满足最起码的制造标准，包括设计工程和制造、表面光洁度等，这些就是产品的完整性，它是产品规格的一个内在组成部分，也是艺术设计、成色、颜色和产品性能的一部分。

5. 使用性能标准

这是目前首饰企业普遍忽视的问题，必须认真对待，它会导致产品在质量和价格两方面出现差异。对每类产品，都需要有主要性能特征的最低标准。对每个特征，无论是耐磨性、耐撞凹性、弹性、持久性、链子强度、耐扭结性等，都受到合金成分、成色、产品尺寸、合金热处理及其他工程设计方面的影响，人们不能期望24K的耳针与硬化处理的18KY表现一样，也不能期望24K的耳钩与14K的一样。不能只看某一个性能标准，而是要看每个特征的指标，这样可以将产品分成若干个等级。

6. 试验过程标准

如果要从事首饰性能标准化的工作，则需要在实验室采用一套评估成品首饰的试验方法。例如，在工程领域有一系列检验磨损和摩擦性能的试验方法，以及检验强度性能和硬度的方法，但是如何来检验手镯或电铸耳环的抗撞凹性能呢？或者人字形链子的抗扭结性能呢？这就需要建立一些可以反映首饰使用实际情况的标准试验方法。

许多首饰企业已建立了自己的内部试验方法，用于检验某些性能指标，但是一般都把它们当成商业秘密。我们不希望各种试验方法没有可比性，而是要一个大家都接受的方法，一旦行业认可这种试验方法，那么就可以建立性能标准。例如，在检验手镯扣的疲劳试验中，可以有一系列的性能水平，如1级达到15000次，2级达到15000～25000次，3级达到25000～35000次，4级达到35000次以上。这样，产品在质量方面的差异就有了依据。

第二节　首饰质量检验的主要内容与手段

一、首饰质量检验的主要内容

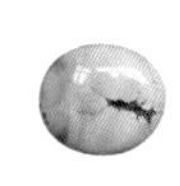

首饰质量检验的主要内容包括以下方面。

（1）外形尺寸　如产品的尺寸、形状是否符合客户的要求等。

（2）外观质量　是指在外形方面满足消费者需要的能力。如图案是否达到设计的要求，产品表面的光洁度、光亮度和颜色是否符合客户的要求等。

（3）成色与重量　如产品中贵金属的含量、金属的重量、宝石的重量是否达到客户规定的要求，成品上是否已打上字印或标记等。

（4）使用性能　如镶嵌宝石的稳固性、金属强度、塑性、耐磨性、耐蚀性、抗碰凹性、抗扭结性、抗变色性能等。

（5）安全性　产品是否存在健康问题，是否含有对人体有危害的元素（如镍、镉、汞等），其含量是否在规定的范围内等。

二、首饰质量检验的主要手段

首饰质量检验的主要手段，包括以下方面。

1. 外观质量检验

（1）检查字印或标记　采用的检验方法和仪器，主要有肉眼观察或用放大镜进行观察。

（2）检查宝石的数量与规格　采用的检验工具和仪器，主要有肉眼观察或用放大镜进行观察，必要时可以利用热导仪检验宝石是否为钻石。

（3）检查首饰的颜色　首饰行业过去普遍依靠肉眼观察来判断合金的颜色，带有很大的主观性，经常出现首饰企业与客户之间因颜色判断不一致引起的异议和退货。为减少这方面的问题，首饰行业采取了一些措施。例如有些厂家制作了一系列色版，交由客户确定后，再按确定的色版颜色进行批量生产。再如有些厂家认识到光源对颜色判别的影响，对检验光源进行了改进和调整，有些企业引进了标准光源箱，规定在一定的色温和距离进行检验，这些措施在一定程度上改善了过去对颜色检验的波动性，使之在首饰行业得到了较快推广。但是

图16-1　CM2600d测色仪

由于在颜色判别上还是借助肉眼，不可避免带来主观性和波动性。为此近些年行业内有少数企业开始引进测色仪（如图16-1所示），对色版和样品的颜色进行定量检测，并在日常生产中进行一定比例的抽查检验，指导技术部门、生产部门和质量检验部门对颜色的判断和改进，取得了较好的效果。

定量检测颜色方面有多种方法，其中最常用的为CIELab系统，它采用L、a、b三个坐标来描述颜色，其中，L表示明度，a表示红–绿颜色对，b表示黄–蓝颜色对。合金的任何一种颜色都可以用三位颜色空间来表示，如图16-2所示。

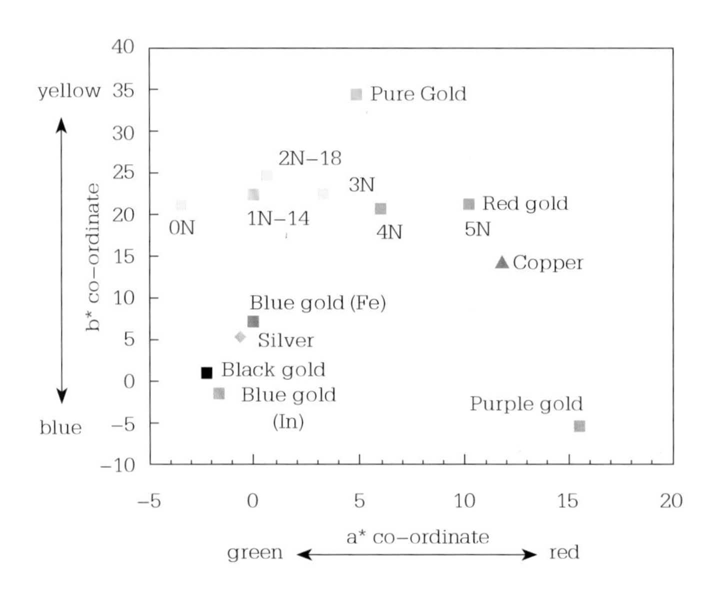

图16-2　不同贵金属材料在CIELab颜色坐标系统中的位置

利用测色仪还可以定量说明合金的颜色差别，假如两种合金的颜色坐标分别是L_1、a_1、b_1和L_2、a_2、b_2，则两者的颜色差ΔE为：

$$\Delta E=\sqrt{(L_1^*-L_2^*)^2+(a_1^*-a_2^*)^2+(b_1^*-b_2^*)^2} \tag{16-1}$$

在使用测色仪检测首饰颜色时，除设备本身的结构和精度外，检验条件、样品状况等因素也会影响检测结果。

（4）检查首饰的表面质量　采用的检验工具和仪器，根据要求的不同，可以用肉眼、放大镜、金相显微镜、体视显微镜、电子显微镜、扫描电镜或能谱仪等进行检验。

①体视显微镜。是一种具有正像立体感的目视仪器，其光学结构原理是由一个共用的初级物镜，对物体成像后的两个光束被两组中间物镜（亦称变焦镜）分开，并组成一定的角度，称为体视角，一般为12°~15°，再经各自的目镜成像，为左右两眼提供一个具有立体感

的图像。通过改变中间镜组之间的距离使放大倍率相应改变。体视显微镜不仅可以通过目镜作显微观察，还可通过各种数码接口和数码相机、摄像头、电子目镜和图像分析软件组成数码成像系统接入计算机，在显示屏幕上观察实时动态图像，并能将所需要的图片进行编辑、保存和打印，如图16-3所示。

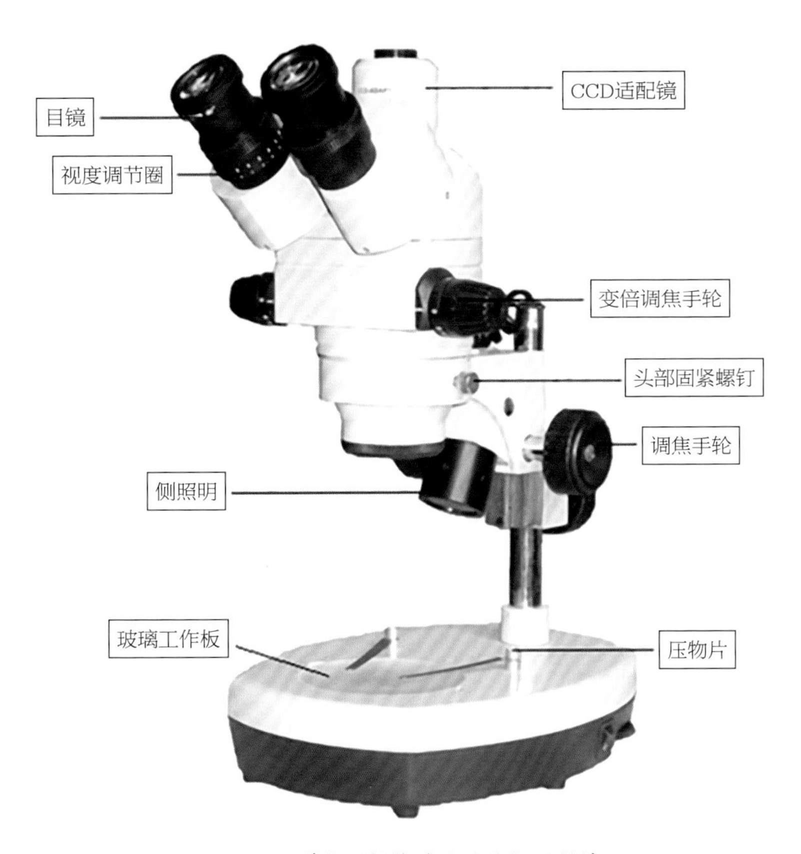

图16-3　带数码摄像系统的体视显微镜

体视显微镜具有以下特点：视场直径大、焦深大，这样便于观察被检测物体的全部层面；虽然放大率不如常规显微镜，但其工作距离很长；由于在目镜下方的棱镜把像倒转过来，像是直立的，便于操作。首饰检验用体视显微镜的典型技术参数如下：目镜放大倍数10倍，视场ϕ20mm；物镜采用转鼓连续变倍，范围0.7~4.5倍；总放大倍数为7~45倍；变倍比为6.5：1。

② 金相显微镜。主要用来检验金属和合金显微组织大小、形态、分布、数量和性质，考察如合金元素、成分变化及其与显微组织变化的关系；冷热加工过程对组织引入的变化规律；也可用于表面微观状况检验，对产品进行质量控制和失效分析等。它具有稳定性好、成像清晰、分辨率高、视场大而平坦的特点。

金相显微镜放大的光学系统由两级组成。第一级是物镜，得到放大的倒立实像，其尺度仍很小，不能为人眼所鉴别，因此还需第二次放大。第二级放大是通过目镜来完成，当经第一级放大的倒立实像处于目镜的主焦点以内时，人眼可通过目镜观察到二次放大的正立虚像。根据试样观察面的放置方向，金相显微镜分正置式和倒置式两种。

数码式金相显微镜系统是将传统的光学显微镜与计算机、数码相机通过光电转换有机地结合在一起，不仅可以在目镜上作显微观察，还能在计算机（数码相机）显示屏幕上观察实时动态图像，并能将所需要的图片进行编辑、保存和打印，如图16-4所示。

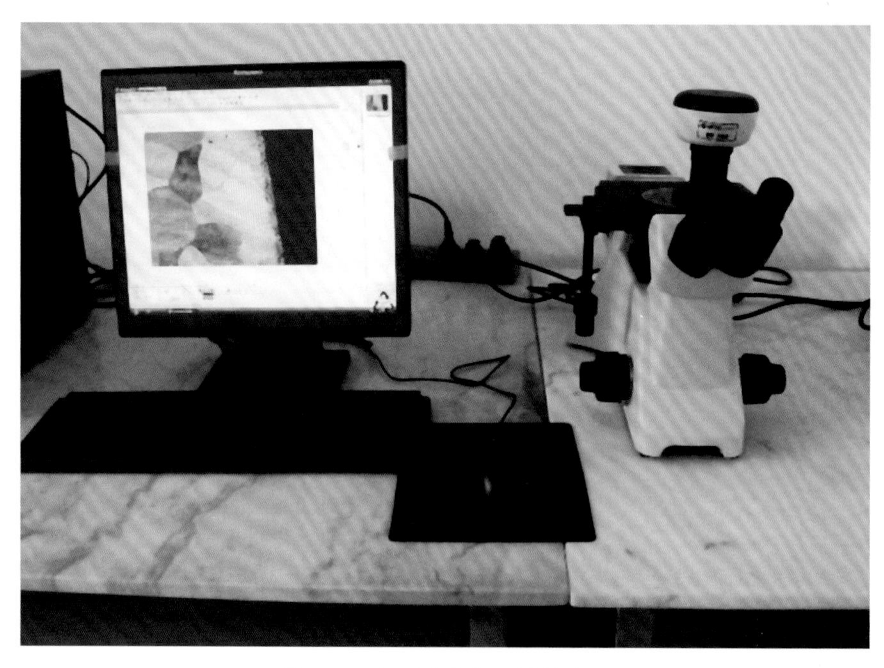

图16-4　数码式金相显微镜系统

常用的金相显微镜技术参数包括：目镜放大倍数10倍、16倍或20倍；物镜放大倍数5倍、10倍、40倍、60倍、80倍或100倍；光学放大总倍数为50倍、100倍、400倍、600倍、800倍或1000倍。

③ 扫描电子显微镜。是一种具有很多优越性能的多功能仪器，可以进行物质的三维形貌的观察和分析、微区成分分析、产品缺陷成因分析等。其工作原理如图16-5所示，从电子枪阴极发出的直径20~30nm的电子束，受到阴、阳极之间加速电压的作用，射向镜筒，经过聚光镜及物镜的会聚作用，缩小成直径约几纳米的电子探针。在物镜上部的扫描线圈的作用下，电子探针在样品表面做光栅状扫描并且激发出多种电子信号。这些电子信号被相应的检测器检测，经过放大、转换，变成电压信号，最后被送到显像管的栅极上并且调制显像管的亮度。显像管中的电子束在荧光屏上也做光栅状扫描，并且这种扫描运动与样品表面的电子束的扫描运动严格同步，这样即获得衬度与所接收信号强度相对应的扫描电子像，这种图像反映了样品表面的形貌特征。

光学显微镜及透镜相比，扫描电镜具有以下特点：能够直接观察样品表面的结构；样品制备过程简单，不用切成薄片；样品可以在样品室中作三维空间的平移和旋转，可以从各种角度对样品进行观察；景深大，图像富有立体感。扫描电镜的景深较光学显微镜大几百倍，比透射电镜大几十倍；图像的放大范围广，分辨率也比较高，介于光学显微镜与透射电镜之间；可放大十几倍到几十万倍，基本上包括了从放大镜、光学显微镜直到透射电镜的放大范围；电子束对样品的损伤与污染程度较小；在观察形貌的同时，还可利用从样品发出的其他信号作微区成分分析。

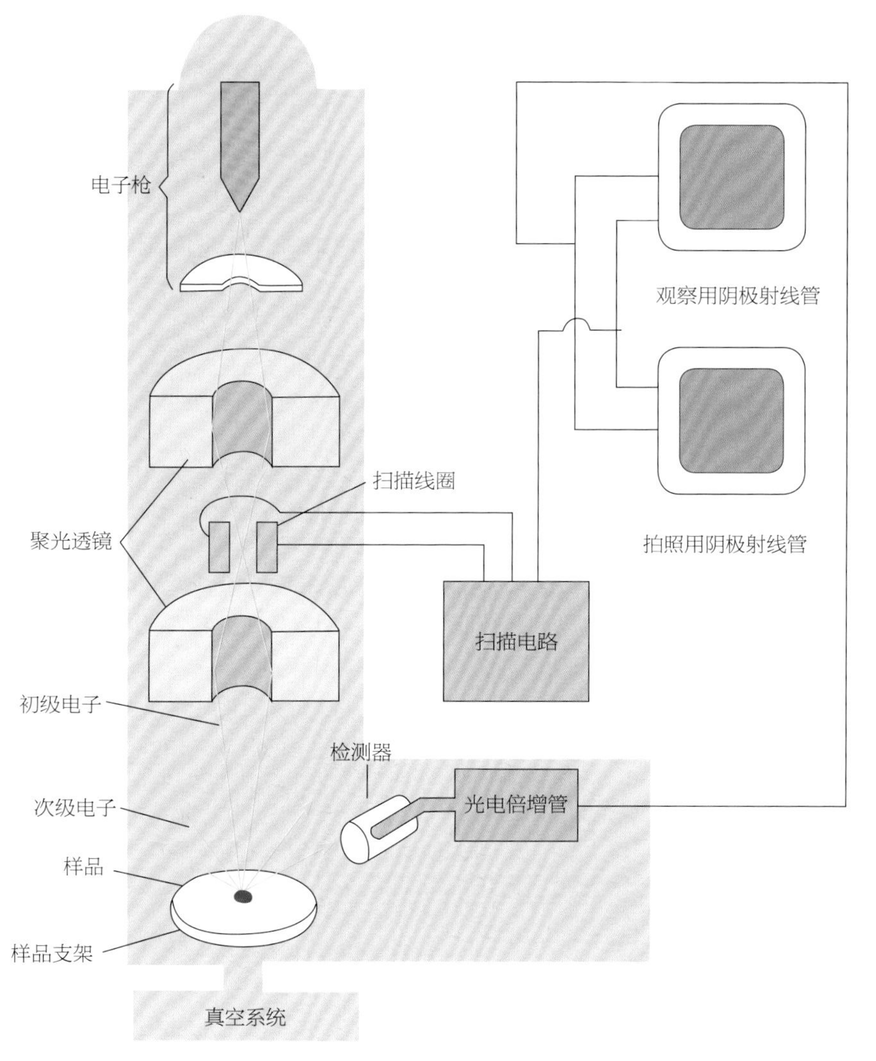

图16-5 扫描电子显微镜工作原理图

2. 检查首饰的重量、尺寸和成色

（1）检查重量 最常用的工具和仪器是电子天平，其外形如图16-6所示。

图16-6 常见的首饰电子天平

电子天平利用电磁力平衡物体重力的原理来称重，它是将称盘与通电线圈相连接，置于磁场中，当被秤物置于秤盘后，因重力向下，线圈上就会产生一个电磁力，与重力大小相等方向相反。这时传感器输出电信号，经整流放大，改变线圈上的电流，直至线圈回位，其电流强度与被秤物体的重力成正比。而这个重力正是物质的质量所产生的，由此产生的电信号通过模拟系统后，将被秤物品的质量显示出来。与机械天平相比，电子天平具有称量速度快、分辨率高、可靠性好、操作简单、功能多样等特点。

电子天平一般按照精度和量程来分类，主要有分析天平和精密天平两类。衡量电子天平的精度等级既有绝对精度，也有相对精度。一些电子天平标注的是相对精度，但对于企业而言，选择绝对精度（分度值e）更直观，如0.1mg精度或0.01g精度。另外，还要考虑电子天平的稳定性、灵敏性、正确性和示值不变性。所谓稳定性是指天平精度的稳定性，灵敏度是指天平读数的反应快慢，正确性是指读数的准确性，示值不变性是指读数的浮动范围，浮动范围越小，说明其不变性越好。根据生产需要选择合适的最大秤重量，通常取最大载荷加少许保险系数即可，不是越大越好。在首饰企业生产中，称量宝石的克拉秤量程一般在500ct以内，称量贵金属的电子天平，量程一般在3200g以内。

（2）检查尺寸　常用的工具有游标卡尺、戒指尺、测厚仪等。

① 游标卡尺。是一种测量长度、内外径、深度的量具，它由主尺和附在主尺上能滑动的游标两部分构成，如图16–7所示。主尺一般以毫米（mm）为单位，而游标上则有10、20或50个分格，根据分格的不同，游标卡尺可分为十分度游标卡尺、二十分度游标卡尺、五十分度游标卡尺等。游标卡尺的主尺和游标上有两副活动量爪，分别是内测量爪和外测量爪，内测量爪通常用来测量内径，外测量爪通常用来测量长度和外径。

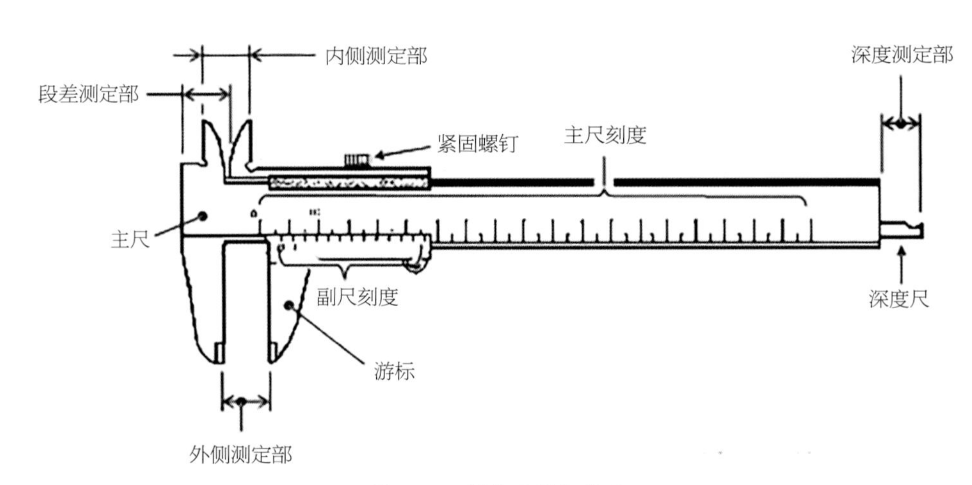

图16–7　简易式游标卡尺

图16–8　指针式游标卡尺

尺身和游标尺上面都有刻度，读数时首先以游标零刻度线为准，在尺身上读取毫米整数，即以毫米为单位的整数部分。然后看游标上第几条刻度线与尺身的刻度线对齐，如第n条刻度线与尺身刻度线对齐，游标尺上的读数为n × 分度值。如有零误差，则一律用上述结果减去零误差。因此，最终读数结果为：

X=对准前刻度+游标上第n条刻度线与尺身的刻度线对齐 × 分度值–零误差　　（16–2）

除了简易式外，常见的游标卡尺还有指针式和数显式两种，分别如图16-8和图16-9所示。前者的原理是利用齿条与齿轮转动，将主尺上的直线位移转变为指针角位移，指针转动一小格，位移即对应卡尺的一个分度值。后者将测量数值显示在屏幕上，只需直接读数即可。

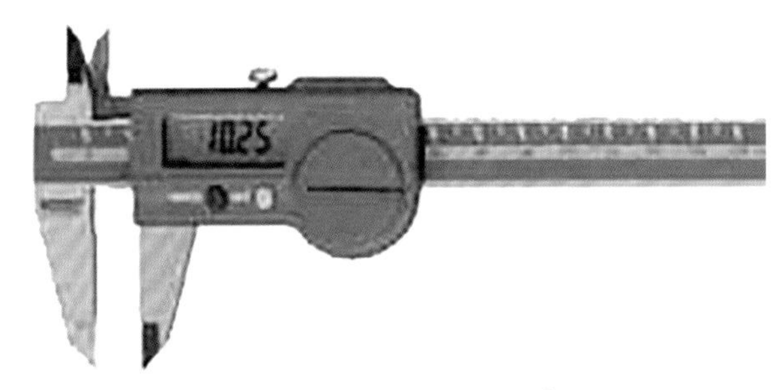

图16-9　数显式游标卡尺

② 戒指尺。戒指尺寸大小的标准也称为手寸，通常用号数来表示，它是一个没有量纲的数，不能直接等同于具体的尺寸。不同地区的号数表示方法不同，常用的有港度、美度、日度等，它们对应的直径和周长各不相同，目前中国多采用港度。不同地区之间的手寸号与尺寸的对应关系分别如表16-1和表16-2所示。

表 16-1　不同国家的戒指号对照表

美国	中国	英国	日本	德国	法国	瑞士
5	9	J1/2	9	15.75	49	9
6	12	L1/2	12	16.5	51.5	11.5
7	14	O	14	17.25	54	14
8	16	Q	16	18	56.5	16.5
9	18	S	18	19	59	19
10	20	T1/2	20	20	61.5	21.5
11	23	V1/2	23	20.75	64	24
12	25	Y	25	21.25	66.5	27.5

表 16-2　中国港度号与尺寸对照表

参考	女士小号（较小）				女士均号				女士大号，男士小号	
港度/HK No.	7#	8#	9#	10#	11#	12#	13#	14#	15#	16#
周长/U，mm	47	48	49	50	51	52	53	54	55	56
直径/mm	14.90	15.25	15.55	15.85	16.45	16.50	16.80	17.20	17.50	17.75
	男士均号				男士大号					
港度/HK No.	17#	18#	19#	20#	21#	22#	23#	24#	25#	
周长/U，mm	57	58	59	60	61	62	63	64	65	
直径/mm	18.15	18.40	18.75	19.05	19.30	19.70	20.00	20.30	20.65	

手寸通常采用戒指尺来测量，戒指尺又称戒指棒，是用来测量戒指内圈大小的首饰专用检验工具，一般用黄铜、铝合金等制作，呈锥形棒状，有些戒指尺只标明了某单一国家（地区）的号数，如图16-10所示。有些则将不同国家（地区）的号数以及它们对应的周长、尺寸都标注在上面。

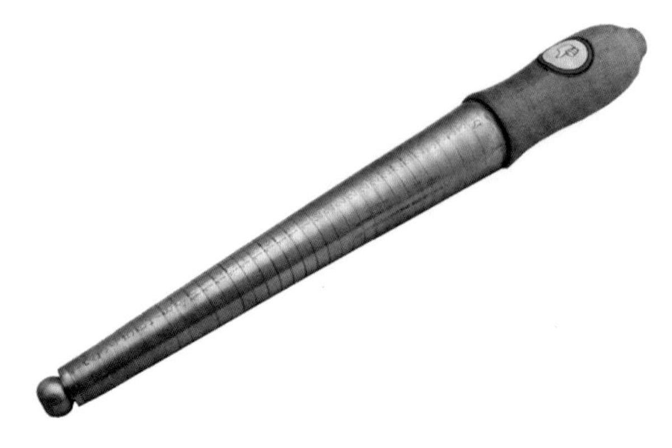

图16-10　常用的港度戒指尺

（3）检查成色　常用的方法有化学分析、X射线荧光光谱分析等。

① 灰皿法。是利用火试金法富集物料中的贵金属，然后分别测定其含量，这是贵金属分析的经典方法。其原理是在待检样品中加入适量的银，用铅做扑收剂，放在多孔性灰皿内，在高温炉中进行氧化灰吹。铅氧化物及杂质被灰皿吸收，而金和银滞留在灰皿中熔炼为贵金属珠。将其锤扁轧成薄片并卷成小卷，置于硝酸中，将银分离后，获得金的质量。同时采用标准金进行分析对比，以消除分析过程中的系统误差。

灰皿法具有适应范围广、准确度高的特点，成为各种物料中贵金属测定的标准方法，也是当供需双方对成色出现异议，需要进行仲裁检验时采取的检验方法。但是灰皿法要经过配料熔融、灰吹和分金三个步骤，才能完成金银的分别测定，属于破坏性检验，不适合用于首饰成品的成色检测，而且还具有分析周期长、分析成本高等缺点。

② X射线荧光光谱分析仪。对于每一个元素，其X射线荧光都具有相对应的特征能量或特征波长。因而，只要测定X射线的能量或波长就可以判断出原子的种类和元素的组成，根据该波长荧光X射线的强度就能定量测定所属元素的含量。X射线荧光是一种无损伤分析法，对分析的样品没有处理要求，不取样，不受状态、大小、形状的限制，同时分析速度快。一般一个样品几分钟内就可以测定出主要元素和次要元素，而且分析范围广，一次可将样品中所有的元素鉴别出来。

X射线荧光光谱分析仪分能量色散型ED-XRF和波长色散型WD-XRF两种，两种类型仪器产生信号的方法相同，得到的波谱也相似，但WD-XRF是用分光近体将荧光光束色散后，测定各种元素的特征X射线波长和强度，从而测定各种元素的含量。而ED-XRF是借助高分辨率敏感半导体检查仪器与多道分析器将未色散的X射线荧光按光子能量分离X色线光谱线，根据各元素能量的高低来测定各元素的量。由于它们的检测原理不同，仪器结构和功能也有所区别。在珠宝首饰企业用于生产质量检验和控制一般采用ED-XRF可以满足生产需要。图16-11是某种品牌X射线荧光光谱分析仪的外形。

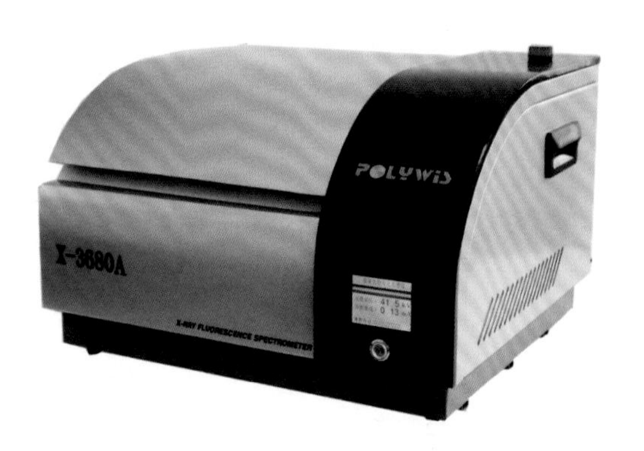

图16-11　X射线荧光光谱分析仪

使用X射线荧光光谱分析方法时，应按照国家标准“GB/T 18043—2008,《贵金属含量的测定X射线荧光光谱法》”的有关要求执行。检测人员应了解和熟悉以下影响测试结果的因素（这些影响因素在不同情况下将对特征谱线强度的采集产生很大的影响，甚至造成误判）。

a. 被测样品与标准物质所含元素组成和含量有较大的差异；

b. 被测样品的表面有镀层或经化学处理；
c. 测量时间；
d. 样品的形状；
e. 样品测量的面积；
f. 贵金属的含量多少；
g. 被测样品的均匀程度（包括偏析和焊药等）。

3. 力学性能

（1）检验首饰材料的强度、塑性和韧性　常用的仪器有万能材料试验机、冲击试验机等。
（2）检验电镀层结合强度　常用的方法有摩擦法、弯折法等。

4. 物理性能

（1）密度　常用的方法有静水力学法检验材料的密度等。
（2）硬度　常用的仪器有显微硬度计等。

贵金属首饰材料最常使用布氏硬度和维氏硬度指标。布氏硬度是以一定大小的试验载荷，将一定直径的淬硬钢球或硬质合金球压入被测金属表面，保持规定时间，然后卸荷，测量被测表面压痕直径，载荷除以压痕球形表面积所得的商即为布氏硬度值（HB），单位为N/mm^2。它是所有硬度试验中压痕最大的一种试验法，它能反映出材料的综合性能，不受试样组织显微偏析及成分不均匀的影响，所以它是一种精度较高的硬度试验法。维氏硬度适用于显微分析，它是以120kg以内的载荷和顶角为136°的金刚石方形锥压入器压入材料表面，载荷值除以压痕凹坑的表面积，即为维氏硬度值（HV），单位为N/mm^2。维氏硬度试验中硬度值与压头大小、负荷值无关，不需要根据材料软硬变换压头，且正方形的压痕轮廓边缘清晰，便于测量。

布氏硬度计和维氏硬度计都有多种型号，企业可根据自己的生产使用需要进行相应选择，目前广泛采用数显式硬度计，它可以自动计算并直观地显示出测量值。图16-12和图16-13分别是数显式布氏硬度计和数显式维氏硬度计。

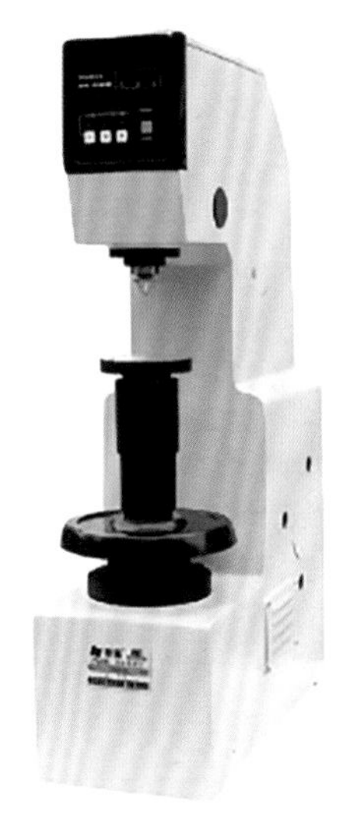

图16-12　数显式布氏硬度计

图16-13　数显式维氏硬度计

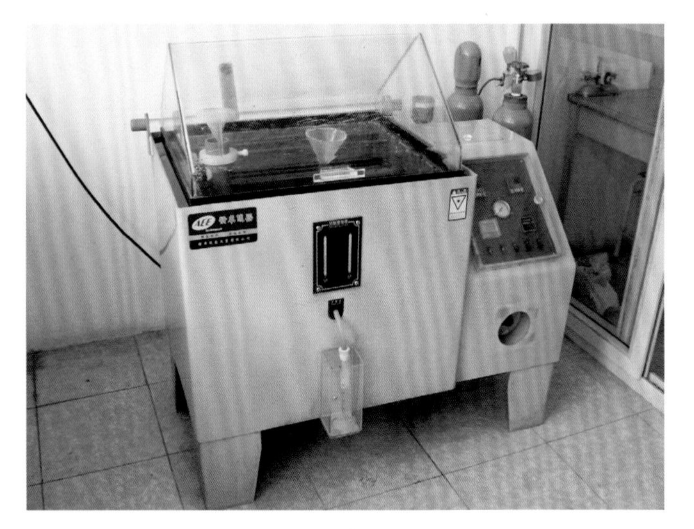

图16-14　盐雾腐蚀试验箱

5. 化学性能

检验首饰的抗变色能力：常用的方法有盐雾腐蚀试验法、硫化物溶液浸泡法或模拟人工汗液浸泡法等，对首饰产品进行加速腐蚀试验。

盐雾腐蚀实验法是应用最广泛的检测方法之一，它利用盐雾腐蚀试验箱来进行测试，如图16-14所示。在盐雾腐蚀试验箱中，可以利用盐雾喷发装置创造人工模拟盐雾环境条件，以考核产品或金属材料在该环境下的耐腐蚀性能。由于盐雾腐蚀试验箱中的氯化物盐浓度可以是一般天然环境的几倍或几十倍，因而腐蚀速度显著提高，可以大大缩短得出结果的时间。

在首饰镀层检测中，一般按照GB/T 10125—2012标准的要求进行，它采用浓度为5%、pH值为6~7的氯化钠中性水溶液形成盐雾，试验温度35℃，湿度大于95%，盐雾沉降率在1～2ml/（80cm^2·h）之间。让盐雾沉降到待测试验件上，经过一定时间观察其表面腐蚀状态。各样品的耐腐蚀能力定义为样品出现腐蚀的时间，时间越长，表明耐腐蚀性能越好。

第三节　不同类别首饰的检验方法

一、戒指类货品质量检验的顺序和要求

1. 看货品的外形

对于戒指类货品的外观质量检验，主要包括以下方面。

① 货品不可变形。

② 戒指圈要圆。

③ 戒指两边肩膀不可出现高低现象。

④ 戒指横身两边粗细要一致、对称。图16-15为戒圈不对称的情况。

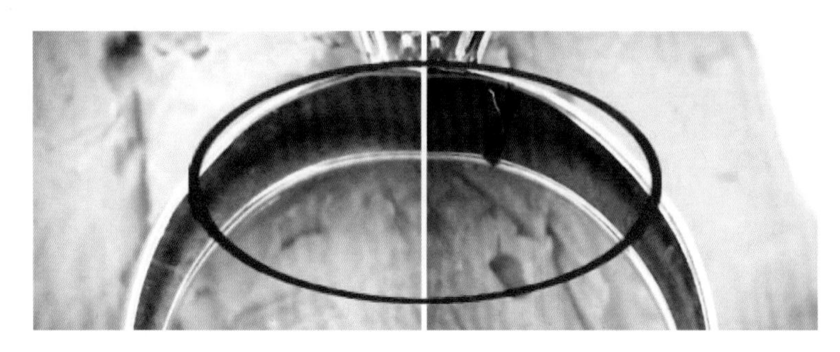

图16-15　戒圈不对称

⑤ 戒指横担及底网要光亮，不可有断裂现象。如图16–16。

⑥ 戒指花头要正，镶石的钉位要明显。

⑦ 检查宝石的质量和金件外观是否符合设计的要求。

图16–16　18K白网底出现裂纹

2. 看货品的镶石位

对于镶嵌戒指的镶石位的质量检验，主要包括以下方面。

① 镶口要正。

② 镶石整体平整，无高低现象。

③ 宝石与宝石之间，疏密空隙均匀。图16–17为公主方钻石之间缝隙不均匀的情况。

④ 镶嵌宝石的尾部，不可出现有过大空隙。

⑤ 宝石要合位，尺寸要符合要求。

⑥ 宝石尾角、宝石底部不可有蜡屑、金屑。

⑦ 宝石底部不可残留有红油、火漆。

图16–17　无边镶公主方钻的隙位不均匀

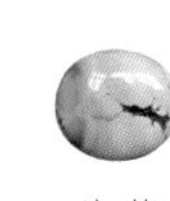

3. 看货品的镶石边

对于镶嵌戒指镶石边的质量检验，主要包括以下方面。

① 镶石边要铲直、铲顺。

② 宝石面、宝石边，不可有金屑，不可存在边破损（俗称烂边）的现象。

③ 镶宝石的边，要粗细适中、对称、均匀。

④ 鼠尾要抛透、光亮、成形要好。

⑤ 爪镶的宝石不可出现断爪现象，爪要紧贴宝石面，吸珠呈半圆球状，爪背要平整、光滑。

4. 看货品的戒身

对于戒指的主体戒身的检验，主要包括以下方面。

① 比位　比位要符合客定男、女戒参数指标，不能太薄、太厚或整体不协调，如以底为准：厚度为1mm左右，阔度则为2.5～4mm。

② 横身　横身整体要亮，不可出现变形现象。

③ 内籠　包括宝石底，内籠要光亮，执、抛透彻、圆顺，特别需要注意字印的清晰程度。图16–18所示戒指内圈字印不清晰。

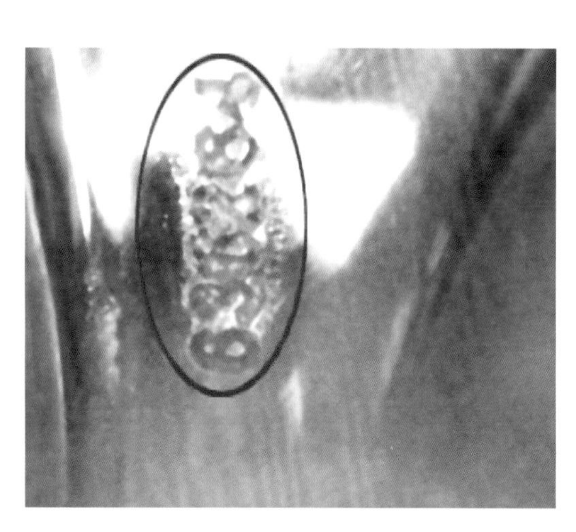

图16–18　戒指内圈的字印不清晰

图16-19　戒指侧壁电朦

除了以上三点以外，还需特别注意戒身有无砂洞、金裂、枯金、浮金、车不透等缺陷存在。

5. 看货品的表面电镀白色的部位

对于戒指表面电镀白色的部位的质量检验，主要包括以下方面。

① 电镀后货品的颜色要足够白，颜色不能出现发朦（暗）、灰、黑或黄等。图16-19所示为戒指侧壁电朦。

② 电镀后的白色部分要完全到位，需电镀分色的部位不能过界，不能多也不能少，具体要循客户所确定的生产工单要求。

6. 检查手寸

戒指手寸是指戒指尺寸的大小，以戒指的内圈直径和内圈周长为依据，来划分戒指号码。手寸要符合工单要求，并需依据客户所确定的收货的上、下限范围（美度一般不超过+1/4）。

二、耳环、吊坠类货品质量检验的顺序和要求

1. 看货品的外形

对于耳环、吊坠类货品的外观质量检验，主要包括以下方面。

① 货品不可变形。

② 货品整体棱角要分明。

③ 货品四边要顺，正看、反看、侧看整体要协调。

④ 边位、辘珠位、假钉位要明晰，不可参差不齐或忽隐忽现。

⑤ 执边、抛边要透彻、光亮，爪边凹位不可有麻点、金渣现象。

⑥ 字印需清晰、标识在工单所指定位置。

2. 看镶石的产品（含蜡镶产品）

对于镶宝石的耳环、吊坠类货品的质量检验，主要包括以下方面。

① 宝石的镶口要正。

② 镶宝石的边，需执平整、光顺，不能留有披锋。

③ 镶口内侧倾斜度需恰好贴合石位，镶口中不能留有金渣。

④ 爪镶宝石位需贴石，吸珠需圆滑并符合要求，不能出现长短爪、粗细爪或断爪，执爪、铲爪均需符合要求。图16-20所示镶瓜不贴合石位。

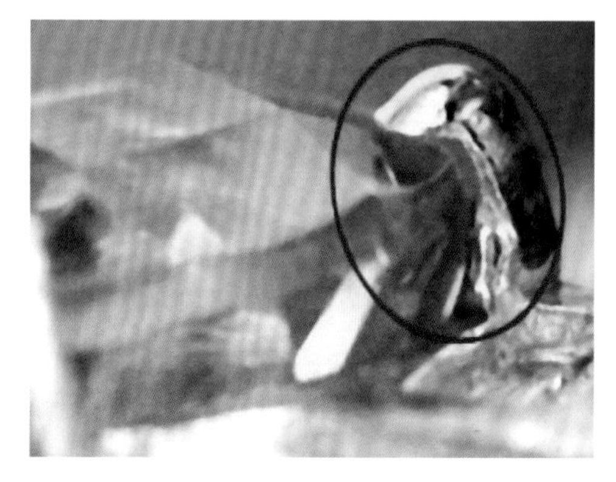

图16-20　宝石边与坑位留有空隙，爪不贴石

⑤ 假钉位不可有平塌现象，钉边不能出现金渣、金珠现象。

⑥ 镶口、爪头需抛光透彻，垂直观察宝石底部，不能影响宝石的颜色效果。

⑦ 无边镶口不可露出金边，镶宝石的缝间，以肉眼观察不到金边为好。

⑧ 镶口外侧边缘需抛边透彻，不能出现不平或凹凸现象。

⑨ 宝石的底部不可残留有火漆、红油、蜡屑等现象。

3. 看货品的镶石边

对于镶嵌耳环、吊坠镶石边的质量检验，主要包括以下方面。

① 铲边要直顺。

② 镶石边的底担不能出现有断边、粗细边和扭曲变形现象。

③ 镶石边不可缺失、破损，四边需粗细适中，且对称、均匀。

4. 看货品的焊接位

对于耳环、吊坠类货品焊接位的质量检验，主要包括以下方面。

① 坠头与坠身及耳针需焊接良好，不能出现虚焊，假焊、漏焊情况，焊接的圈仔需呈圆形。

② 所有焊接点均需执、抛透彻，不能留有焊迹。图16-21所示为焊接部位出现的焊接砂眼。

③ 坠头执圆封焊，不可留有焊渣。内围均需执、抛透彻。

④ 网底的光亮程度均会影响表面电镀的效果，不可留有烟垢太黑、太朦。抛光后不可出现明显砂孔，焊点成色要一致，不能出现有两种颜色的现象。

⑤ 耳针焊接后，执、省焊渣不可损伤针底的粗细。

⑥ 耳针的长短和焊接的位置均需符合设计要求，不可出现有偏差。

图16-21　焊接部位出现的焊接砂眼

5. 看货品的功能

对于耳环、吊坠类货品的功能质量检验，主要包括以下方面。

① 耳拍的扣掣是否良好，针槽位是否开在适合位置，开启时是否有管位和“啪”的脆响。

② 线拍的弹性与开启效果是否良好。图16-22所示耳拍弹片太松。

③ 耳戛的长短是否适中，内窿以5mm为准，耳针距耳戛10mm。

④ 带扣掣的吊坠，扣掣功能开启要良好，扣线后要转动灵活。

图16-22　耳拍弹片太松

6. 看货品的表面电镀效果

对于耳环、吊坠类货品表面电镀效果的质量检验，主要包括以下方面。

① 电镀后货品的颜色要足够白，颜色不能出现发朦（暗）、灰、黑或黄等。

② 电镀后的白色部分要完全到位，需电镀分色的部位不能过界，不能多也不能少，爪头的电镀或镶口石位的电镀，具体要循客户所确定的生产工单要求。

三、手镯类货品质量检验的顺序和要求

1. 看货品的外形

对于手镯类货品的外观质量检验，主要包括以下方面。

① 货品整体不可再现变形现象。

② 整只手镯的弧度，要呈现椭圆状，表面光顺、平滑。图16-23所示手镯内圈不圆。

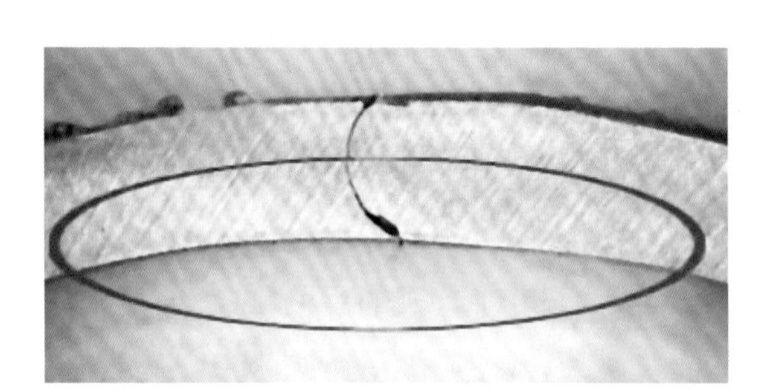

图16-23　手镯内圈不圆

③ 镯身的粗、细均匀，符合客户的款式造型要求。

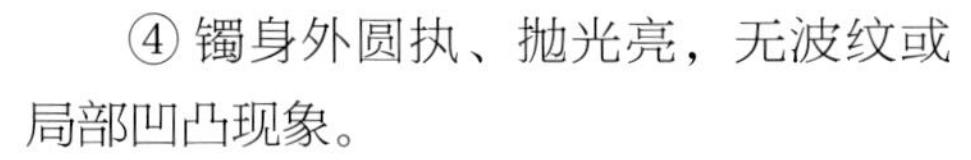

④ 镯身外圆执、抛光亮，无波纹或局部凹凸现象。

⑤ 男装、女装、童装手镯内径及横竖跨度要顺，符合客户工单要求。

⑥ 镯身内围掏空槽不可留有粉点、灰朦，槽边执、抛不可出现粗细不匀现象。

⑦ 字印需打在客户所指定的位置且清晰。

2. 看镶石的产品

对于镶宝石的手镯类货品的质量检验，主要包括以下方面。

① 镶石边要顺，整镯两边镶石边的粗细，要循版造型要求。

② 镯面镶石边的花纹图案要清晰（包含辘珠边的效果）。

③ 镶口大小按所镶宝石的规格而定。

④ 钉镶的宝石手镯要求钉位贴石，镶口钉位不可出现金珠、金渣或披锋现象，假钉要明显，高低一致。

⑤ 无边镶手镯镶石边，较之石位要略高，宝石的间隙位不可露出金边，镶石边两侧的棱角要好。

⑥ 整镯所镶的宝石，不可出现高低石、斜石或侧石现象。

⑦ 镶宝石的底担，不能出现金裂、金断现象。

⑧ 所镶宝石的底部不可出现火漆、红油、蜡屑现象。

⑨ 检查宝石质量与金件外观，是否达到客户的收货要求和标准。

3. 看货品的焊位及掣位

对于手镯类货品的焊接位及掣位的质量检验，主要包括以下方面。

图16-24 手镯较筒位虚焊

① 焊接位良好，无虚焊、假焊、漏焊现象，成品不能留有焊迹，接口成色要一致，不能有两种颜色现象。图16-24所示手镯较筒位虚焊。

②“8”字扣线要灵活，不能太松或太紧。“8”字成型要好，扣球要圆，与扣圈要吻合，表面抛光度好。

③ 鸭利掣弹片与扣框要恰好扣取，鸭舌弹片具有好的压缩、伸展性能。

④ 鸭利扣框边不能执、抛太薄，否则会影响扣掣的力度。

⑤ 扣掣开启要自如，上扣时能清晰听到“啪”的脆响。

4. 看货品的表面电镀效果

对于手镯类货品的表面电镀效果的质量检验，主要包括以下方面。

① 电镀后货品的颜色要足够白，颜色不能出现发朦（暗）、灰、黑或黄等。

② 电镀后的白色部分要完全到位，需电镀分色的部位不能过界。

四、链类（手链、项链）货品质量检验的顺序和要求

1. 看货品的外形

对于扣焊链的外观质量检验，主要包括以下方面。

① 整链每节的扣接功能必须自如、灵活，扣掣两端拉直横看要平顺。

② 链类每节的扣接间隙要一致，跌节以后每节间的“V”形开口大小要适度。图16-25所示链节间隙不均匀。

图16-25 链节间隙不均匀

③ 拿起链扣一端，反伸直折整链，要呈标准弧形。

④ 整链执边要平滑，节与节之间不能有差位或凹凸不平现象。

⑤ 大型扣焊链要求试戴效果良好，每节之间要体贴。

⑥ 焊接之间无焊点、脱焊或错位焊现象。

⑦ 成链整体效果良好，整链无明显砂洞，或扣节之间无少料、崩缺或边执粗细现象。

对于软织链的外观质量检验，主要包括以下方面。

① 整链需柔软、光顺，不可出现死节。

② 链身要抛透彻，不可出现麻点，影响电镀效果。

③ 链与扣之间的焊点牢固，成色一致，不能抛后有明显砂洞。

2. 看镶石链

对于镶宝石的链类货品的质量检验，主要包括以下方面。

① 各节的镶口位平整，镶口位不可有金渣，无执、抛不透现象。

② 爪镶宝石的链节，镶石爪要贴石，执、铲爪及爪吸珠光顺、圆滑。

③ 蜡镶梯方链节，要求石间间隙无金渣，角位要执成形，镶口边执顺，无明显砂洞。

④ 链的底担不可出现执、抛粗细或断裂扭曲现象。

⑤ 每节链底的宝石位，不能留有火漆、红油或蜡屑。

⑥ 检查宝石质及镶工是否达到客户的收货要求。

3. 看货品的扣掣位

对于链类货品的扣掣位的质量检验，主要包括以下方面。

①“8”字扣扣线要灵活，不能太松或太紧。“8”字成形要好，扣球要圆，与扣圈要吻合，要抛亮。

② 鸭利扣弹片与扣框要恰好扣取，鸭舌弹片具有好的压缩、伸展性能。

③ 鸭利扣框边不能执、抛太薄，否则将会影响扣掣的力度。

④ 扣掣开启要自如，上扣时能清晰听到“啪”的脆响。

⑤ 虾米扣要抛光亮，扣舌转动要灵活，弹性要好。

⑥ 扣舌与扣钩要碰头，但不可扣过火。

⑦ 扣与链的连接之间无砂洞、多焊、成色差异现象。

4. 看货品的表面电镀效果

对于链类货品的表面电镀效果的质量检验，主要包括以下方面。

① 电镀后货品的颜色要足够白，节与节之间的颜色不能出现发朦（暗）、灰、黑或黄等。

② 电镀后的白色部分要完全到位，需电镀分色的部位（扣节、爪头和镶口等）不能过界。

5. 检查长度及字印

手链长度一般定在6.75～7.5in（1in=2.54cm）之间，上下限不超过0.25in。颈链长度要求在16.5～17.5in之间，上下限不超过0.5in。

字印要求打在指定位置，明晰且清楚。

思 考 题

一、名词解释

首饰质量检验、首饰外观质量、表面粗糙度、成色、戒指手寸

二、问答题

1. 首饰的质量特性包括哪些方面？
2. 首饰质量检验的意义是什么？
3. 首饰质量检验主要包括哪些方面的标准？

4. 首饰质量检验包括哪些主要内容?
5. 首饰质量检验包括哪些主要手段?
6. 戒指类货品的质量检验顺序是什么？有哪些质量要求?
7. 耳环、吊坠类货品的质量检验顺序是什么？有哪些质量要求?
8. 手镯类货品的质量检验顺序是什么？有哪些质量要求?
9. 链类货品的质量检验顺序是什么？有哪些质量要求?

参 考 文 献

[1] 夏湘蓉，李仲均，王根元. 中国古代矿业开发史 [M]. 北京：地质出版社，1980.
[2] 潘兆橹. 结晶学及矿物学 [M]. 北京：地质出版社，1994.
[3] 张蓓莉. 系统宝石学（第二版）[M]. 北京：地质出版社，2010.
[4] 李德惠. 晶体光学 [M]. 北京：地质出版社，1984.
[5] 英国宝石协会. 宝石学教程 [M]. 陈钟惠等译. 武汉：中国地质大学出版社，1992.
[6] 张蓓莉，Dietmar（德），陆太进. 世界主要彩色宝石产地研究 [M]. 北京：地质出版社，2012.
[7] 张蓓莉，陈华，孙凤民. 珠宝首饰评估 [M]. 北京：地质出版社，2000.
[8] 林小玲. 红蓝宝石鉴赏大全 [M]. 广州：广州出版社，2005.
[9] 王根元. 矿物学 [M]. 武汉：中国地质大学出版社，1989.
[10] 欧阳秋眉. 翡翠ABC [M]. 香港：天地图书有限公司，1997.
[11] 赵永魁，孙凤民. 玉器鉴赏与评估 [M]. 北京：地质出版社，2001.
[12] 郭守国. 宝玉石学教程 [M]. 北京：科学出版社，1998.
[13] 周佩玲. 有机宝石与投资指南 [M]. 武汉：中国地质大学出版社，1995.
[14] 欧阳秋眉. 翡翠全集 [M]. 香港：天地图书有限公司，2000.
[15] 中华人民共和国国家质量监督检验检疫总局，中国国家标准化管理委员会发布. 中华人民共和国国家标准——珍珠分级GB/T 18781—2008 [S]. 北京：中国标准出版社，2008.
[16] 中华人民共和国国家质量监督检验检疫总局，中国国家标准化管理委员会发布. 中华人民共和国国家标准——钻石分级GB/T 16554—2010 [S]. 北京：中国标准出版社，2010.
[17] 中华人民共和国国家质量监督检验检疫总局，中国国家标准化管理委员会发布. 中华人民共和国国家标准——珠宝玉石　名称GB/T 16552—2010 [S]. 北京：中国标准出版社，2010.
[18] 中华人民共和国国家质量监督检验检疫总局，中国国家标准化管理委员会发布. 中华人民共和国国家标准——珠宝玉石　鉴定GB/T 16553—2010 [S]. 北京：中国标准出版社，2010.
[19] 欧阳秋眉. 翡翠鉴赏 [M]. 香港：天地图书有限公司，1991.
[20] 丘志力，李立平，陈炳辉，董传万. 贵金属珠宝首饰评估 [M]. 武汉：中国地质大学出版社，2013.
[21] 欧阳秋眉. 红蓝宝石鉴赏 [M]. 香港：天地图书有限公司，1995.
[22] 戴铸明. 翡翠鉴赏与选购 [M]. 昆明：云南科技出版社，2005.
[23] 摩傣. 摩傣识翠 [M]. 昆明：云南出版集团公司，2006.
[24] 袁心强. 应用翡翠宝石学 [M]. 武汉：中国地质大学出版社，2009.
[25] E.J.Gubelin，John I.Koivula. 宝石内含物大图解 [M]. 张瑜生译. 台北：大

知出版社，1995.

[26] 孟祥振，赵梅芳. 宝石学与宝石鉴定 [M]. 上海大学出版社，2004.

[27] 李娅莉，薛秦芳，李立平等. 宝石学教程（第二版）[M]. 武汉：中国地质大学出版社，2010.

[28] 曾广策，朱云海，叶德隆. 晶体光学及光性矿物学（第二版）[M]. 武汉：中国地质大学出版社，2010.

[29] 王昶，申柯娅. 矿物晶体观赏石 [M]. 北京：化学工业出版社，2015.

[30] 申柯娅. 宝石选购在指南 [M]. 北京：化学工业出版社，2012.

[31] 申柯娅. 珠宝鉴定 [M]. 上海：上海人民美术出版社，2014.

[32] 王昶，申柯娅. 翡翠选购指南 [M]. 北京：化学工业出版社，2013.

[33] 王昶，申柯娅. 极品珠宝首饰传奇 [M]. 北京：化学工业出版社，2013.

[34] 申柯娅，王昶. 彩色宝石选购指南 [M]. 北京：化学工业出版社，2014.

[35] 申柯娅，王昶. 钻石鉴定与分级 [M]. 北京：化学工业出版社，2015.

[36] 李立平等. 染色珍珠和辐照珍珠的常规鉴别 [J]. 宝石和宝石学杂志，2000，(3)：1–3.

[37] 岳蕴辉. 软玉（和田玉）鉴定及分类、命名方法使用细则 [J]. 中国宝石，2003，(4)：91–93.

[38] 苏文宁，陆永庆. 翡翠玉件表面充填物的鉴别及一种隐型B货初探 [J]. 中国宝玉石，2005，(4)：46–49.

[39] 鲁力，边秋娟. 不同颜色品种独山玉的宝石矿物学特征 [J]. 宝石和宝石学杂志，2004，6 (2)：4–6.

[40] 欧阳秋眉，李汉声. 钠铬辉石质翡翠的主要特征 [J]. 宝石和宝石学杂志，2004，6 (3)：22–23.

[41] 李冉等. 青海软玉中硅灰石的确定及其意义 [J]. 宝石和宝石学杂志，2004，6 (3)：17–18.

[42] 亓利剑，C.G.Zeng，袁心强. 充填处理红宝石中的高铅玻璃体 [J]. 宝石和宝石学杂志，2005，7 (2)：1–6.

[43] 李立平，杨明星. 带染色核海水养殖珍珠的鉴别 [J]. 宝石和宝石学杂志，2005，7 (2)：7–8.

[44] 亓利剑，黄艺兰，殷科. 俄罗斯人工欧泊的特征及其变彩效应 [J]. 宝石和宝石学杂志，2006，8 (3)：10–14.

[45] 黄艺兰. 塔希提黑珍珠和处理珍珠的可见吸收光谱表征 [J]. 宝石和宝石学杂志，2006，8 (1)：5–8.

[46] 陈全莉，亓利剑，张琰. 绿松石及其处理品与仿制品的红外吸收光谱表征 [J]. 宝石和宝石学杂志，2006，8 (1)：9–12.

[47] 周岱等. 珠宝检测中遇到的几个新品种 [J]. 中国宝玉石，2005，第4期：42–43.

[48] 申柯娅，王昶. 中国宝石学十年研究新进展 [J]. 矿物学报，2000，20 (4)：356–362.

[49] 申柯娅. 红外光谱技术在翡翠鉴定中的应用 [J]. 光谱实验室，2000，17 (3)：

347–349.
[50] 彭艳菊，何雪梅，方勤方. 宝石晕彩效应的成因机理综述 [J]. 宝石和宝石学杂志，2008，10 (1): 15–19.
[51] 林嵩山. 台湾蓝玉髓 [J]. 宝石和宝石学杂志，2008，10 (2): 5–8.
[52] 王时麒，员雪梅. 和田碧玉的物质组成特征及其地质成因 [J]. 宝石和宝石学杂志，2008，10 (3): 4–7.
[53] 施光海，崔文元. 缅甸硬玉岩的结构与显微构造：硬玉质翡翠的成因意义 [J]. 宝石和宝石学杂志，2004，6 (3): 8–11.
[54] 欧阳秋眉，李汉声，郭熙，严军. 具有白色条带的粉红色翡翠的宝石学特征 [J]. 宝石和宝石学杂志，2006，8 (3): 1–3.
[55] 张良钜. 缅甸纳莫原生翡翠矿体特征与成因研究 [J]. 岩石矿物学杂志，2004，23 (1): 49–53.
[56] 刘琰，邓军，王丽华. 大型光谱仪器在翡翠检测中的应用 [J]. 光谱学与光谱分析，2006，26 (3): 577–582.
[57] 李小菊，周汉利，李举子. 宝石刻面琢型的演化和发展 [J]. 宝石和宝石学杂志，2007，9 (4): 37–40.
[58] 李立平. 海水及淡水养殖珍珠的物质组成 [J]. 地球科学，2009，34 (5): 752–758.
[59] 申柯娅. 天然祖母绿与合成祖母绿的成分及红外吸收光谱研究 [J]. 岩矿测试，2011，30 (2): 233–237.
[60] 李海波，陆太进，沈美冬等. 不同时期再造琥珀的微细结构对比及鉴定 [J]. 宝石和宝石学杂志，2012，14 (2): 36–39.
[61] 范陆薇，杨明星. 红珊瑚的结构特征研究进展宝石和宝石学杂志 [J]. 2009，11 (4): 15–19.
[62] 冯晓燕，沈美冬，张勇等. 软玉中的一种绿色斑点——钙铝榴石 [J]. 岩矿测试，2013，32 (4): 608–612.
[63] 周丹怡，陈华，陆太进等. 石英质玉石的“起棉”现象及其成因机理 [J]. 宝石和宝石学杂志，2015，17 (1): 24–30.
[64] 张勇，陆太进，杨天畅等. 石英质玉石的颜色分布及其微量元素分析 [J]. 岩石矿物学杂志，2016，33 (增刊): 83–88.
[65] 宋中华，陆太进，苏隽等. 光致变色CVD合成钻石的特征 [J]. 宝石和宝石学杂志，2016，18 (1): 1–5.
[66] 严俊，刘晓波，陶金波等. 天然钻石与合成钻石的钻石观测仪鉴定特征研究 [J]. 光学学报，2015，35 (10): 169–177.
[67] 宋中华，陆太进，苏隽等. 无色–近无色高温高压合成钻石的谱图特征及其鉴别方法 [J]. 岩矿测试，2016，35 (5): 496–504.
[68] 张勇，魏然，柯捷等. 黄色和红色石英质玉石的颜色成因研究 [J]. 岩石矿物学杂志，2016，35 (1): 139–146.